高等职业教育数字媒体技术专业系列教材

AFTER EFFECTS
影视特效实战应用

主　编　高海静
副主编　毛建芳　曹　珊

西安交通大学出版社
XI'AN JIAOTONG UNIVERSITY PRESS

内容简介

本书是专为影视特效及栏目包装制作人员编写的全实例型图书，系统全面地介绍了After Effects CC 2018软件基础知识及图层、蒙版、动画、特效、调色、抠像、表达式、渲染等核心技术与案例应用。全书共12章，具体内容包括影视合成基础、基础合成、三维合成、蒙版动画效果、色彩校正、常用特效、光影特效、表达式、跟踪与稳定、与第三方软件协同工作，以及After Effects在电影特效及电视栏目包装表现中的应用案例。本书内容由浅入深，结构清晰合理，理论与实践紧密结合，具有较强的技术参考性。与此同时，本书附赠视频教程，提供书中所有案例的源文件和素材，以帮助读者迅速掌握影视后期合成与特效制作的精髓。

本书适合作为高等职业院校相关课程的教材，也可作为After Effects初、中级用户的学习用书。

图书在版编目(CIP)数据

After Effects影视特效实战应用 / 高海静主编
. —西安 ：西安交通大学出版社，2022.6
ISBN 978-7-5693-2486-0

Ⅰ. ①A… Ⅱ. ①高… Ⅲ. ①图像处理软件
Ⅳ. ①TP391. 413

中国版本图书馆CIP数据核字(2022)第042001号

书　　名 After Effects影视特效实战应用
主　　编 高海静
副 主 编 毛建芳　曹　珊
策划编辑 杨　璠
责任编辑 杨　璠　王　帆
责任校对 李　文

出版发行 西安交通大学出版社
（西安市兴庆南路1号　邮政编码710048）
网　　址 http://www.xjtupress.com
电　　话 (029)82668357　82667874(市场营销中心)
(029)82668315(总编办)
传　　真 (029)82668280
印　　刷 西安五星印刷有限公司

开　　本 787 mm×1092 mm　1/16　**印张** 28.5　**字数** 582千字
版次印次 2022年6月第1版　2022年6月第1次印刷
书　　号 ISBN 978-7-5693-2486-0
定　　价 49.80元

如发现印装质量问题，请与本社市场营销中心联系、调换。
订购热线：(029)82665248　(029)82667874
投稿热线：(029)82668502
读者信箱：phoe@qq.com

After Effects 是 Adobe 公司开发的一款专业视频图像处理软件，具有很强的后期特效制作功能，是目前主流的影视后期合成软件之一，广泛应用于影视后期特效制作、电视栏目包装、行业宣传片、广告制作、社交短视频制作等领域。

本书讲解了 After Effects CC 2018（以下简称 AE）的各项功能，全书共分为 12 章，第 1 章阐述影视后期合成的基础知识和 AE 软件的工作界面；第 2 章介绍 AE 的工作流程、图层与关键帧动画；第 3 章讲解 AE 的三维应用技术；第 4 章讲解 AE 蒙版动画技术；第 5 章和第 6 章分别讲解 AE 中的调色技法和常用特效应用；第 7 章讲解使用 AE 常用插件制作光影特效；第 8 章和第 9 章分别讲解 AE 中表达式的应用和跟踪与稳定技术；第 10 章主要讲解 AE 与 Photoshop、Premiere、Cinema 4D 的协同工作；第 11 章和第 12 章分别讲解 AE 中电影特效制作和电视栏目包装表现的应用。

本书编写主要采用"理论知识讲解"+"实例任务操作"的形式进行教学。内容讲解有浅有深，实例任务有易有难，方便不同阶段的读者进行选择性学习。读者通过对应章节知识点"理论+任务"式地学习，可以系统全面地掌握 After Effects CC 2018 的应用方法和项目制作思路。本书实例步骤清晰，层次分明。配套资源中提供了书中全部案例的高清语音教学视频，读者在学习过程中结合观看视频讲解，就能快速掌握知识，提高技能。

本书由陕西工业职业技术学院高海静、毛建芳、曹珊老师编写。高海静老师编写第 1 章、第 3 章、第 7 章和第 12 章，毛建芳老师编写第 8 章、第 9 章、第 10 章和第 11 章，曹珊老师编写第 2 章、第 4 章、第 5 章和第 6 章。在编写本书的过程中，我们遵循科学、严谨的态度，力求精益求精，但疏漏之处在所难免，在此感谢各位读者选择本书的同时，恳请大家提出宝贵意见。本书提供丰富的教学资源，包括 PPT 教学课件、案例素材和源文件、案例教学视频、书中所用其他素材等，读者可扫右下方二维码获取。

目录

CONTENTS

第 1 章　影视合成基础 …… 1

1.1　电视制式 …… 2

1.2　常用视频压缩编码格式 …… 2

1.3　景别 …… 5

1.4　镜头的一般表现手法 …… 5

1.5　After Effects 工作界面 …… 7

第 2 章　基础合成 …… 18

2.1　After Effects 工作流程 …… 19

2.2　图层 …… 22

2.3　关键帧动画 …… 28

任务一　机打文字效果 …… 34

任务二　童年的纸飞机 …… 37

任务三　倒计时动画效果 …… 40

第 3 章　三维合成 …… 44

3.1　三维合成基础 …… 45

3.2　摄像机的应用 …… 49

3.3　灯光的应用 …… 55

任务四　影片预告 …… 58

任务五　产品广告 …… 65

任务六　美术培训学校广告 …… 73

第 4 章　蒙版动画效果 …… 79

4.1　蒙版的原理 …… 80

4.2　蒙版的创建 …… 80

4.3　蒙版的编辑 …… 85

4.4　蒙版动画 …… 93

4.5　轨道遮罩 …… 93

任务七　游戏放射光效动画 …… 95

任务八　竹筒打开动画效果 …… 100

任务九　人物烟雾效果 …… 104

第 5 章　色彩校正与色彩调节 …… 114

5.1　基础校色工具 …… 115

5.2　常用校色工具 …… 123

5.3　通道校色工具 …… 130

任务十　水墨画效果 …… 135

任务十一　天空合成效果 …… 140

第 6 章　常用特效 …… 145

6.1　风格化 …… 146

6.2　生成 …… 155

6.3　抠像 …… 162

6.4　模糊与锐化 …… 168

6.5　扭曲 …… 173

6.6　杂色与颗粒 …… 180

6.7　过渡效果 …… 182

任务十二　数字流星雨效果 …… 187

任务十三　飞机合成效果 …… 191

任务十四　卡通形象汇聚效果 …… 195

第 7 章　光影特效 …… 202

7.1　Red Giant Trapcode …… 203

7.2　Optical Flares …… 210

任务十五　美丽夜景 …… 216

任务十六　花间小鸟 …… 221

任务十七　粒子光效 …… 225

任务十八　浪漫烟花 …… 238

任务十九　文字光效 …… 252

第 8 章　表达式 …… 258

8.1　表达式认知 …… 259

8.2　表达式语法 …… 263

8.3　常用表达式 …… 264

8.4　表达式综合应用实例 …… 270

任务二十　时钟动画 …… 270

任务二十一　可以看见的音乐 …… 273

任务二十二　蝴蝶飞 …… 289

第 9 章　跟踪与稳定 …… 295

9.1　运动跟踪的创建 …… 296

9.2　跟踪器面板 …… 297

9.3　跟踪点的选择 …… 299

任务二十三　妙笔生花 …… 301

任务二十四　单点跟踪——冒火的引擎 A …… 305

任务二十五　两点跟踪——冒火的引擎 B …… 312

任务二十六　稳定跟踪——晃动镜头纠正 …… 316

任务二十七　四点跟踪——移动楼面上的大屏 …… 320

任务二十八　摄像机跟踪——有趣的文字特效 …… 327

第 10 章　After Effects 与其他软件协同 …… 331

10.1　After Effects 与其他软件协同使用的意义 …… 332
10.2　After Effects 与 Photoshop 协同使用 …… 332
10.3　After Effects 与 Premiere 协同使用 …… 334
10.4　After Effects 与 Cinema 4D 协同使用 …… 340
任务二十九　云中仙山(1) …… 344
任务三十　云中仙山(2) …… 351
任务三十一　立体水墨 …… 354
任务三十二　穿梭街道 …… 359
任务三十三　打字机字幕 …… 363
任务三十四　螺旋粒子 …… 365

第 11 章　电影特效制作 …… 370

11.1　After Effects 在电影特效制作中的运用 …… 371
11.2　场景制作 …… 372
任务三十五　赛博朋克场景制作 …… 372
任务三十六　时空隧道制作 …… 393
任务三十七　最终场景合成 …… 402

第 12 章　电视栏目包装表现 …… 408

任务三十八　节目导视案例制作 …… 409
任务三十九　电视栏目片头案例制作 …… 426

第1章 影视合成基础

内容提要

After Effects(简称 AE)是制作动态影像设计的重要辅助工具,是视频后期合成处理的专业非线性编辑软件。它与 Adobe 的其他图形、图像软件配合默契,一般大众化的相关软件对其支持良好,是相关行业中使用最为广泛的软件之一。在学习的开始,了解影视合成的基础知识是非常必要的。本章主要讲解电视制式、常用视频压缩编码格式、摄影的景别和镜头的一般表现手法,同时还讲解了 Adobe After Effects CC 2018 的操作界面。

学习导航

学习内容		影视合成基础
教学目标	知识目标	1. 了解电视制式的概念; 2. 熟悉常用视频压缩编码格式; 3. 了解景别的分类; 4. 掌握镜头的一般表现手法; 5. 熟悉 Adobe After Effects CC 2018 的操作界面
	能力目标	1. 能够分辨不同视频格式的主要差异点; 2. 能够区分不同的景别; 3. 能够区分常用镜头表现手法
	素质目标	1. 培养学生自我学习的习惯和能力; 2. 培养学生实事求是的作风
思政素养		1. 培养学生尊重我国当前社会建设成果、热爱美好生活、热爱伟大祖国的意识; 2. 在讲解电视制式知识点的过程中,培养学生尊重规则、尊重他人劳动成果的理念; 3. 在讲解 After Effects 操作界面过程中,培养学生注重细节、精益创新的工匠精神
教学重难点	教学难点	1. 视频压缩编码格式; 2. 镜头的一般表现手法
	教学难点	1. 景别的分类; 2. Adobe After Effects CC 2018 的操作界面
建议学时		4 学时

1.1 电视制式

电视的制式就是电视信号的标准。它的区分主要在帧频、分辨率、信号带宽，以及载频、色彩空间的转换关系上。不同制式的电视机只能接收和处理相应制式的电视信号。但现在也出现了多制式或全制式的电视机，为处理不同制式的电视信号提供了极大的便利。全制式电视机可以在各个国家的不同地区使用。目前各个国家的电视制式并不统一，全世界目前有三种彩色制式。

1.1.1 PAL 制式

PAL 制式即逐行倒相正交平衡调幅制，它是德国在 1962 年制定的彩色电视广播标准，克服了 NTSC 制式色彩失真的缺点。中国、新加坡、澳大利亚、新西兰、英国等一些国家和地区使用 PAL 制式。根据不同的参数细节，它又可以分为 PAL－G、PAL－I、PAL－D 等制式，其中 PAL－D是我国采用的制式。

1.1.2 NTSC 制式(N 制)

NTSC 制式(N 制)是由美国国家电视标准委员会于 1952 年制定的彩色广播标准，它采用正交平衡调幅技术(正交平衡调幅制)，NTSC 制式有色彩失真的缺陷。美国、加拿大、日本、韩国等采用这种制式。

1.1.3 SECAM 制式

SECAM 是法文“顺序传送彩色信号与存储恢复彩色信号制”的缩写，是由法国在 1956 年提出，1966 年制定的一种新的彩色电视制式。它克服了 NTSC 制式相位失真的缺点，用时间分隔法来逐行依次传送两个色差信号。目前法国、东欧国家，中东部分国家使用 SECAM 制式。

1.2 常用视频压缩编码格式

1.2.1 AVI 格式

AVI，是音频视频交错(Audio Video Interleaved)的英文缩写。它可以将视频和音频交织在一起进行同步播放。AVI 是由微软公司发布的视频格式，在视频领域可以说是历史最悠久的格式之一。AVI 格式调用方便、图像质量好，压缩标准可任意选择，可以跨多个平台使用。

DV－AVI 格式。DV 的英文全称是 Digtal Video Format，常用的数码摄像机就是使用这种格式记录视频数据的。它可以通过摄像机的 IEEE 1394 端口传输视频数据到计算机，也可以将计算机中编辑好的视频数据回录到数码摄像机中。这种视频格式的文件扩展名一般也是 avi，所以人们习惯地称它为 DV－AVI 格式。

1.2.2 MPEG 格式

MPEG 的英文全称为 Motion Picture Experts Group，即运动图像专家组格式。MPEG 文

件格式是运动图像压缩算法的国际标准，它采用了有损压缩方法从而减少运动图像中的冗余信息。压缩时它会保留相邻两幅画面绝大多数相同的部分，而把后续图像中和前面图像有冗余的部分去除，从而达到压缩的目的。目前 MPEG 格式主要有 5 个压缩标准，分别是 MPEG－1、MPEG－2、MPEG－4、MPEG－7 及 MPEG－21 等。

MPEG－1 是针对 1.5 Mb/s 以下数据传输率的数字存储媒体运动图像及其伴音编码而设计的国际标准。也就是通常所见到的 VCD 制作格式。这种视频格式的文件扩展名包括 mpg、mlv、mpe、mpeg 及 VCD 光盘中的 dat 文件等。

MPEG－2 是为高级工业标准的图像质量以及更高的传输率而设计的。这种格式主要应用在 DVD/SVCD 的制作（压缩）方面，同时在些 HDTV（高清晰电视广播）和一些高要求的视频编辑、处理上也有相当的应用。这种视频格式的文件扩展名包括 mpg、mpe、mpeg、m2v 及 DVD 光盘上的 vob 文件等。

MPEG－4 是为了播放流式媒体的高质量视频而专门设计的，它可利用很窄的带宽，通过帧重建技术，压缩和传输数据，以求使用最少的数据获得最佳的图像质量。MPEG－4 最有吸引力之处在于它能够保存接近于 DVD 画质的小体积视频文件。这种视频格式的文件扩展名包括 asf、mov 和 avi 等。

MPEG－7 确切来讲并不是一种压缩编码方法，其目的是生成一种用来描述多媒体内容的标准，这个标准将对信息含义的解释提供一定的自由度，可以被传送给设备和电脑程序，或者被设备或电脑程序查取。继 MPEG－4 之后，要解决的矛盾就是对日渐庞大的图像、声音信息的管理和迅速的搜索。针对这个矛盾，MPEG 提出的解决方案就是 MPEG－7，它力求能够快速且有效地搜索出用户所需的不同类型的多媒体资料。MPEG－7 并不针对某个具体的应用，而是针对被 MPEG－7 标准化了的图像元素，这些元素将支持尽可能多的各种应用。换言之，MPEG－7 规定了一个用于描述各种不同类型多媒体信息的描述符的标准集合。

MPEG－21 标准是新一代多媒体内容描述标准，它吸收新技术，同时消除多媒体系统框架中的缺陷，使得由于不同的设备、体系结构和标准造成的隔阂被逐步消除。它对一些关键技术进行集成，通过这种集成环境对全球数字媒体资源进行透明和增强管理，实现内容描述、创建、发布、使用、识别、收费管理、版权保护、用户隐私权保护、终端和网络资源撷取及事件报告等功能。

1.2.3 H.264 格式

H.264 是国际标准化组织（ISO）和国际电信联盟（ITU）共同提出的数字视频压缩格式。H.264 在混合编码的框架下引入了新的编码方式，提高了编码效率，更贴近实际应用。H.264 的应用目标广泛，可满足各种不同速率、不同场合的视频应用，具有较好的抗误码和抗丢包的处理能力。H.264 的基本系统无须使用版权，具有开放的性质，能很好地适应 IP 和无线网络的使用,这对目前互联网传输多媒体信息、移动网中传输宽带信息等都具有重要意义。H.264 最大的优势是具有很高的数据压缩比率,在同等图像质量的条件下,H.264 的压缩比是 MPEG-2 的 2 倍以上,是 MPEG-4 的 1.5~2 倍。

1.2.4 MOV格式

MOV 即 QuickTime 影片格式,它是 Apple 公司开发的一种视频、音频格式,默认的播放器是苹果的 QuickTimePlayer。它具有较高的压缩比率和较完美的视频清晰度等特点,但其最大的特点还是跨平台性,不仅能支持 MacOS,同样也能支持 Windows 平台。

1.2.5 WMV格式

WMV(Windows Media Video)是微软开发的一系列视频编解码和其相关的视频编码格式的统称,是微软 Windows 媒体框架的一部分。WMV 文件一般同时包含视频和音频部分。视频部分使用 Windows Media Video 编码,音频部分使用 Windows Media Audio 编码。WMV 过去是微软 Silverlight 平台唯一支持的视频格式,但从其第三版开始也支持 H.264 编码格式了。WMV 的主要优点在于:可扩充的媒体类型、本地或网络回放、可伸缩的媒体类型、流的优先级化、多语言支持、扩展性等。

1.2.6 RMVB格式

RMVB 的前身为 RM 格式,它们是 Real Networks 公司制定的音频视频压缩规范,它的先进之处在于打破了原先 RM 格式平均压缩采样的方式,在保证平均压缩比的基础上合理利用比特率资源,对静止和动作场面少的画面场景采用较低的编码速率,这样可以留出更多的带宽空间,而这些带宽会在出现快速运动的画面场景时被利用。根据不同的网络传输速率,制定出不同的压缩比率,大幅提高了运动图像的画面质量,使图像质量和文件大小之间达到微妙的平衡,从而实现在低速率的网络上进行影像数据实时传送和播放。

1.2.7 3GP格式

3GP 是一种 3G 流媒体的视频编码格式,主要是为了配合 3G 网络的高传输速度而开发的,该格式是“第三代合作伙伴项目”(3GPP)制定的一种多媒体标准,使用户能使用手机享受高质量的视频、音频等多媒体内容。其核心由包括高级音频编码(AAC)、自适应多速率(AMR)和 MPEG-4 和 H.263 视频编码解码器等组成,目前大部分支持视频拍摄的手机都支持 3GP 格式的视频播放。其特点是网速占用较少,但画质较差。

1.2.8 F4V格式

F4V 是 Adobe 公司为了迎接高清时代而推出继 FLV 格式后的支持 H.264 的流媒体格式。作为一种更小、更清晰、更利于在网络传播的格式,F4V 已经逐渐取代了传统 FLV,也已经被大多数主流播放器兼容播放。它和 FLV 主要的区别在于,FLV 格式采用的是 H.263 编码,而F4V则支持H.264编码的高清晰视频，码率最高可达50 Mb/s。也就是说F4V和FLV在同等体积的前提下，能够实现更高的分辨率，并支持更高比特率，就是我们所说的更清晰、更流畅。另外，很多主流媒体网站上下载的F4V文件后缀为FLV，这是F4V格式的另一个特点，属于正常现象，观看时可明显感觉到这种实为F4V的FLV有明显更高的清晰度和流畅度。

1.3 景别

景别是指由于摄影机与被摄体的距离不同，而造成被摄体在摄影机寻像器中所呈现出的范围大小的区别。景别的划分，一般可分为五种，由近至远分别为特写（指人体肩部以上）、近景（指人体胸部以上）、中景（指人体膝部以上）、全景（指人体的全部和周围部分环境）、远景（指被摄体所处环境）。在电影中，导演和摄影师利用复杂多变的场面调度和镜头调度，交替使用各种不同的景别，可以使影片剧情的叙述、人物思想感情的表达、人物关系的处理更具有表现力，从而增强影片的艺术感染力。

1.4 镜头的一般表现手法

镜头是影视创作的基本单位，一个完整的影视作品，是由一个一个的镜头完成的，离开独立的镜头，也就没有了影视作品。通过多个镜头的组合与设计的表现，完成整个影视作品镜头的制作，所以说，镜头的应用技巧也直接影响影视作品的最终效果。

1.4.1 推拉镜头

镜头的推、拉技巧是一组在技术上相反的技巧，在非线性编辑中往往可以使用其中的一个来实现另一个的技巧。推镜头相当于沿着与物体之间的直线距离向物体不断走近观看，而拉镜头则是摄像机不断地远离被拍摄的物体。推、拉镜头是拍摄中比较常用的一种拍摄手法，它主要利用摄像机前、后移动或变焦来完成。这两种镜头的运用，主要突出表现整体与局部的关系。

如图1-1所示为推镜头的应用效果。

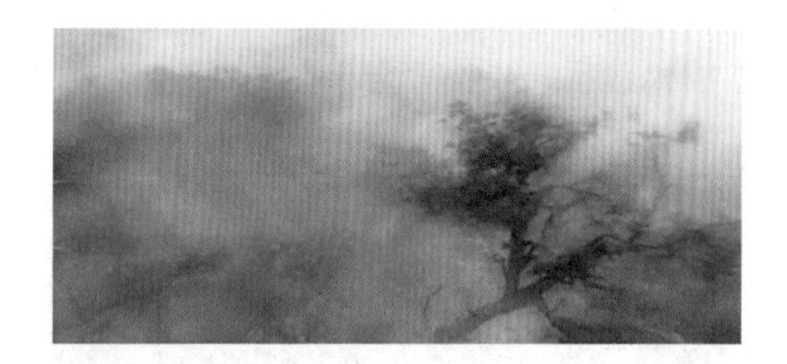

图1-1 推镜头

1.4.2 摇镜头

摇镜头也称为摇拍，在拍摄时相机不动，只摇动镜头做左右、上下、移动或旋转等运动，使人感觉在逐渐观看对象的一个部位到另一个部位。这非常类似于人站着不动，而通过转动头来观看事物。摇镜头的作用使得观众对所要表现的场景进行逐一观看，缓慢的摇镜头技巧，也能造成拉长时间和空间的效果，给人一种加深印象的感觉。

摇镜头分为好几类，可以左右摇，也可以上下摇，还可以斜摇或者与移镜头混合在一起。摇镜头把内容表现得有头有尾，一气呵成，因而要求开头和结尾的镜头画面目的很明确，从一定的被拍摄目标摇起，到一定的被拍摄目标上结束，并且两个镜头之间的一系列过程也应该是被表现的内容，用长焦镜头远离被拍摄对象进行遥拍，也可以造成横移或者升降的效果。镜头的运动速度一定要均匀，起幅先停顿片刻，然后逐渐加速、匀速、减速再停顿，落幅要缓慢。

如图 1－2 所示为摇镜头的应用效果。

图 1－2　摇镜头

1.4.3　移镜头

移镜头也称为移动拍摄，它是将摄像机固定在移动的物体上做各个方向的移动来拍摄不动的物体，使不动的物体产生运动效果，形成巡视或展示的视觉感受。这种镜头的作用是为了表现场景中的人与物、人与人、物与物之间的空间关系，或者把一些事物连贯起来加以表现。

移镜头和摇镜头有相似之处，都是为了表现场景中的主体与陪体之间的关系，但是在画面上给人的视觉效果是完全不同的。摇镜头是摄影机的位置不动，拍摄角度和被拍摄物体的角度在变化，适合于拍摄远距离的物体。而移镜头则是拍摄角度不变，摄像机本身位置移动，与被拍摄物体的角度无变化，适合于拍摄距离较近的物体和主体。

如图 1－3 所示为移镜头的应用效果。

图 1－3　移镜头

1.4.4 跟镜头

跟镜头也称为跟拍，在拍摄过程中找到兴趣点，然后跟随主体进行拍摄。跟拍使处于动态中的主体在画面中保持不变，而前后景可能在不断地变换。这种拍摄技巧既可以突出运动中的主体，又可以交代运动物体的运动方向、速度、体态及其与环境的关系，使运动物体的运动保持连贯，有利于展示人物在动态中的精神面貌，给人一种身临其境的感觉。

如图 1－4 所示为跟镜头的应用效果。

图 1－4　跟镜头

1.4.5 升降镜头

升降镜头是指摄像机上下运动拍摄的画面，是一种从多视点表现场景的方法，其变化的技巧有垂直升降、斜向升降和不规则升降。在拍摄的过程中，不断改变摄像机的高度和仰俯角度，会给观众造成丰富的视觉感受。如果能巧妙地利用前景，则可以增加空间深度的幻觉，产生高度感，升降镜头在速度和节奏方面如果运用适当，则可以创造性地表达一个情节的情调。它常常用来展示事件的发展规律或者处于场景中上下运动的主体运动的主观情绪。如果在实际的拍摄中与镜头表现的其他技巧结合运用，能够呈现变化复杂的视觉效果。

如图 1－5 所示为升降镜头的应用效果。

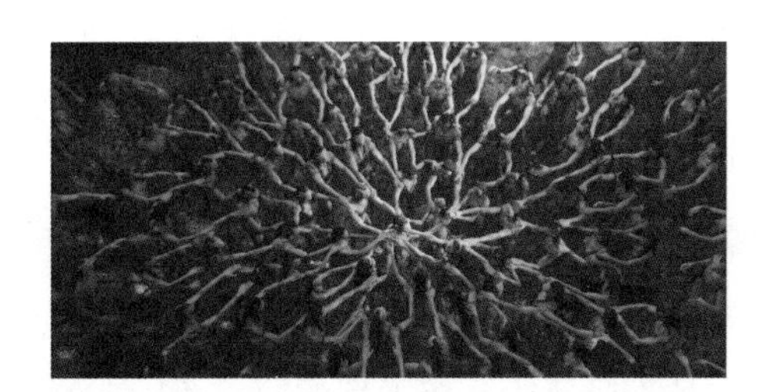

图 1－5　升降镜头

1.5 After Effects 工作界面

如同 Adobe 其他软件一样，After Effects 同样拥有非常人性化的工作界面，用户可以根据自己的喜好来设置工作模式。

知识能力目标：

◆熟悉项目面板，掌握导入素材的方法。

◆熟悉合成面板的使用。

◆熟悉时间线面板的使用。

◆认识其他常用工作面板。

◆掌握定制工作界面的方法。

第一次打开 After Effects CC 2018 软件之后，默认是标准用户界面。该界面包括主菜单、工具栏、项目面板、合成面板、效果和预置面板、时间线面板，如图 1-6 所示。

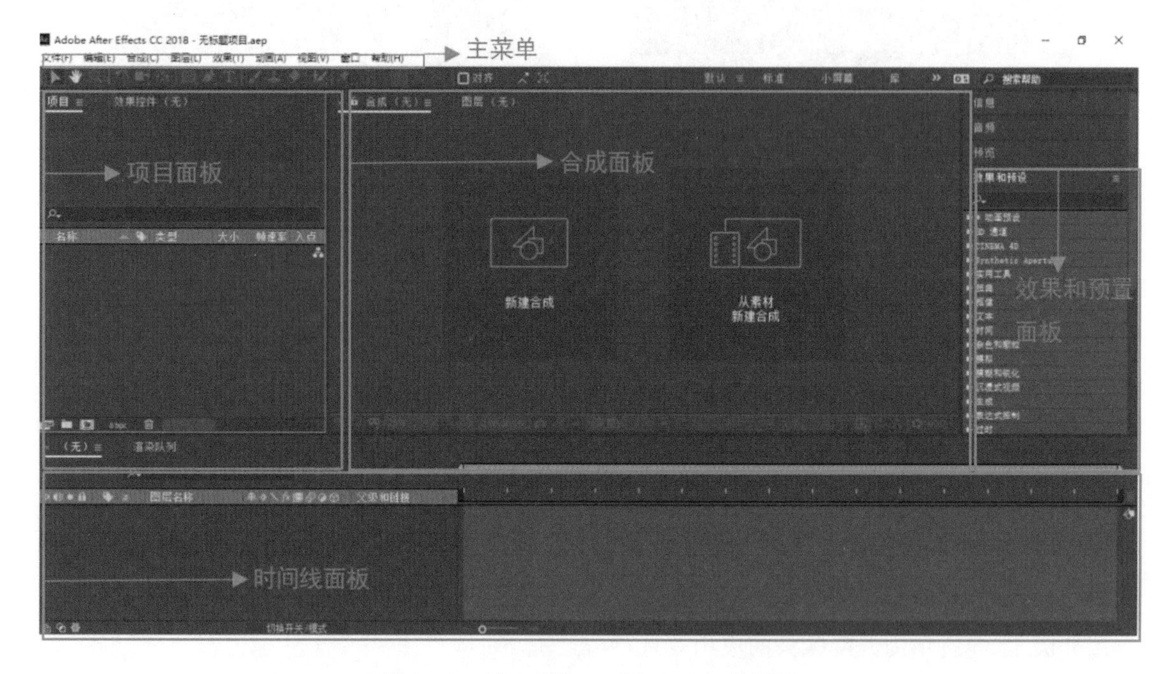

图 1-6 After Effects CC 2018 工作界面

1.5.1 【项目】面板

启动 After Effects CC 2018 软件之后，可以看到多个工作面板，下面来简单认识一下它们。

如图 1-7 所示为【项目】面板，也有称为工程窗口的，这是一个用于导入和管理素材的窗口。它是我们开始合成工作的第一步，在 After Effects 中占据着重要的位置。

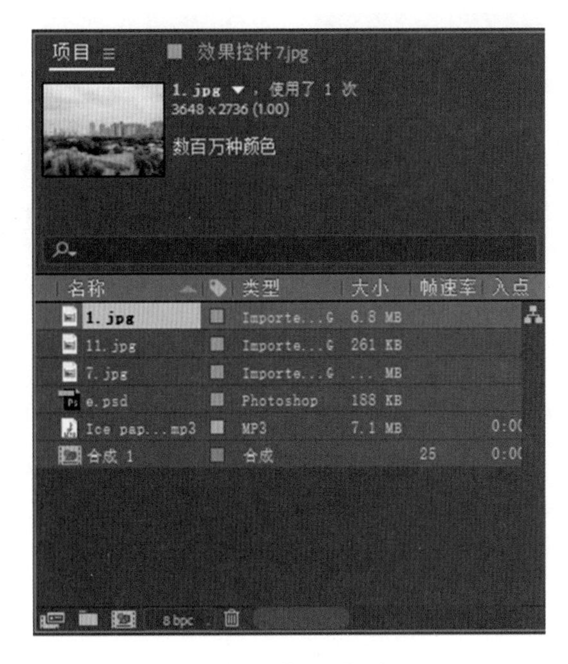

图 1-7　【项目】面板

导入素材的方法主要有以下几种。

(1) 在【项目】面板中空白处双击鼠标左键，就会弹出【导入文件】对话框。在对话框中找到需要的素材，单击【打开】按钮即可导入素材。如果要导入文件夹，单击【导入文件夹】按钮即可。导入的素材即会出现在【项目】窗口中。

(2) 执行【文件】|【导入】|【文件】命令，或按 Ctrl+L 组合键，在打开的【导入文件】对话框中选择需要导入的素材，然后单击【打开】按钮即可。

(3) 在【项目】面板中空白处单击鼠标右键，在弹出的快捷菜单中选择【导入】|【文件】命令，在打开的【导入文件】对话框中选择需要导入的素材，然后单击【打开】按钮即可。

(4)在硬盘中选择需要导入的素材文件或者文件夹，直接将其拖曳到 After Effects 软件的【项目】面板即可。

1.5.2 【合成】面板

在【合成】面板中能够直观地观察要处理的素材文件，同时【合成】面板并不只是一个效果显示窗口，在【合成】面板中还可以对素材进行直接处理，而且在 After Effects 中绝大部分操作都要依赖【合成】面板来完成。

启动 After Effects CC 2018 软件，可以在【合成】面板中单击【新建合成】按钮建立合成，如图 1-8 所示。

在弹出的【合成设置】对话框中进行一些设置后，单击【OK】按钮，即可产生新合成，如图 1-9所示。

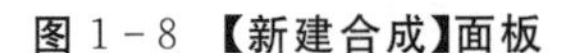

图 1－8 【新建合成】面板

图 1－9 【合成】面板

在【项目】面板中选择素材，按住鼠标左键将其拖入到旁边的【合成】面板中，即可将素材加入合成，可以看到，拖入【合成】面板的素材同时在【合成】面板中显示影像并在【时间线】面板中显示为层。【合成】面板和【时间线】面板是密不可分的。每个合成总是同时在【合成】面板和【时间线】面板并存。

在【合成】面板中可以预演节目，并手动对素材层进行移动、缩放、旋转等操作。它主要就是对层的空间位置进行操作。【合成】面板的中间区域显示影片，周围的灰色区域是可操作区域。例如，可以将影片拖到显示区域以外，这样就看不到或者只能看到部分影片了，以此来产生影片的位置动画。稍后的学习中将接触到这一内容。

【合成】面板的下方是一些常用的工具，今后我们将结合具体应用对这些工具进行学习。

1.5.3 【时间线】面板

在 After Effects 软件中，【时间线】面板是需要重点学习的部分，因为它的功能较其他面板来说都显得更为复杂，也更为重要。将【项目】面板中的素材拖曳到时间线上并确定好位置后，位于【时间线】面板上的素材会通过各个层的状态存在。各个层都具有属于自己的时间和空间，而【时间线】面板就是控制层的效果或运动的平台。简而言之，【时间线】面板就是在 After Effects 中可以控制所有的选项，并使之发生变化的部分。在 After Effects 中，层的显示与 Photoshop 是一样的。位于最上端的层显示在最上面，而下端的层则会被上面的层遮住。层的使用方法也与 Photoshop 是相同的，一个一个的层在【时间线】面板集中，然后制作自己需要的运动和效果。在实际制作过程中，它几乎包括了 After Effects 中的一切操作。

【时间线】面板以时间为基准对层进行操作，它包括三大区域：控制面板区域、层区域和时间线区域，如图 1－10 所示。

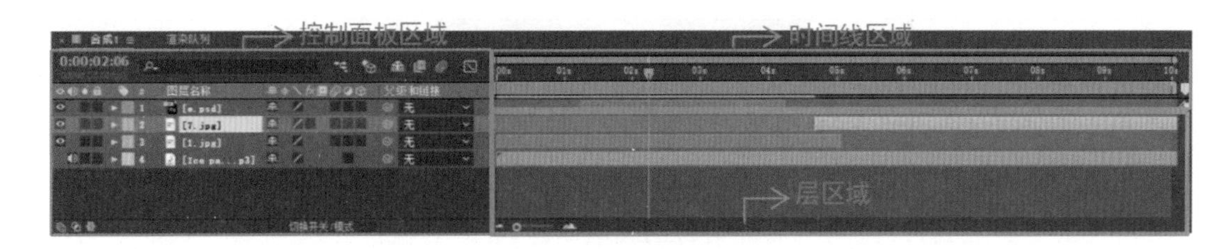

图1-10 【时间线】面板

1）控制面板区域

下面对控制面板区域中的重要组件进行介绍。

【当前时间数值】框0:00:00:20：这里显示当前图像所处的时间位置，即时间线区域中时间指示器所处的位置。在【当前时间数值】框中输入时间，时间指示器可自动移至所输入时间处，显示该处图像。按住Ctrl键单击该数值框，可以在时码显示模式和帧显示模式间切换。

【搜索栏】：搜索栏位于控制面板区域的左上方。在搜索栏中输入关键词，即可找到目标对象。

【素材特征描述】面板：可以在素材特征描述面板中对素材进行隐藏、锁定等操作，如图1-11所示。

图1-11 【素材特征描述】面板

视频开关：用来控制是否显示素材图像(声音素材无此开关)。此开关在合成中用来显示或隐藏层。

音频开关：用来控制是否具有音频(不含音频的素材无此选项)。此开关可以控制合成在预视和渲染时使用或忽略层的音频轨道。

独奏开关：打开开关，【合成】面板中仅显示当前层。如果同时有多个层打开独奏开关，则【合成】面板中显示所有打开独奏开关的层。这是一个非常有用的功能，例如，在调节特效时，仅显示目标层，会大大加快刷新速度。

锁定开关：用来锁定或开启一个层。锁定一个层后，该层将不能被用户操作。

【层概述】面板：层概述区域主要包括素材的名称和素材的层编号等组件，并能在其中对素材属性进行编辑，如图1-12所示。

图 1－12 【层概述】面板

单击最左侧的三角按钮可展开素材的各项属性,并对其进行设置。

颜色标记:用于区别不同类型的合成和素材。层的颜色标记是与素材的文件类型相关的,如视频、静态图片、音频等。同时,颜色标记还具有快捷选择多个层的作用。

编号标记:After Effects 自动对合成中的层进行编号,层的编号以层在合成中的位置为准,处于最上方的层编号总是为 1。通过按数字键盘上的数字键,可以在层 1～9 中直接对层进行选取。默认情况下,在【时间线】面板中的层均使用其源文件名。但层的名称可以更改,使各层便于区分。选择要改名的层,将游标移至其名称上。按下主键盘的 Enter 键,输入一个新名称,再次按下 Enter 键,应用新名称。

【开关】面板:开关面板中有 8 个具体控制合成效果的开关,它们控制层的各种显示和性能特征,如图 1－13 所示。单击“Timeline”窗口下方的按钮可以迅速隐藏或显示开关面板。

图 1－13 【开关】面板

消隐开关:该开关可以将层标识为隐藏状态,将【时间线】面板中的层隐藏。主要用于简化界面,不影响影片在【合成】面板中的显示。在层比较多的项目中尤其有用。但它要配合上面的按键才能产生效果,这个按键就相当于一个总开关。

质量和采样开关:用来设置素材在【合成】面板中的品质。为草图质量,在该质量模式下显示和渲染层时,不使用反锯齿和子像素技术,并忽略某些效果,图像比较粗糙。是双立方采样,在某些情况下,使用此采样可获得明显更好的结果,但速度更慢。为最高质量,在该质量模式下显示和渲染层的时候,使用反锯齿和子像素技术,并应用一切效果,图像质量最好,但需要大量时间计算。选择【图层】|【品质】|【线框】命令,可显示线框图,此时,在【时间轴】面板的图层上会出现图标,在该质量模式下只显示层的外框,可以利用线框质量模式调整层的位置和尺寸。

效果开关:在层上应用了特效以后,就会显示出该图标,利用该开关,可以打开或关闭应用于层的特效。要注意这里关闭的是应用于该层的所有效果,可以加快预览速度。

帧融合:这个功能可以在渲染的时候,对影片进行柔和处理,一般是在使用延伸时间以后进行应用。增加影片的长度,当影片中产生脱帧的感觉时,选择帧融合图标,会实现一定程度的补正。使用方法是先选择影片文件的层,在选定层的帧融合上单击,然后单击时间线上面的帧融合总开关,即可打开。

运动模糊:这个功能是在After Effects中为移动的动画添加运动模糊。它和帧融合命令一样,必须在时间线上方的按钮中打开运动模糊总开关才可以应用。

调整图层:使用调整图层可以将原来的层转换成透明层,在应用了调整图层后,调整图层以下的所有图层都受调整图层作用,通常在对下面存在的图层的整体应用统一效果的时候才会用到。

3D层:其作用是将2D层变换成3D层,以便可以在三维空间中使用2D层。选择这项功能以后,该图层变换属性中会增加一个Z轴属性,同时该图层还多了一个材质选项属性,这部分内容在后面的章节中有详细介绍。

2)时间线区域

时间线区域包括时间标尺、时间指示器、当前工作区域及合成的持续时间条,时间线区域是【时间线】面板工作的基准,它承担着指示时间的任务。

【时间标尺】:时间标尺用来显示时间信息,如图1-14所示。默认状态下,时间标尺由零开始计时。可以在【合成设置】对话框的【开始时间码】栏中改变时间标尺的开始计时位置。

图1-14 时间标尺

【当前时间指示器】:当前时间指示器用来指示时间位置,如图1-15所示。选中时间指示器,按住鼠标左键,在时间标尺上左右拖动,可以改变合成的时间位置。

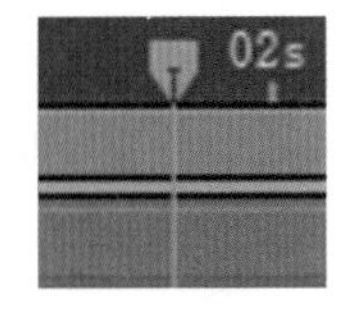

图1-15 当前时间指示器

(3)层区域

将素材调入合成中后,素材将以层的形式排列在层区域中,如图1-16所示。在层区域中可以看到，最上层的橙色部分为有效显示区域，而两端的灰色部分则不在合成中显示。

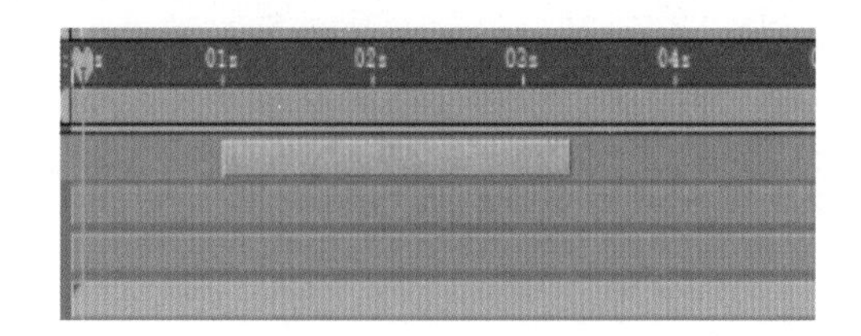

图 1-16 层区域

1.5.4 设置工作界面

After Effects CC 2018 的工作界面是可以自己定制的，根据工作内容的不同，可以定制不同的工作界面。在开始工作前，我们先把不需要的窗口和面板隐藏起来，以提高工作效率。After Effects CC 2018 将各个窗口和面板整合在了一起，在调整一个窗口时也会联动相邻的窗口和面板，这样使得整个界面更加规整、条理化。【窗口】菜单中的【工作区】子菜单如图 1-17 所示，该菜单提供了多种不同的操作界面模式供用户选择。当然，也可以根据需要，定制自己的工作界面。下面我们来学习如何定制自己的工作界面。

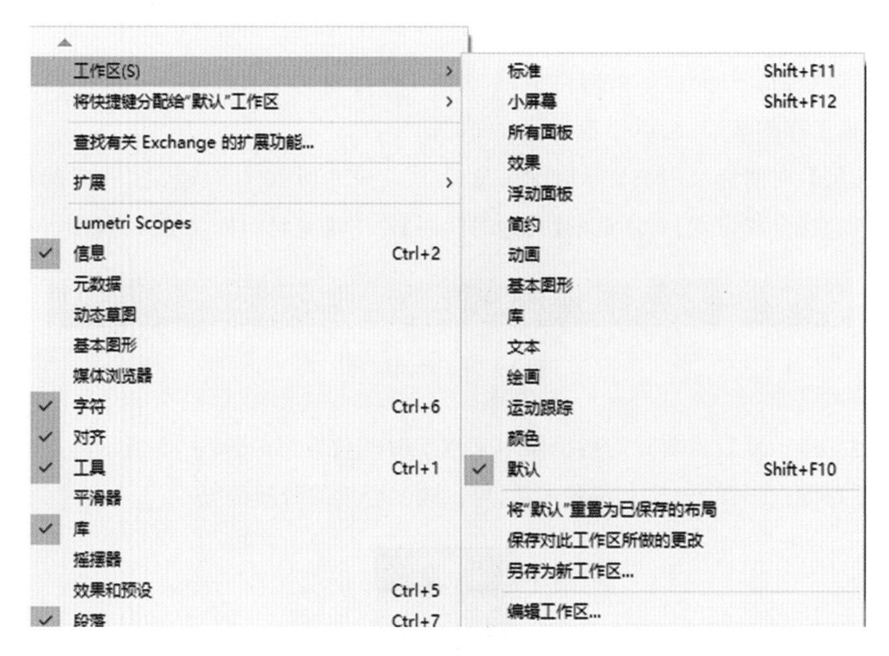

图 1-17 【工作区】子菜单

1）自定义工作界面

选择一个窗口或面板，将光标移动到其左上方，按住鼠标左键将其拖动到目标位置，可以看到目标窗口或面板的四周出现了 4 个梯形框，如图 1-18 所示。

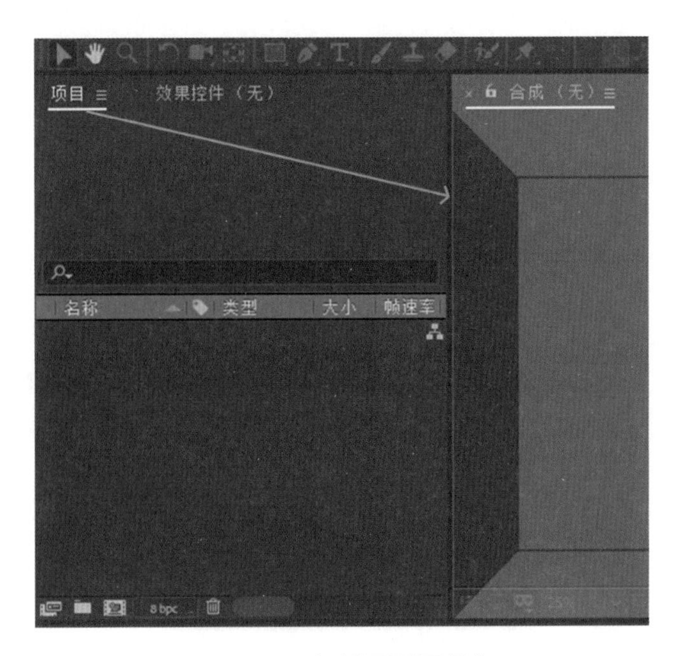

图 1－18　**移动【项目】面板前**

将窗口或面板拖动到目标位置对应的梯形框中即可。如图 1－19 所示即是拖动【项目】面板到【合成】面板左侧的效果。

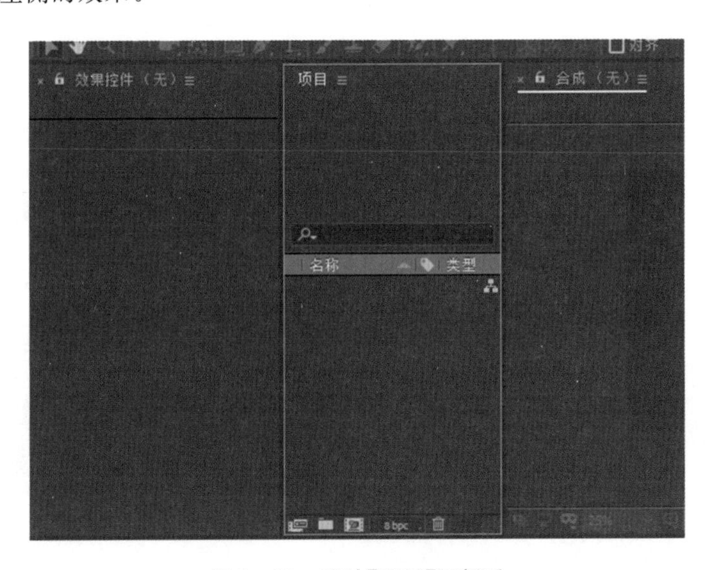

图 1－19　**移动【项目】面板后**

拖动的目标位置不同，界面的安排也会有所不同。例如，若拖动到中间的矩形框中、目标窗口或面板的标签旁，则产生共用的复合面板，如图 1－20 所示。

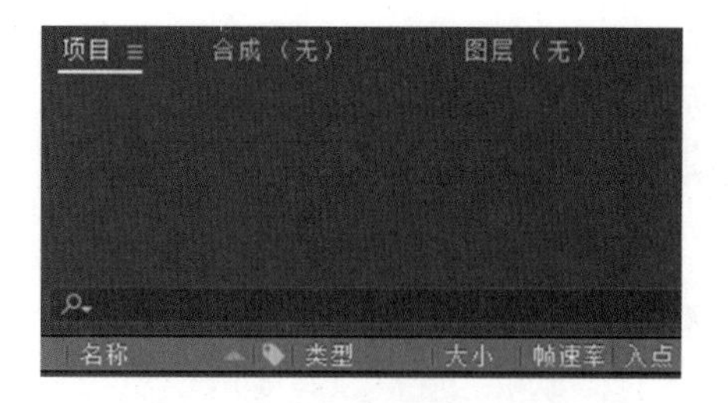

图 1-20 复合面板的形式

设置好自己需要的工作界面布局后，在菜单栏中选择【窗口】|【工作区】|【另存为新工作区】命令，在弹出的【新建工作区】对话框的【名称】文本框中输入名称即可，如图 1-21 所示。

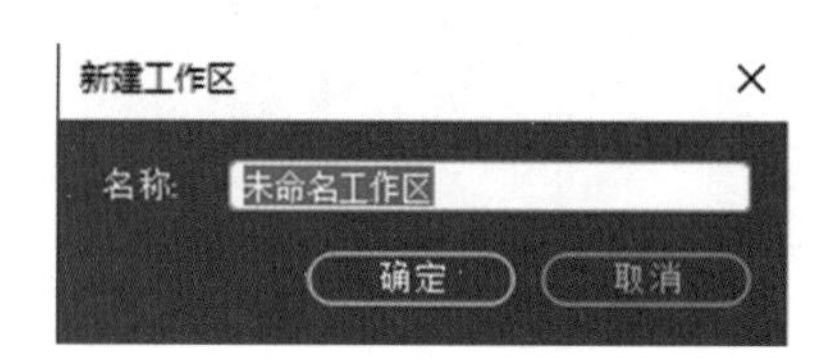

图 1-21 【新建工作区】对话框

2)面板的浮动操作

After Effects CC 2018 的工作界面中，面板既可分离又可停靠，分离的操作方法有三种，下面以分离【合成】面板为例。

第一种，单击【合成】面板左上角的弹出菜单按钮，在弹出的下拉菜单中选择【浮动面板】命令，如图 1-22 所示。执行操作后，【合成】面板将会独立显示出来，效果如图 1-23 所示。

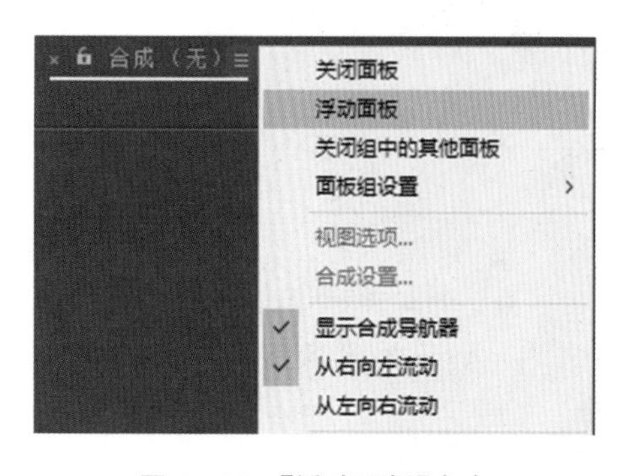

图 1-22 【浮动面板】命令

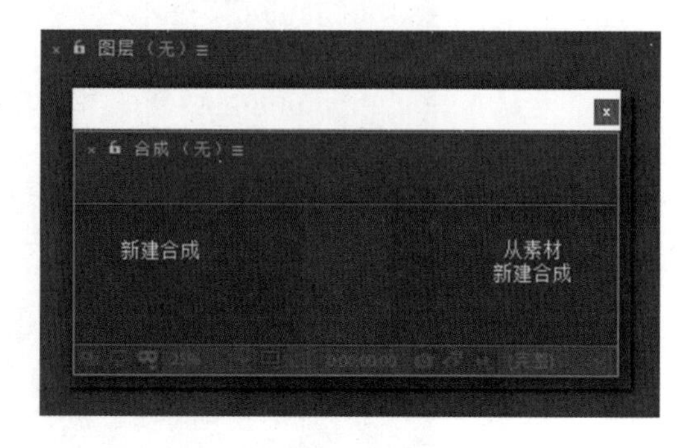

图 1-23 【合成】面板独立显示

第二种，按住 Ctrl 键的同时，按住鼠标左键，将面板拖曳到其他位置，释放鼠标，此时面板将变成浮动状态。

第三种，按住鼠标左键将面板拖曳出应用程序窗口的边界即可。

3）调节面板的尺寸

将鼠标指针放置在相邻面板的边界处，若光标变成十字形箭头形状，则可以同时调整面板左右和上下的尺寸。若光标变成左右箭头形状（或上下箭头形状），则可以单独调整面板左右（或者上下）的尺寸。

第2章 基础合成

内容提要

对于After Effects的初学者来说，无论是制作一条简单的字幕，还是制作一段复杂的影视特效，首先都要了解After Effects创建视频的基本制作流程。本章主要介绍After Effects的时间轴控制面板的相关操作，并结合简单的实例，介绍如何利用After Effects制作完整的动画。

学习导航

<table>
<tr><td colspan="2">学习内容</td><td>基础合成</td></tr>
<tr><td rowspan="3">教学目标</td><td>知识目标</td><td>1. 了解After Effects的工作流程；
2. 掌握图层的概念及分类；
3. 掌握图层的基本属性设置；
4. 了解关键帧的作用</td></tr>
<tr><td>能力目标</td><td>1. 能够制作关键帧动画；
2. 能够熟练绘制运动草图；
3. 能够使用关键帧辅助调节关键帧动画</td></tr>
<tr><td>素质目标</td><td>1. 具有良好的语言表达能力，能与他人进行良好的沟通交流；
2. 具有较强的沟通协调能力，能与他人建立良好的人际关系</td></tr>
<tr><td colspan="2">思政素养</td><td>1. 在关键帧动画制作过程中，培养学生耐心细致、高效、持之以恒的工作态度；
2. 通过倒计时效果的制作，培养学生专注敬业、精益求精的工匠精神</td></tr>
<tr><td rowspan="2">教学重难点</td><td>教学难点</td><td>1. 图层的基本属性设置；
2. 关键帧动画的制作</td></tr>
<tr><td>教学难点</td><td>1. 动画图表编辑器的使用；
2. 运动草图的绘制方法</td></tr>
<tr><td colspan="2">建议学时</td><td>4学时</td></tr>
</table>

2.1　After Effects 工作流程

在 After Effects 中制作项目文件时，需要进行一系列流程操作才可完成项目的制作。现在来学习一下这些流程的基本操作方法。

2.1.1　合成的创建与设置

在制作项目时，首先要新建合成，然后导入所需素材文件，并在【时间轴】面板或【效果控件】面板中设置相关的属性，最后导出视频完成项目制作。

(1)新建合成。在【项目】面板中单击鼠标右键执行【新建合成】，在弹出的【合成设置】对话框中设置【合成名称】为 01，【预设】为自定义，【宽度】为 1 778，【高度】为 1 000，【像素长宽比】为方形像素，【帧速率】为 25，【分辨率】为完整，【持续时间】为 8 秒，单击【确定】按钮，如图 2－1 所示。

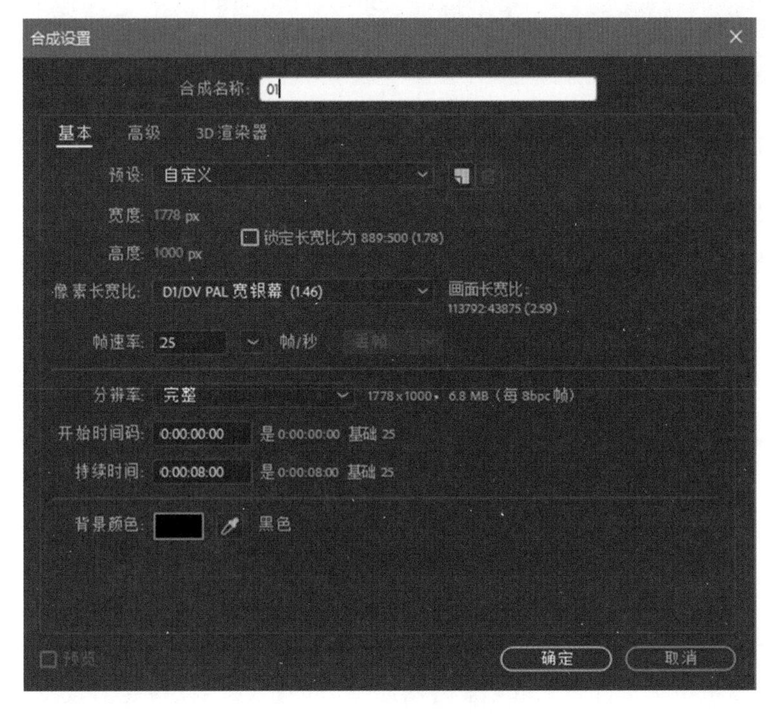

图 2－1　合成设置界面

(2)导入素材。执行【文件】|【导入】|【文件】命令或使用导入文件的快捷键 Ctrl+I，在弹出的【导入文件】对话框中选择所需要的素材，单击【导入】按钮导入素材，在【项目】面板中将素材拖曳到【时间轴】面板中，如图 2－2 所示。

图 2-2　导入素材

2.1.2　添加效果

添加锐化效果。在【效果和预设】面板中搜索【锐化】效果，并将其拖曳到【时间轴】面板中的1.jpg图层上，如图2-3所示。

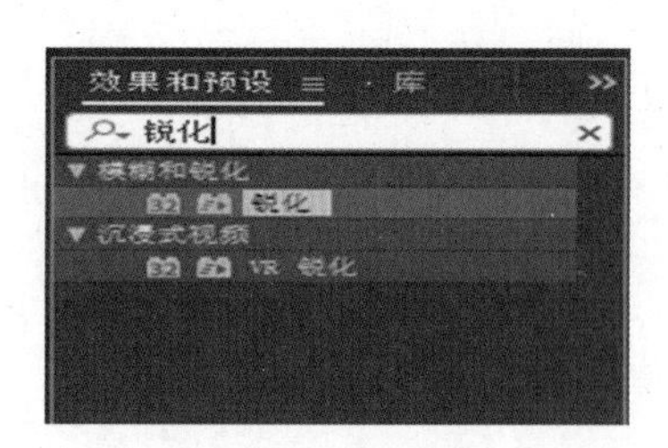

图 2-3　选择效果

在【时间轴】面板中单击打开1.jpg素材图层下方的【效果】|【锐化】，设置参数，如图2-4所示。

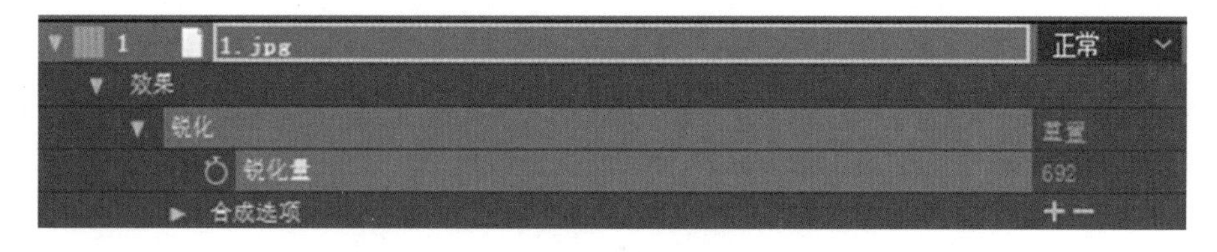

图 2-4　效果参数设置

2.1.3　导出视频

(1)打开【时间轴】面板,使用【渲染队列】快捷键 Ctrl+M,单击【输出模块】的【无损】,在弹出的【输出模块设置】对话框中设置【格式】为 AVI，如图 2－5 所示。

(2)单击【输出到】后面的文字,在弹出的【将影片输出到】对话框中设置文件保存路径,设置完成后单击【保存】按钮完成此操作。

(3)在【渲染队列】面板中单击【渲染】按钮,如图 2－6 所示,待听到提示音时渲染输出完成。

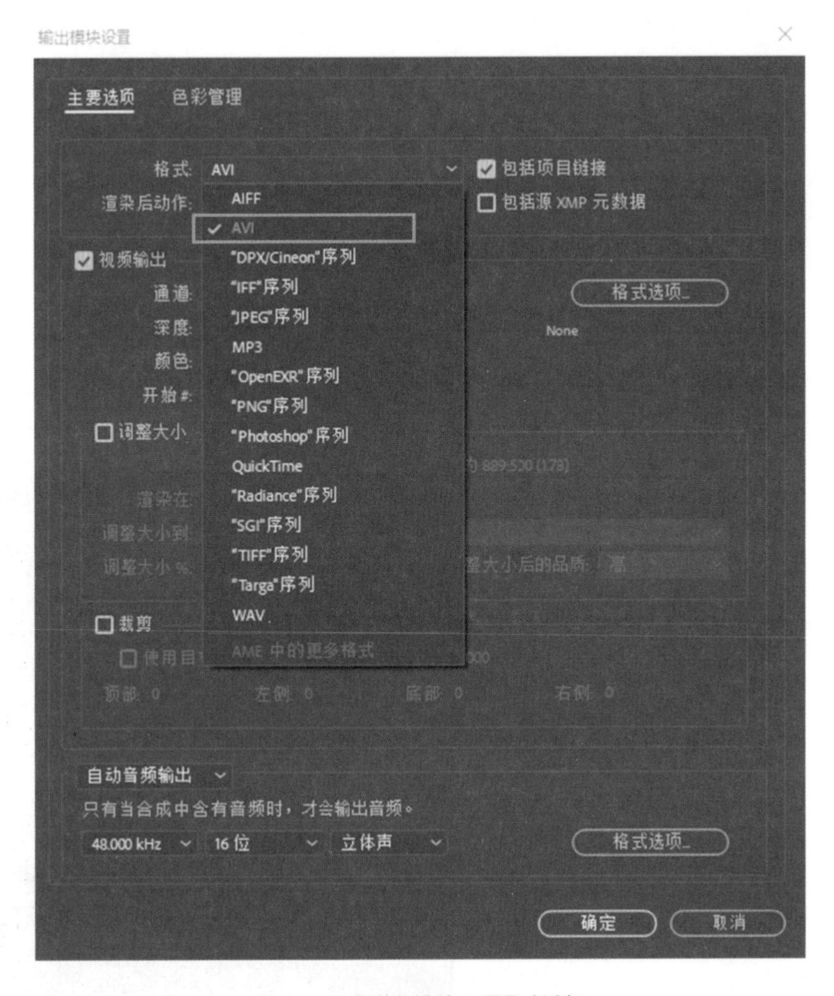

图 2－5　【输出模块设置】对话框

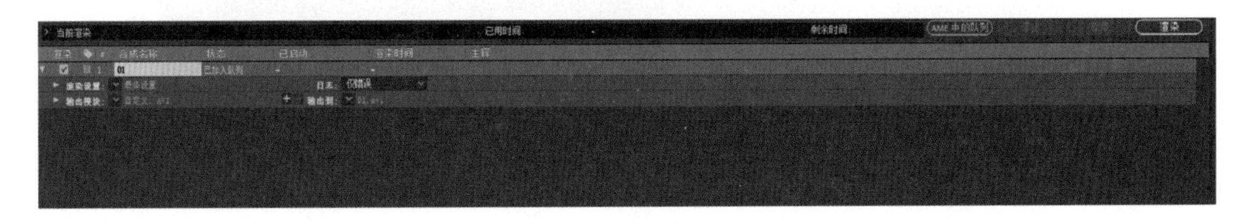

图 2－6　视频渲染

2.2 图层

After Effects 是一款图层编辑式的后期软件，最基本的元素就是图层。在合成作品时将一层层的素材按照顺序叠放在一起，组合起来就形成了画面的最终效果。在 After Effects 中每种图层类型具有不同的作用。例如，文本图层可以为作品添加文字，形状图层可以绘制各种形状，调整图层可以统一为图层添加效果等。所以图层在 After Effects 中是最为重要的组成部分之一。

2.2.1 图层的创建与图层类型

在 After Effects 中，创建图层的方式主要有两种。

方法 1：执行菜单栏命令中的【图层】|【新建】，如图 2－7 所示。

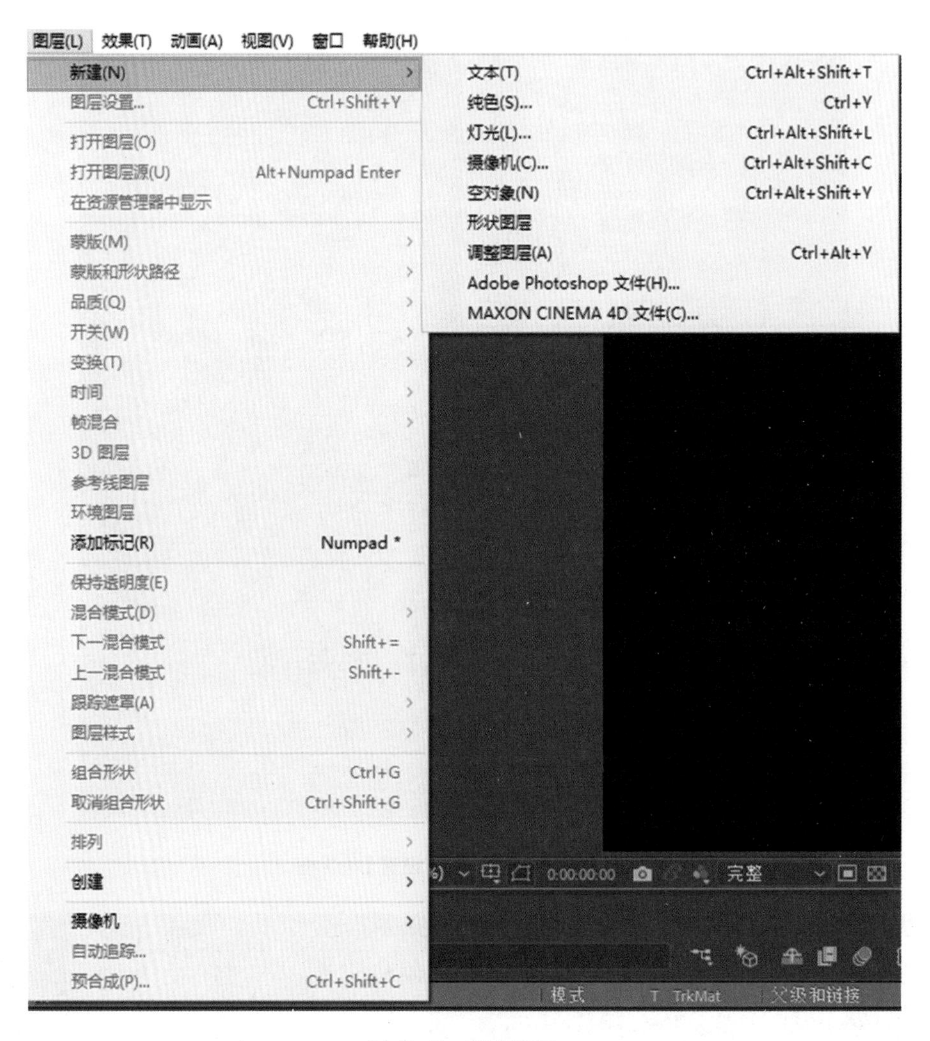

图 2－7　新建图层

方法 2：在时间轴面板图层部分空白处单击鼠标右键，在弹出的菜单中选择【新建】即可，如图 2-8 所示。

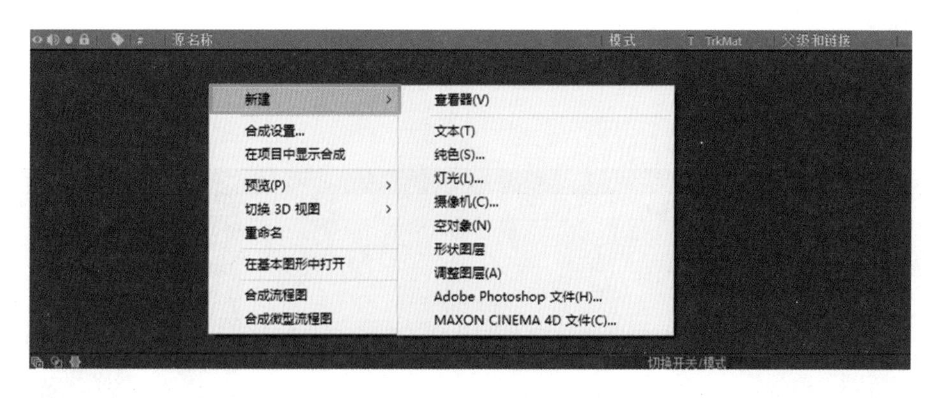

图 2-8 新建图层

在 After Effects 中，常用的图层类型主要包括【文本】、【固态/纯色】、【灯光】、【摄像机】、【空对象】、【形状图层】、【调整图层】等，在时间轴面板中单击鼠标右键，执行【新建】命令即可看到这些类型。

After Effects 中的图层主要有以下几种。

(1)素材层：将素材拖入时间轴窗口中形成的图层。

(2)文字层：建立文字层后，合成窗口中会有一些闪烁光标，用户可以在窗口中创建任意文字，为作品添加文字效果，如字幕、解说等。

(3)固态层：固态层是一张不透明的纯色图像。当用户所需滤镜不能加在素材层上时，即可创建一个固态层，用于承载滤镜。

固态层可用快捷键 Ctrl+Y 进行创建，创建完毕后，如果想要重新调整固态层的属性，可以选择【图层】|【固态层设置】命令进行修改。

(4)灯光层：After Effects 中可以创建模拟真实世界中不同类型的灯光，包括聚光灯、平行光、环境光等，属于三维图层。

(5)摄像机层：模拟真实世界中的摄像机，与灯光层一样，本身是三维图层。

(6)空物体层：这是一个虚拟物体，在合成中使用线框表示，并没有真实的像素，所以也无法将其渲染出来。它同样具有图层的基本属性，多数情况下用来做父子关系的链接。

(7)形状图层：可在合成中绘制矢量形状。

2.2.2 图层的基本操作

1)选择单个图层

方法 1：在【时间轴】面板中单击选择【图层】。

方法 2：在键盘上右侧的小数字键盘中按图层对应的数字即可选中相应的图层。

方法 3：在当前未选择任何图层的情况下，在【合成】面板中单击想要选择的图层，此时在【时间轴】面板中可以看到相应图层已被选中。

2）选择多个图层

方法 1：在【时间轴】面板中将光标定位在空白区域，按住鼠标左键向上拖曳即可框选图层，如图 2－9 所示。

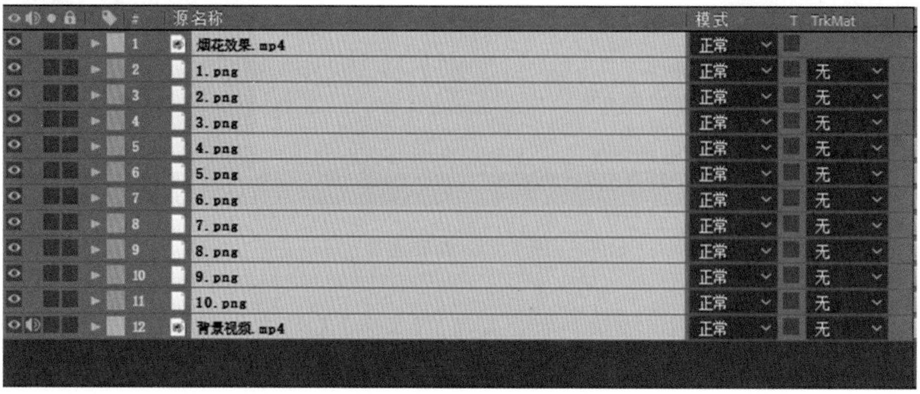

图 2－9　框选多个图层

方法 2：在【时间轴】面板中按住 Ctrl 键的同时，依次单击相应图层即可加选这些图层。

方法 3：在【时间轴】面板中按住 Shift 键的同时，依次单击需要选择的起始图层和结束图层，即可连续选中这两个图层和这两个图层之间的所有图层。

3）重命名图层

在创建图层完毕后，可为图层重新命名，方便以后进行查找。在【时间轴】面板中单击选中需要重命名的图层，然后按 Enter 键，即可输入新名称。输入完成后单击图层其他位置或再次按 Enter 键即可完成重命名操作，如图 2－10 所示。

图 2－10　重命名图层

4)删除图层

在【时间轴】面板中单击选中一个或多个需要删除的图层,然后按 Backspace 或 Delete 键即可删除选中图层。

5)调整图层顺序

在【时间轴】面板中单击选中需要调整的图层并将光标定位在该图层上,然后按住鼠标左键并拖曳至某图层上方或下方,即可调整图层顺序。不同图层顺序会产生不同画面效果。也可使用快捷键:【图层置顶】快捷键为 Ctrl+Shift+]、【图层置底】快捷键为 Ctrl+Shift+[、【图层向上】快捷键为 Ctrl+]、【图层向下】快捷键为 Ctrl+[。

6)复制与粘贴图层

在【时间轴】面板中单击选中需要进行复制的图层 然后使用【复制图层】(快捷键 Ctrl+C)和【粘贴图层】(快捷键 Ctrl+V),即可复制得到一个新的图层。

此外,在【时间轴】面板中单击选中需要复制的图层,然后按快捷键 Ctrl+D 即可复制图层。

7)隐藏与显示图层

After Effects 中的图层可以根据需要进行隐藏或显示。要单击图层左侧的按钮,可以将图层进行显示与隐藏的切换。

提示:当时间轴面板中的图层数较多时,常单击该按钮来观察合成面板中的效果,用于判断某个图层是否为需要寻找的图层。

8)锁定图层

After Effects 中的图层可以进行锁定,锁定后的图层将无法被选择或编辑。若要锁定图层,只需要单击图层左侧的按钮即可。

9)拆分图层

将时间线移动到某一帧时,选中某个图层,然后单击菜单栏中的【编辑】|【拆分图层】命令(快捷键为 Ctrl+Shift+D),即可将图层拆分为两个图层。该功能与 Premiere 软件中的剪辑类似。

10)替换图层

用【项目】面板中的图层替换合成中的图层,在【时间轴】面板中,选择需要被替换的图层按住 Alt 键,用鼠标左键按住【项目】面板中的图层并拖曳到【时间轴】面板中被选中的图层名称上,即可替换。

11)图层的预合成

将图层进行预合成的目的是方便管理图层,添加效果等,需要注意,预合成之后还可以对合成之前的任意素材图层进行属性调整。

在【时间轴】面板中选中需要合成的图层，然后使用【预合成】(快捷键 Ctrl＋Shift＋C)，在弹出的【预合成】对话框中设置【新合成名称】，如图 2－11 所示。此时可在【时间轴】面板中看到预合成的图层。

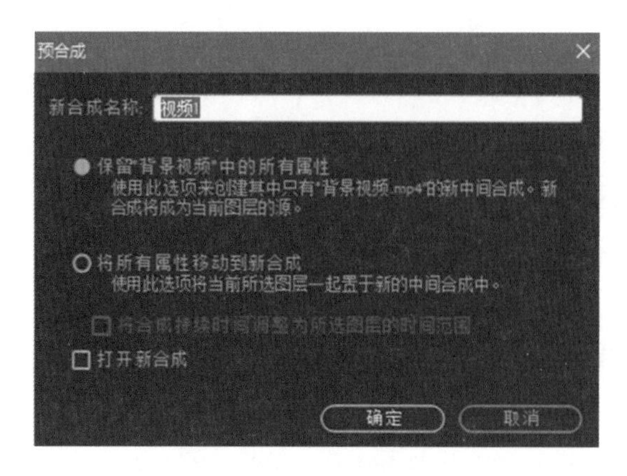

图 2－11　预合成设置

提示：如果想重新调整预合成之前的某一个图层，需要双击预合成图层即可单独调整。

2.2.3　图层的基本属性

在 After Effects 中，图层属性是设置关键帧的基础，除了单独的音频图层以外，其余的图层都具有 5 个基本的变换属性，它们分别是锚点、位置、缩放、旋转和不透明度，本节将详细介绍这几个属性。

1）锚点属性

锚点指的是图层的轴心点，图层的位置、旋转和缩放都是基于锚点来进行操作的，展开锚点属性的快捷键为 A。不同位置的锚点将对图层的位移、缩放和旋转产生不同的视觉效果。设置素材为不同锚点参数的对比效果，如图 2－12 所示。

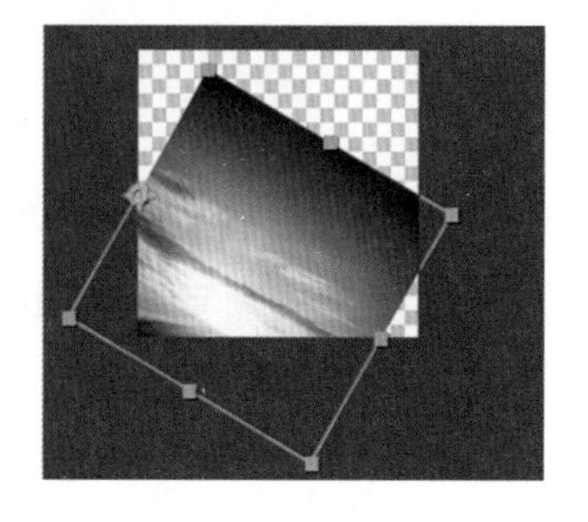

(a) 锚点位于画面中心顺时针旋转 30°效果　(b)锚点位于画面左侧顺时针旋转 30°效果

图 2－12　不同锚点参数的对比效果

2)位置属性

位置属性可以控制素材在画面中的位置,主要用来制作图层的位移动画,展开位置属性的快捷键为 P。

3)缩放属性

缩放属性主要用于控制图层的大小,展开缩放属性的快捷键为 S。在进行图层缩放时,软件默认的是等比例缩放,用户也可以选择非等比例缩放,单击【约束比例】按钮将其解除锁定,即可对图层的宽度和高度分别进行调节。当设置的缩放属性为负值时,图层会发生翻转。设置素材为不同缩放参数的对比效果,如图 2-13 所示。

(a) 缩放长宽比例为(100%,100%)

(b)缩放长宽比例为(100%,-100%)

图 2-13　不同缩放参数的对比效果

4)不透明度属性

不透明度属性主要用于设置素材图像的透明效果,展开不透明度属性的快捷键为 T。不透明度属性的参数是以百分比的形式来计算的,当数值为 100%时,表示图像完全不透明;当数值为 0%时,表示图像完全透明。素材为不同不透明度参数的对比效果如图 2-14 所示。

(a) 不透明度为 30%效果

(b) 不透明度为 70%效果

图 2-14　不同不透明度参数的对比效果

提示:一般情况下,每按一次图层属性快捷键,只能显示一种属性,可以按住 Shift 键,同时加按其他图层属性的快捷键,即可显示出多个图层属性。

2.3 关键帧动画

帧是动画中的单幅影像画面，是最小的计量单位。影片是由一张张连续的图片组成的，每幅图片就是一帧，PAL 制式每秒 25 帧，NTSC 制式每秒 30 帧。而关键帧是指动画上关键的时刻，至少有两个关键时刻，才能构成动画效果。可以通过设置动作、音频及多种其他属性参数使画面形成连贯的动画。关键帧动画至少要通过两个关键帧来完成。

2.3.1 关键帧的基本操作

1）关键帧的创建

激活需要设置关键帧属性之前的码表按钮，需要注意的是，激活此按钮的同时会在当前帧设置一个关键帧，因此，应该注意是否在此帧设置关键帧，防止误操作。

在关键帧设置中，只有一个关键帧是无法实现动画的，一个动作至少要有两个关键帧，一个开始，一个结束。一个属性的码表被激活之后，即开启了自动设置关键帧，后面的帧只需改变属性的数值，即可自动设置一个关键帧；若不改变数值，只单纯增加一个关键帧，可单击该属性之前的增加或删除当前关键帧按钮。

2）关键帧的编辑

（1）移动关键帧。

在【时间轴】面板中单击打开已经添加了关键帧的属性，将光标定位在需要移动的关键帧上，然后按住鼠标左键并拖曳至合适位置处，释放鼠标即完成移动操作。

（2）修改关键帧数值。

需要将当前帧放在此关键帧上再修改数值，若当前帧不在此关键帧上，则会添加一个新的关键帧。

也可双击关键帧，打开编辑数值对话框修改数值，或者用鼠标右击关键帧，单击数值或选择编辑数值命令都可打开该对话框，如图 2－15 所示。

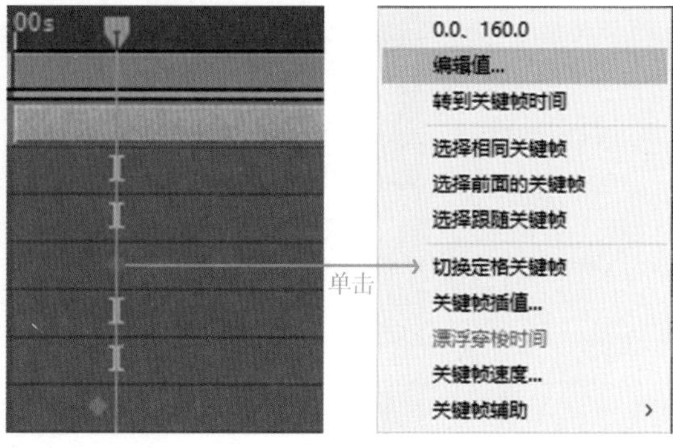

图 2－15　关键帧数值设置

(3)复制关键帧。

After Effects 可以在同一图层进行关键帧的复制,也可以将一个图层的关键帧复制到其他图层。选择要复制的关键帧点,或框选多个关键帧点,按 Ctrl+C 组合键复制,然后将当前帧指示线移动到要粘贴的帧(若是复制给其他图层,需选择要粘贴的图层),按 Ctrl+V 组合键粘贴,可以同时复制多个属性。

(4)删除关键帧。

选择要删除的关键帧,按 Delete 键,但这种方式一次只能删除一个帧,如果要删除整个属性上的所有关键帧取消动画,可以直接关闭该属性前的码表。

> 提示:关闭码表后的数值会停留在关闭动画前当前帧的数值。

2.3.2　动画图表编辑器

动画图表编辑器是将属性的动画显示在一个二维坐标的图表里面,通过曲线的形式表现出这段动画的情况,选择要显示动画曲线的属性后方可显示在动画图表编辑器中,如图 2-16 所示。

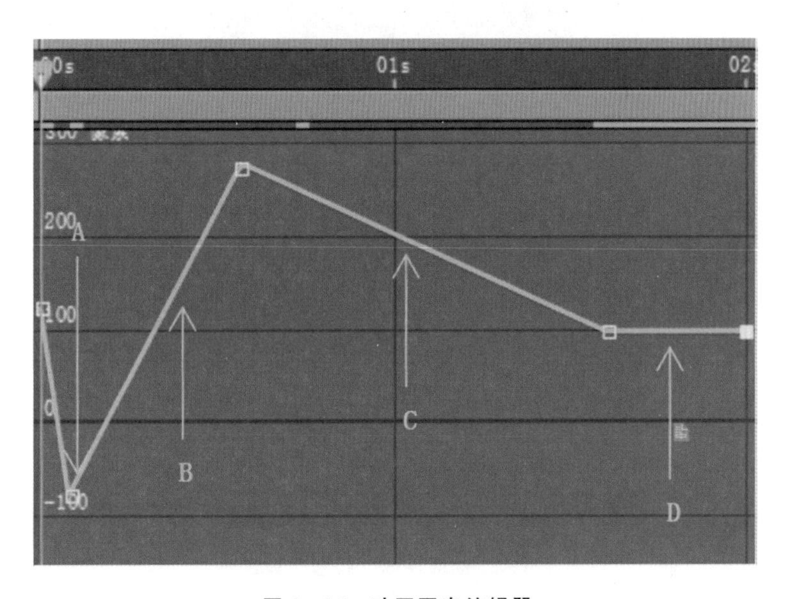

图 2-16　动画图表编辑器

A:一个关键帧;

B:上升线段表示数值增长;

C:下降线段表示数值减小;

D:水平线段表示前后两个关键帧数值不变。

在该二维坐标系中,X 轴表示时间,Y 轴表示属性的数值,但是轴心点的位移属性在动画图表编辑器的 Y 轴显示的不是单纯的数值，而是每秒移动的像素数。

1）在动画图表编辑器修改单个关键帧

选中图层属性，打开动画图表编辑器，用鼠标左键拖动要更改的锚点到正确的位置。

2）修改图表编辑器中的多个关键帧

用户可以在动画图表编辑器中框选多个锚点，也可按 Shift 键加选锚点，这时会有一个可以自由变换的包围框包围选定的关键帧，中心点出现在边界框的正中心。

当鼠标在边界框内部时，为黑色三角图标，可以移动关键帧；当鼠标放在边界的锚点上时，鼠标变为双向箭头图标，可以缩放边界框。如果同时按住 Shift 键可以等比例缩放，按住 Ctrl+Shift组合键可以等比例并以中心点向周围缩放。按住 Alt 键并拖动边界框顶点的锚点，可以只移动单个锚点。按住 Ctrl+Alt 组合键并拖动边界框顶点的锚点，可以同时反向移动与这个锚点垂直的锚点，按住 Ctrl+Shift+Alt 组合键，可以同时同向移动与这个锚点垂直的点，如图 2-17 所示。

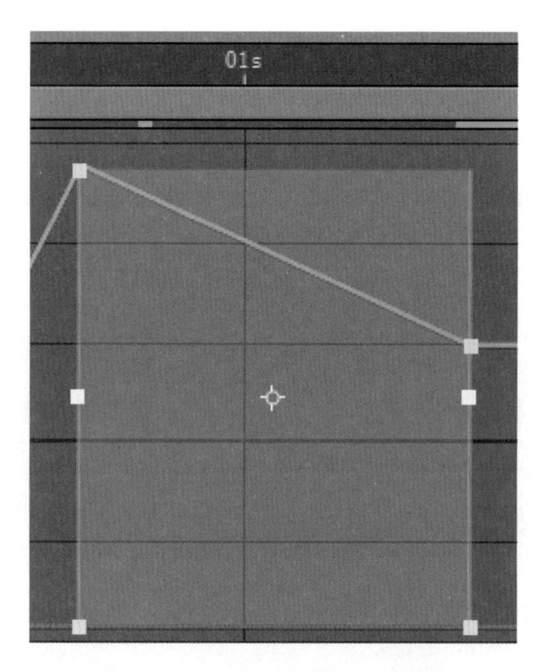

图 2-17　动画图标编辑器边界调整

3)使用关键帧辅助

设置关键帧后，在【时间轴】面板中选中需要编辑的关键帧，并将光标定位在该关键帧上，单击鼠标右键，在弹出的属性栏中选择【关键帧辅助】，在弹出的快捷菜单中选择其他属性，如图 2-18 所示。

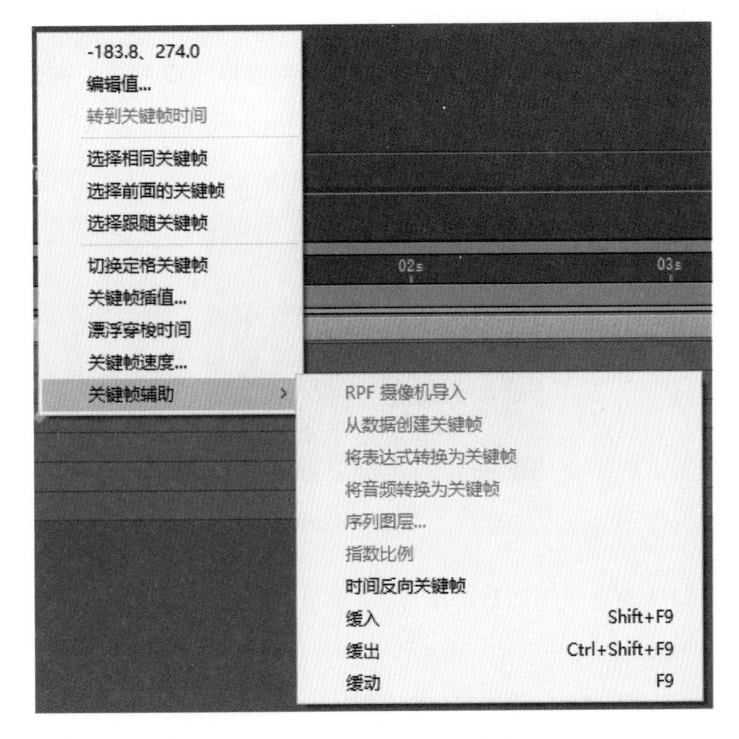

图 2-18 调用关键帧辅助

RPF 摄像机导入:选择 RPF 摄像机导入时,可以导入来自第三方 3D 建模应用程序的 RPF 摄像机数据。

从数据创建关键帧:选择该选项,可设置从数据进行创建关键帧。

将表达式转换为关键帧:选择该选项,可分析当前表达式,并创建关键帧以表示它所描述的属性值。

将音频转换为关键帧:选择将音频转换为关键帧,可以在合成区域中分析振幅,并创建表示音频的关键帧。

序列图层:选择序列图层时,单击打开序列图层助手。

指数比例:选择指数比例时,可以调节关键帧从线性到指数转换比例的变化速率。

时间反向关键帧:选择时间反向关键帧,可以按时间反转当前选定的两个或两个以上的关键帧属性效果。

缓入:选择缓入时,选中关键帧样式,关键帧节点前将变成缓入的曲线效果,当滑动时间线播放动画时,可使动画在进入该关键帧时速度逐渐减缓,消除因速度波动大而产生的画面不稳定感。

缓出:选择缓出时,选中关键帧样式,关键帧节点前将变成缓出的曲线效果,当滑动时间线播放动画时,可使动画在离开该关键帧时速度逐渐减缓,消除因速度波动大而产生的画面不稳定感。与缓入原理相同。

缓动:选择缓动时,选中关键帧样式,关键帧节点两端将变成平缓的曲线效果,如图2-19所示。

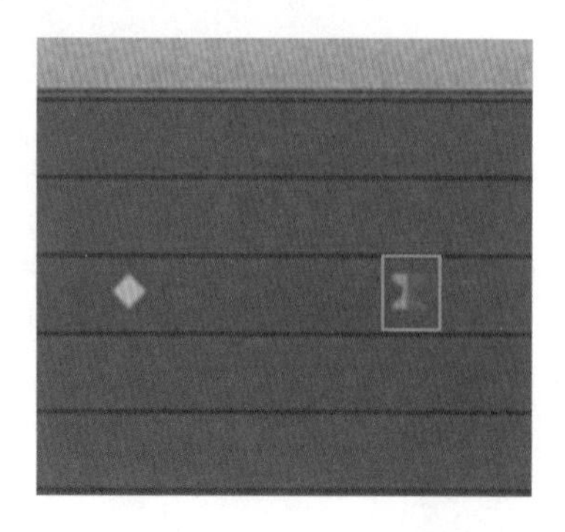

图 2-19 添加关键帧缓动

除在【时间轴】选择【关键帧辅助】,调用缓入、缓出、缓动外,还可以在动画图表编辑器中直接修改,如图 2-20 所示。

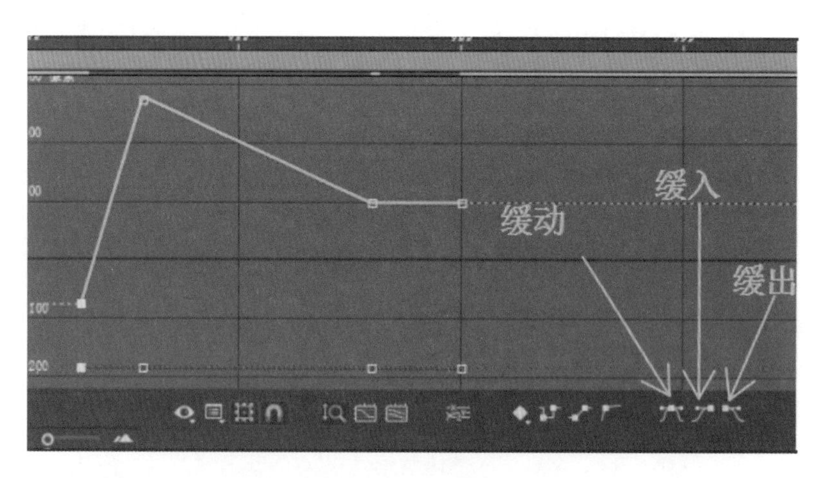

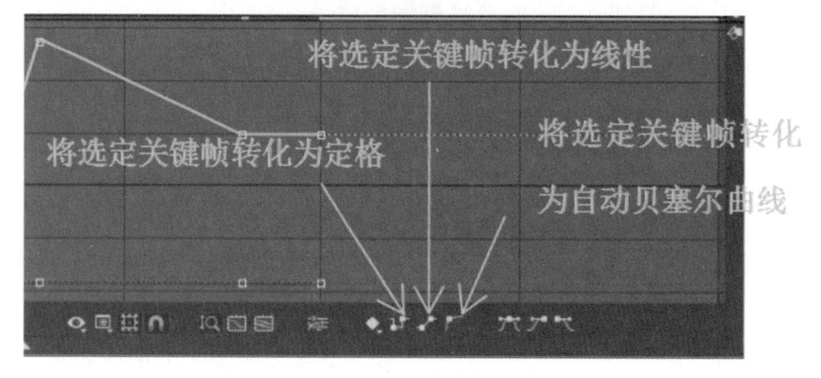

图 2-20 动画图表编辑器中的参数

2.3.3　绘制运动草图

运用【动态草图】命令，可以用绘图的形式随意地绘制运动路径，并根据绘制的轨迹自动创建关键帧，制作出动画效果。

选择【窗口】|【动态草图】命令，打开面板，如图 2-21 所示。

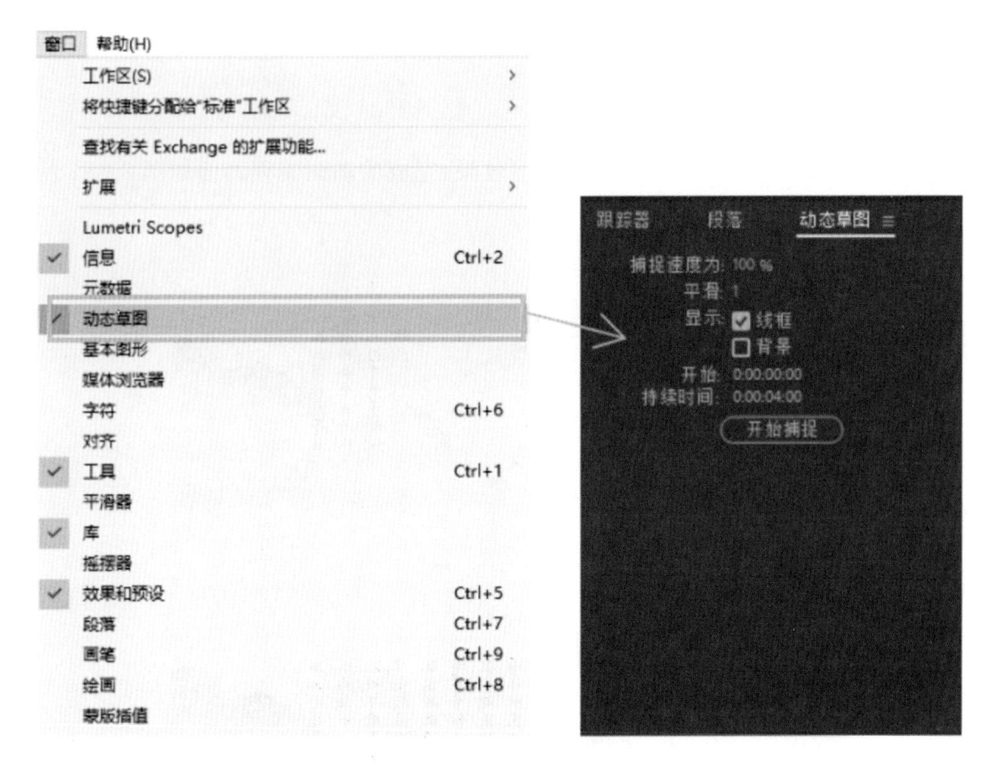

图 2-21　**动态草图面板**

开始捕捉：选择需要做动画的图层，单击该按钮，光标将变成十字形，在合成窗口中按住鼠标左键并拖动，可以开始制作捕捉，单击的同时，时间指示器开始播放。绘制时，拖动的速度越快，关键帧越稀疏，绘制的动画就越快；拖动的速度越慢，关键帧越密集，绘制的动画就越慢。

描捉速度：通过百分比参数设置捕捉的速度。值越小，拖动鼠标时时间指示器播放越慢，那么在相同的鼠标拖动速度下，建立的关键帧就会越少，因此动画越快。

显示：用来设置捕捉时图像的显示情况。线框表示在捕捉时，图像以线框的形式显示，只显示图像的边缘框架，以更好地控制动画的线路；背景表示在捕捉时，合成预览时显示下一层的图像效果，如果不选择该项，将显示黑色的背景。

开始和持续时间：开始表示当前时间滑块所在的位置，也是捕捉动画开始的位置；持续时间表示当前合成文件的持续时间。

◉ 实战任务

任务一　机打文字效果

一、任务引导

本案例主要利用字符位移属性制作机打字效果，完成的动画流程画面如图 2－22 所示。

图 2－22　机打文字效果

二、任务实施

(1)执行菜单栏中的【文件】|【打开项目】命令，选择配套素材中的“ch02\案例：机打文字效果\素材”并导入。

(2)将“山水背景”拖拽至【时间线】面板，设置合成为 10 s，25 帧，如图 2－23 所示。

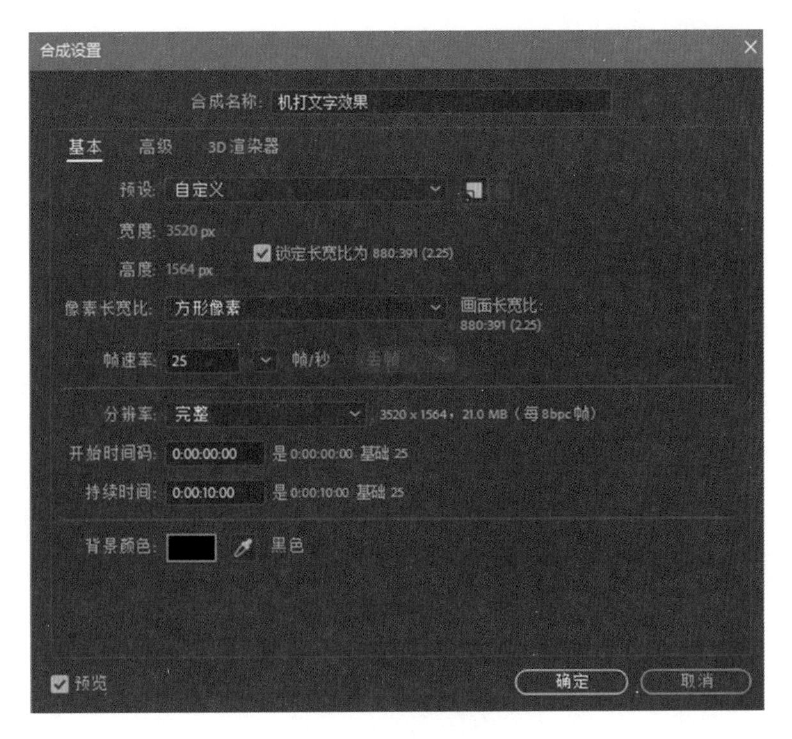

图 2-23　合成设置

(3)选择工具栏中的【直排文字工具】，在合成窗口中输入“孤山寺北贾亭西，水面初平云脚低。几处早莺争暖树，谁家新燕啄春泥。乱花渐欲迷人眼，浅草才能没马蹄。最爱湖东行不足，绿杨阴里白沙堤。”在【字符】面板中设置文字的字体为 SentyZHAO 新蒂赵孟頫，字号为 92 像素，文字颜色为黑色，其他参数如图 2-24 所示。

(4)将时间调整到 0:00:00:00 帧的位置，展开文字层，单击【文本】右侧的【动画】按钮，从菜单中选择【字符位移】命令，设置【字符位移】的值为 3，如图 2-25 所示；单击【动画制作工具 1】右侧的【添加按钮】，从菜单中选择【属性】|【不透明度】命令，设置【不透明度】的值为 0%。设置【起始】的值为 0，单击【起始】左侧的【码表】按钮，在当前位置设置关键帧，如图 2-26 所示。

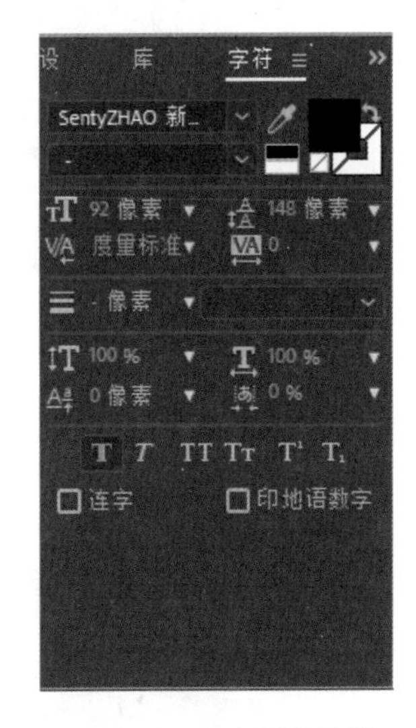

图 2-24　文字属性设置

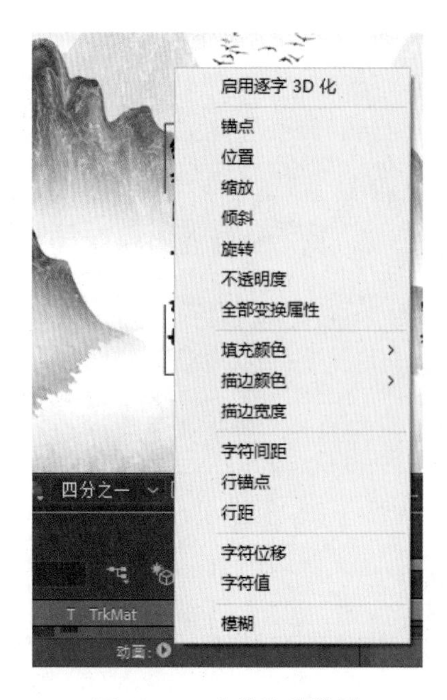

图 2-25　字符位移设置

图 2-26　动画制作工具 1 属性设置

(5)将时间调整到 0:00:10:00 帧的位置，设置【起始】的值为 100,此时系统自动设置关键帧,如图 2-27 所示。

图 2-27　关键帧设置

(6)这样就完成了机打文字效果的整体制作，按小键盘中的 0 键即可预览最终效果。

任务二　童年的纸飞机

一、任务引导

本案例主要利用【位置】【旋转】属性及动画图标编辑器制作纸飞机飘落效果，完成的动画画面如图 2-28 所示。

图 2-28　纸飞机飘落效果

二、任务实施

(1)执行菜单栏中的【文件】|【打开项目】命令，选择配套素材中的“ch02\案例:纸飞机飘落效果\素材”并导入。

(2)将“童年的草地”拖入时间轴面板，这时会新建一个合成，按 Ctrl+K 快捷键，设置合成时间为 00:00:05:30 帧，如图 2-29 所示。

图 2－29　**合成设置**

(3)选中"童年的草地"图层，并选择【钢笔工具】在合成窗口中绘制曲线，该曲线将作为纸飞机的运动轨迹，如图 2－30 所示。

图 2－30　**运动轨迹绘制**

(4)导入"纸飞机.png"，并在"童年的草地"图层选中【蒙版 1】|【蒙版路径】按钮，Ctrl＋C 快捷键将其复制，并将复制后的路径粘贴至纸飞机图层的位置属性中，如图 2－31 所示。此时，纸飞机就会跟随该路径进行位置移动，如图 2－32 所示。

图 2－31 复制蒙版路径

图 2－32 画面效果

(5) 为了使纸飞机沿着路径的运动飞行角度同步发生变化，设置其旋转属性关键帧动画，如图 2－33 所示，画面效果如图 2－34 所示。

图 2－33 关键帧设置

图 2－34 画面效果

(6)为了使纸飞机的运动模拟重力场影响,可以借助关键帧辅助进行操作。选择纸飞机面板的位置属性,选中时间线面板的【图表编辑器】按钮,此时通过调节图表中的曲线斜率即可完成模拟重力场的效果,如图 2-35 所示。

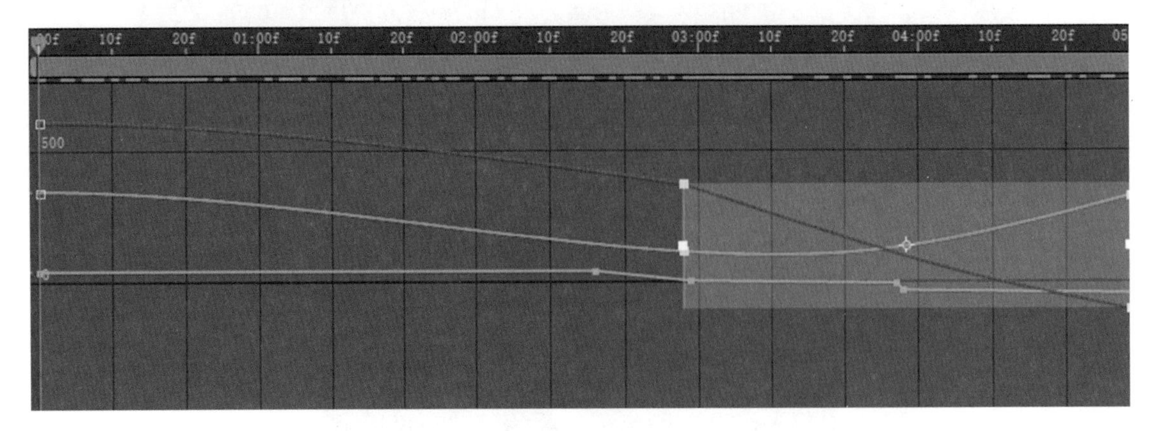

图 2-35 图表编辑器曲线调节

(7) 按空格键预览整段动画,完成该案例的制作。

任务三 倒计时动画效果

一、任务引导

本案例主要利用【不透明度】属性及【缩放】属性制作倒计时动画效果,完成的动画效果如图 2-36 所示。

图 2-36 倒计时动画效果

二、任务实施

(1)执行菜单栏中的【文件】|【打开项目】命令,选择配套素材中的“ch02\案例:倒计时动画效果\素材”并导入。

(2)将“背景视频”拖入时间轴面板,这时会新建一个合成,按 Ctrl+K 快捷键,设置合成时间为 00:00:15:25 帧，如图 2－37 所示。

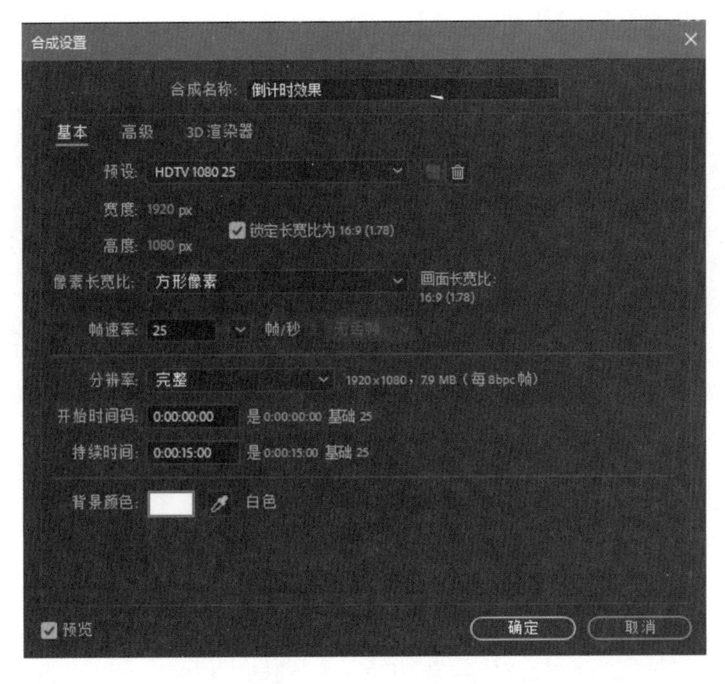

图 2－37　合成设置

(3)导入“10. png”，按 S 键，展开缩放属性，设置缩放关键帧动画。将时间指示器移动至 00:00:00:00 帧，设置缩放为 0%，单击缩放属性前的【码表】按钮，设置第一个关键帧；将时间指示器移动至 00:00:00:05 帧，设置缩放为 100%，单击缩放属性前的【码表】按钮，设置第二个关键帧；将时间指示器移动至 00:00:00:20 帧，缩放值仍为 100%，单击缩放属性前的【码表】按钮，设置第三个关键帧；将时间指示器移动至 00:00:00:25 帧，设置缩放为 1000%，单击缩放属性前的【码表】按钮，设置第四个关键帧，如图 2－38 所示。

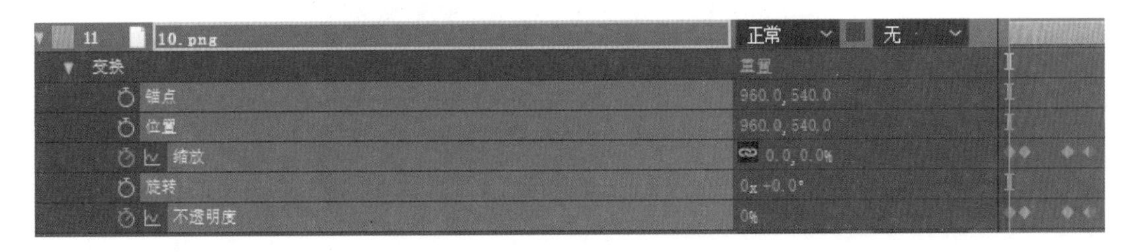

图 2－38　关键帧参数设置

(4)选择“10. png”图层，按 O 键，展开不透明度属性，设置不透明度关键帧动画。将时间指示器移动至 00:00:00:00 帧，设置不透明度为 0%，单击其属性前的【码表】按钮，设置第一个关键帧；将时间指示器移动至 00:00:00:05 帧，设置不透明度为 100%，单击其属性前的【码表】按钮，设置第二个关键帧；将时间指示器移动至 00:00:00:20 帧，不透明度值仍为 100%，单击其属性前的【码表】按钮，设置第三个关键帧；将时间指示器移动至 00:00:00:25 帧，设置不透明度为 0%，单击其属性前的【码表】按钮，设置第四个关键帧。完成数字 10 的倒计时动画效果，如图 2－39 所示。

图 2－39　数字 10 倒计时动画效果

(5)复制并粘贴 10.png 图层，并按住 Alt 键，选中素材面板中的 9.png 拖曳到时间线面板中，在保留图层属性的同时仅替换素材文件，并将 9.png 图层整体向后拖曳 1 秒，如图 2－40 所示，画面效果如图 2－41 所示。

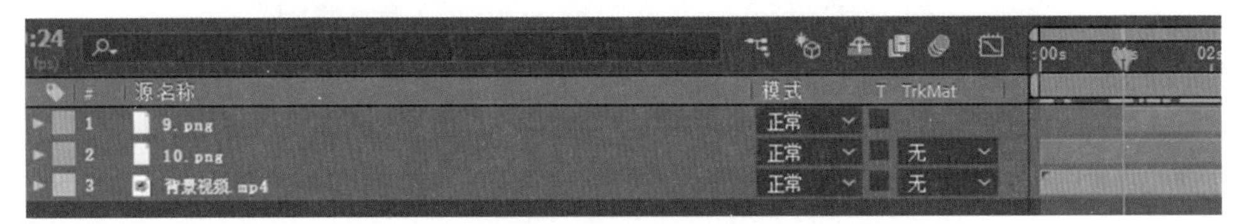

图 2－40　替换素材

图 2－41　数字 9 画面效果

(6)同样的方法将 8.png 至 1.png 图层实现同样的倒计时效果，如图 2－42 所示，画面效果如图 2－43 所示。

图 2－42　画面设置

图 2-43　画面效果

(7)将“烟花效果.mp4”文件拖入时间线面板，并将其放置在 00:00:09:00 帧时间线中，设置不透明度为 0%，单击其属性前的【码表】按钮，设置关键帧；将时间指示器放置 00:00:10:00 帧，设置不透明度为 100%，实现倒计时至烟花效果的逐渐过渡，如图 2-44 所示，画面效果如图 2-45 所示。

图 2-44　不透明度设置

图 2-45　画面效果

(8)按空格键预览整段动画，完成该案例的制作。

第3章

三维合成

内容提要

三维合成是视频合成中的一个重要功能，After Effects CC 2018 软件具有强大的三维空间合成功能，利用该功能可以创建出三维动画效果，在软件中可以建立很真实的三维环境，同时它还能使作品看起来更为“灵动”，为合成师提供了十分广阔的创作空间。本章主要讲解在 After Effects CC 2018 中创建并运用三维图层、摄像机、灯光等功能。

学习导航

学习内容		三维合成
教学目标	知识目标	1. 熟悉三维空间的基础知识； 2. 掌握摄像机层的应用知识； 3. 掌握灯光层的应用知识； 4. 掌握 AE 基础三维动画效果制作方法与技巧
	能力目标	1. 能够运用摄像机制作三维动画； 2. 能够使用不同类型灯光创建光影效果； 3. 能够综合运用摄像机、灯光制作基础三维动画效果
	素质目标	1. 培养学生良好的职业行为习惯、沟通协调能力； 2. 培养学生知识产权意识、正确的法制理念
思政素养		1. 在摄像机操作版块注重培养学生多角度、全方位看问题的意识，提高整体认知能力； 2. 在“产品广告”案例制作过程中，注重培养学生节能减排、勤俭节约的良好习惯
教学重难点	教学难点	1. 三维空间的基础知识； 2. 灯光层的应用知识
	教学难点	1. 摄像机层的应用知识； 2. 运用摄像机、灯光制作基础三维动画效果
建议学时		4 学时

3.1　三维合成基础

3.1.1　三维空间的基础知识

现实世界是由 X、Y、Z 三个轴构成的三维立体空间。3D 就是用三维的方式来表现事物，它为原来只有横竖方向的二维空间引入了深度的概念。因为所有的物体都具有质量，所以它们都是三维对象。实际上，并没有真正的二维空间。在二维空间中，只拥有横向移动的 X 轴与纵向移动的 Y 轴，即只呈现为长、宽两个方向的平面造型，这只是由人类定义的一个概念。例如，一张纸上的画，它并不具有深度，无论怎样旋转、变换角度，画都不会产生变化，如图 3－1 所示。因此，画是存在于二维空间中的。

图 3－1　二维空间

事实上，现实中的对象都具有立体造型，是存在于三维空间中的，在对其进行旋转，或者改变观察视角时，所观察到的内容将有所不同，如图 3－2 所示。

图 3－2　三维设计

三维空间中的对象会与其所处的空间互相产生影响，如产生阴影、遮挡等。而且由于观察视角的关系，还会产生透视、聚焦等影响，使观察者产生近大远小、近实远虚等感觉，如图 3－3 所示。

图 3-3 三维空间

3.1.2 三维图层的转换

After Effects CC 2018 虽然具有三维空间的合成功能，但它只是一个特效合成软件，并不具备三维建模能力，所以它和三维设计软件是有区别的。After Effects CC 2018 中的三维空间，与专业的三维软件的相同之处在于它同样可以根据与摄像机之间的前后、远近次序让三维图层之间产生遮挡效果，也可以创建灯光让三维图层被照亮的同时接收和投射阴影，还可以通过摄像机的功能来制作各种透视、景深和运动模糊等效果。

在 After Effects CC 2018 中进行三维空间的合成时，需要将对象的 3D 属性开关打开，打开 3D 属性开关的方法有以下几种。

(1)在【时间线】面板中单击需转化的二维图层上的 3D 图层按钮，如图 3-4 所示。

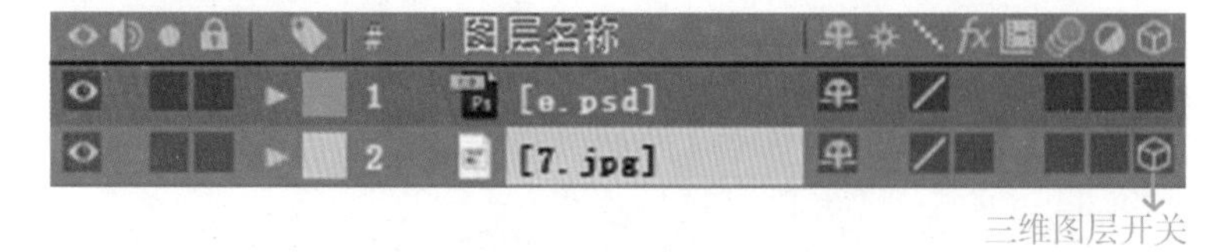

图 3-4 三维图层开关

(2)选择需转化的二维图层，执行【图层】|【3D 图层】命令即可。

(3)在需转化的二维图层上，单击鼠标右键打开快捷菜单，执行【3D 图层】命令即可。

3.1.3 三维图层的材质属性

将二维图层转化为三维图层之后，除了图层【变换】属性中增加了 Z 轴上的属性之外，还在图层上增加了一个【材质选项】属性，如图 3-5 所示。

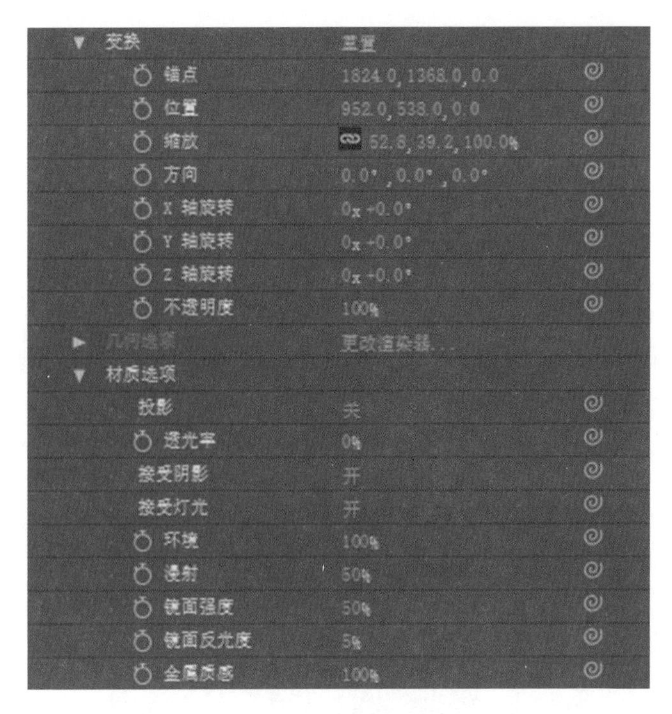

图 3-5 三维图层属性

【投影】:用于设置当前图层是否产生阴影,阴影的方向和角度取决于光源的方向和角度。默认为【关】的状态,表示不产生阴影;【开】表示产生阴影;【仅】表示只显示阴影,不显示图层,如图 3-6 所示。【材质选项】属性主要用于控制光线与阴影的关系。当场景中设置灯光后,场景中的图层怎样接受照明,又怎样设置阴影,这都需要在【材质选项】属性中进行设置。

(a)投影【关】状态

(b)投影【开】状态

(c)投影【仅】状态

图 3-6 投影状态

【透光率】:三维图层在灯光照射下的透光程度,其效果主要体现在阴影上(物体的阴影颜色会受到物体自身颜色的影响)。当透光率数值为 0%时,三维图层的阴影颜色不受其自身颜色的影响,为黑色;当透光率数值为 100%时,三维图层的阴影颜色受其自身颜色的影响,为黄色,如图 3-7 所示。

图 3-7　透光率 100%的阴影

【接受阴影】:用于设置当前图层是否接受其他图层投射的阴影。当前选择图层为背景图片,该属性默认设置为【开】,表示接受来自文本图层的投影;【关】表示不接受来自文本图层的投影;【仅】表示只显示阴影,不显示图层,如图 3-8 所示。

(a)接受阴影【开】状态

(b)接受阴影【关】状态

(c)接受阴影【仅】状态

图 3-8　【接受阴影】状态

【接受灯光】:用于设置当前图层是否受场景中灯光的影响。当前选择图层为背景图片,该属性默认设置为【开】,表示接受灯光;【关】表示不接受灯光,如图 3-9 所示。

(a)接受灯光【开】状态

(b)接受灯光【关】状态

图 3-9　【接受灯光】状态

【环境】:用于设置当前图层受环境光影响的程度。

【漫射】:该项主要用来提高或者降低图层在受灯光照射下颜色的亮度。

【镜面强度】:调整图层镜面反射的强度,即高光强度。

【镜面反光度】:用于设置当前图层上高光的大小。数值越大,高光区域颜色过渡越柔和;数值越小,高光区域颜色对比越强、越亮。

【金属质感】:用于设置图层上镜面反射光的颜色。当设置数值越低时,越接近灯光的颜色;当设置数值越高时,越接近图层自身的颜色,如图 3-10 所示。

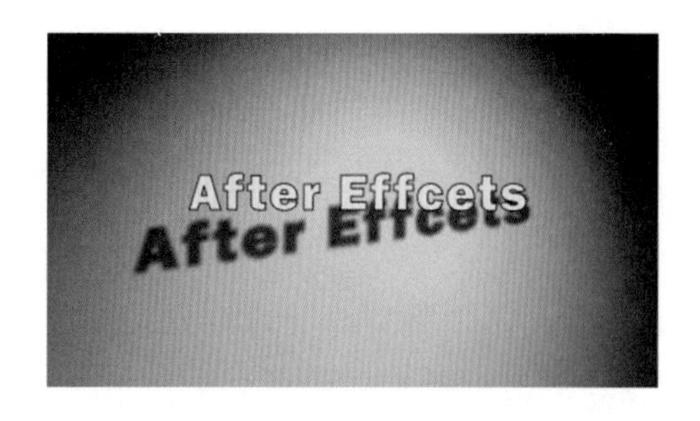

(a)设置【金属质感】为 0%

(b)设置【金属质感】为 100%

图 3-10 设置【金属质感】为不同数值时的效果

3.2 摄像机的应用

在 After Effects CC 2018 中,可以借助摄像机灵活地从不同角度和距离观察 3D 图层,它起到了眼睛的作用,我们还可以为摄像机添加关键帧,从而得到精彩的动画效果。

After Effects CC2018 中的摄像机与现实中的摄像机相似,用户可以调节它的镜头类型、焦距大小、景深等。

3.2.1 摄像机参数设置

在新建摄像机时会弹出【摄像机设置】对话框,如图3-11所示。

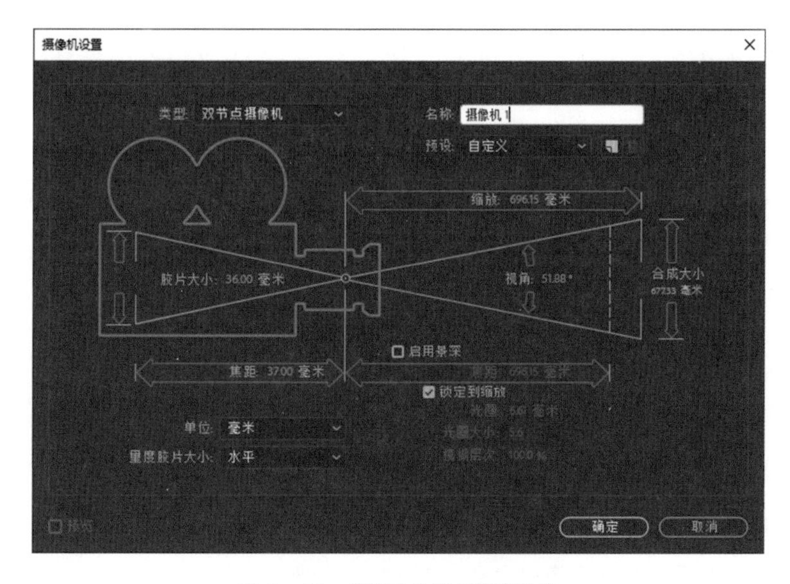

图 3-11 【摄像机设置】对话框

在这里可以对摄像机的镜头、焦距等进行设置。该对话框中的各项参数含义如下。

【名称】:设置摄像机的名称。

【预设】:这里提供了9种常见的摄像机镜头类型,以它们的焦距大小来表示,包括50 mm的标准镜头、15 mm的广角镜头以及200 mm的长焦镜头。

> 知识点:50 mm标准镜头类似于人眼视角。15 mm广角镜头具有极大的视野范围,它类似于鱼眼观察世界,所以会看到更广阔的空间,但是,也会产生较大的透视变形。200 mm长焦镜头有种类似于望远镜的功能,可以协助我们拍摄到远方的物体。但是其取景范围远远比肉眼所及范围小(视点小)。从这个视角只能观察到狭小的空间,但它几乎不会产生透视变形。

【缩放】:是指摄像机镜头到焦平面之间的距离,即摄像机远近的可视范围。该数值越小,摄像机的视野越大;数值越大,摄像机的视野越小。

【视角】:指摄像机的视角,即它的实际拍摄范围。

【焦距】:摄像机焦点范围的大小。这三个参数共同决定了视角的数值。

【合成大小】:显示合成的高度、宽度或对角线的参数。

【胶片大小】:用于模拟真实摄像机中所使用的胶片尺寸,与合成画面的大小相对应。在After Effects中,同一台摄像机的胶片大小和合成大小这两个参数是不会变的。

【启用景深】:用于建立真实的摄像机调焦效果。选中该项可通过调节焦距、光圈、模糊级别参数对景深进行进一步的设置。

【锁定到缩放】:当选中该项时,系统将焦点锁定到镜头上。这样,在改变镜头视角时始终与其一起变化,使画面保持相同的聚焦效果。

【光圈】:指镜头孔径的大小。光圈设置会影响景深,增大光圈会增加景深和画面的模糊程度。

【光圈大小】:表示焦距与光圈的比例,与摄影、摄像器材的光圈大小类似。

【模糊层次】:指图像中景深模糊的程度,其数值为100%时,模拟自然模糊,降低数值时可减少模糊程度。

> 知识点:在真空世界中,增大摄像可见光圈,会使更多光线进入摄像机,以此增加照片的曝光度。但在After Effects中,它与曝光没有关系,如果增加了这个数值,那么图像的清晰范围就会随之缩小。

3.2.2 摄像机视图控制

在After Effects CC 2018中创建摄像机后,单击【合成】面板右下角的【3D视图】按钮,在弹出的下拉菜单中会出现相应的摄像机名称,如图3-12所示。

当以摄像机视图的方式观察当前合成影像图像时,用户就不能在【合成】面板中对当前摄像机进行直接调整了，这时最好的办法是使用摄像机工具来调整摄像机视图，摄像机工具如图3－13所示。

图3－12 【3D视图】菜单

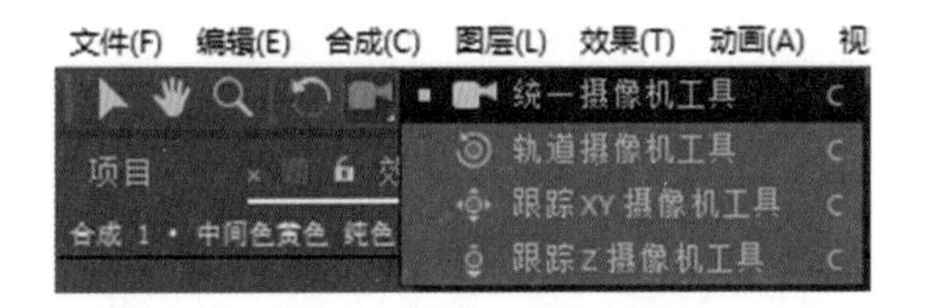

图3－13 摄像机工具

After Effects CC 2018提供的摄像机工具主要用旋转、移动和推拉摄像机视图。需要注意的是，利用该工具对摄像机视图的调整不会影响摄像机的镜头设置。

【统一摄像机工具】：该工具可以自由操作摄像机。配合鼠标左键为旋转工具，配合滚轮为移动工具，配合右键为拉伸工具。

【轨道摄像机工具】：该工具可以旋转摄像机视图。选择该工具，将光标移动到摄像机视图中，左右拖动鼠标则水平旋转摄像机视图，上下拖动鼠标则垂直旋转摄像机视图。

【跟踪XY摄像机工具】：该工具可以移动摄像机视图。选择该工具，将光标移动到摄像机视图中，左右拖动鼠标则水平移动摄像机视图，上下拖动鼠标则垂直移动摄像机视图。

【跟踪Z摄像机工具】：该工具可以沿Z轴拉远或推近摄像机视图。选择该工具，将光标移动到摄像机视图中，向下拖动鼠标则拉远摄像机视图，向上拖动鼠标则推近摄像机视图。

3.2.3 摄像机图层的基本属性

摄像机图层的基本属性包括【变换】属性和【摄像机选项】属性两部分。

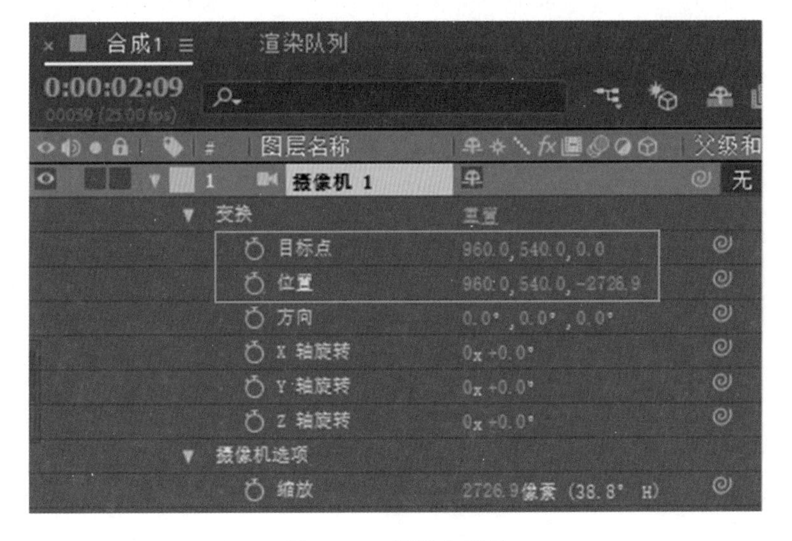

图3－14 摄像机属性

1)摄像机动画

新建的摄像机上有两个重要的点,如图 3-14 所示。一个是摄像机的中心点,即【位置】,另一个是决定镜头目标方向的【目标点】。

例如:如果一个人站着拍摄一只飞舞的蝴蝶,那么这个人站立的地方就是【位置】,蝴蝶所在的点(也就是拍摄的目标)就是【目标点】。

以【位置】为中心移动摄像机。修改【位置】中 X、Y、Z 的任何一个值都会改变摄像机的位置。

【目标点】指的是摄像机镜头的延长线,如果移动它,摄像机的机身就会旋转,但它的位置不变。

此外,也可以通过在【合成】面板中拖曳摄像机来改变它的位置。在【合成】面板中,只要将摄像机视图方式设定为顶部或右侧等显示方式,就可以看到摄像机了,如图 3-15 所示。此时可以很方便地通过拖曳摄像机的位置点和目标点来建立关键帧制作动画。

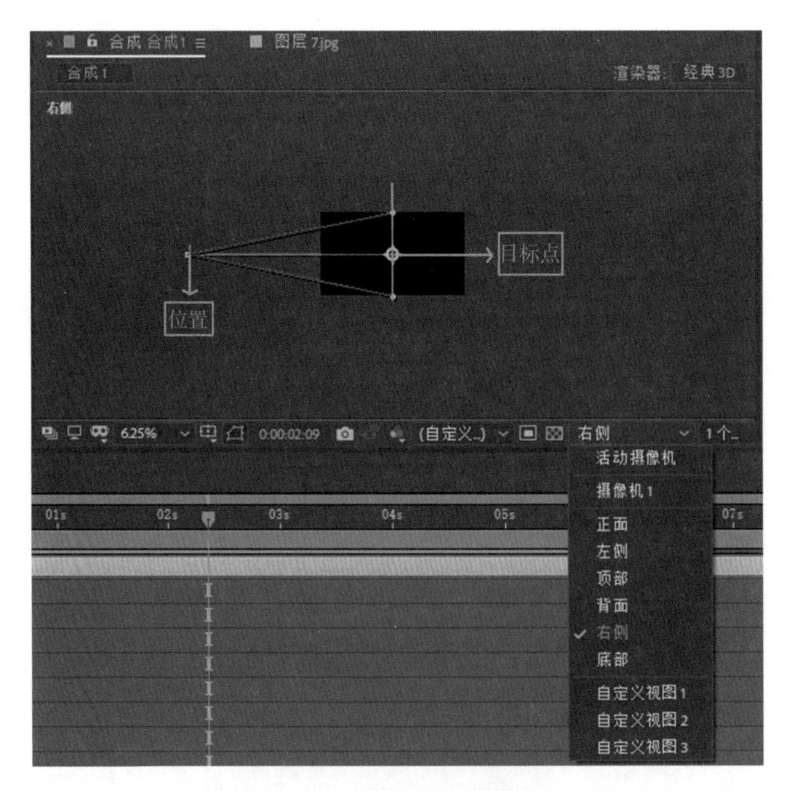

图 3-15　摄像机右侧视图

2)摄像机景深效果

在 After Effects 中,摄像机景深就是指图像的聚焦范围,在这个范围内的被拍摄对象可以清晰地呈现出来,而景深范围之外的对象则会产生模糊效果,如图 3-16 所示。

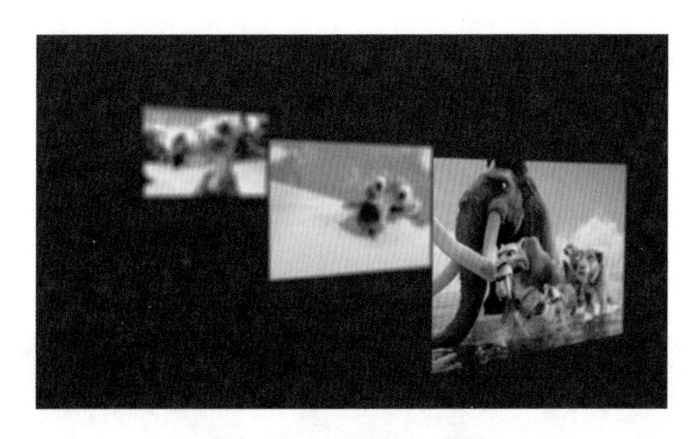

图 3－16　**摄像机景深效果**

在默认状态下，摄像机是未开启景深效果的，如果需开启景深效果有以下两种方法。

（1）在创建摄像机时或者用鼠标双击【时间线】面板中的摄像机图层，在弹出的【摄像机设置】对话框中开启【启用景深】即可，如图 3－17 所示。

启用景深
焦距: 658.52 毫米
锁定到缩放
光圈: 6.25 毫米
光圈大小: 5.6
模糊层次: 100.0 %

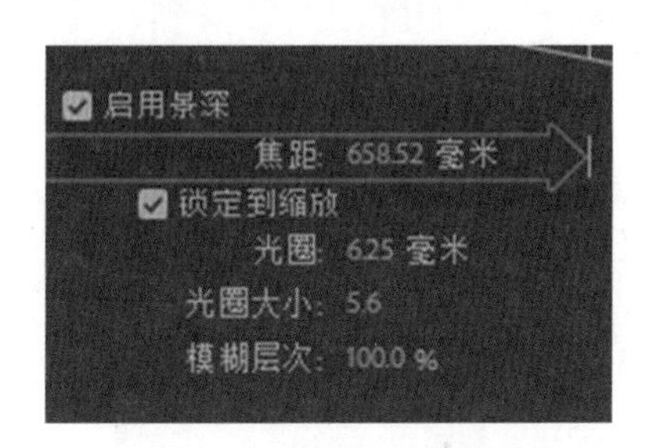

图 3－17　**【启用景深】设置**

（2）用鼠标左键单击【时间线】面板中摄像机图层属性中的【摄像机选项】，将景深状态设置为【开】，再次单击该处，就可将其切换成【关闭】状态，如图 3－18 所示。

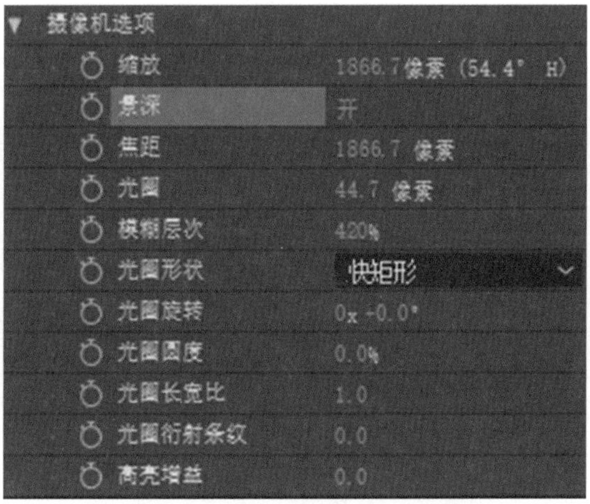

摄像机选项
缩放
1866.7像素 (54.4° H)
景深
开
焦距
1866.7 像素
光圈
44.7 像素
模糊层次
420%
光圈形状
快矩形
光圈旋转
0x +0.0°
光圈圆度
0.0%
光圈长宽比
1.0
光圈衍射条纹
0.0
高亮增益
0.0

图 3－18　**【摄像机选项】景深设置**

提示：调节焦距过程中，如果模糊程度不够理想，可以调节【模糊层次】属性参数并添加关键帧，实现最佳模糊效果。

3)摄像机变焦动画

在项目制作中，可以通过对摄像机图层的【焦距】属性值设置关键帧，模拟制作真实摄像机中的变焦景深效果。制作效果如图 3-19 所示。

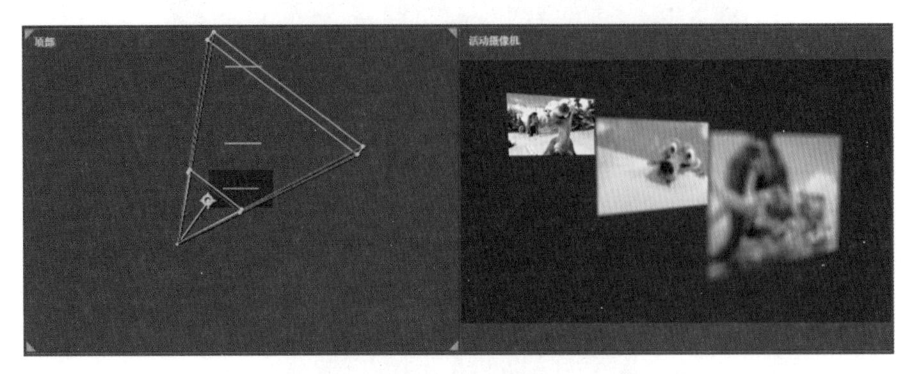

(a)焦点在最远处图片上

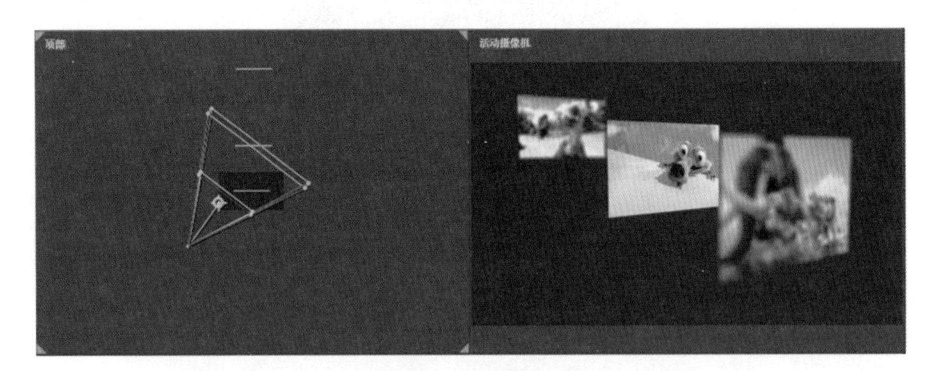

(b)焦点在中间图片上

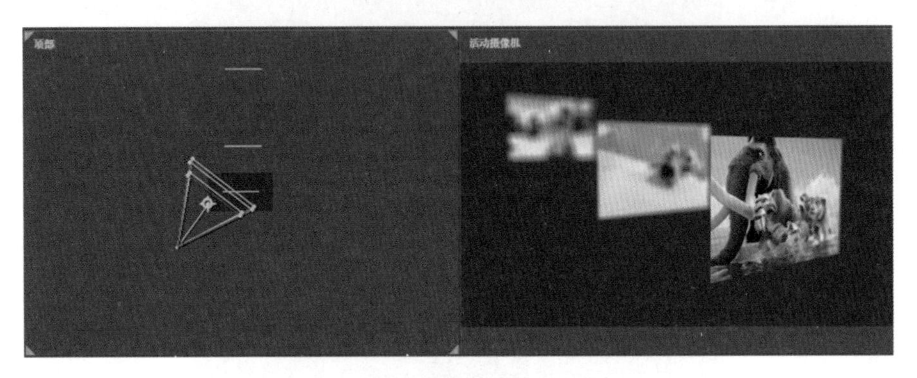

(c)焦点在最近处图片上

图 3-19　摄像机变焦景深效果

该动画制作步骤如下。

(1)在【时间线】面板中,当时间滑块指针处于 0:00:00:00 时,调整摄像机图层的【焦距】属性数值,让焦点正好处在最远处的图层上,设置关键帧。

(2)将时间滑块指针拖曳到 0:00:01:00 时,再修改【焦距】属性数值,将焦点调整到中间的图层上,此时系统将自动在该处记录关键帧。

(3)将时间滑块指针拖曳到 0:00:02:00 时,再修改【焦距】属性数值,将焦点调整到最近处的图层上,此时系统将自动在该处记录关键帧。

3.3　灯光的应用

After Effects 利用灯光来模拟三维空间的真实光线效果,并能够渲染影片气氛,突出重点。

3.3.1　灯光的创建

在 After Effects CC 中,用户可以在一个场景中创建多个灯光,产生复杂的光影效果,并且有四种不同的灯光类型可供选择。

在菜单栏中选择【图层】|【新建】|【灯光】命令,弹出【灯光设置】对话框,在该对话框中对灯光进行设置后,单击【确定】按钮,即可创建灯光,如图 3-20 所示。

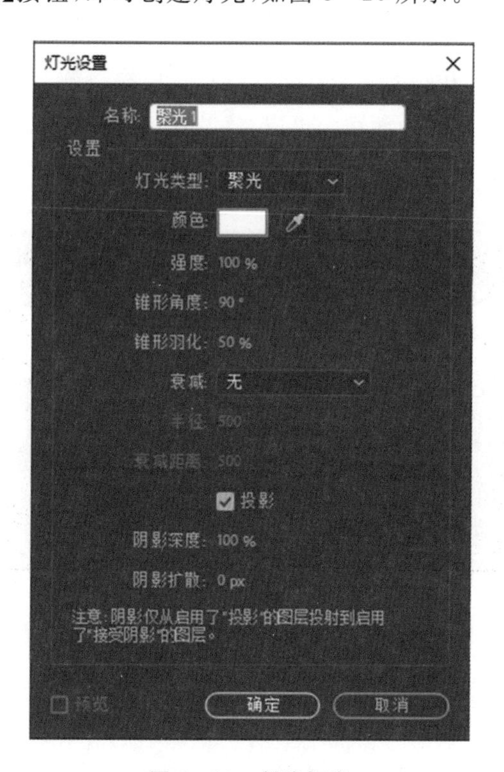

图 3-20　创建灯光

3.3.2 灯光的类型

创建灯光时,【灯光类型】下拉列表中提供了四种照明灯,分别是【平行光】、【聚光灯】、【点光】和【环境光】。

【平行光】:从一个点发射一束光线照向目标点。可以模拟探照灯效果。它提供的是一个无限远的光照范围,可以照亮场景中处于目标点上的所有对象。光照强度不会因为距离而衰减。光照效果如图 3-21 所示。

图 3-21 【平行光】效果

【聚光灯】:从一个点向前方以圆锥形发射光线。可以模拟舞台聚光灯、手电筒或台灯效果。聚光灯会根据圆锥角度确定照射的面积。可以在【圆锥角度】栏中对聚光灯圆锥角度进行设置。光照效果如图 3-22 所示。

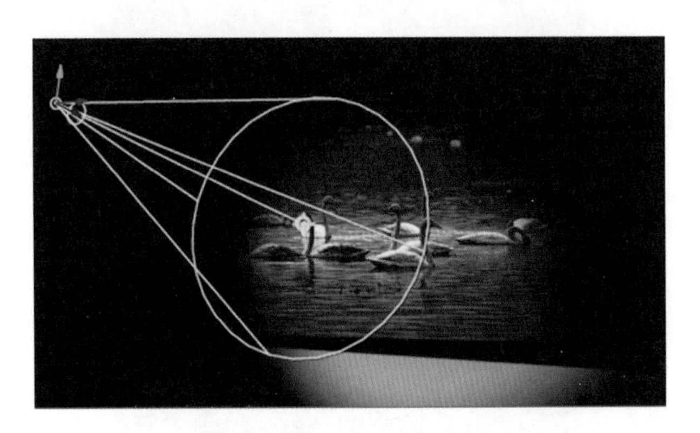

图 3-22 【聚光灯】效果

提示:如果场景中已经有投射阴影的灯光、投射阴影的三维图层以及接受明影的三维图层 3 个元素,但在【合成】面板中还看不到阴影效果,此时需检查灯光的照射范围是否在可视范围之内,或者灯光的照射角度以及图层颜色等。

【点光】:从一个点向四周发射光线。随着对象离光源距离的不同,受光程度也有所不同。距离越近,光照越强;距离越远,光照越弱。由近至远光照强度逐渐衰减。可以模拟没有灯罩的白炽灯泡的效果。光照效果如图 3 - 23 所示。

图 3 - 23　【点光】效果

【环境光】:没有光线发射点,它可以照亮场景中的所有对象,但是无法产生投影。用于调节整个场景的亮度,主要和三维图层材质选项中的【环境光】属性一起配合使用,可以影响画面主色调。如图 3 - 24 是将环境光设置为黄色的效果。

图 3 - 24　【环境光】效果

3.3.3　灯光的属性

建立灯光层后,有必要对灯光的一些参数进行设置。选择不同的灯光类型,可供设置的参数也有所不同。下面对一些重要的参数进行介绍。

【强度】:强度值越高,场景越亮。当灯光强度为 0 时,场景变黑。可以将灯光强度设为负值,负值强度具有吸光的作用。当场景中有其他灯光时,负值强度的灯光可以穿越减弱场景中的光照强度。

【锥形角度】:选择聚光灯类型后,该参数被激活。可以在圆锥角度 栏中对聚光灯圆锥角度进行设置。角度越大,光照范围越广。

【锥形羽化】:该选项同样仅对聚光灯有效。可以为聚光灯照射区域设置一个柔和边缘。默认情况下,该数值为 0,光圈边缘界线分明,比较僵硬。

【颜色】:可以在颜色栏中设置灯光颜色。默认情况下,灯光为白色。

【衰减】:在衰减下拉列表框中选择衰减方式后,可以通过调整半径和衰减距离参数,分别控制照明衰减的半径和距离,以产生真实的光照效果。

【投影】:打开该选项,灯光会在场景中产生投影。需要注意的是,打开灯光的投影属性后,还需要在层的材质属性中对其投影参数进行设置。

【阴影深度】:该选项控制投影的颜色深度。当数值较小时,产生颜色较浅的投影。

【阴影扩散】:该选项可以根据层与层间的距离产生柔和的漫反射投影。较低的值产生的投影边缘较硬。

实战任务

任务四　影片预告

一、任务引导

本案例是制作一部纪念建党百年的宣传片。案例制作先以 After Effects CC 2018 的三维层功能搭建一个很多张照片在 Z 轴,即纵深方向依次排开的场景,接着设置摄像机参数制作动画并配以字幕、音乐,最终效果如图 3 - 25 所示。

图 3 - 25　案例效果

二、任务实施

(1)首先导入搭建三维场景需要的素材，在【项目】面板双击鼠标左键，选择配套资源中的“Ch03\案例：纪念建党百年宣传片\素材”文件夹中的所有素材并导入。

(2)新建一个合成。按 Ctrl＋N 组合键新建一个合成，如图 3－26 所示，设置参数后单击【确定】按钮。

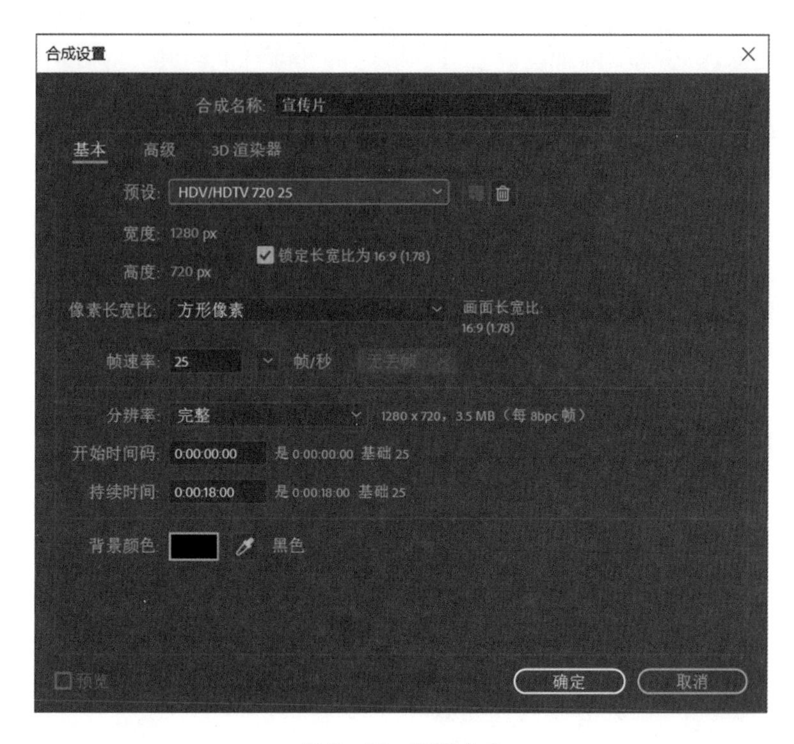

图 3－26　**新建合成**

(3)产生新合成后，首先在【项目】面板中选择素材“背景.jpg”拖入【时间线】面板。将时间指示器拖曳到 00:00:01:00 帧，展开【变换】属性，将【缩放】调整为 67，单击【缩放】前的码表，添加关键帧，如图 3－27 所示。将时间指示器拖曳到 13 秒，将【缩放】调整为 94，系统在当前时间位置自动生成一个关键帧。

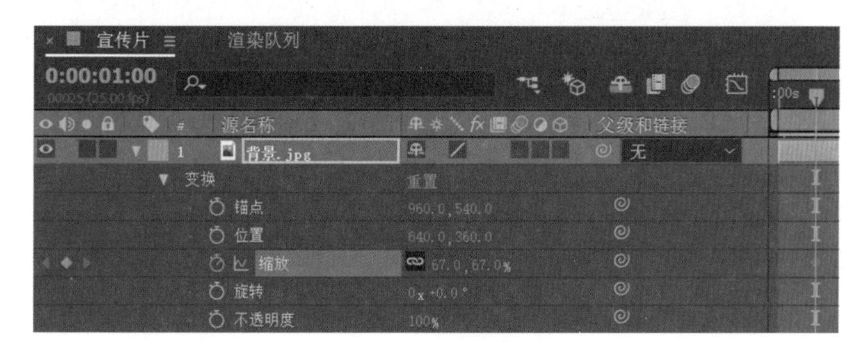

图 3－27　**添加关键帧**

(4)从【项目】面板中选择素材“1.jpg～6.jpg”拖入【时间线】面板。按S键展开【缩放】属性,将【缩放】调整为118,如图3-28所示。

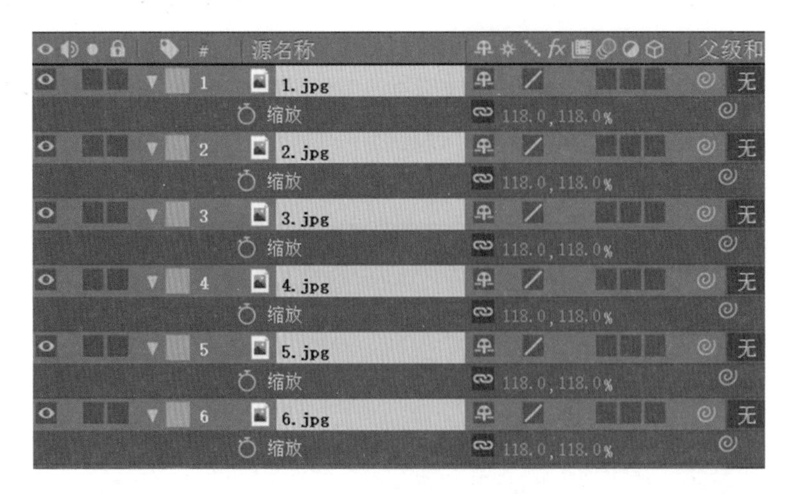

图3-28　调整【缩放】值

(5)单击【时间线】面板左下角的【展开或折叠“图层开关”窗格】按钮,打开图层开关,并将图层1～6的三维开关打开,转换为三维层,如图3-29所示。

图3-29　打开三维开关

选中图层1～6添加【效果】|【透视】|【边缘斜面】特效,使用默认参数即可。选中图层1～5,将时间指示器移动到00:00:09:10帧位置,按下Alt+]快捷键,在此处设置这五层出点。选中图层1～6,将时间指示器移动到00:00:13:09帧位置,调整【不透明度】参数为100,并添加关键帧;再将时间指示器移动到00:00:14:09帧位置,调整【不透明度】参数为0,此时自动生成第

二个关键帧。

（6）下面切换到定制视图来调整场景。在【合成】面板下方的视图下拉列表框中选择【自定义视图 1】，如图 3－30 所示。自定义视图因为没有透视，所以调整场景非常方便。在后面，还要经常在自定义视图和摄像机视图间进行切换。

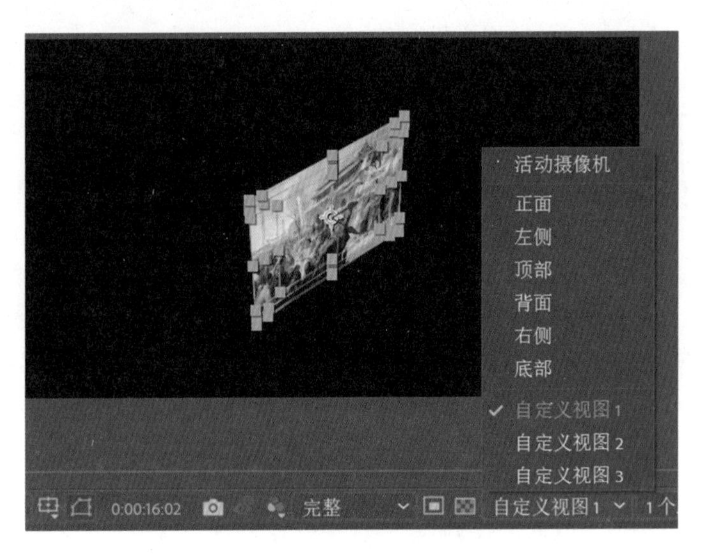

图 3－30　选择自定义视图

（7）现在可以看到，所有的图片都在一个平面上。使用选择工具，分别移动图片在 X 轴、Y 轴、Z 轴上的位置，使其产生错落有致的效果，参数如图 3－31 所示。

图 3－31　位置参数设置

（8）接下来在场景中创建摄像机。按 Ctrl＋Alt＋Shift＋C 组合键，创建一个摄像机。弹出【摄像机设置】窗口，在【缩放】文本框中输入 600，如图 3－32 所示。单击【确定】按钮。

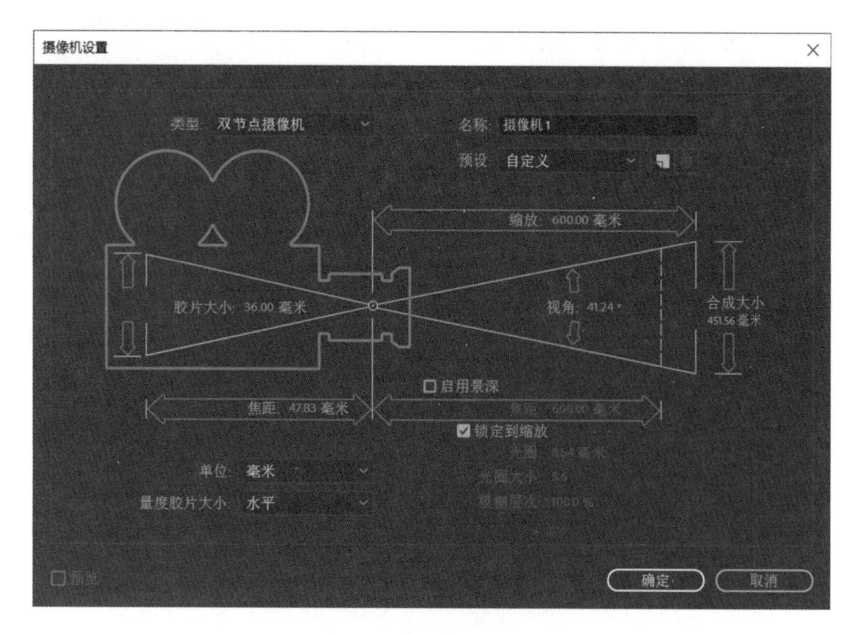

图 3-32　摄像机设置

(9)制作摄像机动画。在【时间线】面板中选择摄像机,展开【变换】属性。将时间指示器移动到 00:00:01:00 帧位置,调整目标点参数为 922、277、0,调整位置参数为 922、277、-2 000,激活【位置】参数的关键帧记录器,生成第一个关键帧,如图 3-33 所示。

图 3-33　第一个位置关键帧

(10)接着将时间指示器移动到 00:00:04:09 帧位置,调整位置参数为 922、277、-6 000,此时自动生成第二个关键帧。再将时间指示器移动到 00:00:07:00 帧,调整位置参数为 922、277、-10 000;将时间指示器移动 00:00:09:00 帧,调整位置参数为 922、278、-12 600;将时间指示器移动到 00:00:12:00 帧,调整位置参数为 922、277、-13 400,效果如图 3-34 所示。

(a)摄像机 00:00:01:00 帧处画面

(b)摄像机 00:00:02:15 帧处画面

(c)摄像机 00:00:06:00 帧处画面

(d) 摄像机 00:00:08:00 帧处画面

(e)摄像机 00:00:12:00 帧处画面

图 3 - 34 摄像机不同秒数画面效果

(11)在场景中加入字幕。在工具栏中选择横排文字工具,在【合成】面板中单击,输入文本“奋斗百年路 启航新征程”,并重命名为文本一,调整文字参数,如图 3 - 35 所示。

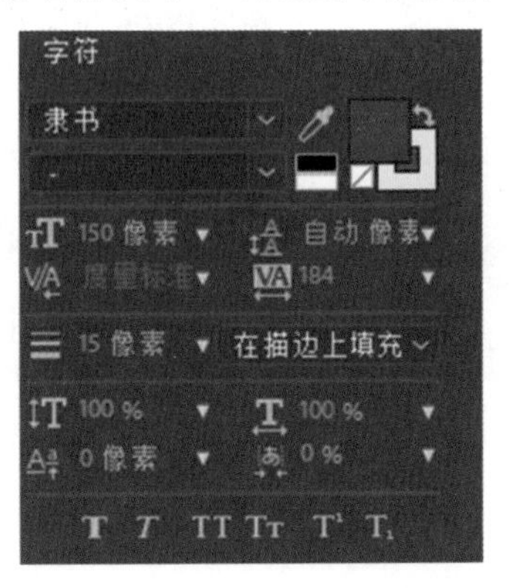

图 3 - 35 文本一参数调整

(12)给文本一层添加关键帧。设置位置为 640、255,将时间指示器移动到 00:00:13:20 帧位置,调整缩放参数为 0、0,激活缩放关键帧记录器,生成第一个关键帧;再将时间指示器移动到 00:00:14:20 帧位置，调整缩放参数为 100、100，此时自动生成第二个关键帧。

(13)给文本一添加【效果】|【透视】|【投影】特效，调节【不透明度】参数为 70，【距离】为 15，制作效果如图 3-36 所示。

图 3-36　文字效果

(14)添加第二层文本“1921—2021”，并重命名为文本二。调整文字参数如图 3-37 所示。给文本二层添加不透明度关键帧，00:00:14:04 帧处设置不透明度为 0，激活关键帧记录器，生成第一个关键帧；00:00:15:04 帧处设置不透明度为 100，此时自动生成第二个关键帧。制作效果如图3-38所示。

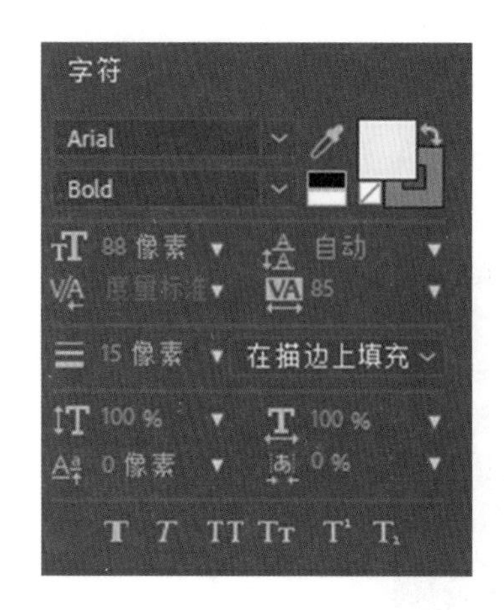

图 3-37　文本二参数调整

图 3-38　文字效果

(15)最后为影片加入音乐。在【项目】面板中选择素材“配乐.mp3”拖入【时间线】面板。影片制作完毕，最后按 Ctrl+M 组合键输出影片即可。

任务五 产品广告

一、任务引导

本案例要求学生制作一部产品宣传广告片。案例制作的目的是练习 After Effects CC 2018 的灯光层的使用。最终效果如图 3-39 所示。

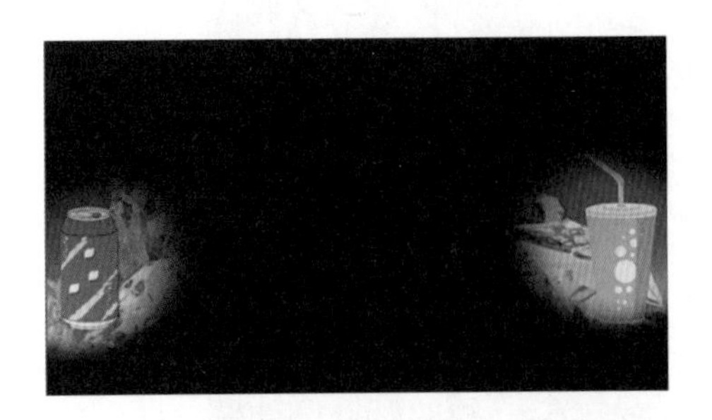

图 3-39 案例效果

二、任务实施

(1)导入广告制作需要的素材,在【项目】面板双击鼠标左键,选择配套资源中的“Ch03\案例:产品广告\素材”文件夹中的所有素材并导入。

(2)新建一个合成。按 Ctrl+N 组合键新建一个合成,如图 3-40 所示,设置参数后单击【确定】按钮。

(3)产生新合成后,在【项目】面板中选择素材“背景.jpg”拖入【时间线】面板。将时间指示器拖曳到 00:00:00:00 帧,展开【变换】属性,将【缩放】调整为 67。

(4)从【项目】面板中选择素材“瓶子 1.psd”拖入【时间线】面板。按 S 键展开【缩放】属性,将【缩放】调整为 36 。

(5)接着按 P 键展开【位置】属性,将时间指示器移动到 00:00:00:10 帧位置,调整位置参数为:134、694,此时添加位置关键帧。再将时间指示器移动到 00:00:00:20 帧,调整位置参数为 870、694,此时自动生成第二个关键帧;将时间指示器移动 00:00:01:15 帧,复制第二个关键帧并粘贴于此;再将时间指示器移动至 00:00:02:00 位置,调整位置参数为 430、694。

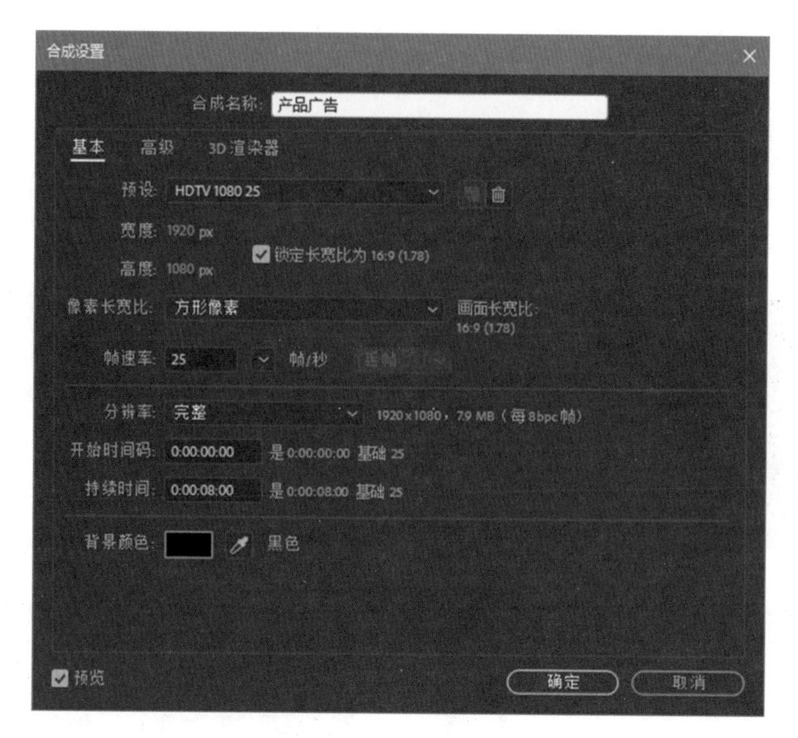

图 3-40　新建合成

(6)从【项目】面板中选择素材“瓶子 2. psd”拖入【时间线】面板。按 S 键展开【缩放】属性，将【缩放】调整为 32 。

(7)接着按 P 键展开【位置】属性，将时间指示器移动到 00:00:00:10 帧位置，调整位置参数为 1 775、615，此时添加位置关键帧。再将时间指示器移动到 00:00:00:20 帧，调整位置参数为 1 060、615，此时自动生成第二个关键帧；将时间指示器移动 00:00:02:00，复制第二个关键帧并粘贴于此；再将时间指示器移动至 00:00:02:03 帧位置，调整位置参数为 640、615。此时效果如图 3-41 所示。

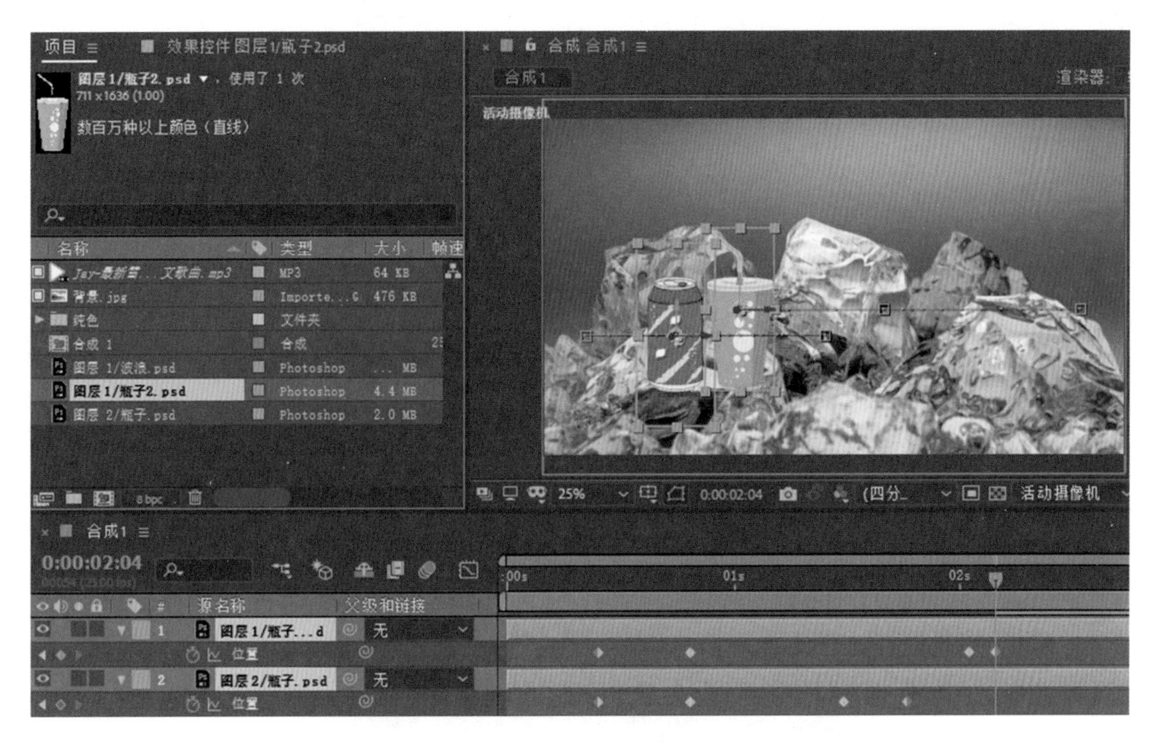

图 3 - 41　调整效果

(8)制作灯光动画。因为灯光层要应用到三维图层上，此时打开背景、瓶子 1 和瓶子 2 图层的三维开关。在【时间线】面板的空白区域右击，在弹出的快捷菜单中选择【新建】|【灯光】命令(或按 Ctrl＋Alt＋Shift＋L 组合键弹出【灯光设置】对话框)，如图 3 - 42 所示，如图设置参数后单击【确定】按钮退出。因为要用两盏灯，所以再建一个聚光 2，参数和聚光 1 相同。

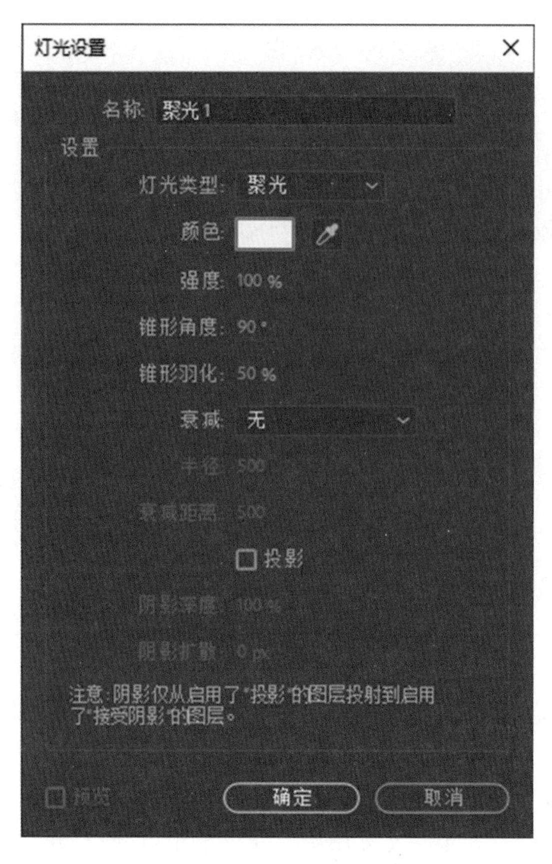

图 3-42 新建灯光

(9)调节灯光参数。先来设置聚光 1。展开它的【变换】属性，调整位置参数为－200、900、－666。将时间指示器移动到 00:00:00:10 帧位置，调整目标点参数为 120、730、0，此时添加位置关键帧。再将时间指示器移动到 00:00:00:20 帧，调整目标点参数为 860、730、－100，此时自动生成第二个关键帧。

(10)展开灯光选项，将时间指示器移动到 00:00:00:00 帧位置，调整【强度】参数为 0，此时添加关键帧；再将时间指示器移动到 00:00:00:06 帧，调整【强度】参数为 100，此时自动生成第二个关键帧。将时间指示器移动到 00:00:00:20 帧位置，调整【锥形角度】参数为 45，此时添加关键帧；再将时间指示器移动到 00:00:01:09 帧，调整【锥形角度】参数为 80，此时自动生成第二个关键帧。参数设置如图 3-43 所示，制作效果如图 3-44 所示。聚光 1 层设置完成。

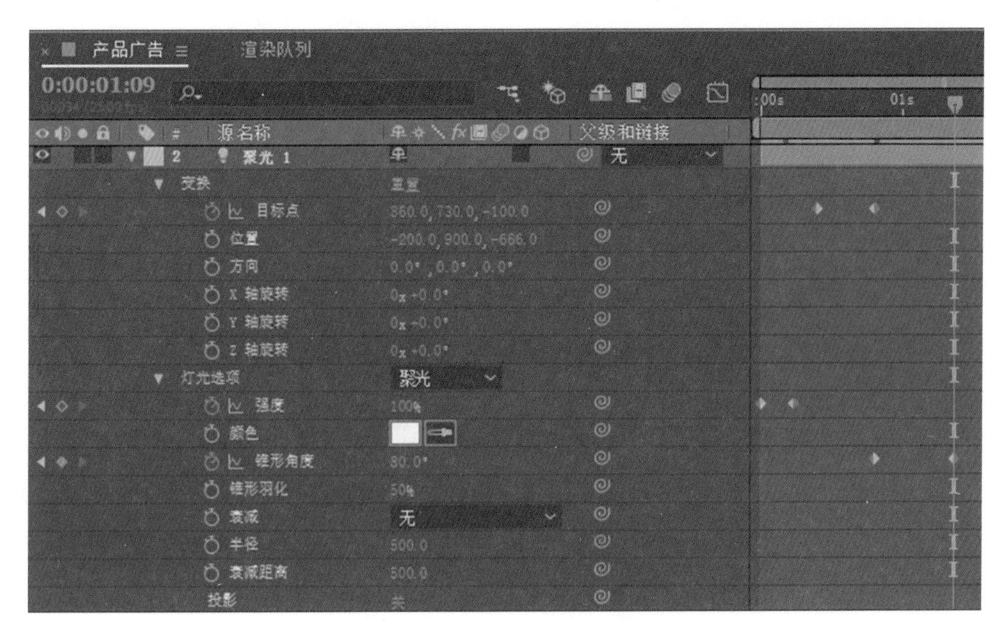

图 3-43 聚光 1 关键帧

图 3-44 聚光 1 制作效果

(11)设置聚光 2。展开它的【变换】属性，调整位置参数为 2 100、900、-666。将时间指示器移动到 00:00:00:10 帧位置，调整目标点参数为 1 770、695、0，此时添加位置关键帧。再将时间指示器移动到 00:00:00:20 帧，调整目标点参数为 1 068、695、-100，此时自动生成第二个关键帧。

(12)聚光 2 层的灯光选项设置和聚光 1 层完全相同，请参照步骤(10)设置。制作效果如图 3-45 所示。

图 3-45　聚光 2 制作效果

(13)在场景中加入字幕。首先将时间指示器移动到 00:00:02:20 帧位置,在工具栏中选择【直排文字工具】,在【合成】面板中单击,输入文本一内容“炎炎夏日”。调整文字参数如图 3-46 所示。

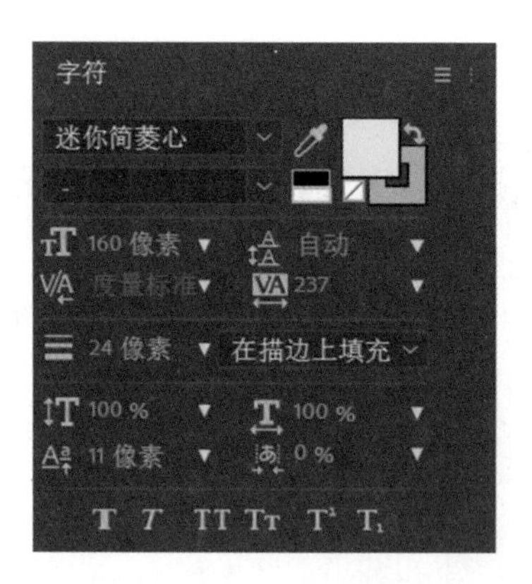

图 3-46　文本一参数调整

(14)给文本一层添加不透明度关键帧:00:00:02:20 帧处设置不透明度为 0,激活关键帧记录器,生成第一个关键帧;00:00:03:00 帧处设置不透明度为 100,此时自动生成第二个关键帧。

(15)创建文本二层。将时间指示器移动到 00:00:03:10 帧位置,在工具栏中选择【直排文字工具】,在【合成】面板中单击,输入文本二内容“来一杯”。调整文字参数如图 3-47 所示。

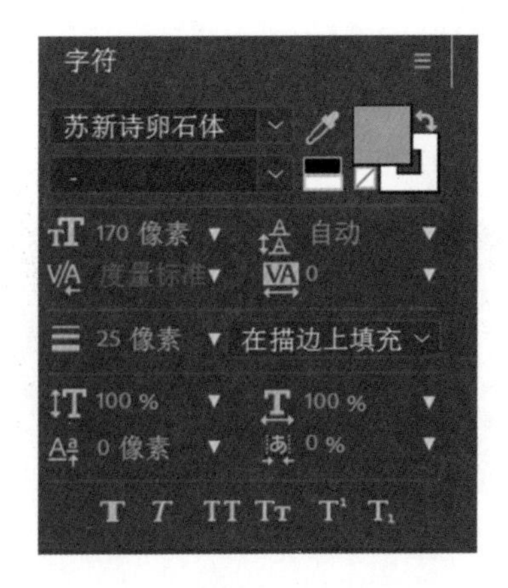

图 3-47 文本二参数调整

(16)给“文本二”层添加不透明度关键帧:00:00:03:10 帧处设置不透明度为 0,激活关键帧记录器,生成第一个关键帧;00:00:03:20 帧处设置不透明度为 100,此时自动生成第二个关键帧。

(17)文本层制作完成,效果如图 3-48 所示。此时主题并不是很突出,继续制作。

图 3-48 文本效果

(18)新建纯色层命名为“渐变色”,并为其添加【效果】|【生成】|【梯度渐变】特效,调节参数如图 3-49 所示。

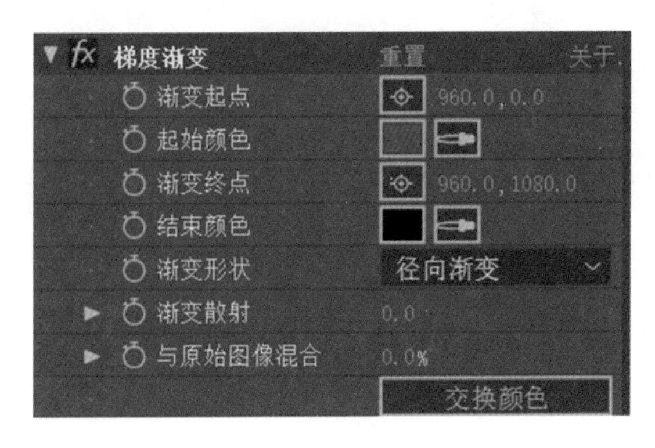

图 3-49 梯度渐变参数

(19)给“渐变色”层添加不透明度关键帧：00：00：03：02 帧处设置不透明度为 0，激活关键帧记录器，生成第一个关键帧；00：00：04：20 帧处设置不透明度为 100，此时自动生成第二个关键帧。设置该层入点在 00：00：03：02 帧处，如图 3－50 所示。

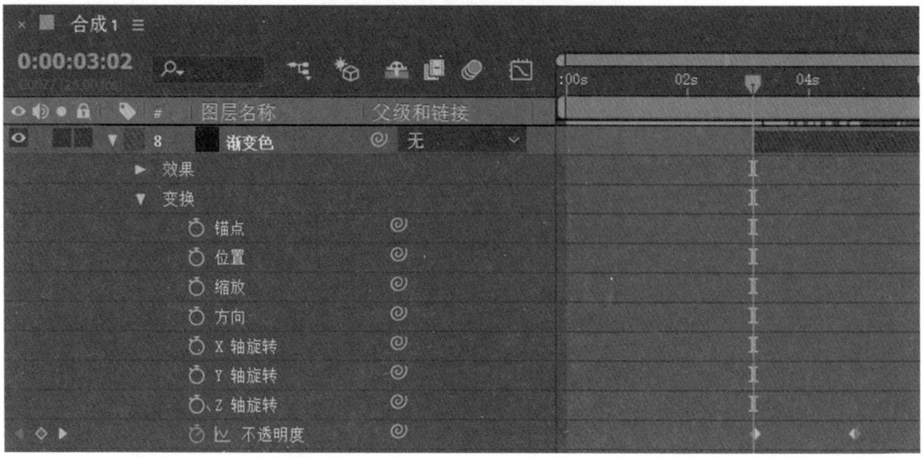

图 3－50 设置渐变层入点

(20)从【项目】面板中选择素材“波浪.psd”拖入【时间线】面板。按 S 键展开【缩放】属性，将【缩放】调整为 59。添加不透明度关键帧：00：00：02：20 帧处设置不透明度为 0，激活关键帧记录器，生成第一个关键帧；00：00：03：07 帧处设置不透明度为 100，此时自动生成第二个关键帧。设置该层入点在 00：00：02：20 帧处，并调节图像位置如图 3－51 所示。制作效果如图 3－52 所示。

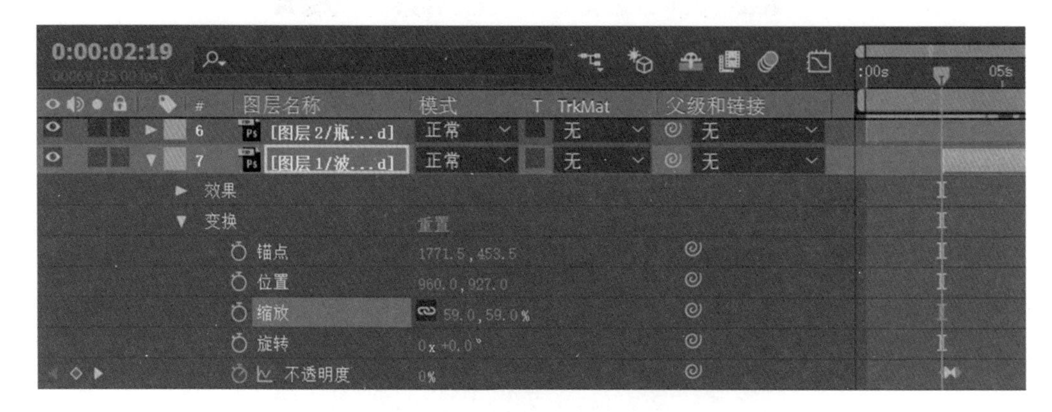

图 3－51 调节“波浪”层位置

图 3-52　制作效果

(21)为影片加入音乐。在【项目】面板中选择素材“配乐.mp3”拖入【时间线】面板。影片制作完毕,最后按 Ctrl+M 组合键输出影片即可。

任务六　美术培训学校广告

一、任务引导

本案例要求学生制作一部美术培训学校招生宣传广告片。案例制作的目的是练习 After Effects CC 2018 的空白图层的使用,进一步加深学生对三维图层的理解。最终效果如图 3-53 所示。

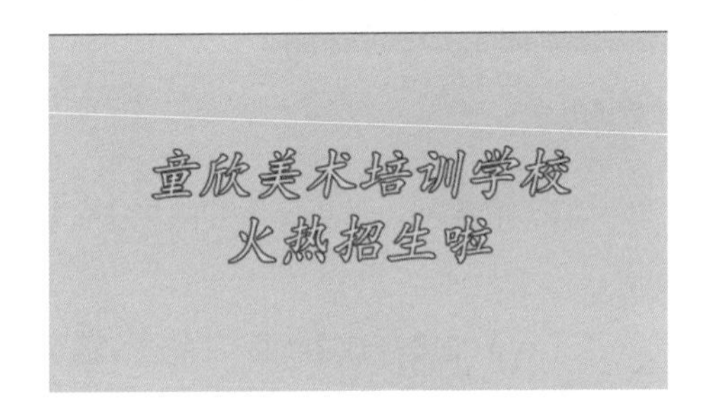

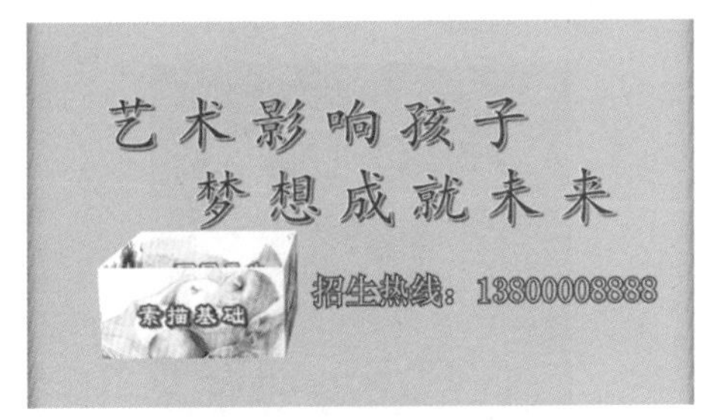

图 3-53　案例效果

二、任务实施

(1)导入广告制作需要的素材,在【项目】面板双击鼠标左键,选择配套资源中的"Ch03\案例:美术培训学校广告\素材"文件夹中的所有素材并导入。

(2)新建一个合成。按 Ctrl+N 组合键新建一个合成,如图 3-54 所示,设置参数后单击【确定】按钮。

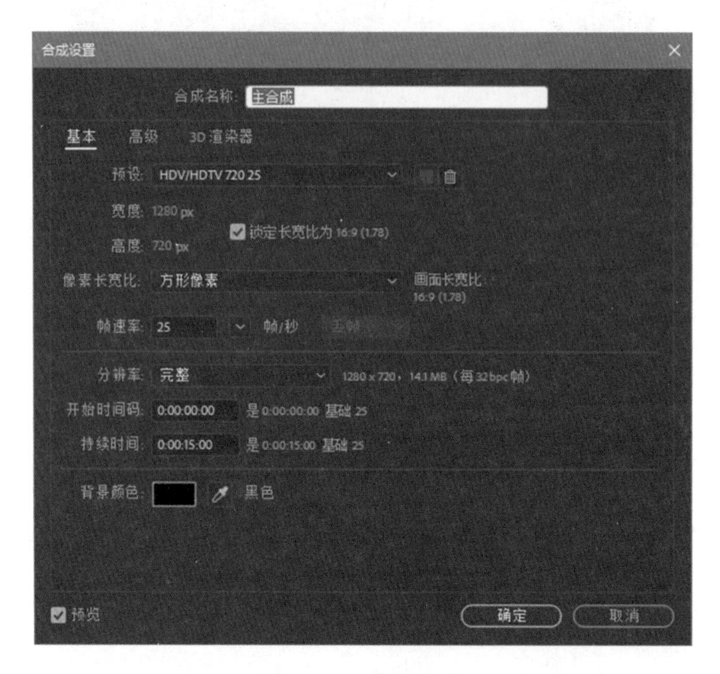

图 3-54　新建合成

(3)产生新合成后,首先在【项目】面板中选择素材"动态背景.mp4"拖入【时间线】面板。展开【变换】属性,将【缩放】调整为 180。

(4)在场景中加入字幕。在工具栏中选择【横排文字工具】,在【合成】面板中单击,输入文本一内容"童欣美术培训学校 火热招生啦"。调整文本参数如图 3-55 所示。

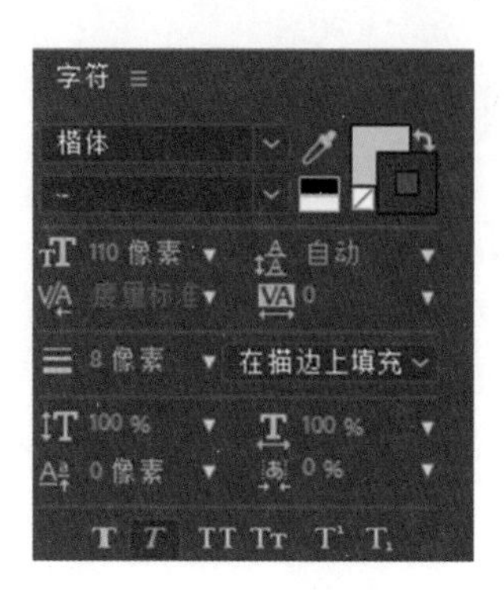

图 3-55　文本参数调整

(5)给文本一制作动画。按 P 键展开【位置】属性，将时间指示器移动到 00:00:00:00 帧位置，调整位置参数为 640、−220，此时添加位置关键帧。再将时间指示器移动到 00:00:00:22 帧，调整位置参数为 640、310，此时自动生成第二个关键帧；将时间指示器移动 00:00:02:04 帧，复制第二个关键帧并粘贴于此；再将时间指示器移动 00:00:03:00 帧位置，调整位置参数为 −455、310。

(6)下面新建合成，命名为“合成 1”，设置宽度 400，高度 200，时长 15 秒。在【项目】面板中选择素材“1.jpg”拖入【时间线】面板。新建文字层，在【合成】面板中单击，输入文本内容“创意水粉”。调整文本参数如图 3 - 56 所示。

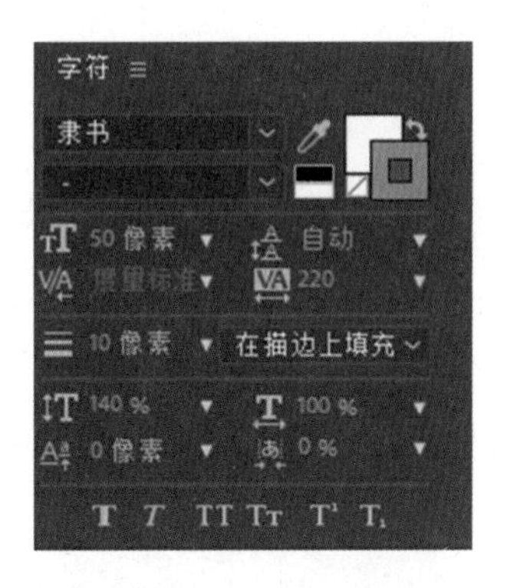

图 3 - 56 文本参数调整

(7)新建合成，命名为“合成 2”，设置宽度 400，高度 200，时长 15 秒。在【项目】面板中选择素材“2.jpg”拖入【时间线】面板。新建文字层，在【合成】面板中单击，输入文本内容“素描基础”。调整文本参数如图 3 - 57 所示。

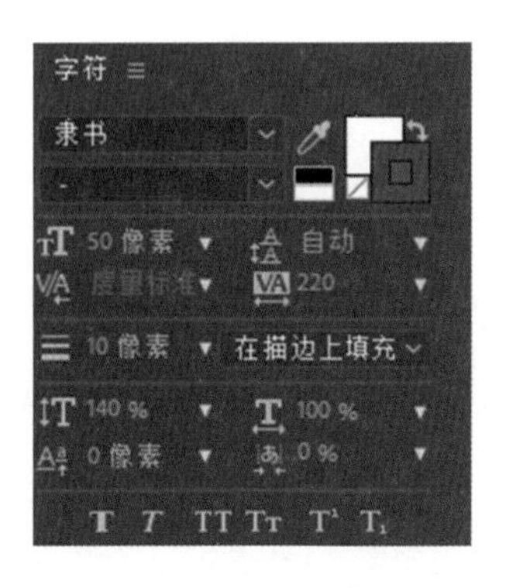

图 3 - 57 文本参数调整

(8)新建合成，命名为“合成 3”，设置宽度 400，高度 200，时长 15 秒。在【项目】面板中选择素材“3.jpg”拖入【时间线】面板。新建文字层，在【合成】面板中单击，输入文本内容“卡通动漫”。调整文本参数如图 3 - 58 所示。

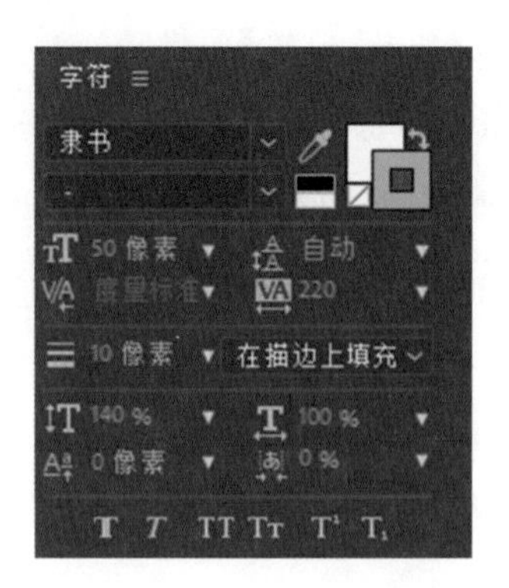

图 3-58 文本参数调整

(9)新建合成,命名为“合成 4”,设置宽度 400,高度 200,时长 15 秒。在【项目】面板中选择素材“4.jpg”拖入【时间线】面板。新建文字层,在【合成】面板中单击,输入文本内容“水墨国画”。调整文本参数如图 3-59 所示。

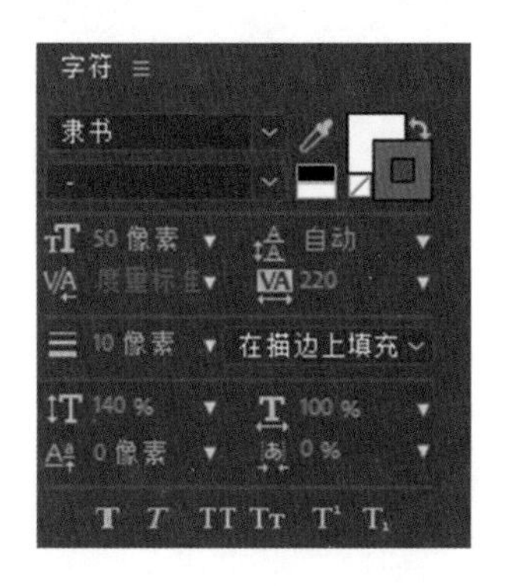

图 3-59 文本参数调整

(10)接着回到“主合成”,从【项目】面板中选择“合成 1～合成 4”全部拖入【时间线】面板。并打开他们的【三维开关】。调整合成 1 位置为 640,360,－200;调整合成 2 位置为 440,360,0,并在 Y 轴上旋转 90 度;调整合成 3 位置为 840,360,0,并在 Y 轴上旋转－90 度;调整合成 4 位置为 640,360,200,并在 Y 轴上旋转 180 度。

(11)新建空白图层“空 1”,并打开它的【三维开关】,设置“空 1”为“合成 1～合成 4”的父级,如图 3-60 所示。

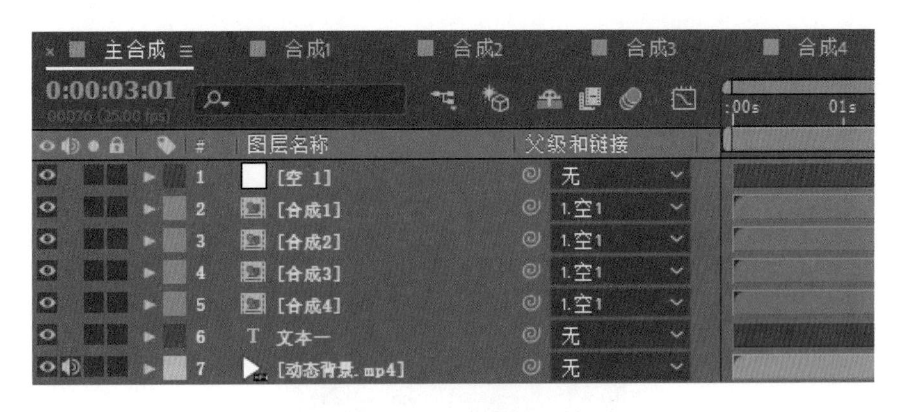

图 3-60 设置父级

(12)给空 1 图层制作动画。按 S 键展开【缩放】属性，调节缩放值为 135；按 P 键展开【位置】属性，将时间指示器移动到 00:00:02:16 帧位置，调整位置参数为 640，－211，0，并添加关键帧；再将时间指示器移动到 00:00:04:00 帧，调整位置参数为 640，380，0，此时自动生成第二个关键帧，再调节"X 轴旋转"为 10 度；将时间指示器移动至 00:00:04:15 帧位置，设置"Y 轴旋转"为 0 度，并添加关键帧；再将时间指示器移动至 00:00:10:07 帧位置，调整"Y 轴旋转"为 270 度，此时自动生成第二个关键帧；再将时间指示器移动至 00:00:11:00 帧位置，在此处添加【位置】和【缩放】关键帧；再将时间指示器移动至 00:00:12:00 帧位置，调整位置参数为 345，500，0，此时自动生成位置的第四个关键帧，调节缩放值为 80，此时自动生成缩放的第二个关键帧。

(13)在场景中加入字幕二内容。在工具栏中选择【横排文字工具】，在【合成】面板中单击，输入文本二内容"艺术影响孩子 梦想成就未来"。调整文字参数如图 3-61 所示。给文本二添加【效果】|【透视】|【投影】特效，使用默认参数。

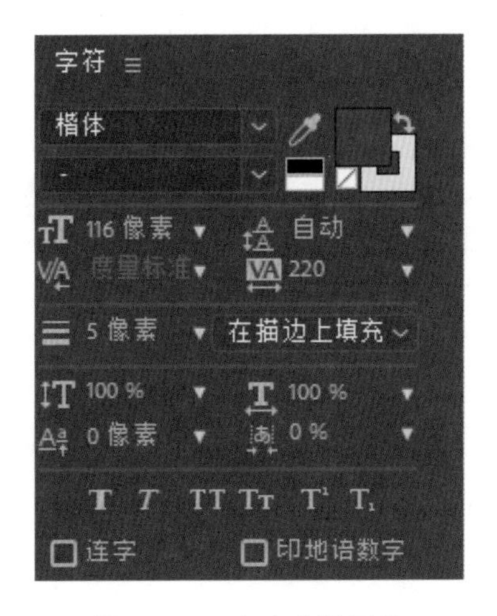

图 3-61 文字参数调整

(14)下面给文本二制作动画。按 P 键展开【位置】属性，将时间指示器移动到 00:00:11:00 帧位置，调整位置参数为 552，−176，此时添加位置关键帧；再将时间指示器移动到 00:00:12:06 帧，调整位置参数为 552，231，此时自动生成第二个关键帧。

(15)在场景中加入字幕三内容。在工具栏中选择【横排文字工具】，在【合成】面板中单击，输入文本三内容“招生热线:13800008888”。调整文字参数如图 3－62 所示。

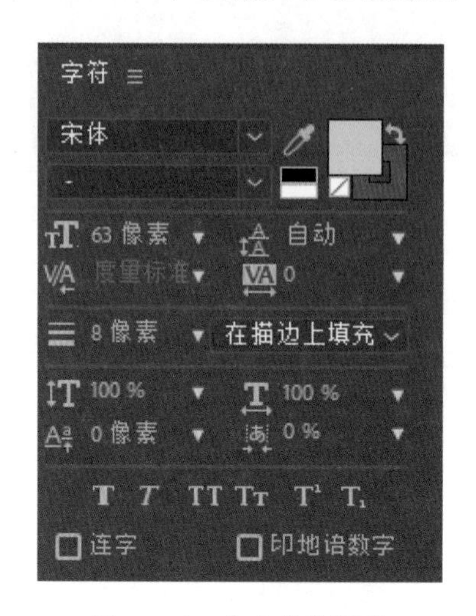

图 3－62　文字参数调整

(16)下面给文本三制作动画。按 T 键展开【不透明度】属性，将时间指示器移动到 00:00:12:00 帧位置，调整不透明度参数为 0，此时添加位置关键帧；再将时间指示器移动到 00:00:12:13 帧，调整不透明度参数为 100，此时自动生成第二个关键帧。制作效果如图 3－63 所示。

图 3－36　案例效果

(17)为影片加入音乐。在【项目】面板中选择素材“配乐.mp3”拖入【时间线】面板。影片制作完毕，最后按 Ctrl＋M 组合键输出影片即可。

第4章 蒙版动画效果

内容提要

在影视后期合成中，某些素材本身不具备 Alpha 通道，所以不能通过常规的方法将这些素材合成到一个场景中，此时“蒙版”与“遮罩”就能解决这一问题，它们的功能可以实现对图层部分元素的“隐藏”与“显示”工作，这是一项在创意合成中非常重要的步骤。在本章内容中，主要讲解了蒙版的绘制方式、调整方法、使用效果及轨道蒙版的使用等相关内容。

学习导航

<table>
<tr><td colspan="2">学习内容</td><td>蒙版动画基础</td></tr>
<tr><td rowspan="3">教学目标</td><td>知识目标</td><td>1. 了解蒙版的概念及原理；
2. 掌握创建蒙版的多种方法；
3. 掌握 Alpha 轨道遮罩以及亮度轨道遮罩的原理；
4. 掌握轨道遮罩的创建方法与使用技巧</td></tr>
<tr><td>能力目标</td><td>1. 能够利用多种方式创建蒙版；
2. 能够对蒙版进行编辑操作；
3. 能够通过轨道遮罩丰富画面效果</td></tr>
<tr><td>素质目标</td><td>1. 增强职业认同感、提升职业素养、树立职业自信心；
2. 能根据工作任务进行合理分工和协作，培养团队精神</td></tr>
<tr><td colspan="2">思政素养</td><td>1. 在利用蒙版及遮罩制作画面效果时，培养学生的审美鉴赏能力；
2. 培养学生敢于直面效果制作中存在的问题，并制定改进措施的能力</td></tr>
<tr><td rowspan="2">教学重难点</td><td>教学难点</td><td>1. 创建蒙版的多种方法；
2. 轨道遮罩的种类与区别</td></tr>
<tr><td>教学难点</td><td>1. 蒙版的编辑操作；
2. 轨道遮罩的创建方法与使用技巧</td></tr>
<tr><td colspan="2">建议学时</td><td>4 学时</td></tr>
</table>

4.1 蒙版的原理

蒙版(Mask),在 After Effects 中其实是一个路径,有两大功能:一是可以通过绘制闭合的路径,使素材只显示区域内的部分,而区域外的素材则被蒙版所覆盖不显示;二是可以绘制多个蒙版层来达到更多元化的视觉效果,如图 4-1 所示。此外,After Effects 中的蒙版也可以是不闭合的曲线。当蒙版是不闭合曲线时,则只能作为路径使用,可以用于指定为其他图层的动画路径,如图 4-2 所示。

图 4-1 闭合蒙版效果

图 4-2 开放蒙版效果

4.2 蒙版的创建

在制作蒙版动画之前,首先要知道如何创建蒙版。蒙版的创建方法很简单,下面将具体介绍几种基础蒙版的创建工具及其使用方法。

使用形状工具组及钢笔工具可以绘制出多种规则或不规则的几何形状蒙版。形状工具组包括【矩形工具】、【圆角矩形工具】、【椭圆工具】、【多边形工具】和【星形工具】,如图 4-3 所示。【钢笔工具】则可以绘制出不规则的闭合或开放的蒙版。

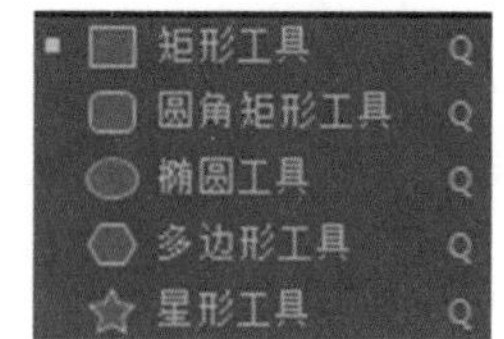

图 4-3 形状工具组

4.2.1 矩形工具

【矩形工具】矩形工具 可以为图像绘制正方形、长方形等矩形形状蒙版。

矩形工具的具体使用方法如下。

在项目面板中单击鼠标右键执行【新建合成】命令,导入素材或创建一个纯色图层。在这里我们导入一个素材,执行【文件】|【导入】|【文件】命令,在弹出的对话框中选择所需要的素材,单击【导入】按钮导入素材。

在【时间轴】面板中单击选中素材图层,然后在工具栏中单击选择【矩形工具】。鼠标指针变成十字形,选择要创建蒙版的图层,在【合成】面板中图像的合适位置处,按住鼠标左键并拖曳至合适大小,得到矩形蒙版,为图像绘制矩形蒙版的前后对比效果如图 4-4 所示。

(a)原图

(b)添加矩形蒙版后

图 4-4　图像绘制矩形蒙版前后对比效果

1)绘制正方形形状蒙版

选中素材,在工具栏中单击选择【矩形工具】,然后在【合成】面板中图像的合适位置处按住 Shift 键的同时,按住鼠标左键并拖曳至合适大小,得到正方形蒙版,如图 4-5 所示。

图 4-5　正方形蒙版效果

2)绘制多个蒙版

选中素材,继续使用【矩形工具】,然后在【合成】面板中图像的合适位置处按住鼠标左键并拖曳至合适大小,得到另一个蒙版,同样的方法可绘制多个蒙版,如图 4-6 所示。

图 4-6　多个蒙版效果

4.2.2 圆角矩形工具

【圆角矩形工具】圆角矩形工具可以绘制圆角矩形形状蒙版，使用方法及对其相关属性的设置与【矩形工具】相同。

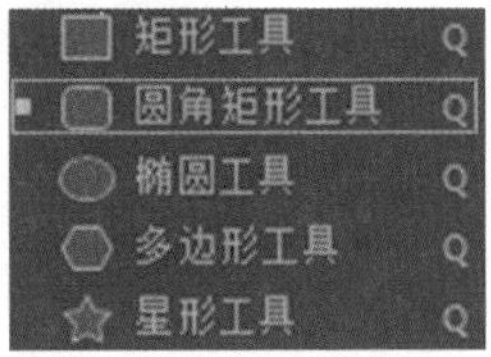

图 4-7 圆角矩形工具

选中素材，在工具栏中将光标定位在【矩形工具】上，长按鼠标左键，在【形状工具组】中单击选择【圆角矩形工具】，如图 4-7 所示。选择要创建蒙版的图层，在【合成】面板中图像的合适位置处，按住鼠标左键并拖曳至合适大小，得到圆角矩形蒙版，为图像绘制圆角矩形蒙版的前后对比效果如图 4-8 所示。

(a)原图

(b)添加圆角矩形蒙版

图 4-8 图像绘制圆角矩形蒙版前后对比效果

提示：在使用圆角矩形工具时，按住向上键【↑】，可增大圆角，按住向下键【↓】，可减小圆角。

4.2.3 椭圆工具

【椭圆工具】椭圆工具主要可以绘制椭圆、正圆形状蒙版，使用方法和对其相关属性的设置与【矩形工具】相同。

选中素材，在工具栏中将光标定位在【矩形工具】上，并长按鼠标左键，在【形状工具组】中单击选择【椭圆工具】，然后在【合成】面板中图像的合适位置处，按住鼠标左键并拖曳至合适大小，得到椭圆蒙版；或在【合成】面板中图像的合适位置处，按住 Shift 键的同时，按住鼠标左键并拖曳至合适大小，得到正圆形状蒙版，为图像绘制椭圆形蒙版的前后对比效果如图 4-9 所示。

(a)原图

(b)添加椭圆形蒙版

图 4－9　图像绘制椭圆形蒙版前后对比效果

4.2.4　多边形工具

【多边形工具】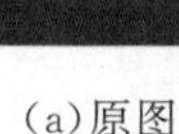

主要可以创建多个边角的几何形状蒙版，使用方法和对其相关属性的设置与【矩形工具】相同。

选中素材，在工具栏中将光标定位在【矩形工具】上，并长按鼠标左键，在【形状工具组】中单击选择【多边形工具】。在【合成】面板中图像的合适位置处，按住鼠标左键并拖曳至合适大小，得到五边形蒙版；或在【合成】面板中图像的合适位置处，按住 Shift 键的同时，按住鼠标左键并拖曳至合适大小，得到正五边形蒙版，为图像绘制正五边形蒙版的前后对比效果如图 4－10 所示。

(a)原图

(b)添加正五边形蒙版

图 4－10　图像绘制正五边形蒙版前后对比效果

4.2.5 星形工具

【星形工具】☆ 星形工具 主要可以绘制星形蒙版，使用方法与【矩形工具】相同。

选中素材，在工具栏中将鼠标定位在【矩形工具】上长按鼠标左键，在【形状工具组】中单击选择【星形工具】，然后在【合成】面板中图像的合适位置处，按住鼠标左键并拖曳至合适大小，得到星形蒙版；或在【合成】面板中图像的合适位置处，按住 Shift 键的同时，按住鼠标左键并拖曳至合适大小，得到正星形形状蒙版，如图 4－11 所示。

(a)原图

(b)添加正星形蒙版

图 4－11　图像绘制正星形蒙版前后对比效果

提示：蒙版与形状图层的区别

创建蒙版，首先需要选中图层，再选择蒙版工具进行绘制。

创建形状图层，则要求不选中图层，而选择工具进行绘制，绘制出的是单独的图案。

4.2.6 钢笔工具

钢笔工具可以用来绘制不规则的蒙版和不闭合的路径，快捷键为 G，使用钢笔工具绘制的蒙版形状方式及对其相关属性的设置与形状工具组相同。

钢笔工具的具体使用方法如下。

在【工具】面板中选择【钢笔工具】，移动光标至【合成】窗口，单击可创建锚点。

将鼠标移至另一个目标位置并单击，此时在先后创建的两个锚点之间形成一条直线。

如果要创建闭合的蒙版图形，可将鼠标放在第一个锚点处，此时鼠标指针的右下角将出现一个小圆圈，单击即可闭合蒙版路径。为图像绘制蒙版的前后对比效果如图 4－12 所示。

(a)原图

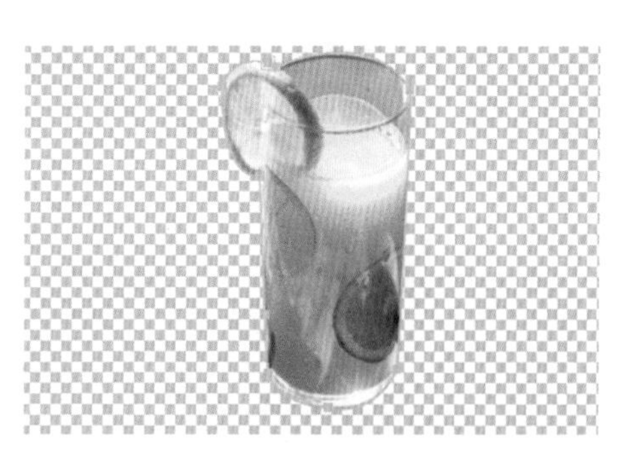

(b)添加钢笔形蒙版后

图 4-12　图像添加钢笔蒙版前后对比效果

在【钢笔工具】按钮上长按鼠标可显示出【添加顶点工具】、【删除顶点工具】、【转换锚点工具】和【蒙版羽化工具】。利用这些工具可以很方便地对蒙版进行修改。这些工具将在下一小节进行详细讲解。

提示:在【合成】窗口中,按住 Shift 键的同时,使用蒙版工具可以创建出等比例的蒙版形状。例如,使用【矩形工具】并配合 Shift 键可以创建出正方形蒙版;使用【椭圆工具】并配合 Shift 键可以创建出正圆形蒙版。

使用【钢笔工具】并按住 Shift 键在锚点上单击并拖曳鼠标,可以沿 45°角移动方向线。

4.3　蒙版的编辑

4.3.1　蒙版的移动

将形状蒙版进行移动有两种方法。

方法一:形状蒙版绘制完成后,在【时间轴】面板中选择相对应的图层,在工具栏中选择【选取工具】,接着将光标移动到【合成】面板中的形状蒙版上方,当光标变为黑色箭头时,按住鼠标左键可进行移动。

方法二:形状蒙版绘制完成后,选择【时间轴】面板中相对应的素材文件,然后按住 Ctrl 键的同时将光标移动到【合成】面板中的形状蒙版上方,当光标变为黑色箭头时,按住鼠标左键即可进行移动。

4.3.2　旋转与缩放蒙版

当创建好一个蒙版后,如果感觉蒙版太小,或者角度不合适,可对蒙版的大小或角度进行缩放和旋转。

在【图层】面板选中【蒙版】图层，使用【选取工具】双击蒙版的轮廓线，或者按快捷键Ctrl+T进行自由变换。在自由变换线框的锚点上单击并拖曳锚点，可放大或缩小蒙版，如图 4－13 所示。

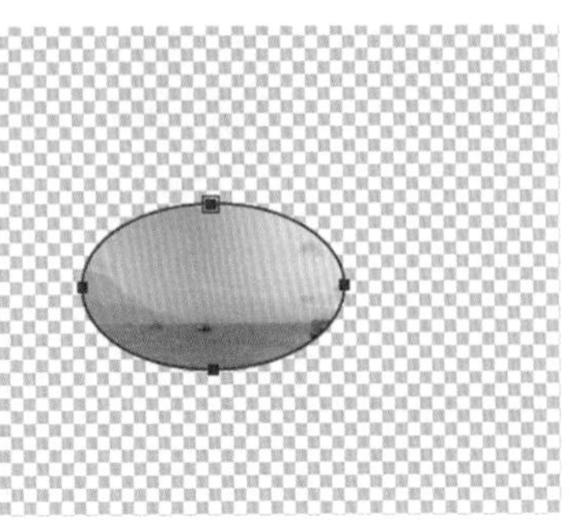

(a)蒙版原图效果

(b)蒙版放大效果

图 4－13　蒙版放大前后对比效果

在自由变换线框外单击并拖曳鼠标即可旋转蒙版，如图 4－14 所示。在进行自由变换时，按住 Shift 键可以对蒙版形状进行等比例缩放或以 45°为单位进行旋转，也可以使用键盘上的方向键移动蒙版，对蒙版进行缩放旋转，操作完成后按 Esc 键退出自由变换状态。

图 4－14　蒙版旋转效果

4.3.3　调整蒙版形状

蒙版形状主要取决于锚点的分布，所以要调节蒙版的形状主要就是调节各个锚点的位置。在【工具】面板中单击【选取】工具按钮，移动光标至【合成】面板，并单击需要进行调节的锚点，被选中的锚点会呈现实心正方形状态，如图 4－15 所示。单击拖动锚点，改变锚点的位置，如图 4－16所示。

图4-15　选中单一锚点

图4-16　改变锚点位置

4.3.4　添加"顶点"工具

【添加"顶点"工具】可以为蒙版路径添加控制点以便更加精细地调整蒙版形状。选中素材，在工具栏中将光标定位在【钢笔工具】并长按鼠标左键，在【钢笔工具组】中选择【添加"顶点"工具】添加"顶点"工具，然后将光标定位在画面中蒙版路径合适位置处，当光标变为【添加"顶点"工具】时，单击鼠标左键为此处添加顶点，如图4-17所示。

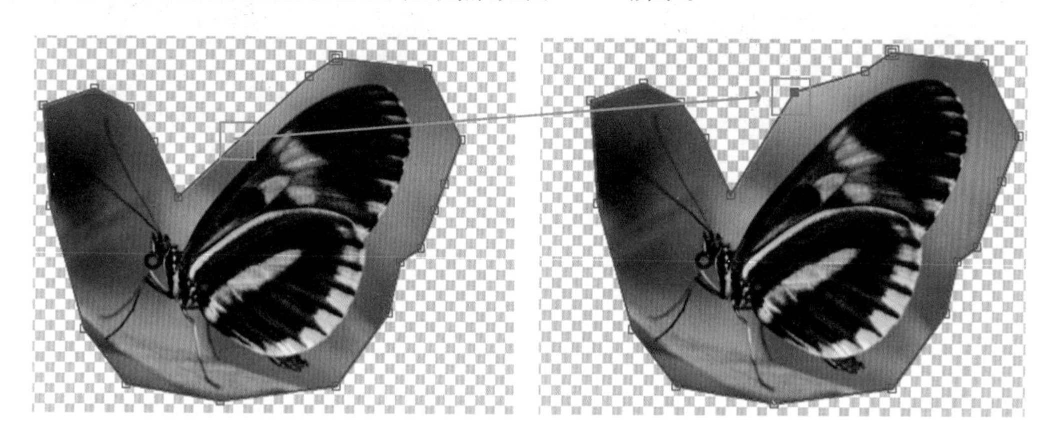

(a)添加"顶点"前　(b)添加"顶点"后

图4-17　添加"顶点"前后对比效果

此外，如果使用的是【钢笔工具】绘制的蒙版，那么可直接将光标定位在蒙版路径上，为蒙版路径添加"顶点"。此时添加的"顶点"与其他控制点相同，将光标移动到该顶点上，当光标变为黑色箭头，按住鼠标左键拖曳即可改变形状。

4.3.5　删除"顶点"工具

【删除"顶点"工具】删除"顶点"工具可以为蒙版路径减少控制点。选中素材，在工具栏中将光标定位在【钢笔工具】上，并长按鼠标左键在【钢笔工具组】中选择【删除"顶点"工具】，然后将光标定位在画面中蒙版路径上需要删除的"顶点"位置，当光标变为【删除"顶点"工具】时，单击鼠标左键即可删除该顶点。

此外，当使用【钢笔工具】绘制蒙版完成后，还可以按住 Ctrl 键的同时单击需要删除的“顶点”，即可完成删除“顶点”操作。

4.3.6 转换“顶点”工具

蒙版上的锚点主要分为两种，即角点和曲线点。角点和曲线点之间可以相互转化，【转换“顶点”工具】 转换“顶点”工具 可以使蒙版路径的控制点变平滑或变硬转角。

选中素材，在工具栏中将鼠标定位在【钢笔工具】上，并长按鼠标左键在【钢笔工具组】中选择【转换“顶点”工具】，然后将光标定位在画面中蒙版路径需要转换的“顶点”上，当光标变为【转换“顶点”工具】时，单击鼠标左键，即可将该“顶点”对应的边角转换为硬转角或平滑顶点，如图 4－18 所示。

(a)转换“顶点”前

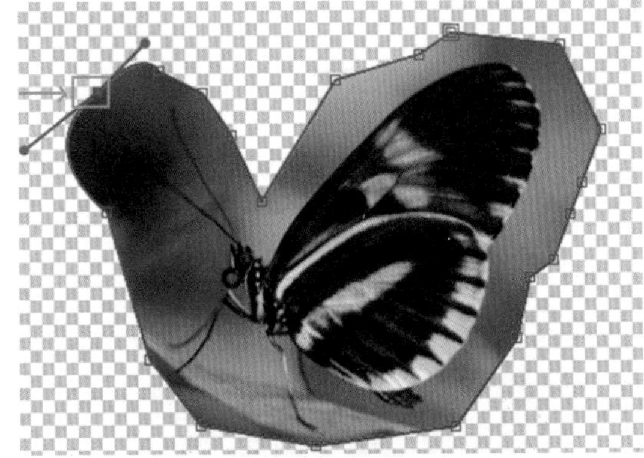

(b)转换“顶点”后

图 4－18 转换“顶点”前后对比效果

其次，当使用【钢笔工具】绘制蒙版完成后，也可直接将光标定位在蒙版路径需要转换的“顶点”上，按住 Alt 键的同时，单击该“顶点”，将该顶点转换为硬转角。

除此之外，还可将硬转角的顶点变为平滑的顶点。只需要按住 Alt 键的同时，单击并拖曳硬转角的顶点即可将其变平滑。

4.3.7 蒙版羽化工具

【蒙版羽化工具】 蒙版羽化工具 可以调整蒙版边缘的柔和程度。在素材上方绘制完成蒙版后，选中素材下的【蒙版】|【蒙版 1】，在工具栏中将光标定位在【钢笔工具】上，并长按鼠标左键在【钢笔工具组】中选择【蒙版羽化工具】。然后在【合成】面板中将光标移动到蒙版路径位置，当光标变为【蒙版羽化工具】时，按住鼠标左键并拖曳即可柔化当前蒙版，使用该工具的前后对比效果如图 4－19 所示。

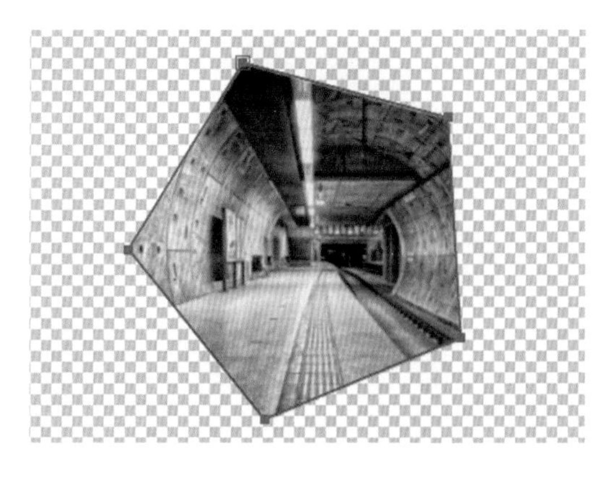

(a)未添加“蒙版羽化”效果

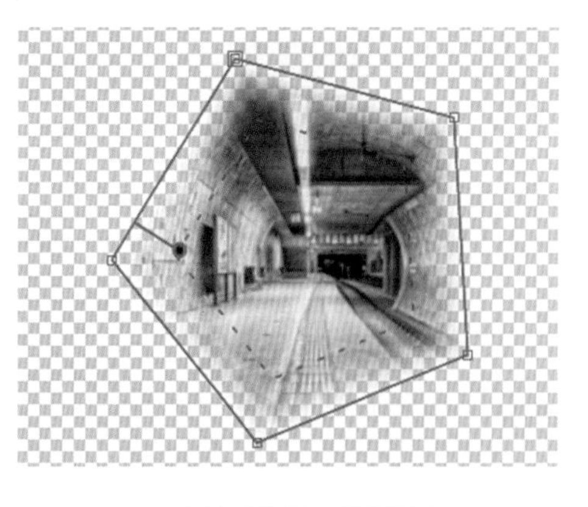

(b)添加“蒙版羽化”效果

图 4 - 19　添加“蒙版羽化”前后对比效果

4.3.8　蒙版的属性设置

为图像绘制蒙版后，在【时间轴】面板中单击打开素材图层下方的【蒙版】|【蒙版 1】，即可设置相关参数，调整蒙版效果。此时【时间轴】面板参数如图 4 - 20 所示。

蒙版 1	相加	反转
蒙版路径	形状...	
蒙版羽化	50.0,50.0 像素	
蒙版不透明度	100%	
蒙版扩展	0.0 像素	

图 4 - 20　“蒙版”面板

【蒙版 1】：在【合成】面板中绘制蒙版，按照蒙版绘制顺序可自动生成蒙版序号，如图 4 - 21 所示。

蒙版		
蒙版 1	相加	反转
蒙版 2	相加	反转
蒙版 3	相加	反转
蒙版 4	相加	反转

图 4 - 21　添加多个“蒙版”

双击【蒙版 1】前的彩色色块可设置蒙版边框颜色，如图 4 - 22 所示即设置边框颜色为红色和蓝色的对比。

(a)红色边框

(b)蓝色边框

图 4-22　不同边框颜色对比效果

【模式】:单击【模式】选框可在下拉菜单列表中选择合适的混合模式,如图 4-23 所示。当图像有两个蒙版时,设置【模式】为相加和相减的对比效果,如图 4-24 所示。

图 4-23　蒙版模式

(a)“相加”模式

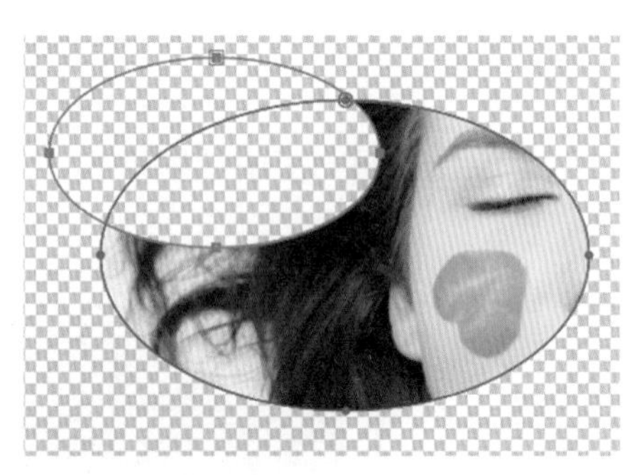

(b)“相减”模式

图 4-24　“相加”和“相减”模式的对比效果

下面介绍蒙版叠加模式的主要参数。

【无】:选择无模式时,路径将不作为蒙版使用,仅作为路径使用。

【相加】:将当前蒙版区域与其上面的蒙版区域进行相加处理。

【相减】:将当前蒙版区域与其上面的蒙版区域进行相减处理。

【交集】:只显示当前蒙版区域与其上面蒙版区域相交的部分。

【变亮】:对于可视范围区域来讲,此模式与相加模式相同,但是对于重叠之处的不透明度,则采用不透明度较高的那个值。

【变暗】:对于可视范围区域来讲,此模式与交集模式相同,但是对于重叠之处的不透明度,则采用不透明度较低的那个值。

【差值】:此模式对于可视区域,采取的是并集减交集的方式,先将当前蒙版区域与其上面的蒙版区域进行并集运算,然后对当前蒙版区域与其上面蒙版区域的相交部分进行减去操作。

【反转】:勾选此选项可反转蒙版效果。如图 4－25 所示为勾选此选项和未勾选此选项的对比效果。

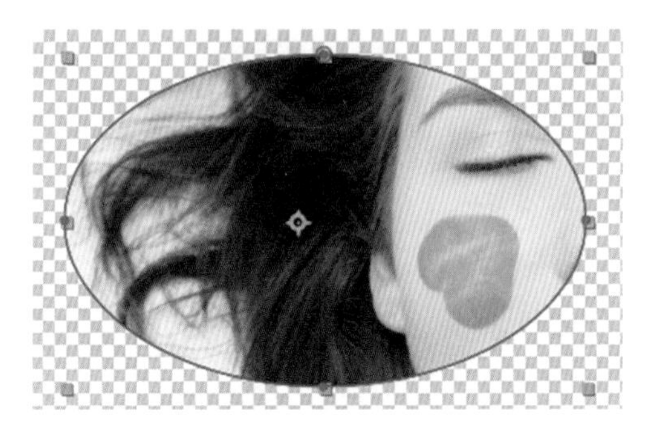

(a)未添加“反转”效果

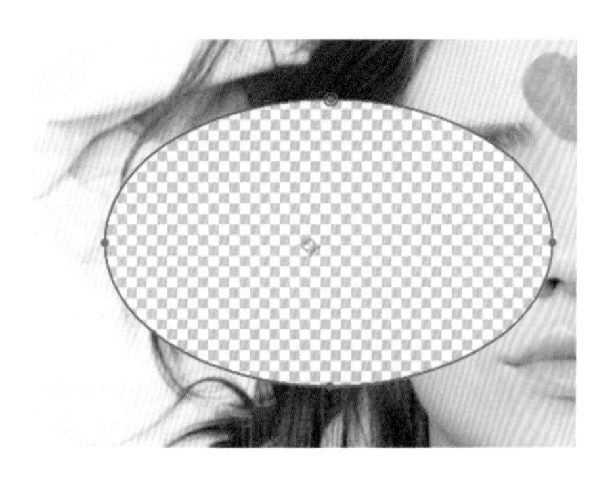

(b)添加“反转”效果

图 4－25　添加“反转”前后对比效果

【蒙版路径】:单击【蒙版路径】的形状,在弹出的【蒙版形状】对话框中可设置蒙版定界框形状,如图 4－26 所示。

图 4－26　蒙版形状设置

【蒙版羽化】:设置蒙版边缘的柔和程度。即设置蒙版羽化值为 100 和 300 的对比效果,如图 4－27 所示。

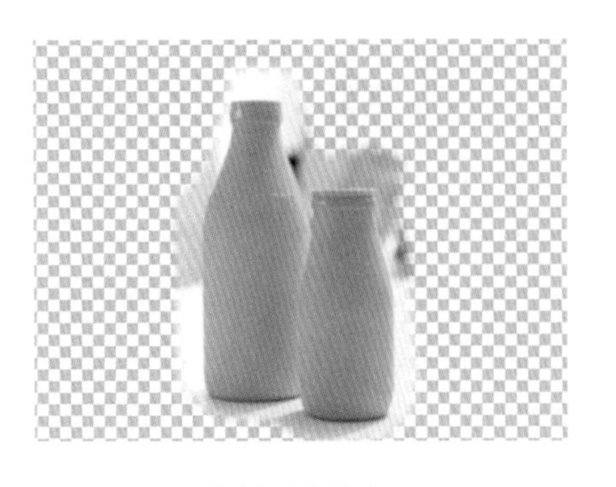

(a)蒙版羽化值为 100

(b)蒙版羽化值为 300

图 4－27　蒙版羽化值为 100 和 300 的对比效果

【不透明度】:设置蒙版图像的透明程度。如图 4－28 所示即为设置不透明度为 50%和 80%的对比效果。

(a)蒙版不透明度为 50%

(b)蒙版不透明度为 80%

图 4－28　蒙版不透明度为 50%和 80%的对比效果

【蒙版扩展】:可扩展蒙版面积。如图 4－29 所示即为设置蒙版扩展为 50 和 100 的对比效果。

(a)蒙版扩展为 50

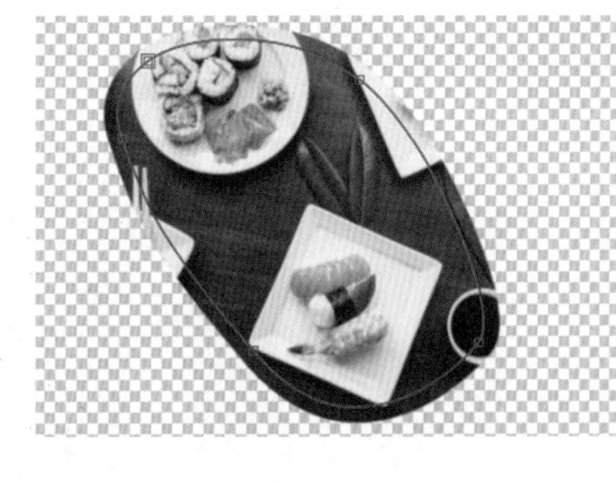

(a)蒙版扩展为 100

图 4－29　蒙版扩展为 50 和 100 的对比效果

4.4　蒙版动画

蒙版动画就是对蒙版的基本属性设置关键帧动画，在实际工作中经常用来突出某个重点部分内容和表现画面中的某些元素等。

蒙版路径属性动画的设置方法。

单击【蒙版路径】属性名称前的【时间变化码表】按钮，为当前蒙版的路径设置一个关键帧，再将时间轴移至不同的时间点，同时改变蒙版路径，此时在时间线上会自动记录所改变的蒙版路径，并生成两条路径之间的动画，如图 4－30 所示。

图 4－30　“蒙版路径”关键帧设置

同样的方式也可以为【羽化】属性、【不透明度】属性、【扩展】属性等进行动画设置。

4.5　轨道遮罩

轨道遮罩经常用于给一定范围内的区域添加纹理，例如，在 After Effects 中创建了一个文字，要想使该文字具有其他图层的图案作为文字的纹理，即可使用轨道遮罩功能，步骤如下。

(1)新建一个合成，在合成中创建文字层，再将一张用于制作纹理的图像导入合成中，置于文字层的下层，如图 4－31 所示。

图 4－31　文字图层效果

(2)单击纹理层轨道遮罩命令下对应的按钮，选择【Alpha 轨道遮罩】，将文字层的 Alpha 通道作为遮罩，如图 4－32 所示，效果如图 4－33 所示。

图 4－32　添加 Alpha 轨道遮罩

图 4－33　Alpha 轨道遮罩效果

轨道遮罩中共有四种类型。

【Alpha 遮罩】：根据上层的不透明度显示下层，上层不透明的地方下层不透明，上层透明的地方下层透明。

【Alpha 反转遮罩】:根据上层的不透明度显示下层,上层不透明的地方下层透明,上层透明的地方下层不透明。

【亮度遮罩】:根据上层的亮度显示下层,上层纯白色的地方下层不透明,上层纯黑色的地方下层透明。

【亮度反转遮罩】:根据上层的亮度显示下层,上层纯白色的地方下层透明,上层纯黑色的地方下层不透明。

实战任务

任务七　游戏放射光效动画

一、任务引导

本案例主要利用蒙版中的【扩展】、【羽化】属性制作游戏放射光效动画效果,完成的动画效果如图 4－34 所示。

图 4－34　游戏光波效果

二、任务实施

(1)启动 After Effects 软件,进入其操作界面。执行【合成】|【新建合成】命令,创建【大小】为 1 104×622 像素,【持续时间】为 0:00:14:20,并设置【合成名称】为“游戏光波效果”,单击【确定】按钮,如图 4－35 所示。

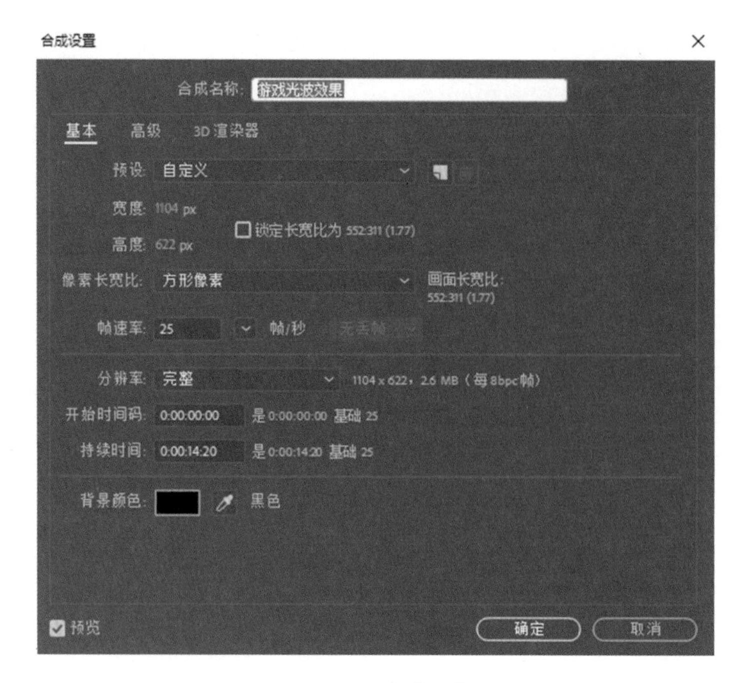

图 4-35　合成设置

(2)执行【文件】|【导入】|【文件】命令，弹出“导入文件”对话框，选择如图 4-36 所示的文件，单击【导入】按钮，将素材导入项目。

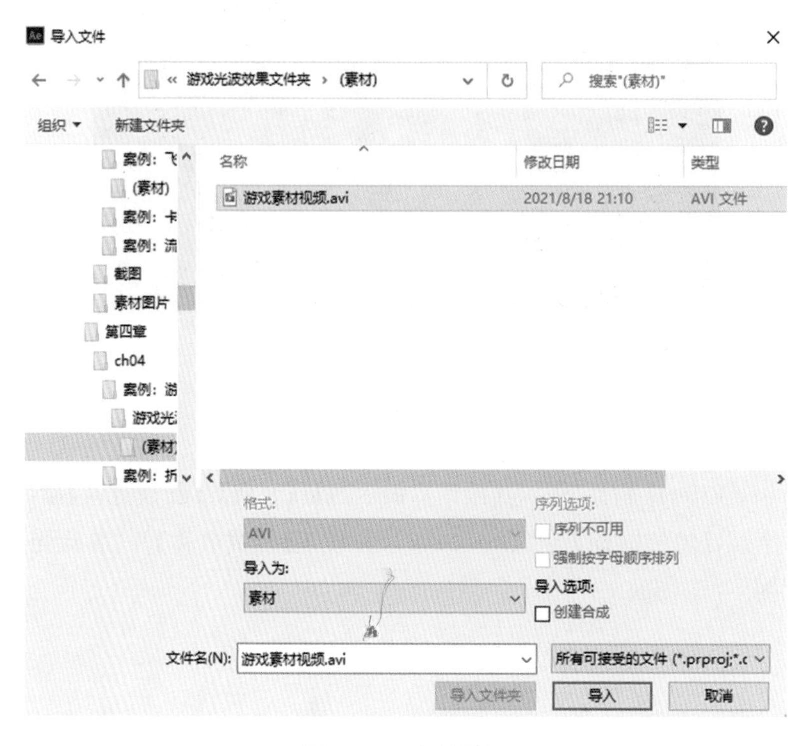

图 4-36　素材导入

(3)按快捷键 Ctrl+Y 创建一个与合成大小一致的蓝色固态层(R:35,G:170,B:218),并设置其名称为"蓝色光波",如图 4-37 所示。

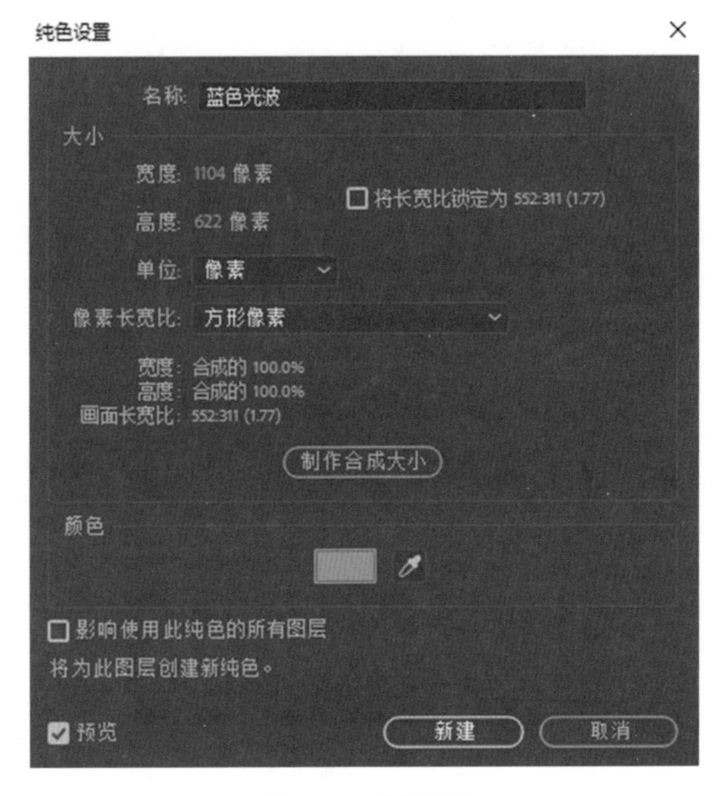

图 4-37 纯色设置

(4)选择上一步创建的"蓝色光波"图层,并在【工具】面板中选择【椭圆工具】,在【合成】窗口绘制一个如图 4-38 所示的正圆形蒙版。

图 4-38 正圆形绘制

(5)展开"蓝色光波"图层,并选择刚刚创建的"蒙版 1",按 Ctrl+D 将其复制,得到同样大小的“蒙版 2”。如图 4 - 39 所示。

图 4 - 39 复制蒙版

(6)在时间线面板中展开“蒙版 1”与“蒙版 2”的属性，调整“蒙版 1”的【蒙版扩展】属性为 -25，“蒙版 2”的【蒙版扩展】属性为 -40，并将“蒙版 2”的模式属性改为“相减”，如图 4 - 40 所示。得到空心圆，效果如图 4 - 41 所示。

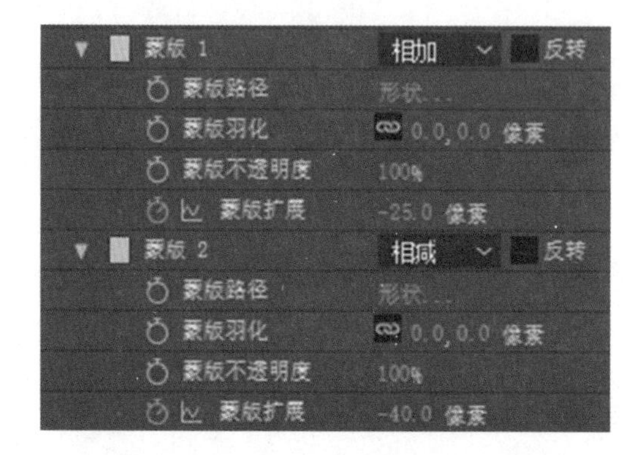

图 4 - 40 蒙版设置

图 4 - 41 空心圆效果

(7)设置“蒙版 1”的【蒙版羽化】属性为(22,22)像素，“蒙版 2”的【蒙版羽化】属性也为(22,22)像素，效果如图 4 - 42 所示。

图 4－42　空心圆“羽化”效果

(8)为“蓝色光波”图层制作“放大效果”关键帧动画。在 00:00:00:00 帧处设置“蒙版 1”的【蒙版扩展】属性为－25,“蒙版 2”的【蒙版扩展】属性为－40,在此基础上激活关键帧在 00:00:01:18 帧处设置“蒙版 1”的【蒙版扩展】属性为 100,“蒙版 2”的【蒙版扩展】属性为 84,得到蓝色圆环放大效果。参数设置如图 4－43 所示。

蒙版 1	相加　反转
蒙版路径	形状...
蒙版羽化	22.0,22.0 像素
蒙版不透明度	100%
蒙版扩展	100.0 像素
蒙版 2	相减　反转
蒙版路径	形状...
蒙版羽化	22.0,22.0 像素
蒙版不透明度	100%
蒙版扩展	84.0 像素

图 4－43　圆环放大参数设置

(9) 为“蓝色光波”图层制作“不透明度效果”关键帧动画。展开“蓝色光波”图层【变换】属性中的【不透明度】设置,中在 00:00:00:00 帧处设置【不透明度】属性为 0%,在 00:00:00:08 帧处设置【不透明度】属性为 100%,在 00:00:01:08 帧处设置【不透明度】属性也为 100%,在 00:00:01:18 帧处设置【不透明度】属性也为 0%,参数设置如图 4－44 所示。

变换	重置
锚点	552.0,311.0
位置	548.0,311.0
缩放	100.0,100.0%
旋转	0x +0.0°
不透明度	0%

图 4－44　不透明度参数设置

(10)设置多个“蓝色光波”叠加效果。将“蓝色光波”图层复制，并在时间线面板中依次排列，即可得到多个光波效果的叠加效果，如图 4－45 所示。

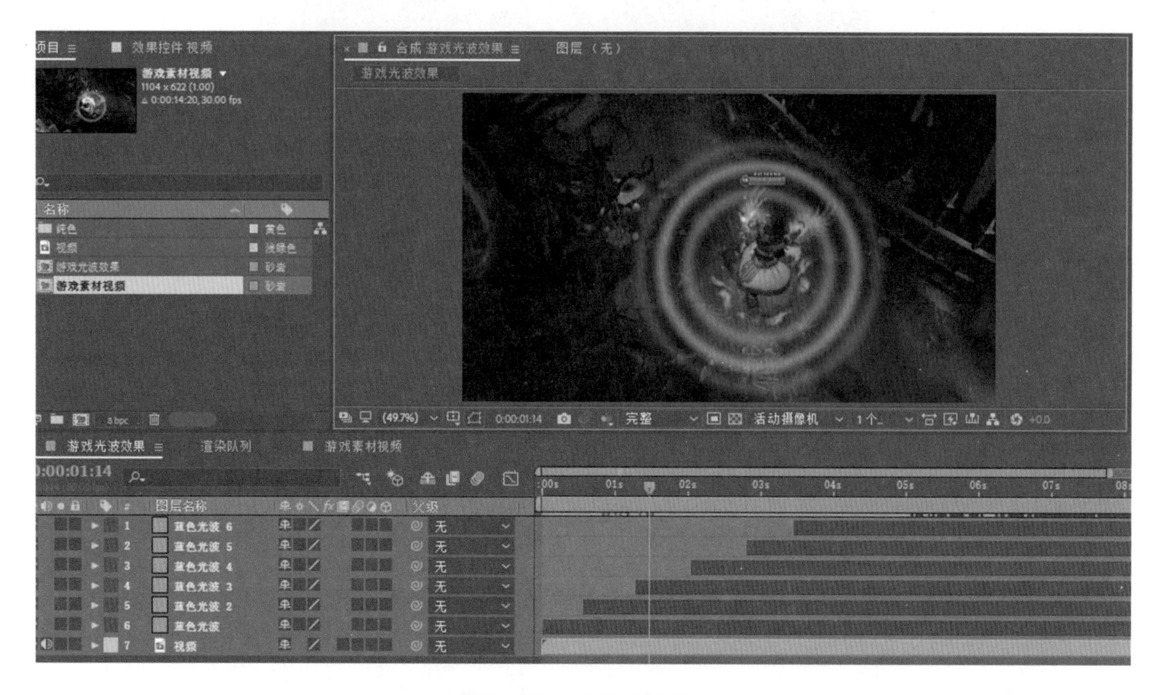

图 4－45　多层光波叠加

(11)按空格键预览整段动画，完成该案例的制作。

任务八　竹简打开动画效果

一、任务引导

本案例主要利用图层中的【蒙版路径】、【蒙版扩展】属性制作竹简打开动画效果，完成的动画效果如图 4－46 所示。

图 4－46　竹简打开效果

二、任务实施

(1) 启动 After Effects 软件，进入其操作界面。执行【合成】|【新建合成】命令，创建【大小】

为 1 920×1 080 像素，【持续时间】为 0:00:24:00，并设置【合成名称】为“竹筒打开动画”，单击【确定】按钮，如图 4－47 所示。

图 4－47　合成设置

(2) 执行【文件】|【导入】|【文件】命令，弹出【导入文件】对话框，选择【竹筒视频】，单击【导入】按钮。

(3) 为画面制作扫光效果。执行【图层】|【新建】|【调整图层】命令，得到【调整图层 1】。选中【调整图层 1】执行【效果】|【颜色校正】|【曝光度】命令，并在【效果控件】面板中设置【曝光度】参数为－5，如图 4－48 所示。操作完成后在【合成】窗口的预览效果如图 4－49 所示。

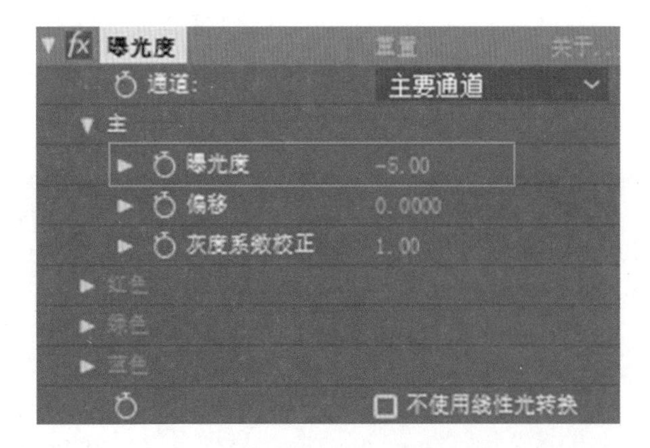

图 4-48 【曝光度】参数设置

图 4-49 画面效果

(4) 打开【调整图层 1】的三维属性开关，并展开其【变换】属性中的【缩放】属性为(124.0，174.0，100.0%)，【方向】属性为(316.0°，0.0°，0.0°)，如图 4-50 所示。

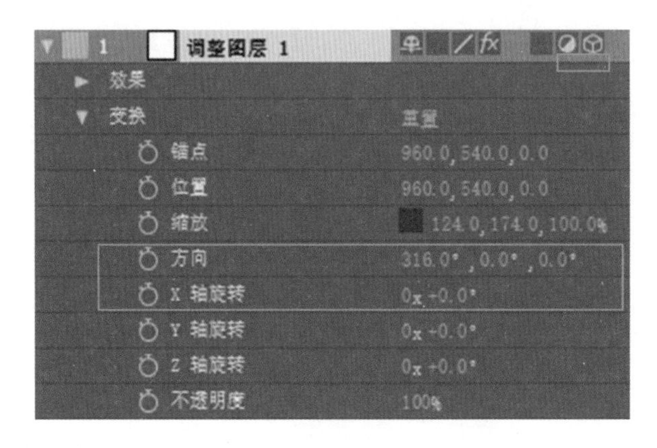

图 4-50 三维属性参数设置

(5)选择【调整图层 1】,在【工具】面板单击【矩形工具】按钮,移动光标至【合成】窗口中并绘制一个如图 4-51 所示的形状蒙版,展开其蒙版属性,并设置蒙版的【叠加模式】为【相加】,并选中【反转】复选框,设置【蒙版羽化】参数为 100,如图 4-52 所示,设置完成的效果如图 4-53 所示。

图 4-51　矩形蒙版绘制

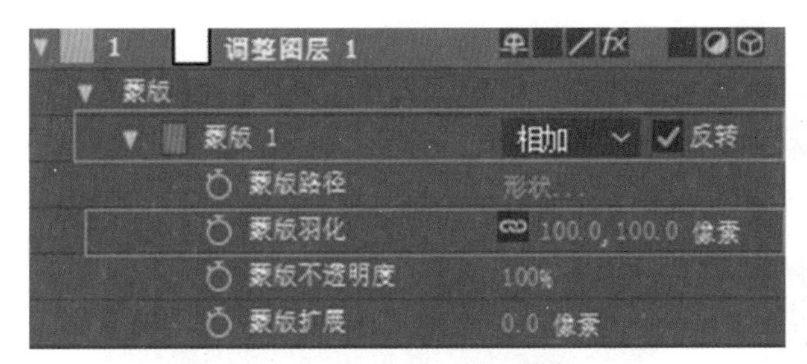

图 4-52　蒙版参数设置

图 4-53 蒙版效果

(6)选择【调整图层 1】,为【蒙版 1】设置【蒙版形状】关键帧动画。在【图层】面板修改时间点为 0:00:02:24,选择【蒙版路径】属性,点击其码表,得到关键帧。在 0:00:13:15 位置,按快捷键 Ctrl+T 调出控制框,在按住 Shift 键的同时,向左拖动控制框,平移到如图 4-54 所示的位置。

图 4-54　【蒙版路径】调整

(7)选择【调整图层 1】,为【蒙版 1】设置【蒙版扩展】关键帧动画。在【图层】面板中修改时间点为在 0:00:13:15,点击【蒙版扩展】前的小码表,设置关键帧;将时间指示器调整到 0:00:16:05,设置【蒙版扩展】的值为 1 200,如图 4-55 所示,画面效果如图 4-56 所示。

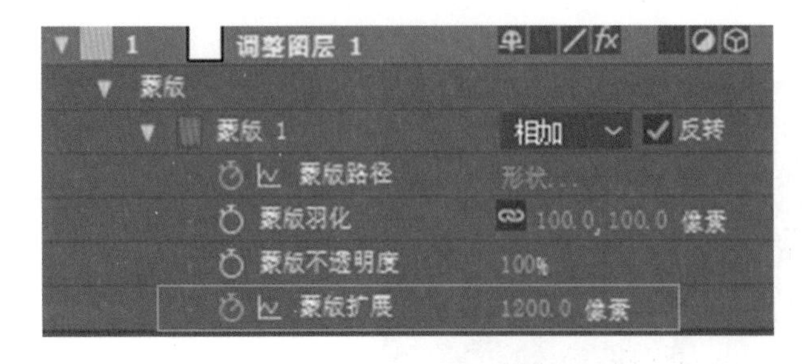

图 4-55 【蒙版扩展】参数设置

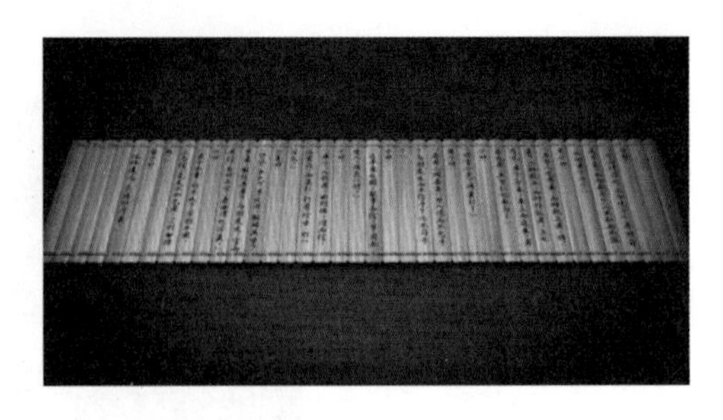

图 4-56 【蒙版扩展】画面效果

(8) 按空格键预览整段动画,完成该案例的制作。

任务九 人物烟雾效果

一、任务引导

本案例主要利用【蒙版路径】、【蒙版扩展】、【CC Particle World】、【快速方框模糊】、【色调】属性制作人物烟雾效果,完成的效果如图 4-57 所示。

图 4-57 人物烟雾效果

二、任务实施

(1)启动 After Effects 软件,进入其操作界面。执行【合成】|【新建合成】命令,创建【大小】为 1 920×1 080 像素,【持续时间】为 0:00:05:00,并设置【合成名称】为“烟雾人效果”,单击【确定】按钮,如图 4-58 所示。

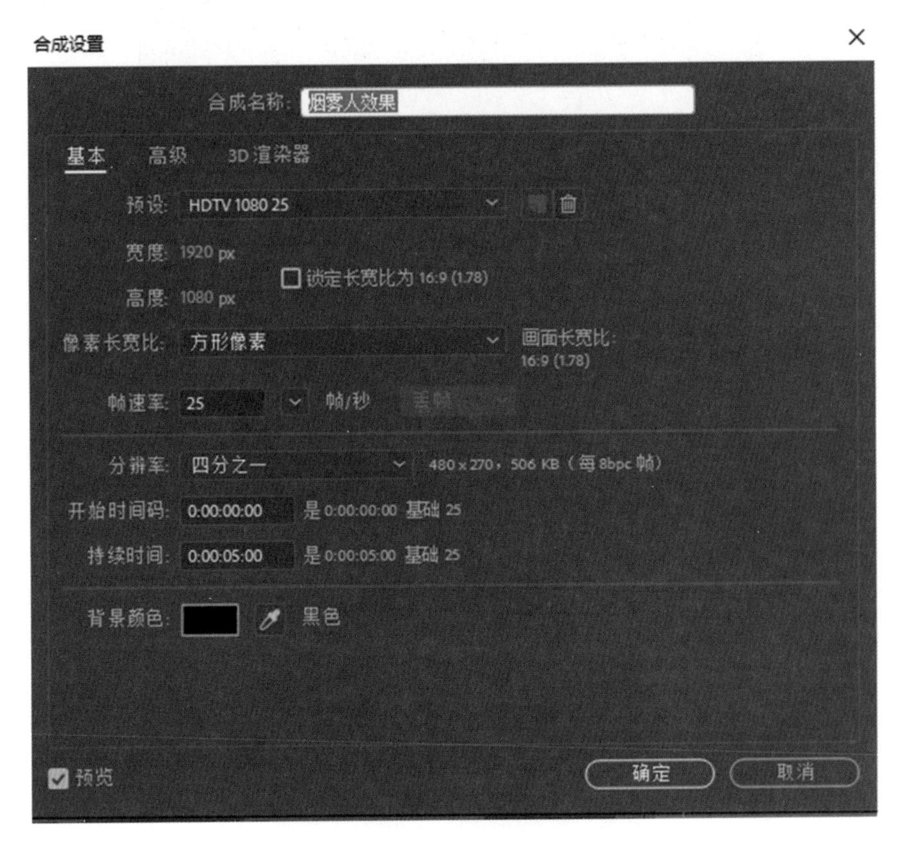

图 4-58　合成设置

(2)执行【文件】|【导入】|【文件】命令,弹出【导入文件】对话框,选择森林、人物素材,单击【导入】按钮。

(3) 执行菜单栏中的【图层】|【新建】|【纯色】命令,打开【纯色设置】对话框,设置名称为“外部烟雾”,颜色为黑色,如图 4-59 所示。

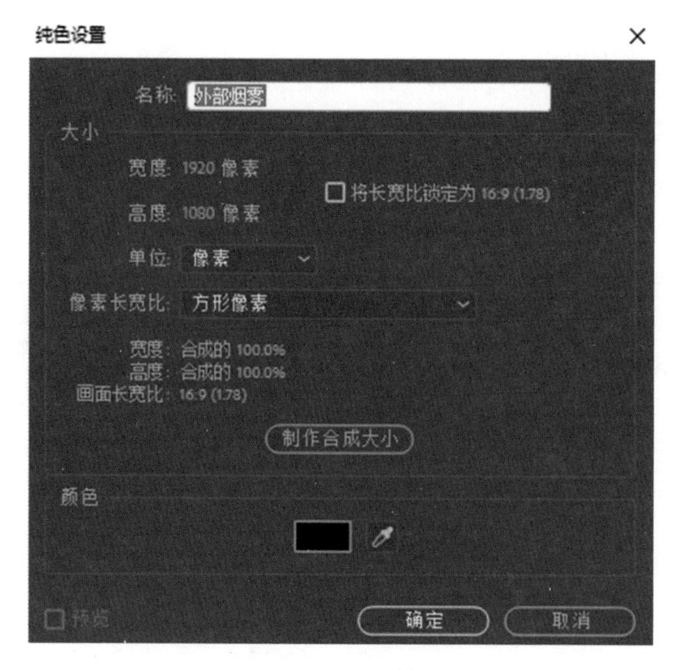

图 4-59 纯色设置

(4)选中【外部烟雾】层,在【效果和预设】面板中展开【模拟】特效组,选择【CC Particle World】(CC 粒子仿真世界)特效,如图 4-60 所示。

图 4-60 CC Particle World

(5)在【效果控件】面板中,设置【Birth Rate】(出生率)数值为 7,【Longevity(sec)】(寿命)数值为 1;展开【Producer】(发生器)选项组,设置【Position X】(X 轴位置)数值为-0.2,【Position Y】(Y 轴位置)数值为 0.08,【Radius X】(X 轴半径)数值为 0.025,【Radius Y】(Y 轴半径)数值为0.15,【Radius Z】(Z 轴半径)数值为 0.025,如图 4-61 所示,效果如图 4-62 所示。

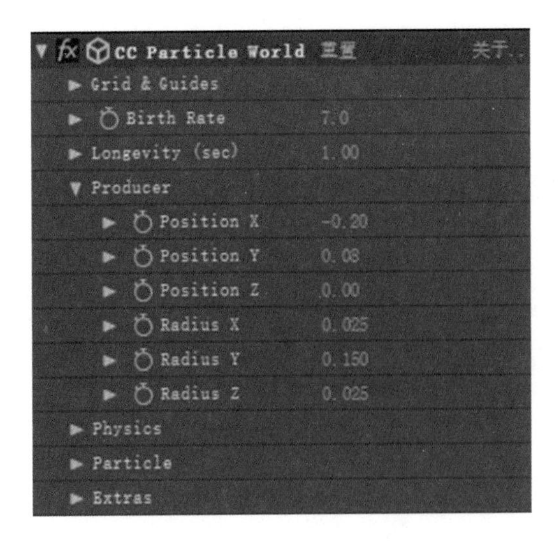

图 4 - 61　CC Particle World **参数设置**

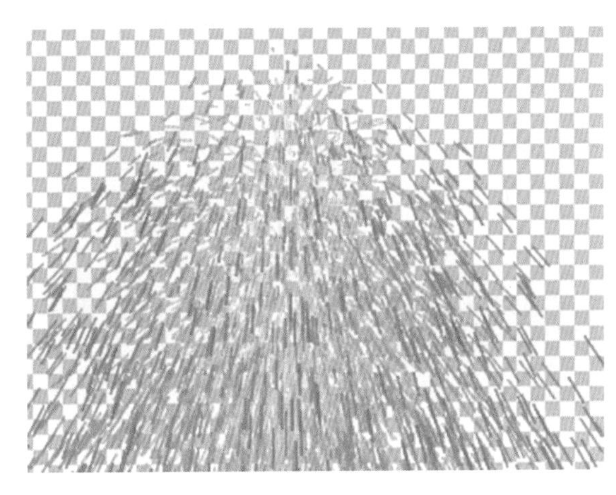

图 4 - 62　**画面效果**

(6)展开【Physics】(物理学)选项组,设置【Velocity】(速度)数值为 0.8,【Gravity】(重力)数值为 0,【Extra】(追加)数值为 0.5,【Extra Angle】(追加角度)数值为 1x,如图 4 - 63 所示,效果如 4 - 64 所示。

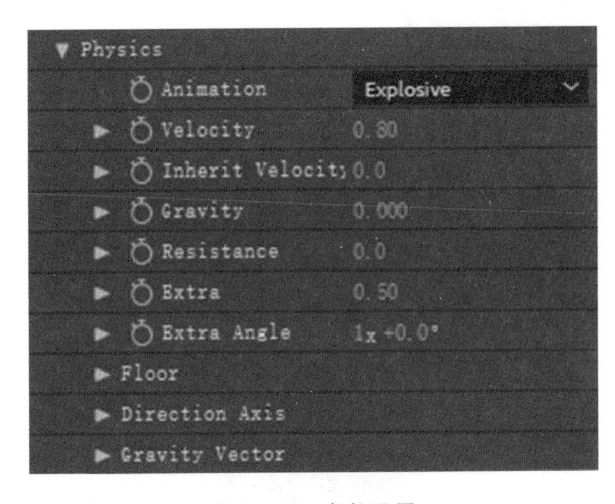

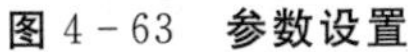

图 4 - 63　**参数设置**

图 4 - 64　**画面效果**

(7)展开【Particle】(粒子)选项组,从【Particle Type】(粒子类型)右侧下拉列表框中选择【Lens Convex】(凸透镜),如图 4 - 65 所示,效果如图 4 - 66 所示。

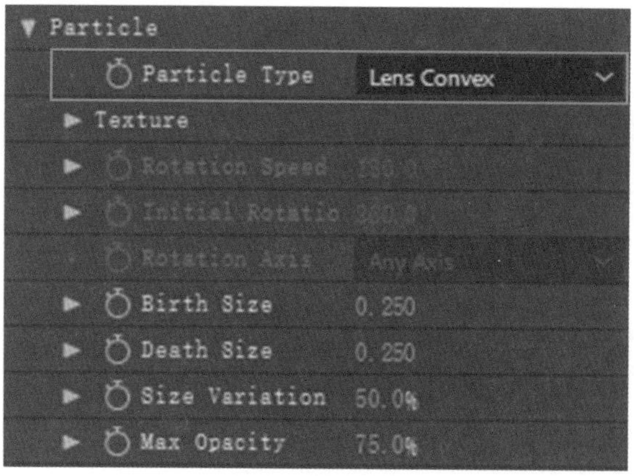

图 4－65　参数设置

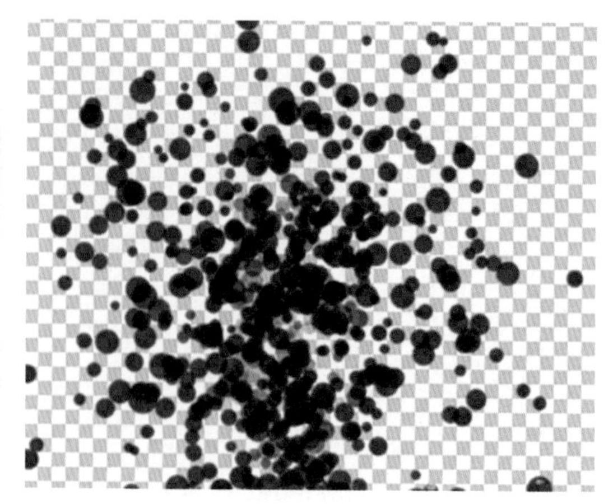

图 4－66　画面效果

(8)下面对粒子进行模糊效果。选中【外部烟雾】层,在【效果和预设】面板中展开【模糊和锐化】特效组,然后双击【快速方框模糊】特效,如图 4－67 所示。

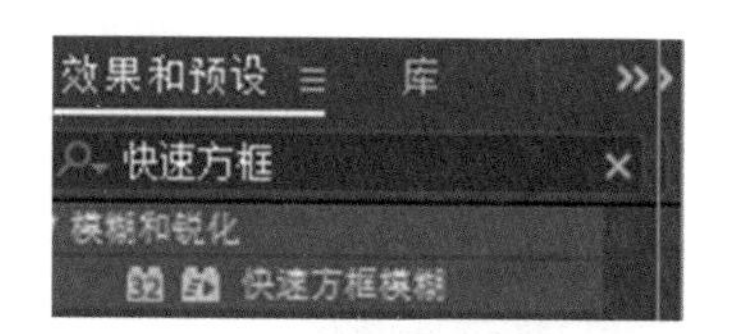

图 4－67　快速方框模糊

(9)在【效果控件】面板中设置【模糊半径】数值为 15,如图 4－68 所示,设置效果如图4－69所示。

图 4－68　【模糊半径】设置

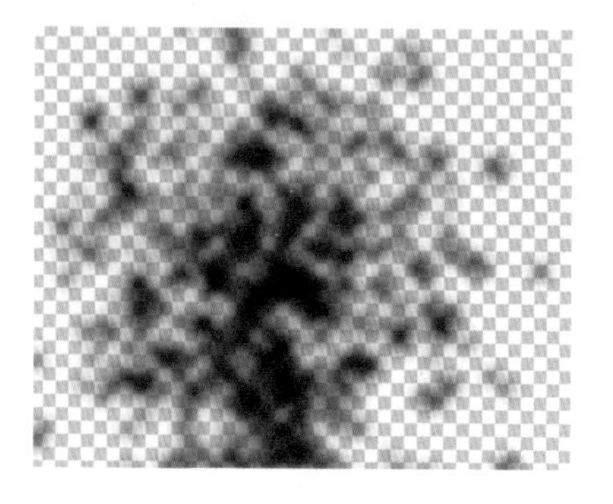

图 4－69　画面效果

(10)为粒子添加模糊特效。选择【外部烟雾】层,在【效果与预设】面板中展开【模糊和锐化】特效组,双击【CC Vector Blur】(CC 矢量模糊)特效。在【效果控件】面板中,设置【Amount】(数量)数值为 10,从【Property】(参数)右侧下拉列表框中选择【Alpha】(Alpha 通道),如图4－70所示，效果如图 4－71 所示。

图 4－70　CC Vector Blur 参数设置

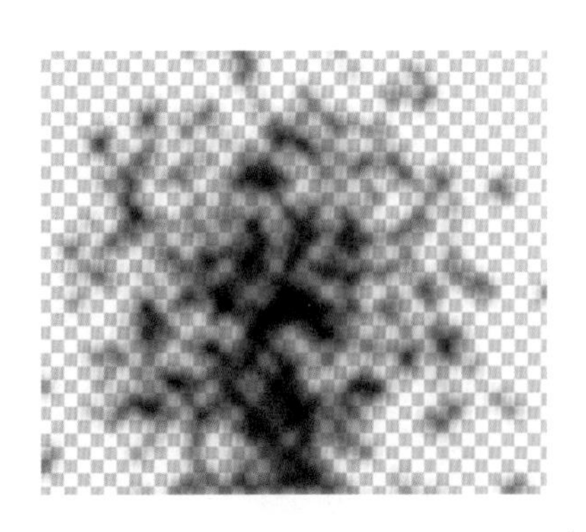

图 4－71　画面效果

（11）制作内部烟雾。复制【外部烟雾】图层，并将其重命名为“内部烟雾”，修改其参数。在【效果控件】面板中，选择【CC Particle World】（CC 粒子仿真世界）特效，修改【Birth Rate】（出生率）数值为 8，修改【Radius X】（X 轴半径）数值为 0，其余参数与外部烟雾保持一致，如图4－72 所示，效果如图 4－73 所示。

CC Particle World　重置　关于...
Grid & Guides
Birth Rate　8.0
Longevity (sec)　1.00
Producer
Position X　-0.20
Position Y　0.08
Position Z　0.00
Radius X　0.000
Radius Y　0.150
Radius Z　0.025
Physics
Particle
Extras

图 4－72　参数设置

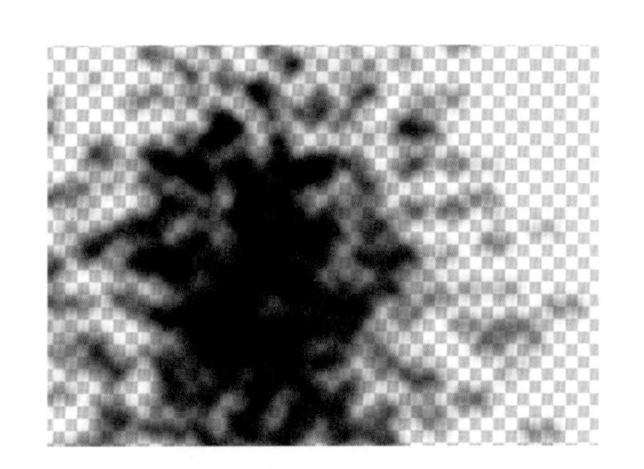

图 4－73 画面效果

（12）选中【内部烟雾】与【外部烟雾】图层，并按住 Ctrl＋Shift＋C，将其打成一个【预合成】命名为“烟雾效果”，如图 4－74 所示。

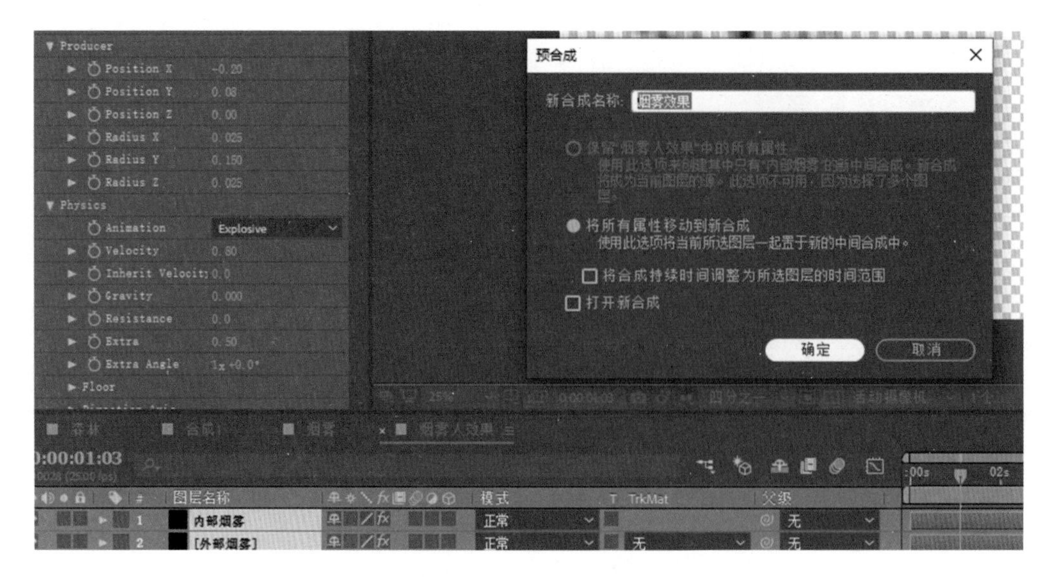

图 4 - 74　预合成设置

(13)将“森林.jpg”素材拖入【时间线】面板，并设置其【缩放】值为(33.0,33.0%)。拖入“人物.png”素材，修改图层【位置】属性为(540.0,624.0)，【缩放属性】为(125.0,125.0%)，如图4 - 75所示。

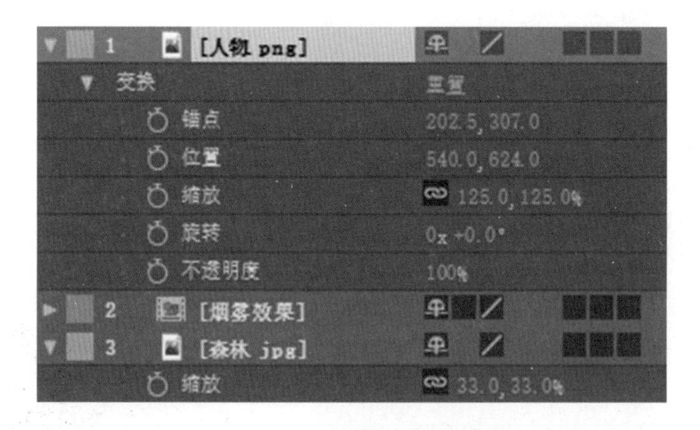

图 4 - 75　人物变换属性设置

(14)选中【人物】图层，选择工具栏中的【矩形工具】，在【合成】窗口中绘制一个矩形蒙版，如图 4 - 76 所示，并展开【蒙版羽化】属性，设置【蒙版羽化】数值为(50,50)像素，如图 4 - 77 所示。

图 4-76 矩形蒙版绘制

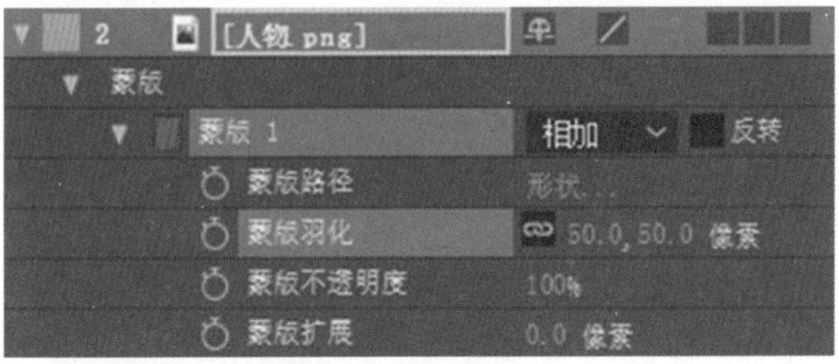

2 [人物.png]
蒙版
蒙版 1 相加 反转
蒙版路径 形状...
蒙版羽化 50.0,50.0 像素
蒙版不透明度 100%
蒙版扩展 0.0 像素

图 4-77 蒙版羽化设置

(15)将时间调整到 00:00:00:00 帧的位置，单击【蒙版路径】左侧的【码表】按钮，在当前位置添加关键帧；将时间调整到 00:00:04:24 帧的位置，拖动蒙版下方的两个锚点向上方移动，直到把人物遮盖住为止，系统会自动创建关键帧，效果如图 4-78 所示。

图 4-78 蒙版缩放设置

(16)选中【烟雾效果】图层，在【效果】面板中选择【颜色校正】|【色调】特效，在【效果控件】面板中，设置【将黑色映射到】为灰色(R:207;G:207;B:207)，如图 4-79 所示，效果如图 4-80 所示。

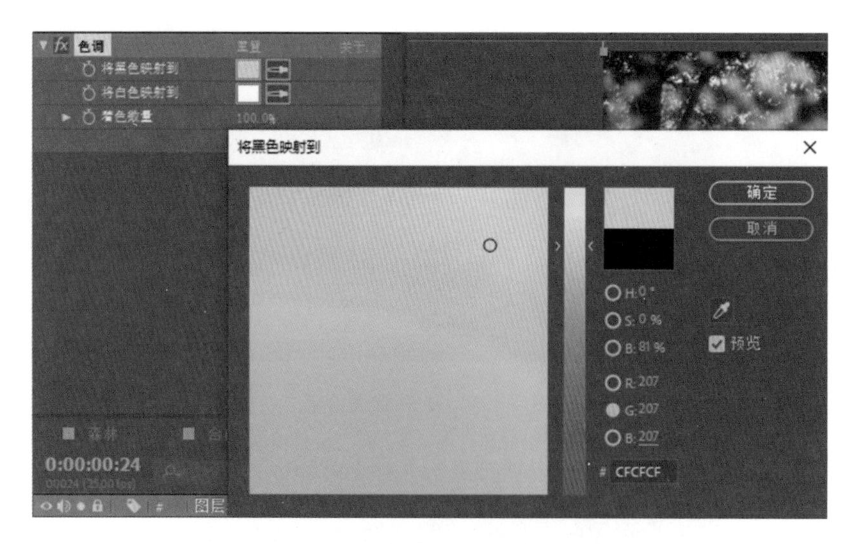

图 4-79　色调设置

图 4-80　画面效果

(17)选中【烟雾效果】层,选择工具栏中的【钢笔工具】,在【合成窗口】中绘制一个闭合蒙版,如图 4-81 所示。

图 4-81　蒙版绘制

(18)选中【烟雾效果】层的【蒙版 1】,展开【蒙版羽化】属性,设置数值为(200,200)像素,如图 4-82 所示。

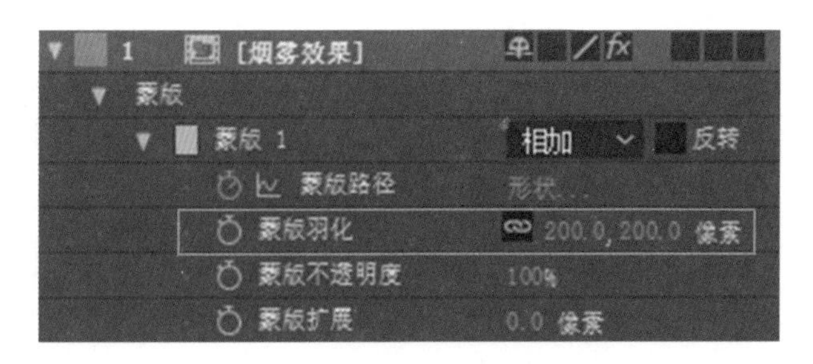

图 4-82　【蒙版羽化】设置

(19)选中【烟雾效果】层的【蒙版 1】,将时间调整到 00:00:00:00 帧的位置,单击【蒙版路径】左侧的【码表】按钮,在当前位置添加关键帧;将时间调整到 00:00:04:24 帧的位置,按 Ctrl+T修改蒙版形状,直到把人物遮盖住为止,如图 4-83 所示。

图 4-83　修改蒙版效果

(20)按空格键预览整段动画,完成该案例的制作。

第5章 色彩校正与色彩调节

内容提要

调色是 After Effects 中非常重要的功能，在很大程度上能够决定作品的好坏。通常情况下，不同的颜色往往带有不同的情感倾向。在设计作品中也是一样，只有与作品主题相匹配的色彩才能正确地传达作品的主旨内涵，因此正确地使用调色效果，对设计作品而言是一道重要关卡。本章主要讲解在 After Effects 中调色效果的功能，以及如何使用这些工具来优化合成作品。

学习导航

<table>
<tr><td colspan="2">学习内容</td><td>色彩校正与色彩调节</td></tr>
<tr><td rowspan="3">教学目标</td><td>知识目标</td><td>1. 掌握曲线、色相/饱和度、色阶等主要校色工具；
2. 理解曲线工具工作原理；
3. 了解色彩调节的多种方式</td></tr>
<tr><td>能力目标</td><td>1. 能够在不同场景中灵活选择校色工具；
2. 能够对不同背景下的前景元素进行色彩匹配合成；
3. 能够综合使用多个校色工具完成风格化调色效果</td></tr>
<tr><td>素质目标</td><td>1. 培养学生发现问题、分析问题、解决问题的能力；
2. 树立岗位规范化操作意识，加强思维创新能力；
3. 培养学生养成善于发现问题，总结规律的习惯</td></tr>
<tr><td colspan="2">思政素养</td><td>1. 通过讲解色彩调节中不同工具的协同使用，培养学生高效的工作意识及审美鉴赏能力；
2. 培养学生多动手、多动脑的职业习惯，使其养成“实践出真知”的意识</td></tr>
<tr><td rowspan="2">教学重难点</td><td>教学难点</td><td>1. 主要校色工具的使用方法；
2. 不同场景下校色工具的灵活选择</td></tr>
<tr><td>教学难点</td><td>1. 曲线工具的工作原理；
2. 多个调色工具的协同使用</td></tr>
<tr><td colspan="2">建议学时</td><td>4 学时</td></tr>
</table>

5.1 基础校色工具

在After Effects中制作项目文件时，需要进行一系列流程操作才可完成项目的制作。现在来学习一下这些流程的基本操作方法。

通过【颜色校正】可以更改画面色调，营造不同的视觉效果，其中包括【色阶】、【曲线】、【色相/饱和度】、【色调】、【三色调】、【自然饱和度】、【颜色平衡】、【颜色平衡(HLS)】等，如图5-1所示。

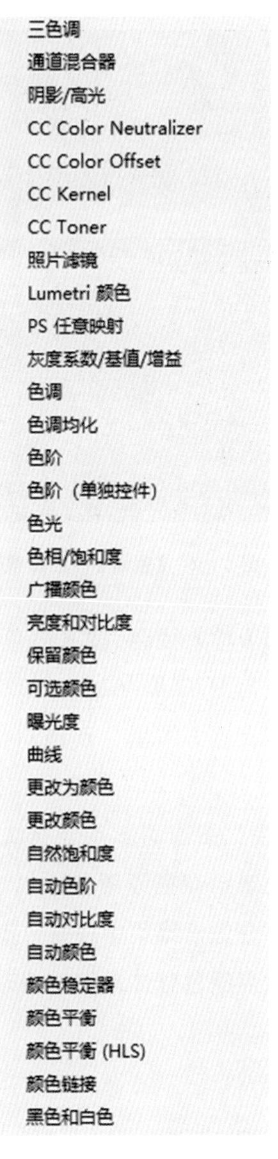

图5-1 颜色校正效果组

5.1.1 色阶

色阶效果主要是通过重新分布输入颜色的级别来获取一个新的颜色输出范围，以达到修改图像亮度和对比度的目的。

此外，使用色阶可以扩大图像的动态范围，即相机能记录的图像亮度范围，还具有查看和修正曝光，以及提高对比度等作用。

选择图层，执行【效果】|【颜色校正】|【色阶】命令，在【效果控件】面板中调整【色阶】效果的参数，如图 5-2 所示。

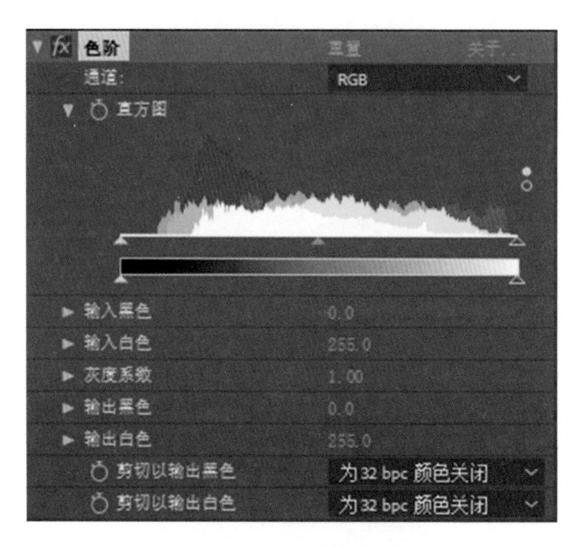

图 5-2 【色阶】参数设置

色阶中有 5 个基本控制器，分别为输入黑色、输入白色、灰度系数、输出黑色、输出白色，每个控制器也可以单独对某个通道(包括 R、G、B、Alpha，以及三色通道 RGB)进行调整。这里提供两种方法来调节这些控制器，一是在直方图里分别拖动各自的小三角滑动器，二是用数字滑动器。

色阶中的直方图用来展示观察视频图像的影调分布状况。直方图的横向表示视频图像像素从黑到白的 256 个灰度级别，纵向表示在视频图像中每个灰度级别像素点的多少，如图5-3 所示，从图中可以观察到图像绝大部分像素都集中在直方图的偏左区域，越往左的区域，像素点颜色越偏黑，从而说明画面图像像素点颜色整体是比较偏暗的。

图 5-3 图像色阶分布

纯黑色的图像，直方图显示黑色像素数量最多，呈现一条直线，其他各灰度级像素数量为0，如图 5-4 所示。

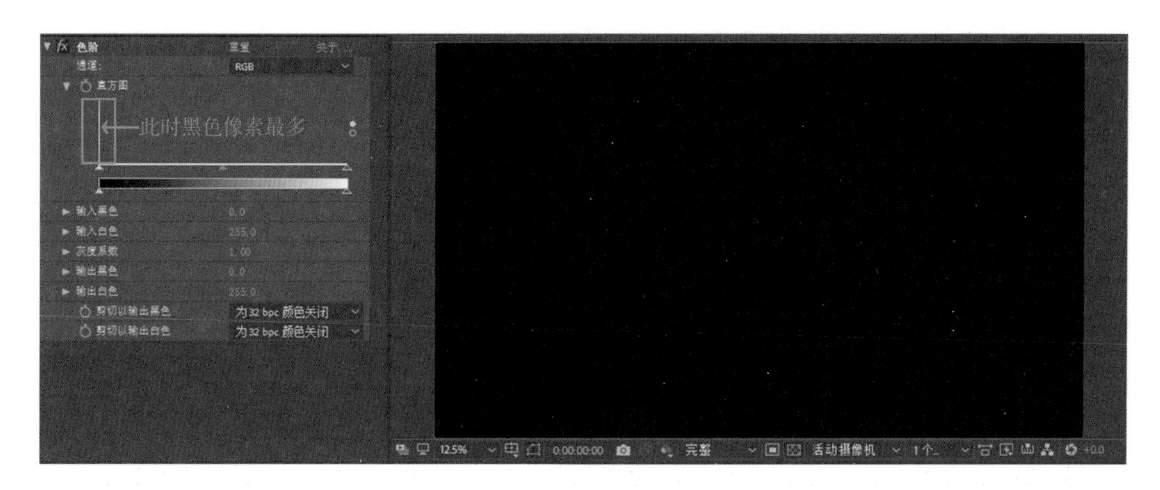

图 5-4 “纯黑色”色阶分布

纯白色的图像，直方图显示白色像素数量最多，呈现一条直线，其他各灰度级像素数量为0，如图 5-5 所示。

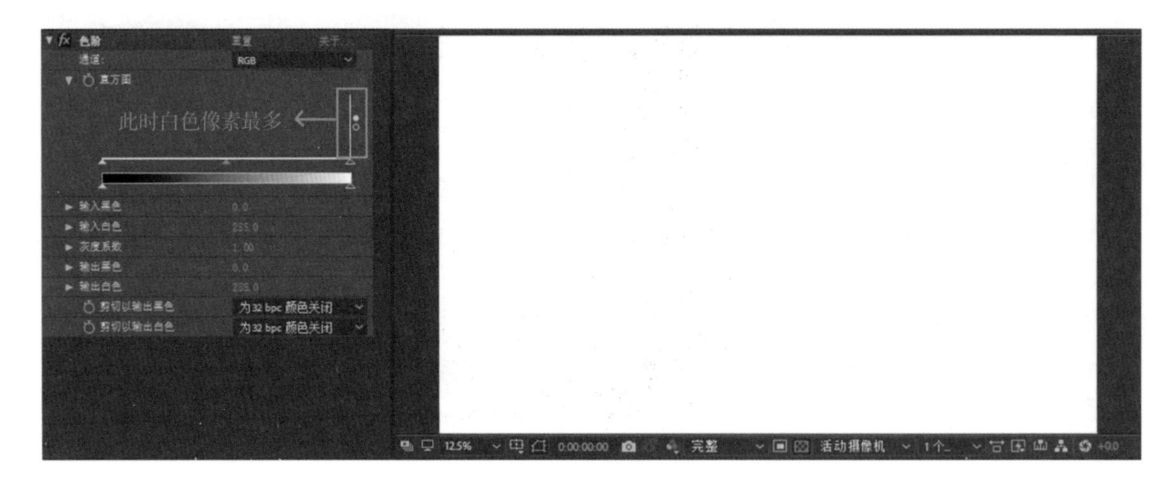

图 5-5 “纯白色”色阶分布

纯灰色的图像，直方图显示灰色像素数量最多，呈现一条直线，其他各灰度级像素数量为0，如图 5-6 所示。

图 5-6 “灰色”色阶分布

下面对色阶效果的主要属性参数进行详细介绍。

【通道】：选择要修改的通道，可以分别对 RGB 通道、红色通道、绿色通道、蓝色通道和 Alpha通道的色阶进行单独调整。

【直方图】：通过直方图可以观察到各个影调的像素在图像中的分布情况。

【输入黑色】：可以控制输入图像中的黑色阈值。

【输入白色】：可以控制输入图像中的白色阈值。

【灰度系数】：调节图像影调的阴影和高光的相对值。

【输出黑色】：控制输出图像中的黑色阈值。

【输出白色】:控制输出图像中的白色阈值。

5.1.2 曲线

曲线效果可以对画面整体或单独颜色通道的色调范围进行精确控制。

选择图层,执行【效果】|【颜色校正】|【曲线】命令,然后在【效果控件】面板中调整曲线效果的参数,如图 5-7 所示。曲线的左下角的端点代表暗调,右上角的端点代表高光,曲线左下角逐渐向右上角渐变延伸,中间的渐变过渡代表中间调。左下角暗调黑色的极限是 0,右上角高光白色的极限是 255,沿着曲线往下移动是加暗,往上移动是加亮。曲线表格下方 X 方向从左边黑色到右边白色为图像像素【输入】阈值,表格右边 Y 方向从下方黑色到上方白色为图像像素【输出】阈值。

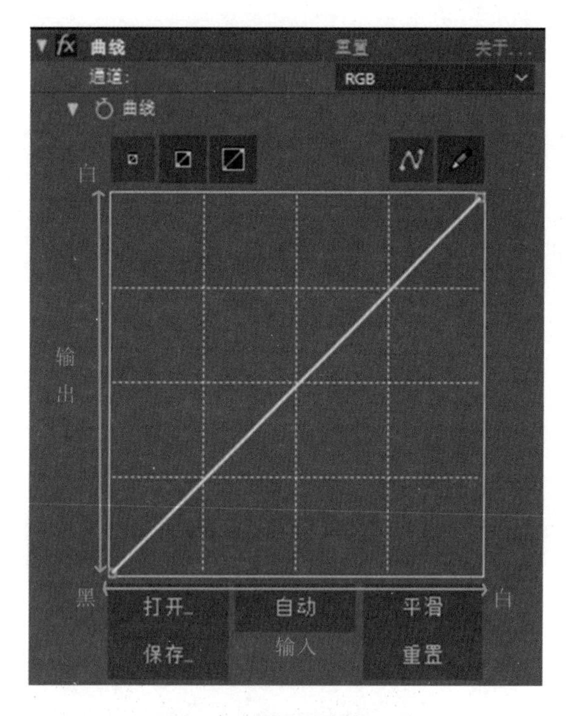

图 5-7 【曲线】参数设置

如图 5－8 所示为渐变图层调整曲线滤镜的 Gamma 值前后对比效果。

(a)未添加“曲线”效果

(b)“曲线”上弯效果

(c)“曲线”下沉效果

(d)“曲线”S 型效果

图 5-8　渐变图层调整曲线滤镜的 Gamma 值对比效果

下面对曲线效果的主要属性参数进行详细讲解。

【通道】:选择要调整的通道,包括 RGB 通道、红色通道、绿色通道、蓝色通道和 Alpha 通道。

【曲线】:手动调节曲线上的控制点,X 轴方向表示输入原像素的亮度,Y 轴方向表示输出像素的亮度。

【曲线工具】:使用该工具可以在曲线上添加节点,并且可以任意拖动节点,如需删除节点,只要将选择的节点拖曳出曲线图之外即可。

【铅笔工具】:使用该工具可以在坐标图上任意绘制曲线。

【打开】:打开保存好的曲线,也可以打开 Photoshop 中的曲线文件。

【保存】:保存当前曲线,以便重复利用。

【平滑】:将曲折的曲线变平滑。

【重置】:将曲线恢复默认的直线状态。

5.1.3　色相/饱和度

色相/饱和度效果可以调整某个通道颜色的色相、饱和度及亮度,即对图像的某个色域局部进行调节。

选择图层,执行【效果】|【颜色校正】|【色相/饱和度】命令,然后在【效果控件】面板中展开【色相/饱和度】效果的参数,如图 5-9 所示,如图 5-10 所示为画面使用该效果的前后对比。

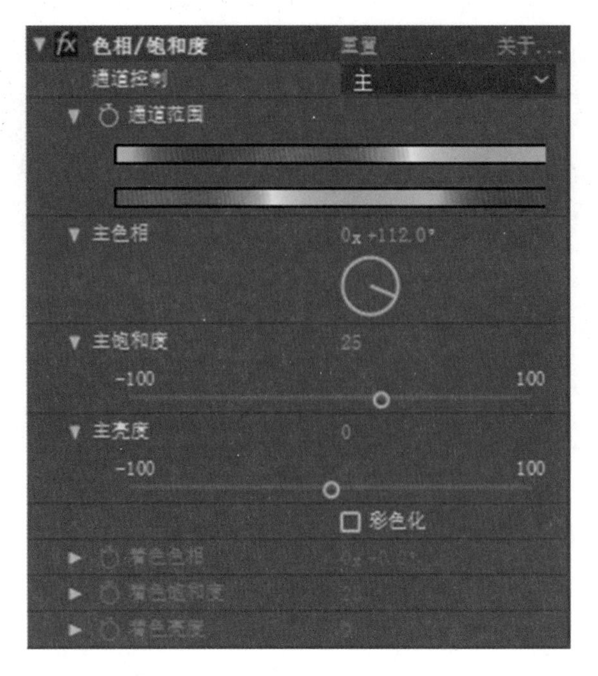

图 5－9 【色相/饱和度】参数设置

(a)未调整【色相/饱和度】效果

(b)添加【色相/饱和度】效果

图 5－10 使用【色相/饱和度】效果前后对比

下面对色相/饱和度效果的主要属性参数进行详细介绍。

【通道控制】:可以指定所要调节的颜色通道,如果选择“主”选项表示对所有颜色应用效果,还可以单独选择红色、黄色、绿色、青色和洋红等颜色。

【通道范围】:显示通道受效果影响的范围。上面的颜色条表示调色前的颜色,下面的颜色条表示在全饱和度下调整后的颜色。

【主色相】:调整主色调,可以通过相位调整轮来调整。

【主饱和度】:控制所调节颜色通道的饱和度。

【主亮度】:控制所调节颜色通道的亮度。

【彩色化】:调整图像为彩色图像。

【着色色相】:调整图像彩色化后的色相。

【着色饱和度】:调整图像彩色化后的饱和度。

【着色亮度】:调整图像彩色化后的亮度。

5.1.4　亮度和对比度

亮度和对比度效果可以调整图像的亮度和对比度。选中素材,执行【效果】|【颜色校正】|【亮度和对比度】命令,此时参数设置如图 5－11 所示,如图 5－12 所示为素材添加该效果的前后对比。

亮度和对比度	重置	关于...
亮度	40	
对比度	30	
	使用旧版(支持 HDR)	

图 5－11　【亮度和对比度】参数设置

(a)未添加【亮度和对比度】效果

(b)添加【亮度和对比度】效果

图 5－12　使用【亮度和对比度】效果前后对比

下面对亮度和对比度效果的主要属性参数进行详细介绍。

【亮度】:设置图像明暗程度。

【对比度】:设置图像高光与阴影的对比值。

【使用旧版(支持 HDR)】:勾选此选项,可使用旧版【亮度/对比度】参数设置面板。

5.2　常用校色工具

5.2.1　色调

色调用于调整图像中包含的颜色信息,在最亮和最暗之间确定融合度,可以将画面中的黑色部分及白色部分替换成自定义的颜色。

选择图层，执行【效果】|【颜色校正】|【色调】命令，然后在【效果控件】面板中展开色调效果的参数，如图 5－13 所示，如图 5－14 所示为素材添加该效果的前后对比。

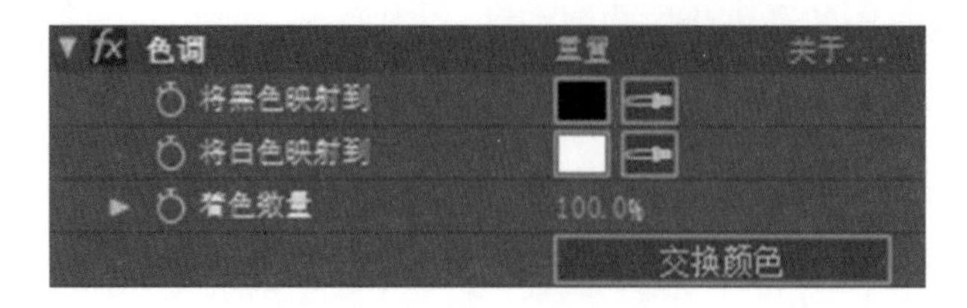

图 5－13 【色调】参数设置

(a)未添加【色调】效果

(b) 添加【色调】效果

图 5－14 使用【色调】效果前后对比

下面对色调效果的主要属性参数进行详细介绍。

【将黑色映射到】：映射黑色到某种颜色。

【将白色映射到】：映射白色到某种颜色。

【着色数量】：设置染色的作用程度，0％表示完全不起作用，100％表示完全作用于画面。

5.2.2 三色调

三色调与色调的用法相似，只是多了一个中间颜色，它可以将画面中的阴影、中间调和高光进行颜色映射，从而更换画面的色调。

选择图层，执行【效果】|【颜色校正】|【三色调】命令，然后在【效果控件】面板中展开三色调效果的参数，如图 5－15 所示，如图 5－16 所示为素材添加该效果的前后对比。

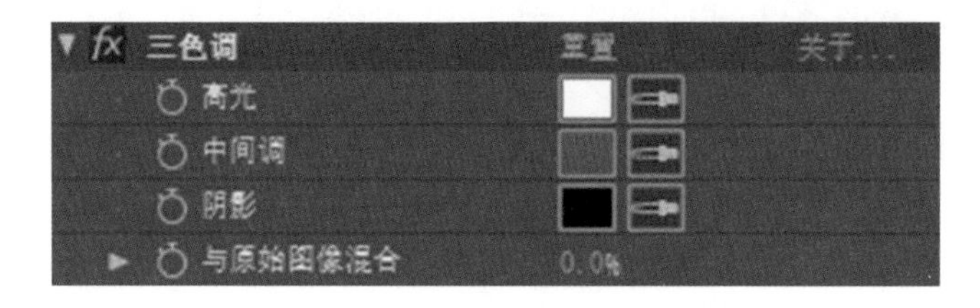

图 5－15 【三色调】参数设置

(a)未添加“三色调”效果

(b)添加“三色调”效果

图 5－16　使用【三色调】效果前后对比

下面对三色调效果的主要属性参数进行详细介绍。

【高光】:调整高光的颜色。

【中间调】:调整中间调的颜色。

【阴影】:调整阴影的颜色。

【与原始图像混合】:设置效果层与来源层的融合程度。

5.2.3　颜色平衡

颜色平衡可以对图像的暗部、中间调和高光部分的红、绿、蓝通道分别进行调整。

选择图层,在菜单栏执行【效果】|【颜色校正】|【颜色平衡】命令,在【效果控件】面板中展开颜色平衡效果的参数,如图 5－17 所示,如图 5－18 所示为素材添加该效果的前后对比。

fx 颜色平衡	重置	关于...
阴影红色平衡	100.0	
阴影绿色平衡	-62.0	
阴影蓝色平衡	52.0	
中间调红色平衡	55.0	
中间调绿色平衡	0.0	
中间调蓝色平衡	0.0	
高光红色平衡	0.0	
高光绿色平衡	0.0	
高光蓝色平衡	0.0	
	保持发光度	

图 5－17　【颜色平衡】参数设置

(a)未添加【颜色平衡】效果　　(b)添加【颜色平衡】效果

图 5-18　使用【颜色平衡】效果前后对比

下面对颜色平衡效果的主要属性参数进行详细介绍。

【阴影红色/绿色/蓝色平衡】:在阴影通道中调整颜色的范围。

【中间调红色/绿色/蓝色平衡】:调整 RGB 色彩的中间亮度范围的平衡。

【高光红色/绿色/蓝色平衡】:在高光通道中调整 RGB 色彩的高光范围平衡。

【保持发光度】:保持图像颜色的平均亮度。

5.2.4　颜色平衡(HLS)

颜色平衡(HLS)效果通过调整色相、饱和度和亮度参数对素材图像的颜色进行调节,以控制图像色彩平衡。

选择图层,执行【效果】|【颜色校正】|【颜色平衡(HLS)】命令,在【效果控件】面板中展开颜色平衡(HLS)效果的参数,如图 5-19 所示,如图 5-20 所示为素材添加该效果的前后对比。

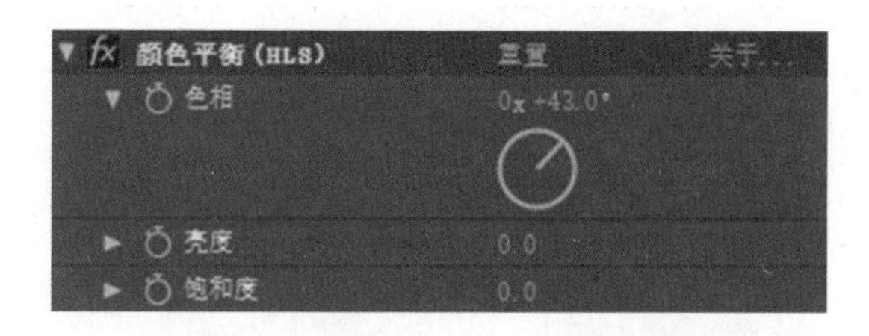

图 5-19　【颜色平衡(HLS)】参数设置

(a)未添加【颜色平衡(HLS)】效果　　(b) 添加【颜色平衡(HLS)】效果

图 5-20　使用【颜色平衡(HLS)】效果前后对比

下面对颜色平衡(HLS)效果的主要属性参数进行详细介绍。

【色相】:调整图像的色相。

【亮度】:调整图像的亮度,值越大,图像越亮。

【饱和度】:调整图像的饱和度,值越大,饱和度越高,图像颜色越鲜艳。

5.2.5 保留颜色

保留颜色效果可以单独保留作品中的一种颜色,其他颜色变为灰色。

选中素材,在菜单栏执行【效果】|【颜色校正】|【保留颜色】命令,在【效果控件】面板中展开保留颜色效果的参数,如图 5-21 所示,如图 5-22 所示为素材添加该效果的前后对比。

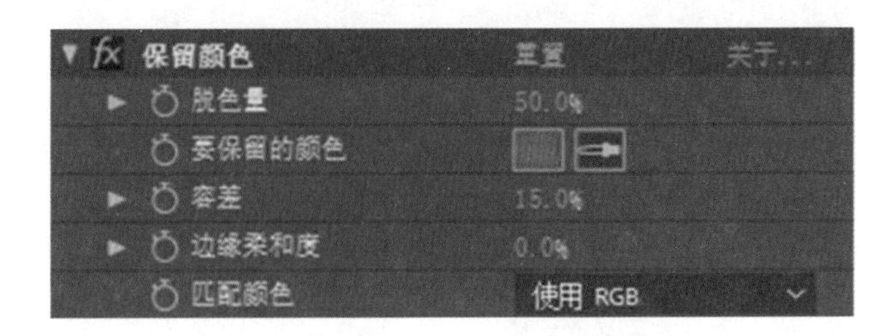

图 5-21 【保留颜色】参数设置

(a)未添加【保留颜色】效果

(b)添加【保留颜色】效果

图 5-22 使用【保留颜色】效果前后对比

下面对保留颜色效果的主要属性参数进行详细介绍。

【脱色量】:设置脱色程度,数值越大,其他颜色饱和度越低。

【要保留的颜色】:设置需保留的色彩。

【容差】:设置色彩相似程度。

【边缘柔和度】:设置边缘柔和程度。

【匹配颜色】:设置色彩的匹配形式。

5.2.6 阴影/高光

阴影/高光效果可以单独处理图像的阴影和高光区域,是一种高级调色效果。

选择图层，在菜单栏执行【效果】|【颜色校正】|【阴影/高光】命令，在【效果控件】面板中展开阴影/高光效果的参数，如图 5 - 23 所示，如图 5 - 24 所示为素材添加该效果的前后对比。

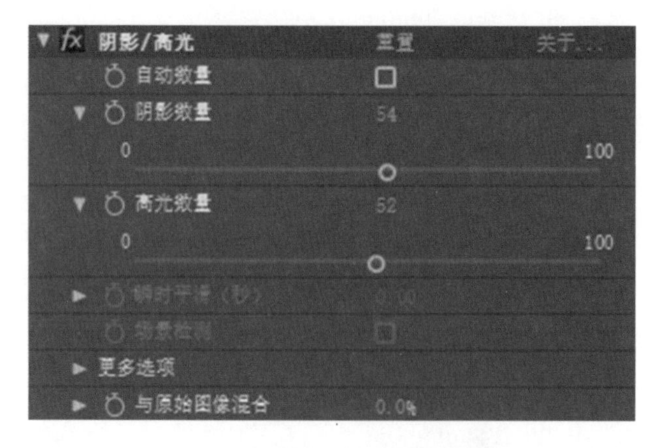

图 5 - 23 【阴影/高光】参数设置

(a)未添加【阴影/高光】效果

(b)添加【阴影/高光】效果

图 5 - 24 使用【阴影/高光】效果前后对比

下面对阴影/高光效果的主要属性参数进行详细介绍。

【自动数量】:自动取值，分析当前画面颜色，从而调整画面的明暗关系。

【阴影数量】:暗部取值，只针对画面的暗部进行调整。

【高光数量】:亮部取值，只针对图像的亮部进行调整。

【瞬时平滑】:设置阴影和高光的瞬时平滑度，只有在自动数量被激活的状态下，该选项才有效。

【场景检测】:检测场景画面的变化。

【更多选项】:对画面的暗部和亮部进行更多的设置。

【与原始图像混合】:设置效果层与来源层的融合程度。

5.2.7　Lumetri 颜色

Lumetri 颜色效果是一种强大的、专业的调色效果，其中包含多种参数，可以用具有创意的方式按序列调整颜色、对比度和光照。

选中素材，执行【效果】|【颜色校正】|【Lumetri 颜色】命令，在【效果控件】面板中调整 Lumetri 颜色效果的参数，如图 5－25 所示，如图 5－26 所示为素材添加该效果的前后对比。

图 5－25　【Lumetri 颜色】参数设置

(a)未添加【Lumetri 颜色】效果

(b)添加【Lumetri 颜色】效果

图 5－26　使用【Lumetri 颜色】效果前后对比

下面对 Lumetri 颜色效果的主要属性参数进行详细介绍。

【基本校正】：设置输入 LUT、白平衡、音调及饱和度。

【创意】：通过设置参数制作创意图像。

【曲线】：调整图像明暗程度及色相的饱和程度。

【色轮】：分别设置中间调、阴影和高光的色相。

【HLS 次要】：优化画质，校正色调。

【晕影】：制作晕影效果。

5.3 通道校色工具

通道效果可以控制、混合、移除和转换图像的通道。其中包括【最小/最大】、【复合运算】、【通道合成器】、【转换通道】、【反转】、【混合】、【移除颜色遮罩】、【算术】、【设置遮罩】等，如图5-27所示。

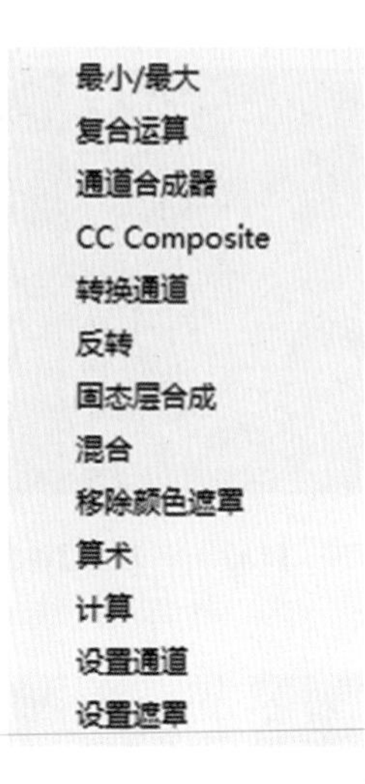

图 5-27 通道效果组

5.3.1 最小/最大

最小/最大效果可为像素的每个通道指定半径内该通道的最小或最大像素。选中素材，在菜单栏中执行【效果】|【通道】|【最小/最大】命令，在【效果控件】面板中展开最小/最大效果的参数，如图 5-28 所示，如图 5-29 所示为素材添加该效果的前后对比。

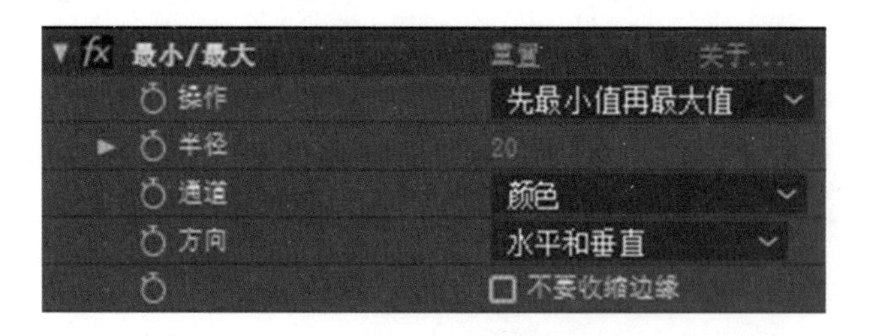

图 5-28 【最小/最大】参数设置

(a)未添加【最小/最大】效果　　(b)添加【最小/最大】效果

图 5-29　使用【最小/最大】效果前后对比

下面对最小/最大效果的主要属性参数进行详细介绍。

【操作】:设置作用方式。其中包括最小值、最大值、先最小值再最大值和先最大值再最小值 4 种方式。

【半径】:设置作用范围与作用程度。

【通道】:设置作用通道。其中包括颜色、Alpha 和颜色、红色、绿色、蓝色、Alpha 6 种通道。

【方向】:可设置作用方向为水平和垂直、仅水平或仅垂直。

【不要收缩边缘】:勾选该选项,可选择是否收缩边缘。

5.3.2　复合运算

复合运算效果可以在图层之间执行数学运算。选中素材,在菜单栏中执行【效果】|【通道】|【复合运算】命令,在【效果控件】面板中展开复合运算效果的参数,如图 5-30 所示,如图 5-31 所示为素材添加该效果的前后对比。

图 5-30　【复合运算】参数设置

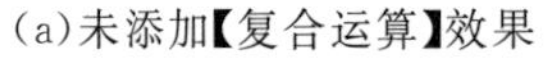

(a)未添加【复合运算】效果

(b)添加【复合运算】效果

图 5 - 31　使用【复合运算】效果前后对比

下面对复合运算效果的主要属性参数进行详细介绍。

【第二个源图层】:设置混合图像层。

【运算符】:设置混合模式。

【在通道上运算】:可以设置运算通道为 RGB、ARGB 或 Alpha。

【溢出特性】:设置超出允许范围的像素值的处理方法为修剪、回绕或缩放。

【伸缩第二个源以适合】:勾选此选项,可将两个不同尺寸图层进行伸缩自适应。

【与原始图像混合】:设置源图像与混合图像之间的混合程度。

5.3.3　通道合成器

通道合成器效果可提取、显示和调整图层的通道值。选中素材,在菜单栏中执行【效果】|【通道】|【通道合成器】命令,在【效果控件】面板中展开通道合成器效果的参数,如图 5 - 32 所示,如图 5 - 33 所示为素材添加该效果的前后对比。

图 5 - 32　【通道合成器】参数设置

(a)未添加【通道合成器】效果　　(b)添加【通道合成器】效果

图 5-33　使用【通道合成器】效果前后对比

下面对通道合成器效果的主要属性参数进行详细介绍。

【源选项】:设置选项源。

【使用第二个图层】:勾选此选项可设置源图层。

【源图层】:设置混合图像。

【自】:设置需要转换的颜色。

【至】:设置目标颜色。

【反转】:反转所设颜色。

【纯色 Alpha】:使用纯色通道信息。

5.3.4　反转

反转效果可以将画面颜色进行反转。选中素材,在菜单栏中执行【效果】|【通道】|【反转】命令,在【效果控件】面板中展开反转效果的参数,如图 5-34 所示,如图 5-35 所示为素材添加该效果的前后对比。

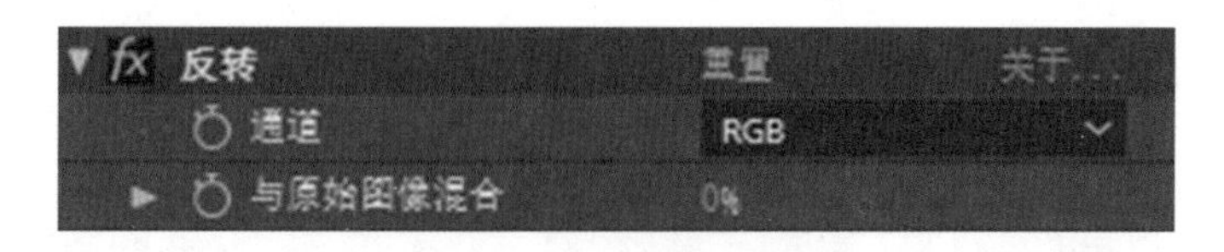

图 5-34　【反转】参数设置

(a)未添加【反转】效果　　(b)添加【反转】效果

图 5-35　使用【反转】效果前后对比

下面对反转效果的主要属性参数进行详细介绍。

【通道】:设置应用效果的通道。

【与原始图像混合】:设置源图像与混合图像之间的混合程度。

5.3.5　设置通道

设置通道效果可以将此图层的通道设置为其他图层的通道。选中素材,在菜单栏中执行【效果】|【通道】|【设置通道】命令,在【效果控件】面板中展开设置通道效果的参数,如图 5-36 所示,如图 5-37 所示为素材添加该效果的前后对比。

fx 设置通道	重置	关于...
源图层 1	1. 02767.jp	源
将源 1 设置为红色	红色	
源图层 2	2. 02709.jp	源
将 2 设置为绿色	绿色	
源图层 3	3. 02732.jp	源
将源 3 设置为蓝色	蓝色	
源图层 4	4. 02763.jp	源
将源 4 设置为 Alpha	Alpha	
如果图层大小不同	☑ 伸缩图层以适合	

图 5-36　【设置通道】参数设置

(a)未添加【设置通道】效果

(b)添加【设置通道】效果

图 5－37　使用【设置通道】效果前后对比

下面对设置通道效果的主要属性参数进行详细介绍。

【源图层 1】：设置图层 1 的源为其他图层。

【将源 1 设置为红色】:设置源 1 需要替换的通道。

【源图层 2】:设置图层 2 的源为其他图层。

【将源 2 设置为绿色】:设置源 2 需要替换的通道。

【源图层 3】：设置图层 3 的源为其他图层。

【将源 3 设置为蓝色】:设置源 3 需要替换的通道。

【源图层 4】:设置图层 4 的源为其他图层。

【将源 4 设置为 Alpha】:设置源 4 需要替换的通道。

【如果图层大小不同】:勾选此选项,可将两个不同尺寸的图层进行伸缩自适应。

实战任务

任务十　水墨画效果

一、任务引导

本案例主要利用【色相/饱和度】、【亮度和对比度】、【色调】等效果制作水墨画效果,完成的动画效果如图 5－38 所示。

图 5－38　水墨画效果

二、任务实施

(1)启动 After Effects 软件,进入其操作界面。执行【合成】|【新建合成】命令,创建大小为 1 920×1 080 像素,【持续时间】为 0:00:08:00,并设置【合成名称】为“水墨画效果”,单击【确定】按钮,如图 5－39 所示。

图 5－39　合成设置

(2)在项目面板中双击鼠标左键，在弹出来的对话框中选择素材“古建筑视频. mp4”文件，并将素材拖曳到合成中。

(3)选择古建筑视频. mp4 图层，执行【效果】|【颜色校正】|【色相/饱和度】命令菜单，在特效面板中勾选其中的【彩色化】复选项，再将【着色亮度】的值设置为 11，如图 5－40 所示，画面效果如图 5－41 所示。

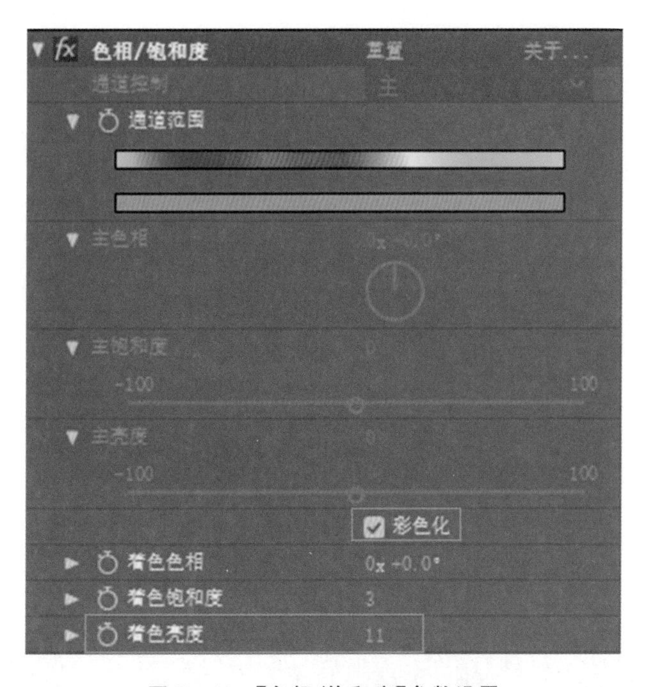

图 5－40 【色相/饱和度】参数设置

图 5－41 【色相/饱和度】画面效果

(4)选择古建筑视频图层，执行【效果】|【颜色校正】|【亮度和对比度】命令菜单，然后调整图像的亮度和对比度的值，设置【亮度】为 49，【对比度】为 79，如图 5－42 所示，画面效果如图 5－43 所示。

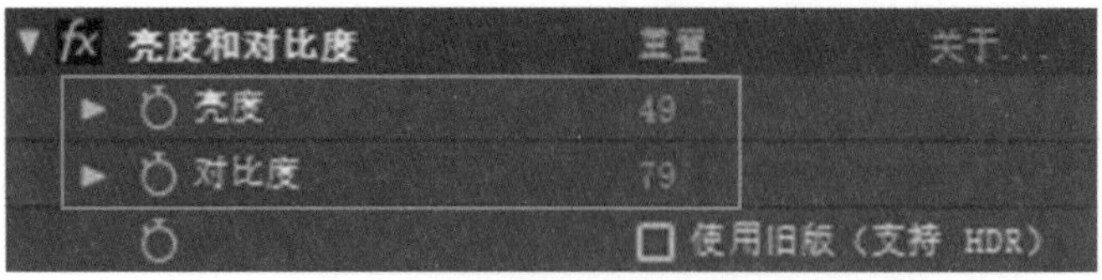
亮度和对比度
重置
关于...
亮度
49
对比度
79
使用旧版（支持 HDR）

图 5-42 【亮度和对比度】参数设置

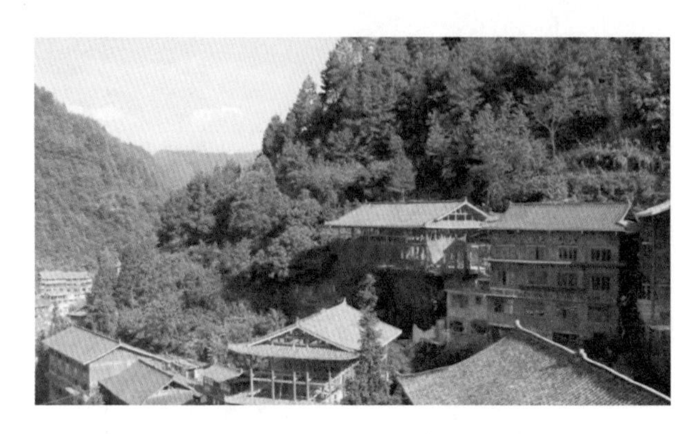

图 5-43 【亮度和对比度】画面效果

(5)选择古建筑视频图层，执行【效果】|【风格化】|【查找边缘】命令菜单，调节控制边缘值，使得图像的轮线显示出来，如图 5-44 所示，画面效果如图 5-45 所示。

查找边缘
重置
关于...
反转
与原始图像混合
0%

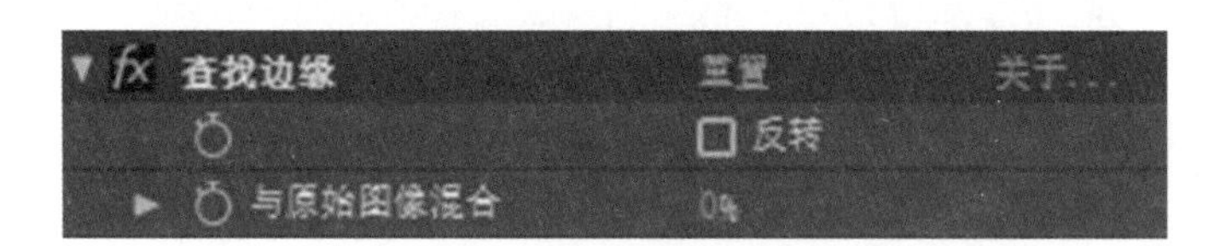

图 5-44 【查找边缘】参数设置

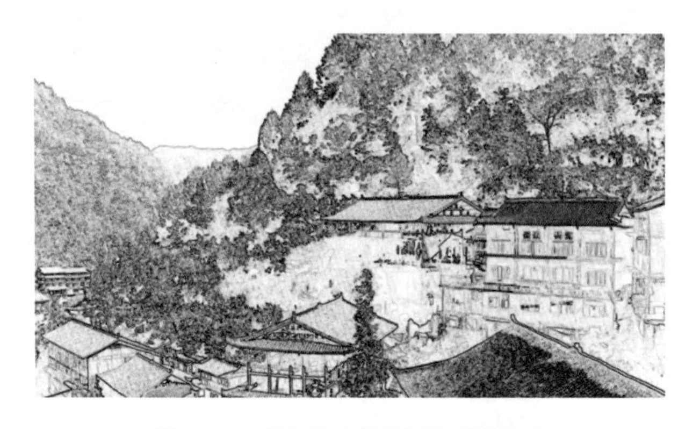

图 5-45 【查找边缘】设置画面效果

(6)选择古建筑视频图层，执行【效果】|【模糊与锐化】|【高斯模糊】命令菜单，设置模糊值为

2.0，如图 5－46 所示，画面效果如图 5－47 所示。

图 5－46 【高斯模糊】参数设置

图 5－47 【高斯模糊】画面效果

(7)选择古建筑视频图层，执行【效果】|【颜色校正】|【色阶】命令菜单，调节图像的色阶，增强图中的黑白对比，参数设置如图 5－48 所示，效果如图 5－49 所示。

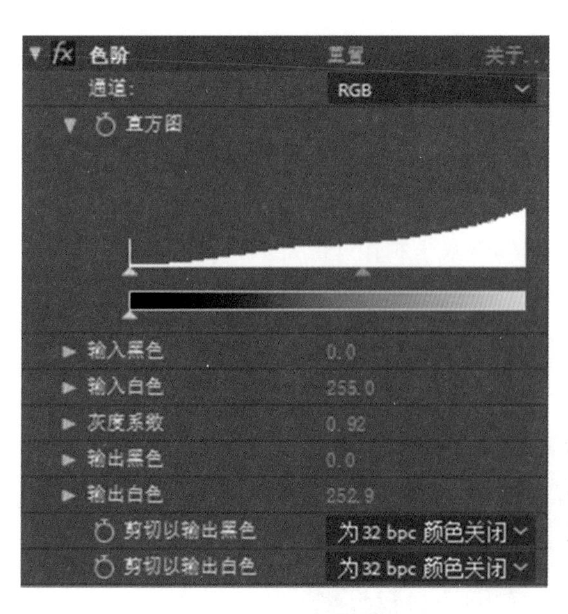

图 5－48 【色阶】参数设置

图 5－49 【色阶】画面效果

(8)为了使水墨画显得陈旧一点，给画面添加薄薄的一层褐色。选择古建筑视频图层，执行

【效果】|【颜色校正】|【色调】命令菜单，设置【将黑色映射到】颜色设置为深褐色(R:82,G:44,B:0)，【将白色映射到】颜色设置为白色，如图 5-50 所示，效果如图 5-51 所示。

图 5-50 【色调】参数设置

图 5-51 【色调】画面效果

(9)按空格键预览整段动画，完成该案例的制作。

任务十一 天空合成效果

一、任务引导

本案例主要利用【色调】、【色阶】、【亮度反转遮罩】等效果制作天空合成效果，完成的动画效果如图 5-52 所示。

图 5-52 天空合成效果

二、任务实施

(1)启动 After Effects 软件,进入其操作界面。执行【合成】|【新建合成】命令,创建【大小】为 1 280×720 像素,【持续时间】为 0:00:08:00,并设置【合成名称】为“天空合成效果”,单击【确定】按钮,如图 5-53 所示。

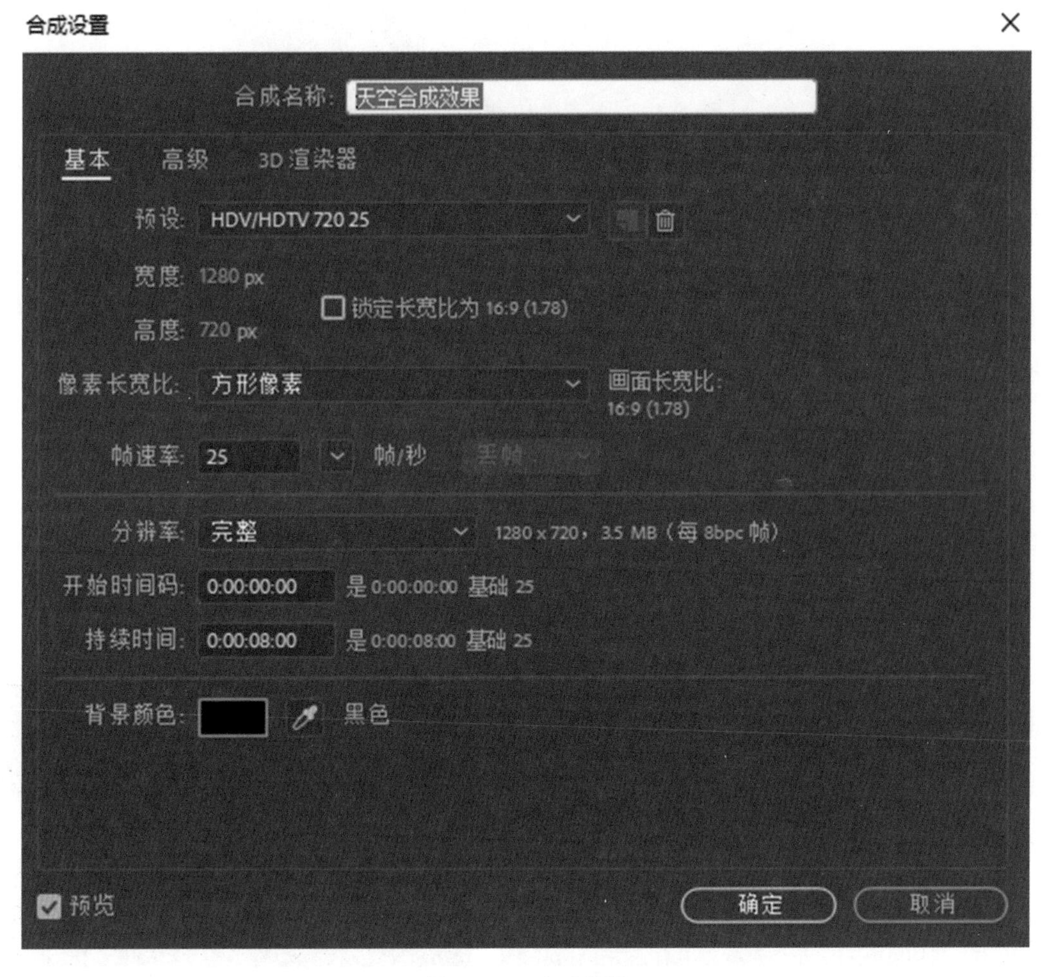

图 5-53　合成设置

(2)在项目面板中双击鼠标左键,在弹出来的对话框中选择素材“体育场.jpg”与“蓝天白云.mp4”文件,并将“体育场.jpg”拖曳到合成中。

(3)复制【体育场】图层(Ctrl+D),将它的名字改为“选区”,并为该图层执行【效果】|【颜色校正】|【色调】,将画面改为黑白灰。效果如图 5-54 所示。

图 5 - 54 【色调】效果

(4)再为选区层，执行【效果】|【颜色校正】|【色阶】，使画面变成纯粹的黑白。参数设置如图 5 - 55 所示，效果如图 5 - 56 所示。

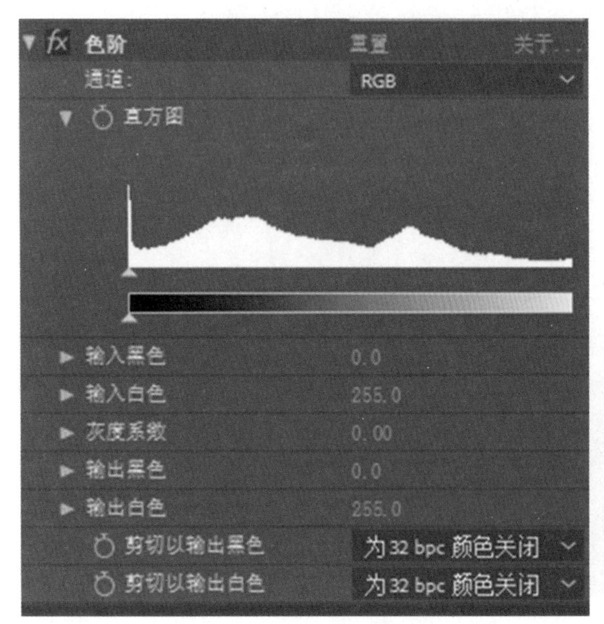

图 5 - 55 【色阶】参数设置

图 5 - 56 【色阶】画面效果

(5)接下来为图层添加轨道遮罩。选择体育场图层，并展开或折叠“转换控制窗格”，在【轨道遮罩】中为其选择【亮度反转遮罩】。此时的选区层会被自动隐藏，如图 5 - 57 所示，此时的画面效果如图 5 - 58 所示。

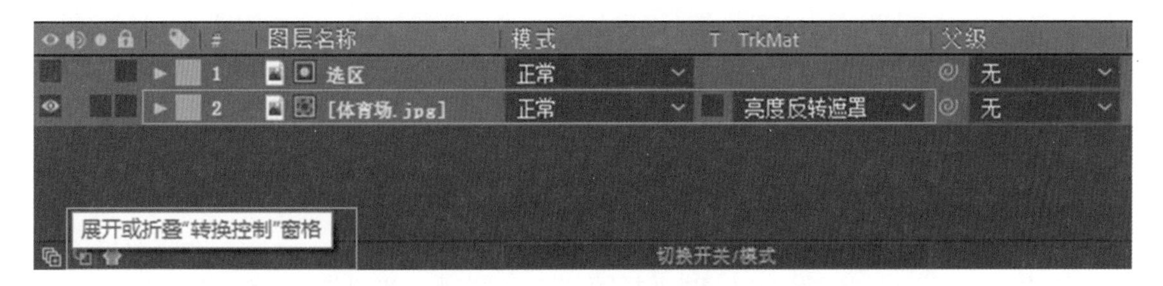

图 5－57　添加【亮度反转遮罩】

图 5－58　【亮度反转遮罩】画面效果

(6)放大合成，发现画面左下角高光区域呈现斑点状，有破损，如图 5－59 所示。因此，需要将画面进行修补。复制原始的体育场层，并将其放在最上层显示，修改名称为"补丁"，取消该图层显示，如图 5－60 所示。

图 5－59　画面破损

图 5-60　补丁层

(7)选中补丁图层,并在【工具栏】中选择【钢笔工具】在画面进行蒙版绘制,对破损位置进行修补,并将该图层切换为"显示状态",如图 5-61 所示。

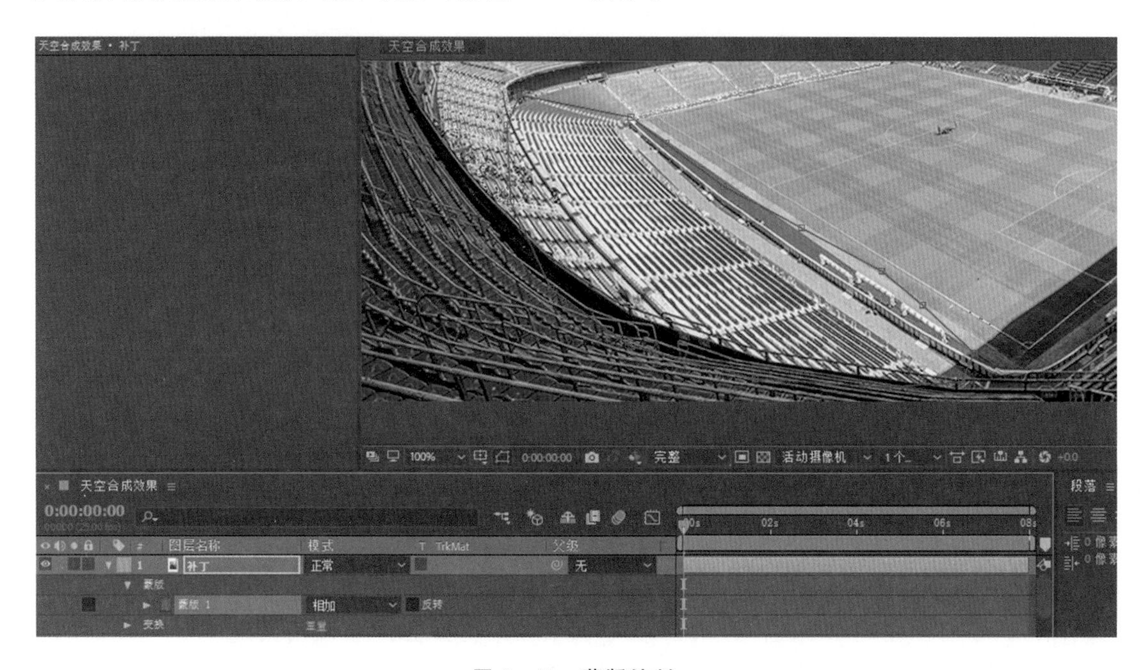

图 5-61　蒙版绘制

(8)体育场天空抠取完成后将"蓝天白云.mp4"素材拖入时间线面板并放在最底层,改名为背景,通过调整图层位置及缩放属性,将素材调整到合适位置,参数设置如图 5-62 所示。

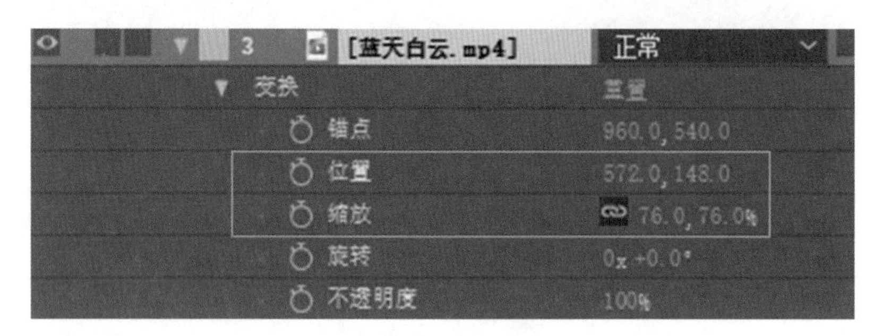

图 5-62　"蓝天白云"属性设置

(9)按空格键预览整段动画,完成该案例的制作。

第6章 常用特效

内容提要

效果是 After Effects 最核心的功能之一，包括了内置效果和外挂效果。前者是指 After Effects 软件自带的效果，所含特效达数百种之多，被广泛应用于视频、电视、电影、广告制作等设计领域。此外，After Effects 还支持外挂效果，能进一步帮助用户制作出更加丰富、强大的视频特效。

学习导航

<table>
<tr><td colspan="2">学习内容</td><td>常用特效</td></tr>
<tr><td rowspan="3">教学目标</td><td>知识目标</td><td>1. 掌握视频效果的添加方法；
2. 了解各种视频效果类型的使用方法；
3. 掌握视频抠像合成的基本思路与注意事项；
4. 掌握视频过渡效果的使用情景</td></tr>
<tr><td>能力目标</td><td>1. 能够在不同场景中灵活选择不同视频特效；
2. 能够对各类常用特效进行参数设置；
3. 能够运用抠像技术将视频中的纯色背景扣除并进行视频合成</td></tr>
<tr><td>素质目标</td><td>1. 培养学生严谨仔细的职业素养、语言表达能力及团队合作意识；
2. 培养学生严于律己、迎难而上的意志和毅力；
3. 培养学生的职业伦理道德、职业价值观、职业规范等</td></tr>
<tr><td colspan="2">思政素养</td><td>1. 在特效选择时培养学生的大局观，做好各种特效的选择；
2. 软件中内置特效众多，参数复杂，培养学生将所学知识灵活运用到其他案例中，以及举一反三、触类旁通的能力</td></tr>
<tr><td rowspan="2">教学重难点</td><td>教学难点</td><td>1. 不同视频效果的灵活选择；
2. 不同特效的参数设置</td></tr>
<tr><td>教学难点</td><td>1. 多个视频特效的协同使用；
2. 不同特效的参数设置</td></tr>
<tr><td colspan="2">建议学时</td><td>4 学时</td></tr>
</table>

6.1 风格化

风格化效果组可以为作品添加特殊效果，从而使作品的视觉效果更丰富、更具风格。其中包括【阈值】、【画笔描边】、【卡通】、【散布】、【CC Block Load】、【CC Burn Film】、【CC Glass】、【CC HexTile】、【CC Kaleida】、【CC Mr. Smoothie】、【CC Plastic】、【CC RepeTile】、【CC Threshold RGB】、【彩色浮雕】、【马赛克】、【浮雕】、【色调分离】、【动态拼贴】、【发光】、【查找边缘】、【毛边】、【纹理化】、【闪光灯】等，如图 6 - 1 所示。

图 6 - 1 风格化效果面板

6.1.1 阈值

阈值效果可以将画面变为高对比度的黑白图像效果。选中素材，在菜单栏中执行【效果】|【风格化】|【阈值】命令，此时参数设置如图 6 - 2 所示。如图 6 - 3 所示为素材添加该效果的前后对比。

图 6－2　【阈值】参数设置

(a)未添加【阈值】效果

(b)添加【阈值】效果

图 6－3　使用【阈值】效果前后对比

下面对阈值效果的属性参数进行详细介绍。

【级别】:设置阈值级别。低于该阈值的像素将转换为黑色,高于该阈值的像素将转换为白色。

6.1.2　画笔描边

画笔描边效果可以使画面变为画笔绘制的效果,常用于制作油画效果。选中素材,在菜单栏中执行【效果】|【风格化】|【画笔描边】命令,此时参数设置如图 6－4 所示。如图 6－5 所示为素材添加该效果的前后对比。

画笔描边　重置　关于...
描边角度　0x +135.0°
画笔大小　3.6
描边长度　12
描边浓度　1.0
描边随机性　1.0
绘画表面　在原始图像上绘画
与原始图像混合　0.0%

图 6－4　【画笔描边】参数设置

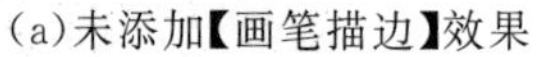

(a)未添加【画笔描边】效果

(b)添加【画笔描边】效果

图 6-5　使用【画笔描边】效果前后对比

下面对画笔描边效果的主要属性参数进行详细介绍。

【描边角度】:设置描边宽度。

【画笔大小】:设置描边画笔尺寸的大小。

【描边长度】:设置描边的长度。

【描边浓度】:设置描边笔触的密度。

【描边随机性】:设置笔触的随机性。

【绘画表面】:设置绘画笔触与图像之间的模式。

【与原始图像混合】:设置效果与图像的混合程度。

6.1.3　卡通

卡通效果可以模拟卡通绘画效果。选中素材,在菜单栏中执行【效果】|【风格化】|【卡通】命令,此时参数设置如图 6-6 所示。如图 6-7 所示为素材添加该效果的前后对比。

卡通	重置　关于...
渲染	填充及边缘
细节半径	15.0
细节阈值	10.0
填充	
阴影步骤	30.0
阴影平滑度	70.0
边缘	
阈值	7.30
宽度	3.0
柔和度	2.0
不透明度	52%
高级	

图 6-6　【卡通】参数设置

(a)未添加【卡通】效果

(b)添加【卡通】效果

图 6-7 使用【卡通】效果前后对比

下面对卡通效果的主要属性参数进行详细介绍。

【渲染】:设置渲染效果为填充、边缘或填充及描边。

【细节半径】:设置半径数值。

【细节阈值】:设置效果范围。

【填充】:设置阴影层次以及平滑程度。

【阴影步骤】:设置阴影层次数值。

【阴影平滑度】:设置阴影柔和程度。

【边缘】:设置边缘阈值、宽度、柔和度和不透明度。

【阈值】:设置边缘范围,如图 6-8 所示即【阈值】为 1 和 10 的对比效果。

(a)【阈值】为 1

(b)【阈值】为 10

图 6-8 不同【阈值】的对比效果

6.1.4 散布

散布效果可在图层中散布像素，从而创建模糊的外观。选中素材，在菜单栏中执行【效果】|【风格化】|【散布】命令，此时参数设置如图 6-9 所示。如图 6-10 所示为素材添加该效果的前后对比。

图 6-9 【散布】参数设置

(a)未添加【散布】效果

(b)添加【散布】效果

图 6-10 使用【散布】效果前后对比

下面对散布效果的主要属性参数进行详细介绍。

【散布数量】：设置散布分散数量。如图 6-11 所示即设置【散布数量】为 100 和 300 的对比效果。

(a)散布数量为 100

(b)散布数量为 300

图 6-11 【散布数量】不同值时的对比效果

【颗粒】:设置颗粒分散方向为两者水平或垂直。

【散布随机性】:设置散布随机性。

6.1.5　发光

发光效果可以找到图像中较亮的部分,并使这些像素的周围变亮,从而产生发光的效果。选中素材,在菜单栏中执行【效果】|【风格化】|【发光】命令,此时参数设置如图 6－12 所示。如图 6－13 所示为素材添加该效果的前后对比。

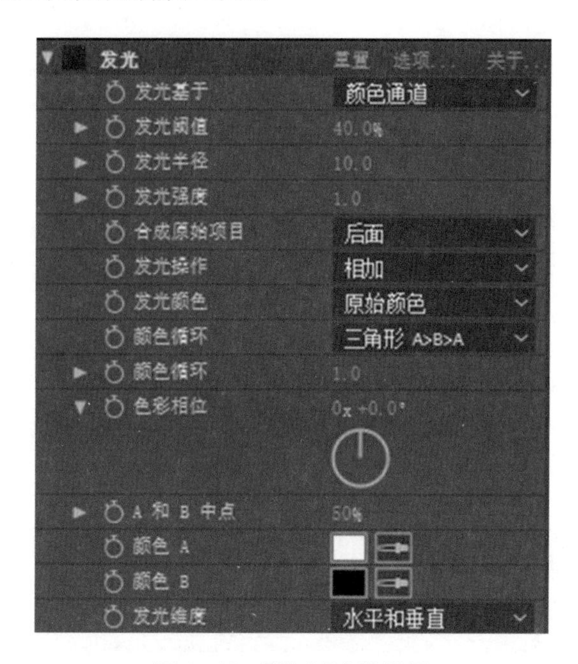

图 6－12　【发光】参数设置

(a)未添加【发光】效果

(b)添加【发光】效果

图 6－13　使用【发光】效果前后对比

下面对发光效果的主要属性参数进行详细介绍。

【发光基于】:设置发光作用通道为 Alpha 通道或颜色通道。

【发光阈值】:设置发光的覆盖面。

【发光半径】:设置发光半径。

【发光强度】:设置发光强烈程度。

【合成原始项目】:设置项目为顶端后面或无。

【发光操作】:设置发光的混合模式。

【发光颜色】:设置发光的颜色。

【颜色循环】:设置发光循环方式。

【色彩相位】:设置光色相位。

【A 和 B 中点】:设置发光颜色 A 到 B 的中点百分比。

【颜色 A】:设置颜色 A 颜色。

【颜色 B】:设置颜色 B 颜色。

【发光维度】:设置发光作用方向。

6.1.6 查找边缘

查找边缘效果可以查找图层边缘,并强调边缘。选中素材,在菜单栏中执行【效果】|【风格化】|【查找边缘】命令,此时参数设置如图 6-14 所示。如图 6-15 所示为素材添加该效果的前后对比。

图 6-14 【查找边缘】参数设置

(a)未添加【查找边缘】效果

(b)添加【查找边缘】效果

图 6-15 使用【查找边缘】效果前后对比

下面对查找边缘效果的主要属性参数进行详细介绍。

【反转】:勾选此选项可反转查找边缘效果。如图 6 - 16 所示即勾选【反转】与不勾选的对比效果。

【与原始图像混合】:设置和原图像的混合程度。

(a)不勾选【反转】效果

(b)勾选【反转】效果

图 6 - 16　**使用【反转】效果前后对比**

6.1.7　CC Glass(CC 玻璃)

【CC Glass(CC 玻璃)】效果可以扭曲阴影层模拟玻璃效果,选中素材,在菜单栏中执行【效果】|【风格化】|【(CC Glass)】命令,此时参数设置如图 6 - 17 所示。如图 6 - 18 所示为素材添加该效果的前后对比。

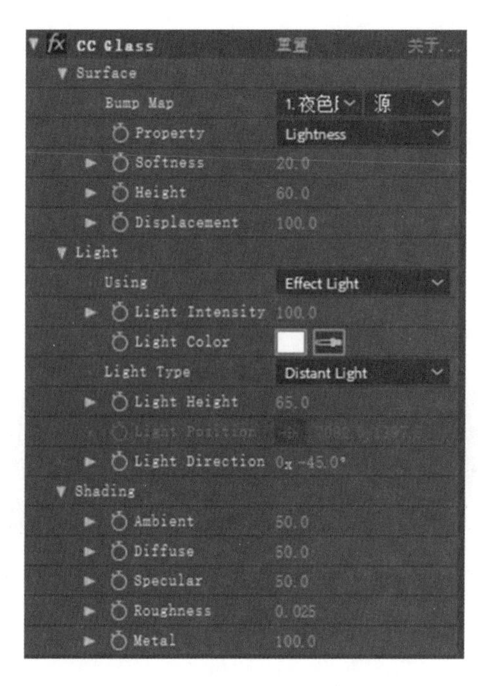

图 6 - 17　**【CC Glass】参数设置**

(a)未添加【(CC Glass)】效果

(b)添加【(CC Glass)】效果

图 6-18 使用【(CC Glass)】效果前后对比

【Surface】(表面):设置玻璃表面的质感。

【Bump Map】(凹凸贴图):指定一个图层计算玻璃的凹凸,默认使用被加载特效的图层本身。

【Property】(属性):设置作为贴图图层用于计算凹凸的属性。

【Softness】(柔化):玻璃的柔化程度。

【Height】(高度) :凹凸起伏高度。

【Displacement】(置换):玻璃效果与原始图层之间的置换强度,间接控制玻璃的折射原始图层的强度。

【Light】(灯光):设置照射玻璃的灯光属性。

【Shading】(材质):设置玻璃的材质。

6.1.8 马赛克

马赛克效果可以将图像变为一个个的单色矩形马赛克拼接效果。选中素材,在菜单栏中执行【效果】|【风格化】|【马赛克】命令,此时参数设置如图 6-19 所示,如图 6-20 所示为素材添加该效果的前后对比。

图 6-19 【马赛克】参数设置

(a)未添加【马赛克】效果

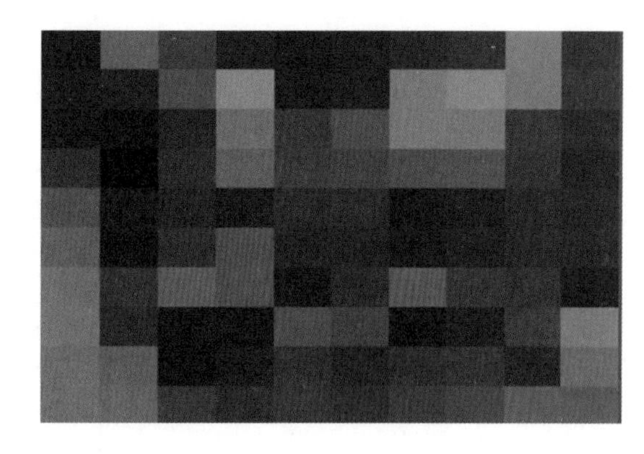

(b)添加【马赛克】效果

图 6-20　使用【马赛克】效果前后对比

下面对马赛克效果的主要属性参数进行详细介绍。

【水平块】:设置水平块的数值。

【垂直块】:设置垂直块的数值。

【锐化颜色】:勾选此项,锐化画面颜色。

6.2　生成

生成效果可以使图像生成闪电、镜头光晕等常见效果,还可以对图像进行颜色填充、渐变填充、滴管填充等。其中包括【圆形】、【分形】、【椭圆】、【吸管填充】、【镜头光晕】、【CC Glue Gun】、【CC Light Sweep】、【CC Threads】、【光束】、【填充】、【网格】、【写入】、【勾画】、【四色渐变】、【描边】、【梯度渐变】、【油漆桶】、【高级闪电】等,如图 6-21 所示。

圆形
分形
椭圆
吸管填充
镜头光晕
CC Glue Gun
CC Light Burst 2.5
CC Light Rays
CC Light Sweep
CC Threads
光束
填充
网格
单元格图案
写入
勾画
四色渐变
描边
无线电波
梯度渐变
棋盘
油漆桶
涂写
音频波形
音频频谱
高级闪电

图 6－21 【生成】效果组

6.2.1 圆形

圆形效果可以创建一个环形圆或实心圆。选中素材，在菜单栏中执行【效果】|【生成】|【圆形】命令，此时参数设置如图 6－22 所示。素材添加该效果后如图 6－23 所示。

图 6－22 【圆形】参数设置

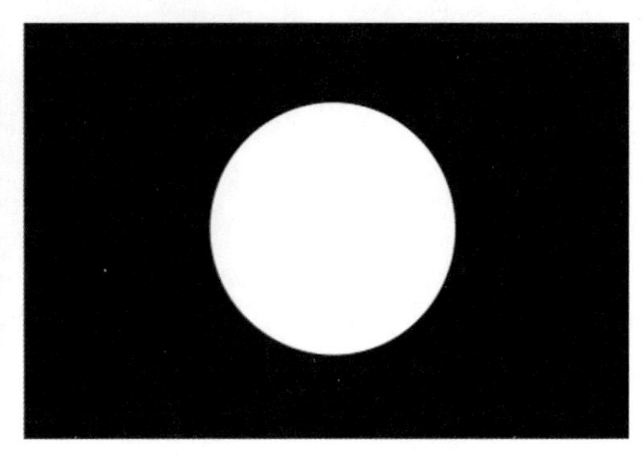

图 6－23 圆形效果

下面对圆形效果的主要属性参数进行详细介绍。

【中心】:设置圆形中心点位置。

【半径】:设置圆形半径数值。

【边缘】:设置边缘表现形式。

【未使用】:当设置【边缘】为除【无】以外的选项时,即可设置对应参数。

【羽化】:设置边缘柔和程度。

【反转圆形】:勾选此选项可反转圆形效果。

【颜色】:设置圆形填充颜色。

【不透明度】:设置圆形透明程度。

【混合模式】:设置效果的混合模式。

6.2.2　分形

分形效果可以生成以数学方式计算的分形图像。选中素材,在菜单栏中执行【效果】|【生成】|【分形】命令,此时参数设置如图 6-24 所示。素材添加该效果后如图 6-25 所示。

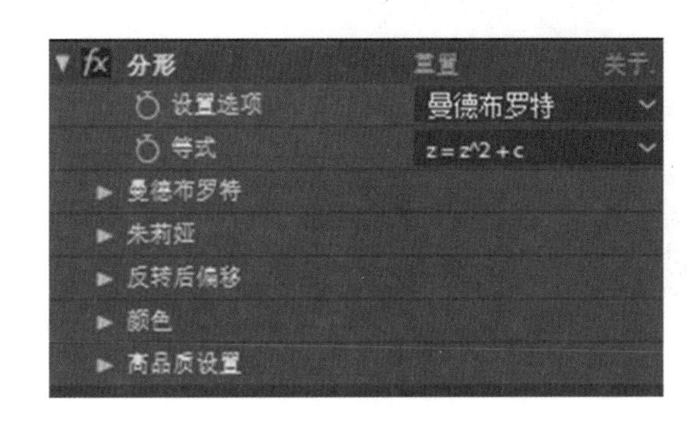

图 6-24　【分形】参数设置

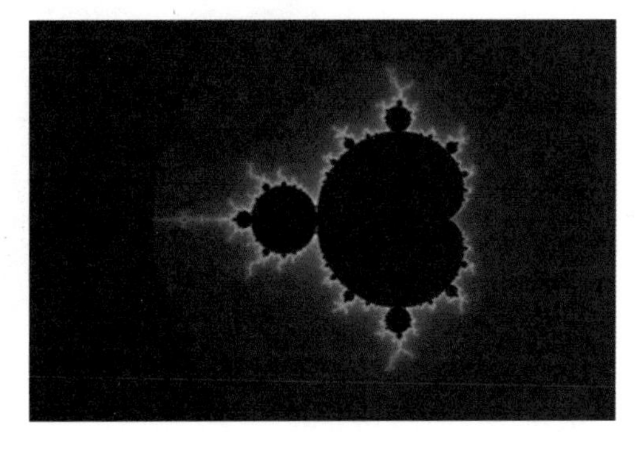

图 6-25　分形效果

下面对分行效果的主要属性参数进行详细介绍。

【设置选项】:选择分形的类型。

【等式】:设置方程式类型。

【曼德布罗特】:设置【曼德布罗特】的【X(真实)】、【Y(虚构)】、【放大率】、【扩展限制】。

【朱莉娅】:设置【朱莉娅】的【X(真实)】、【Y(虚构)】、【放大率】、【扩展限制】。

【反转后偏移】:设置分形反转后的偏移程度。

【颜色】:设置分形纹理的颜色。

【高品质设置】:设置分形的高质量。

6.2.3 镜头光晕

镜头光晕可以生成合成镜头光晕效果，常用于制作日光光晕。选中素材，在菜单栏中执行【效果】|【生成】|【镜头光晕】命令，此时参数设置如图 6-26 所示。素材添加该效果后如图 6-27 所示。

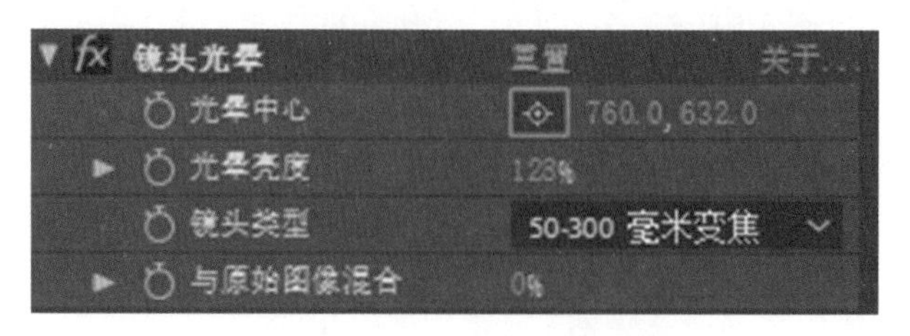

图 6-26 【镜头光晕】参数设置

图 6-27 镜头光晕效果

下面对镜头光晕效果的主要属性参数进行详细介绍。

【光晕中心】：设置光晕中心点位置。

【光晕亮度】：设置光源亮度百分比。

【镜头类型】：设置镜头光源类型。

【与原始图像混合】：设置当前效果与原始图层的混合程度。

6.2.4 四色渐变

四色渐变效果可以为图像添加四种混合色点的渐变颜色。选中素材，在菜单栏中执行【效果】|【生成】|【四色渐变】命令，此时参数设置如图 6-28 所示。素材添加该效果后如图 6-29 所示。

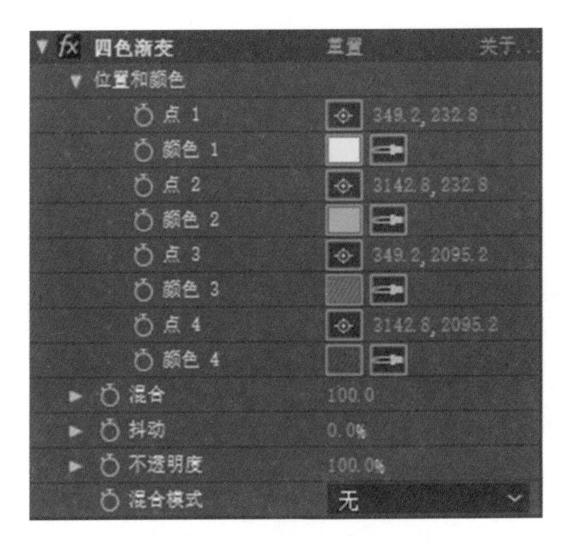

图 6－28 【四色渐变】参数设置

图 6－29 四色渐变效果

下面对四色渐变效果的主要属性参数进行详细介绍。

【点 1/2/3/4】:设置控制点 1/2/3/4 的位置。

【颜色 1/2/3/4】:设置控制点 1/2/3/4 所对应的颜色。

【混合】:设置颜色过渡,值越高,颜色之间的过渡层次越多。

【抖动】:设置渐变中抖动(杂色)的数量。抖动可减少条纹,其仅影响可能出现条纹的区域。

【不透明度】:设置渐变的不透明度,以图层不透明度值的百分比形式显示。

【混合模式】:合并渐变效果和图层的混合模式。

6.2.5 描边

描边效果可以对蒙版轮廓进行描边。选中素材在菜单栏中执行【效果】|【生成】|【描边】命令,此时参数设置如图 6－30 所示。素材添加该效果的前后对比如图 6－31 所示。

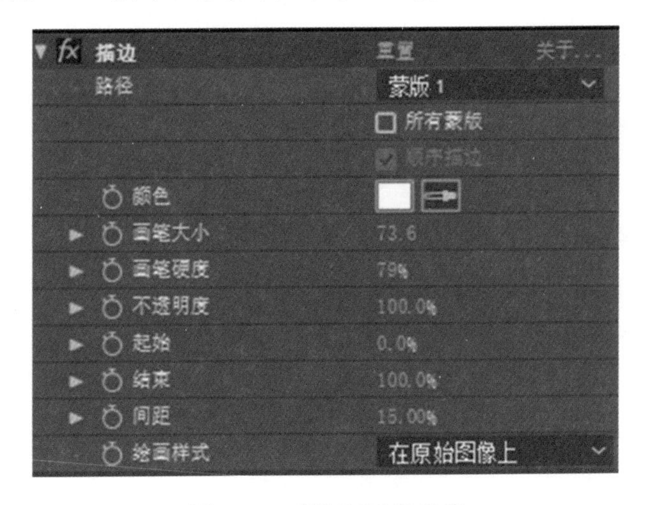

图 6－30 【描边】参数设置

(a)未添加【描边】效果

(b)添加【描边】效果

图 6-31 使用【描边】效果前后对比

下面对描边效果的主要属性参数进行详细介绍。

【路径】:设置描边的路径。

【颜色】:设置描边颜色。

【画笔大小】:设置笔刷的大小。

【画笔硬度】:设置画笔边缘的坚硬程度。

【不透明度】:设置描边效果的透明程度。

【起始】:设置开始数值。

【结束】:设置结束数值。

【间距】:设置描边段之间的间距数值。

【绘画样式】:设置描边的表现形式。

6.2.6 高级闪电

高级闪电效果可以为图像创建丰富的闪电效果。选中素材,在菜单栏中执行【效果】|【生成】|【高级闪电】命令,此时参数设置如图 6-32 所示。添加该效果后如图 6-33 所示。

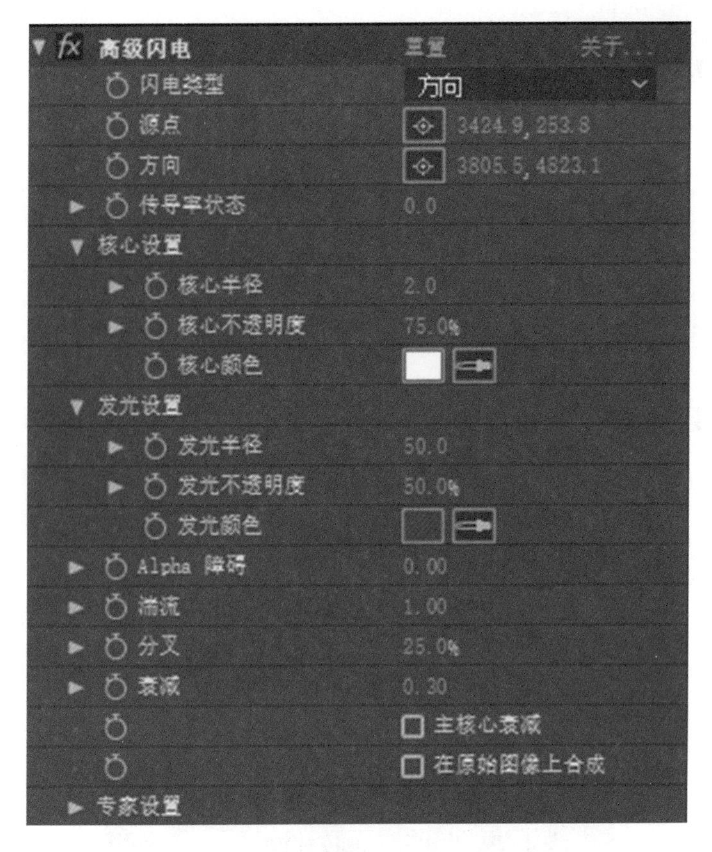

图 6-32　【高级闪电】参数设置

图 6-33　高级闪电效果

下面对高级闪电效果的主要属性参数进行详细介绍。

【闪电类型】：设置闪电类型。其中包括方向击打、阻断、回弹、全方位、随机、垂直、双向击打。

【源点】：设置闪电开始位置。

【方向】:设置闪电结束位置。

【传导率状态】:设置闪电随机度。

【核心设置】:设置闪电核心属性。

【发光设置】:设置闪电发光属性。

【Alpha 障碍】:设置闪电受 Alpha 通道的影响程度。

【湍流】:设置闪电混乱数值。

【分叉】:设置闪电分支数批。

【衰减】:设置闪电分支的衰减数值。

【主核心衰减】:勾选此选项可设置主核心衰减数值。在原始图像上合成勾选此选项可在原始图像上合成。

6.3 抠像

抠像即将画面中的某一种颜色进行抠除并转换为透明,是影视制作领域较为常见的技术手段,如果看见演员在绿色或蓝色的背景前表演,但是在影片中看不到这些背景,这就是运用了抠像的技术手段。如图 6－34 所示。

图 6－34 影视合成效果

抠像效果可以将蓝色或绿色等纯色图像的背景进行抠除,以便替换其他背景。其中包括【keylight(1.2)】、【内部/外部键】、【差值遮罩】、【提取】、【线性颜色键】、【颜色范围】、【颜色差值键】等,如图 6－35 所示。

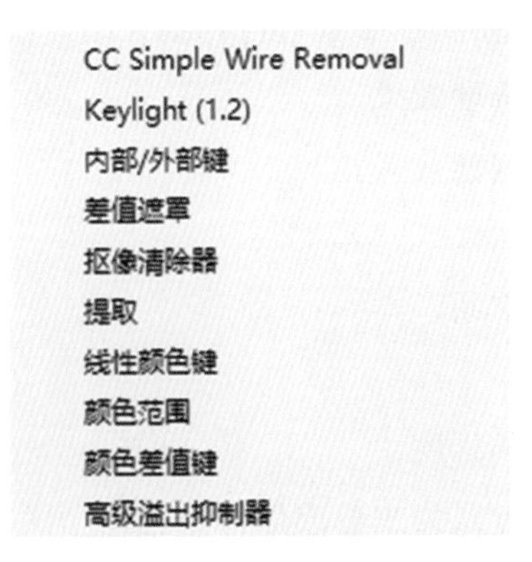

图 6－35 抠像效果组

6.3.1 线性颜色键

线性颜色键抠像效果是一种根据颜色的区别进行计算抠像的方法，在众多抠像方法中相对比较简单。选中素材，在菜单栏中执行【效果】|【抠像】|【线性颜色键】命令，此时参数设置如图 6－36 所示。素材添加该效果的前后对比如图 6－37 所示。

图 6－36 【线性颜色键】参数设置

(a)未添加【线性颜色键】效果

(b)添加【线性颜色键】效果

图 6－37 使用【线性颜色键】效果前后对比

下面对线性颜色键效果的主要属性参数进行详细介绍。

【预览】:可以直接观察键控选取效果。

【视图】:设置合成面板中的观察效果。

【主色】:设置键控基本色。

【匹配颜色】:设置匹配颜色空间。

【匹配容差】:设置匹配范围。

【匹配柔和度】:设置匹配柔和程度。

【主要操作】:设置主要操作方式为主色或保持颜色。

6.3.2 Keylight

Keylight 抠像效果是 After Effects 软件内置的一种功能和算法都十分强大的高级抠像工具,该效果能轻松抠取带有阴影、半透明或带有毛发的素材,还可以清除抠像蒙版边缘的溢出颜色,以达到前景和合成背景完美融合的效果。

选中素材,在菜单栏中执行【效果】|【生成】|【Keylight(1.2)】命令,此时参数设置如图 6-38 所示。素材添加该效果的前后对比如图 6-39 所示。

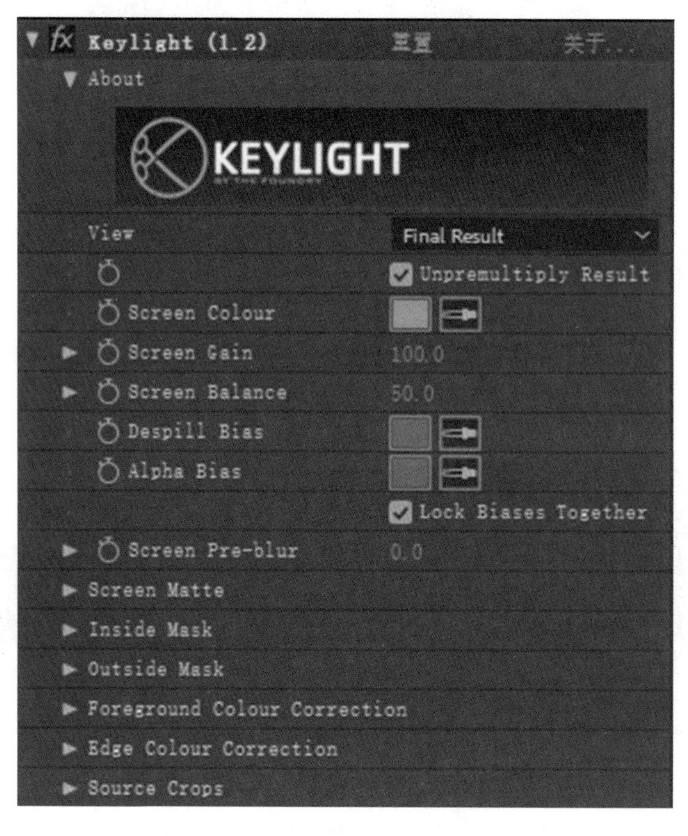

图 6-38 【Keylight (1.2)】参数设置

(a)未添加【Keylight(1.2)】效果

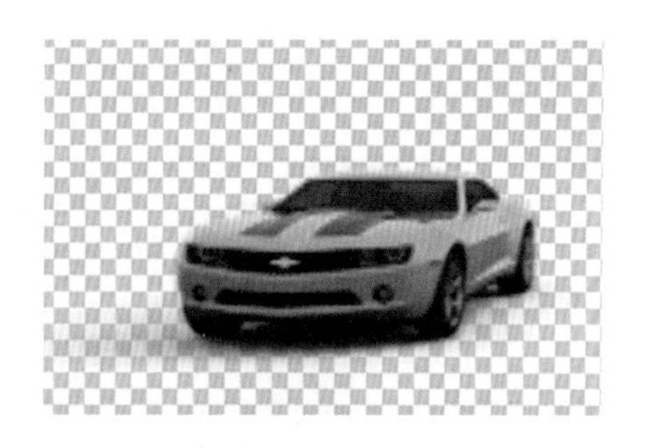

(b)添加【Keylight(1.2)】效果

图 6-39　使用【Keylight(1.2)】效果前后对比

下面对 Keylight(1.2)效果的主要属性参数进行详细介绍。

【View】:可以在右侧的下拉列表中选择查看最终效果的方式。

【Screen Colour】:所要抠除的颜色,用后面的吸管工具吸取素材颜色即可。

【Screen Gain】:抠像后,用于调整 Alpha 暗部区域的细节。

【Screen Balance】:此参数会在执行了抠像以后自动设置数值。

【Despill Bias】:在设置屏幕颜色时,虽然 Keylight 效果会自动抑制前景的边缘溢出色,但前景的边缘处往往会残留一些键出色,该选项就是用来控制残留的键出色。

【Alpha Bias】:可使 Alpha 通道向某一类颜色偏移。

【Screen Pre-blur】:如果原素材有噪点,可以用此选项来模糊掉太明显的噪点,从而得到比较好的 Alpha 通道。

【Screen Matte】:在设置 Clip Black(切除 Alpha 暗部)和 Clip White C(切除 Alpha 亮部)时,可以将 View (查看)方式设置为屏幕蒙版,这样可以将屏幕中本来应该是完全透明的地方调整为黑色,将完全不透明的地方调整为白色,将半透明的地方调整为相应的灰色。

【Inside Mask】:选择内侧遮罩,可以将前景内容隔离出来,使其不参与抠像处理。

【Outside Mask】:选择外侧遮罩,可以指定背景像素,无论遮罩内是何种内容,一律视为背景像素来进行键出,这对于处理背景颜色不均匀的素材非常有效。

【Foreground Colour Correction】:校正前景颜色。

【Edge Colour Correction】:校正蒙版边缘颜色。

【Source Crops】:裁切源素材的画面。

6.3.3　颜色差值键

在特效制作中,有时需要从素材画面上抠取具有透明和半透明区域的图像,如烟、雾、阴影等,这时可以使用颜色差值键效果来抠像。它是一种运用颜色差值计算方法进行抠像的效果,可以精确地抠像蓝屏或绿屏前拍摄的画面。

选中素材，在菜单栏中执行【效果】|【抠像】|【颜色差值键】命令，参数设置如图 6-40 所示，其使用前后的效果如图 6-41 所示。

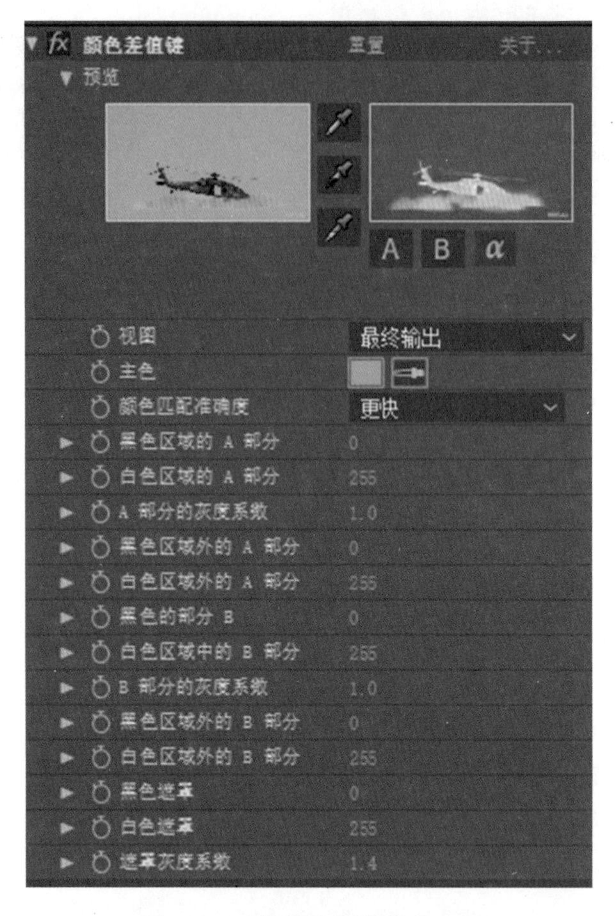

图 6-40 【颜色差值键】参数设置

(a)未添加【颜色差值键】效果

(b)添加【颜色差值键】效果

图 6-41 使用【颜色差值键】效果前后对比

下面对颜色差值键效果的主要属性参数进行详细介绍。

【视图】:可以在右侧的下拉列表中选择查看最终效果的方式。

【主色】:调整和控制图像需要抠出的颜色。

【颜色匹配准确度】:设置色彩匹配精度,包括“更快”以及“更准确”两个选项。

【黑色区域的 A 部分】:控制 A 通道的透明区域。

【白色区域的 A 部分】:控制 A 通道的不透明区域。

【A 部分的灰度系数】:调节图像灰度数值。

【黑色区域外的 A 部分】:控制 A 通道的透明区域的不透明度。

【白色区域外的 A 部分】:控制 A 通道的不透明区域的不透明度。

【黑色的部分 B】:控制 B 通道的透明区域。

【白色区域中的 B 部分】:控制 B 通道的不透明区域。

【B 部分的灰度系数】:调节图像灰度数值。

【黑色区域外的 B 部分】:控制 B 通道的透明区域的不透明度。

【白色区域外的 B 部分】:控制 B 通道的不透明区域的不透明度。

【黑色遮罩】:控制 Alpha 通道的透明区域。

【白色遮罩】:控制 Alpha 通道的不透明区域。

【遮罩灰度系数】:影响图像 Alpha 通道的灰度范围。

提示:除了使用 After Effects 进行人像抠除背景以外,更应该注意在拍摄抠像素材时,尽量做到规范,拍摄时需注意以下几点。

(1)在拍摄素材之前,选择颜色均匀、平整的绿色或蓝色背景进行拍摄。

(2)要注意拍摄时的灯光照射方向应与最终合成的背景光线一致,避免合成偏假。

(3)尽量避免人物穿着与背景同色的绿色或蓝色衣饰,以避免这些颜色在后期抠像时被一并抠除。

6.3.4 颜色范围

颜色范围抠像效果与颜色键抠像效果相同,也是 After Effects 内置的抠像效果,而颜色键抠像效果只适合抠取一些背景比较简单的图像,颜色范围抠像效果可以抠除具有多种颜色、背景稍微复杂的蓝、绿屏图像。

颜色范围抠像效果可以通过键出指定的颜色范围产生透明,可以应用的色彩空间包括 Lab、YUV 和 RGB。这种键控方式对抠除具有多种颜色构成或灯光不均匀的蓝屏或绿屏背景非常有效。

选中素材,在菜单栏中执行【效果】|【抠像】|【颜色范围】命令。

下面对颜色范围效果的主要属性参数进行详细介绍。

【模糊】:调整边缘的柔和程度。

【色彩空间】:可以从右侧的下拉列表中指定键出颜色的模式,包括 Lab、YUV 和 RGB 这 3 种颜色模式。

【最小值/最大值】:精确调整颜色空间的参数(L,Y,R)、(a,U,G)和(b,V,B)等。

6.4 模糊与锐化

模糊和锐化效果组主要用于模糊图像和锐化图像。画面需要通过"虚实结合"来产生空间感和对比。菜单栏中执行【效果】|【模糊与锐化】,其中包括【复合模糊】、【锐化】、【通道模糊】、【摄像机镜头模糊】、【摄像机抖动去模糊】、【智能模糊】、【双向模糊】、【定向模糊】、【径向模糊】、【快速方框模糊】、【高斯模糊】等,如图 6-42 所示。

图 6-42 【模糊】效果组

6.4.1 复合模糊

复合模糊效果依据参考层画面的亮度值对效果层的像素进行模糊处理,其面板参数如图 6-43所示,使用前后的效果如图 6-44 所示。

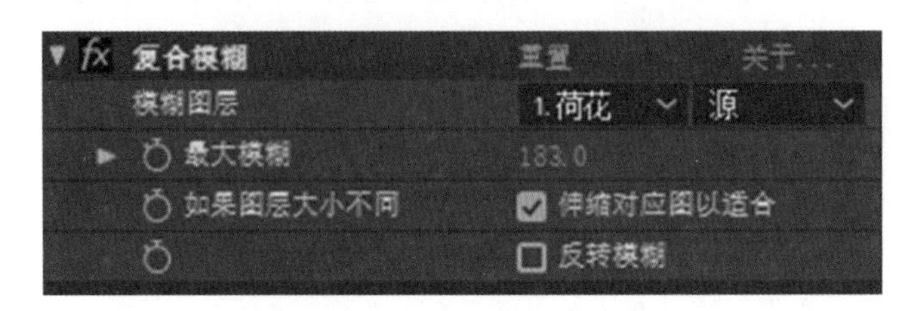

图 6-43 【复合模糊】参数设置

(a)未添加【复合模糊】效果

(b)添加【复合模糊】效果

图 6－44　使用【复合模糊】效果前后对比

下面对复合模糊效果的主要属性参数进行详细介绍。

【模糊图层】:指定模糊的参考图层。

【最大模糊】:设置图层的模糊强度。

【如果图层大小不同】:设置图层的大小匹配方式。

【反转模糊】:将模糊效果反转。

6.4.2　通道模糊

通道模糊效果可以分别对图像中的红色、绿色、蓝色和 Alpha 通道进行模糊处理,其面板参数如图 6－45 所示,使用前后的效果如图 6－46 所示。

通道模糊	重置	关于...
红色模糊度	207.0	
绿色模糊度	0.0	
蓝色模糊度	285.0	
Alpha 模糊度	0.0	
边缘特性	重复边缘像素	
模糊方向	水平和垂直	

图 6－45　【通道模糊】参数设置

(a)未添加【通道模糊】效果

(b)添加【通道模糊】效果

图 6－46　使用【通道模糊】效果前后对比

下面对通道模糊效果的主要属性参数进行详细介绍。

【红色模糊度】:设置图像中红色通道的模糊强度。

【绿色模糊度】:设置图像中绿色通道的模糊强度。

【蓝色模糊度】:设置图像中蓝色通道的模糊强度。

【Alpha 模糊度】:设置图像中 Alpha 通道的模糊强度。

【边缘特性】:设置图像边缘模糊的重复值,选中【重复边缘像素】复选框可以使图像边缘变清晰。

【模糊方向】:设置图像的模糊方向,从右侧的下拉列表中可以选择【水平和垂直】、【水平】、【垂直】3 种方式。

6.4.3 摄像机镜头模糊

摄像机镜头模糊效果可以用来模拟不在摄像机聚焦平面内物体的模糊效果,其面板参数如图 6-47 所示,使用前后的效果如图 6-48 所示。

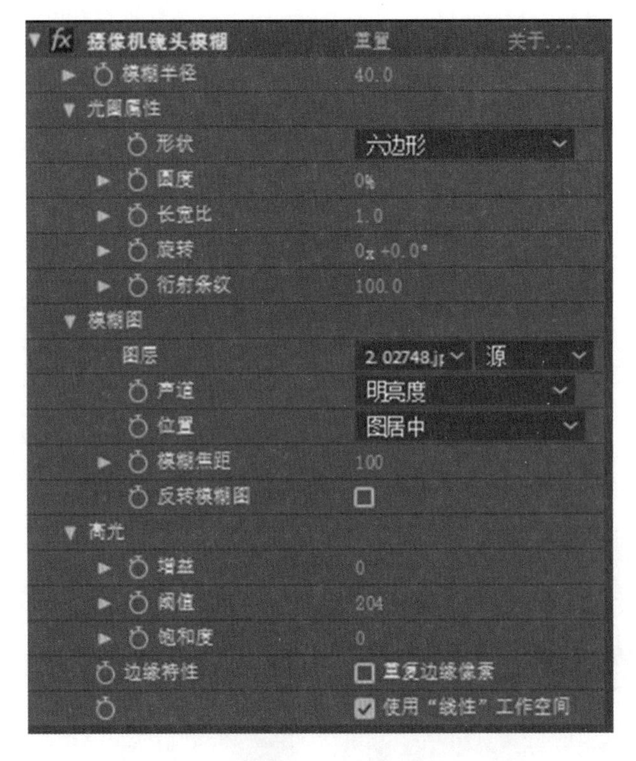

图 6-47 【摄像机镜头模糊】参数设置

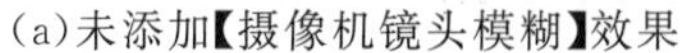

(a)未添加【摄像机镜头模糊】效果

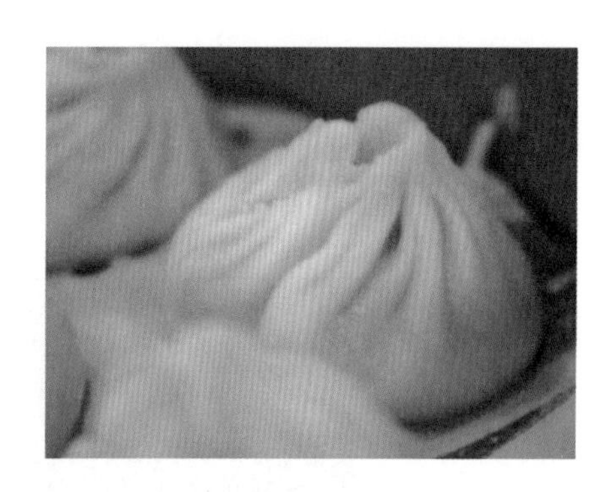

(b)添加【摄像机镜头模糊】效果

图 6-48　使用【摄像机镜头模糊】效果前后对比

下面对摄像机镜头模糊效果的主要属性参数进行详细介绍。

【模糊半径】:设置模糊半径的数值。

【光圈属性】:该选项用于控制镜头光圈的属性,如形状、圆度、长宽比、旋转等。

【形状】:控制摄像机镜头的形状,从右侧的下拉列表中可以选择三角形、正方形、五边形、六边形等 8 种形状。

【圆度】:设置镜头的圆滑程度。

【长宽比】:设置镜头画面的长宽比。

【旋转】:控制镜头模糊的旋转角度。

【衍射条纹】:设置镜头模糊衍射条纹的数值。

【模糊图】:设置模糊贴图的属性。

【图层】:指定镜头模糊的参考图层。

【声道】:设置模糊图像的图层通道,包括明亮度、红色、绿色、蓝色和 Alpha5 种通道。

【位置】:指定模糊图像的位置,包括居中和拉伸图以适合两种位置方式。

【模糊焦距】:设置模糊图像焦点的距离。

【反转模糊图】:反转图像的焦点。

【高光】:控制模糊的高亮部分属性。

【增益】:增加图像高亮部分的亮度。

【阈值】:设置图像的容差值。

【饱和度】:设置模糊图像的饱和度。

【边缘特性】:设置模糊边缘的属性,选中【重复边缘像素】选项可以让图像边缘保持清晰。

【使用"线性"工作空间】:选中该选项时可以使用线性的工作空间。

6.4.4 定向模糊

定向模糊效果可以使图像产生运动幻觉的效果，其面板参数如图 6－49 所示，使用前后的效果如图 6－50 所示。

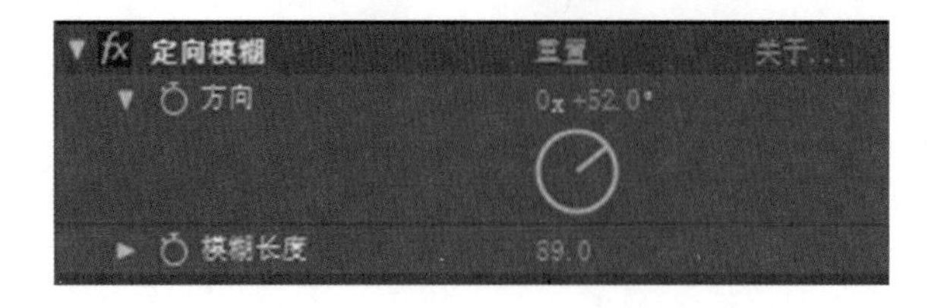

图 6－49 【定向模糊】参数设置

(a)未添加【定向模糊】效果

(b)添加【定向模糊】效果

图 6－50 使用【定向模糊】效果前后对比

下面对定向模糊效果的主要属性参数进行详细介绍。

【方向】：设置图像的模糊方向。

【模糊长度】：设置图像的模糊强度，值越大，图像越模糊。

6.4.5 高斯模糊

高斯模糊效果可以均匀模糊图像。选中素材、执行【效果】|【模糊和锐化】|【高斯模糊】命令，其面板参数如图 6－51 所示，使用前后的效果如图 6－52 所示。

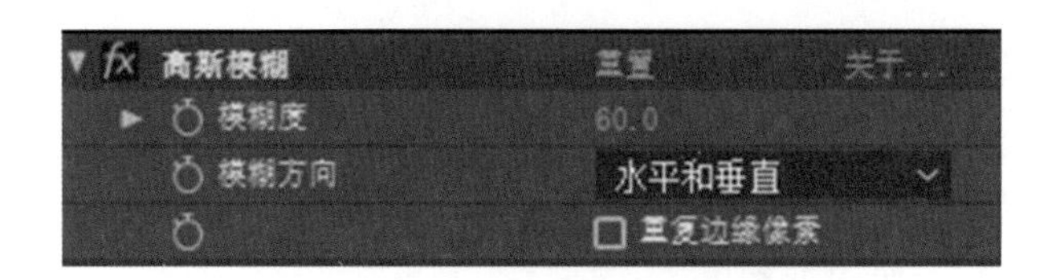

图 6－51 【高斯模糊】参数设置

(a)未添加【高斯模糊】效果

(b)添加【高斯模糊】效果

图 6－52　使用【高斯模糊】效果前后对比

下面对高斯模糊效果的主要属性参数进行详细介绍。

【模糊度】:设置模糊程度。

【模糊方向】:设置模糊方向为水平和垂直、水平或垂直。

6.4.6　锐化

锐化效果可以提高素材图像边缘的对比度,使画面变得更加清晰。

下面对锐化效果的主要属性参数进行详细介绍。

【锐化量】:调节锐化的程度。

6.5　扭曲

扭曲可以对图像进行扭曲、旋转等变形操作,以达到特殊的视觉效果。菜单栏中执行【效果】|【扭曲】,其中包括【球面化】、【贝塞尔曲线变形】、【镜像】、【CC Bend It】、【CC Bender】、【CC Lens】、【偏移】、【网格变形】、【保留细节放大】、【极坐标】等,如图 6－53 所示。

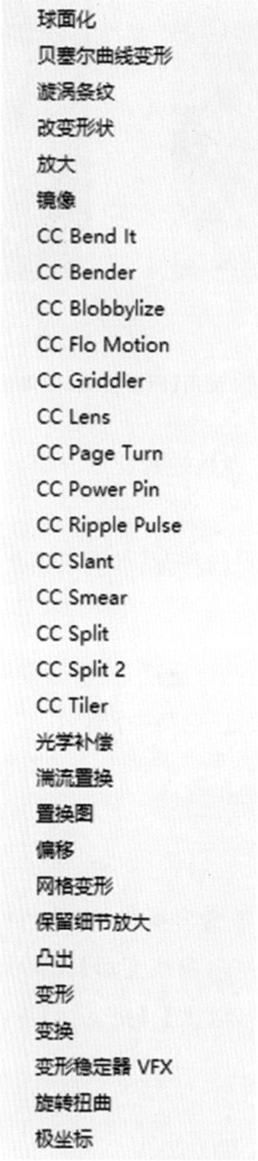

球面化
贝塞尔曲线变形
漩涡条纹
改变形状
放大
镜像
CC Bend It
CC Bender
CC Blobbylize
CC Flo Motion
CC Griddler
CC Lens
CC Page Turn
CC Power Pin
CC Ripple Pulse
CC Slant
CC Smear
CC Split
CC Split 2
CC Tiler
光学补偿
湍流置换
置换图
偏移
网格变形
保留细节放大
凸出
变形
变换
变形稳定器 VFX
旋转扭曲
极坐标

图 6－53 【扭曲】效果组

6.5.1 贝塞尔曲线变形

【贝塞尔曲线变形】效果可以通过调整曲线控制点调整图像形状。选中素材，在菜单栏中执行【效果】|【扭曲】|【贝塞尔曲线变形】命令，此时参数设置如图 6－54 所示。为素材添加该效果的前后对比如图 6－55 所示。

fx 贝塞尔曲线变形	重置	关于...
上左顶点		-32.0, -64.0
上左切点		2064.1, 496.0
上右切点		4160.3, 432.0
右上顶点		5953.0, 0.0
右上切点		4257.0, 1146.9
右下切点		4353.0, 2757.7
下右顶点		5953.0, 3969.0
下右切点		3792.3, 3345.0
下左切点		2064.1, 3377.0
左下顶点		0.0, 3969.0
左下切点		1856.0, 2693.7
左上切点		1856.0, 1290.9
品质	8	

图 6－54 【贝塞尔曲线变形】设置

(a)未添加【贝塞尔曲线变形】效果

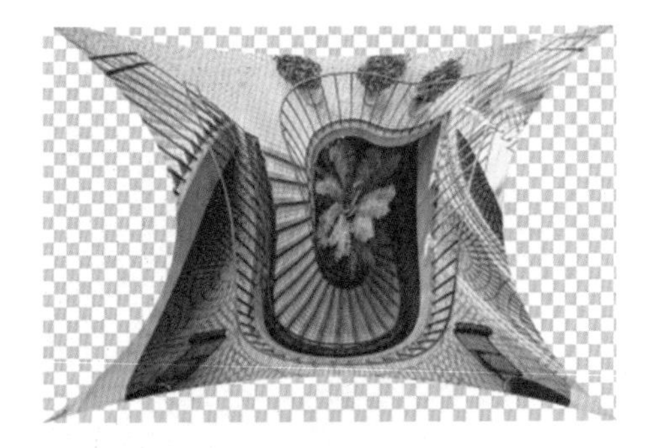

(b)添加【贝塞尔曲线变形】效果

图 6－55 使用【贝塞尔曲线变形】效果前后对比

下面对贝塞尔曲线变形效果的主要属性参数进行详细介绍。

【上左顶点】:设置图像上方左侧顶点位置。

【上左切点】:设置图像上方左侧切点位置。

【上右切点】:设置图像上方右侧切点位置,以直线的形式呈现。

【右上顶点】:设置图像上方右侧顶点位置。

【右上切点】:设置图像上方右侧切点位置,以弧线的形式呈现。

【右下切点】:设置图像下方右侧切点位置 ,以弧线的形式呈现。

【下右顶点】:设置图像下方右侧顶点位置。

【下右切点】:设置图像下方右侧切点位置,以直线的形式呈现。

【下左切点】:设置图像下方左侧切点位置,以直线的形式呈现。

【左下顶点】:设置图像下方左侧顶点位置。

【左下切点】:设置图像下方左侧切点位置,以弧线的形式呈现。

【左上切点】:设置图像上方左侧切点位置。

【品质】:设置曲线精细程度。

6.5.2 镜像

镜像可以沿线反射图像效果。选中素材,在菜单栏中执行【效果】|【扭曲】|【镜像】,此时参数设置如图 6－56 所示。为素材添加该效果的前后对比如图 6－57 所示。

图 6－56 【镜像】参数设置

(a)未添加【镜像】效果

(b)添加【镜像】效果

图 6－57 使用【镜像】效果前后对比

下面对镜像效果的主要属性参数进行详细介绍。

【反射中心】:设置反射图像的中心点位置。

【反射角度】:设置镜像反射的角度。

6.5.3 CC Bend It(CC 弯曲)

CC Bend It 效果可以弯曲、扭曲图像的一个区域,主要用于拉伸、收缩、倾斜和扭曲图像。选中素材,在菜单栏中执行【效果】|【扭曲】|【CC Bend It】命令。

下面对 CC Bend It 效果的主要属性参数进行详细介绍。

【Bend】(弯曲):设置图像弯曲程度。

【Start】(开始):设置坐标开始的位置。

【End】(结束):设置坐标结束的位置。

【Render Prestart】(渲染前):设置图像起始点状态。

【Distort】(扭曲):设置图像结束点的状态。

6.5.4　CC Bender(CC 卷曲)

CC Bender 效果可以使图像产生卷曲的视觉效果。选中素材,【效果】|【扭曲】|【CC Bender】命令,此时参数设置如图 6-58 所示。为素材添加该效果的前后对比如图 6-59 所示。

fx CC Bender	重置　关于...
Amount	116.0
Style	Marilyn
	Adjust To Distanc
Top	2731.5, 910.3
Base	2731.5, 2730.8

图 6-58　【CC Bender】参数设置

(a)未添加【CC Bender】效果

(b)添加【CC Bender】效果

图 6-59　使用【CC Bender】效果前后对比

下面对 CC Bender 效果的主要属性参数进行详细介绍。

【Amount】(数量):设置图像扭曲程度。

【Style】(样式):设置图像弯曲方式及弯曲的圆滑程度。

【Adjust To Distance】(调整方向):勾选该选项,可控制弯曲方向。

【Top】(顶部):设置顶部坐标的位置。

【Base】(底部):设置底部坐标的位置。

6.5.5 CC Lens(CC 镜头)

CC Lens 效果可以变形图像来模拟镜头扭曲的效果。选中素材，在菜单栏中执行【效果】|【扭曲】|【CC Lens】，此时参数设置如图 6-60 所示。为素材添加该效果的前后对比如图 6-61 所示。

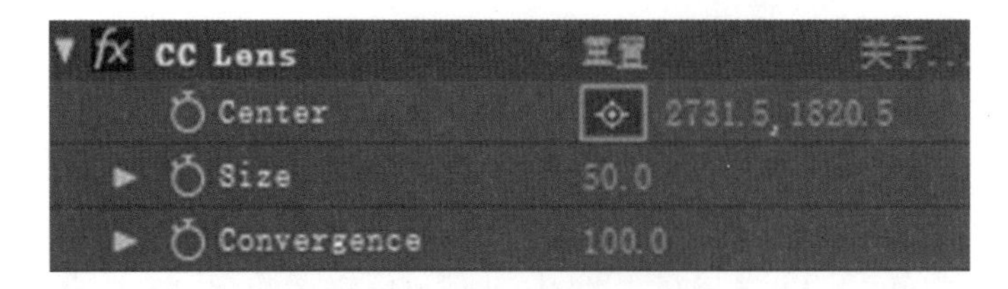

图 6-60 【CC Lens】参数设置

(a)未添加【CC Lens】效果

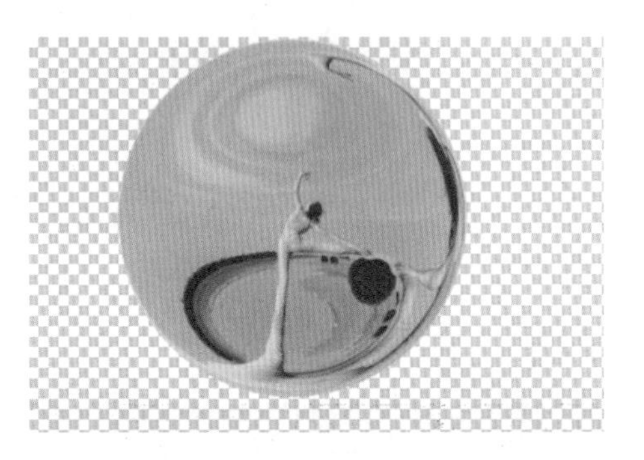

(b)添加【CC Lens】效果

图 6-61 使用【CC Lens】效果前后对比

下面对 CC Lens 效果的主要属性参数进行详细介绍。

【Center】(中心)：设置效果中心点位置。

【Size】(大小)：设置变形图像的大小。

【Convergence】(会聚)：可使图像产生向中心会聚的效果。

6.5.6 放大

放大效果可以放大素材的全部或部分。选中素材，在菜单栏中执行【效果】|【扭曲】|【放大】，此时参数设置如图 6-62 所示。为素材添加该效果的前后对比如图 6-63 所示。

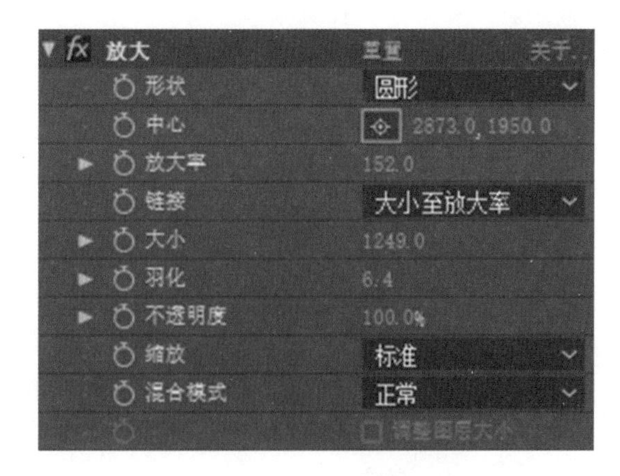

图 6-62 【放大】参数设置

(a)未添加【放大】效果

(b)添加【放大】效果

图 6-63 使用【放大】效果前后对比

下面对放大效果的主要属性参数进行详细介绍。

【形状】:设置放大形状。

【中心】:设置放大位置的中心点。

【放大率】:设置放大比例。

【链接】:设置链接方式。

【大小】:设置放大部分的面积。

【羽化】:设置放大区域边缘的柔和程度。

【不透明度】:设置放大区域边缘的透明程度。

【缩放】:设置缩放方式。

【混合模式】:设置效果的混合模式。

【调整图层大小】:勾选此选项可调整图层大小。

6.6 杂色与颗粒

杂色和颗粒主要用于为图像素材添加或移除作品中的噪波或颗粒等效果，其中包括【分形杂色】、【中间值】、【匹配颗粒】、【杂色】、【杂色 Alpha】、【杂色 HLS】、【杂色 HLS 自动】、【湍流杂色】、【添加颗粒】、【移除颗粒】、【蒙尘与划痕】，如图 6－64 所示。

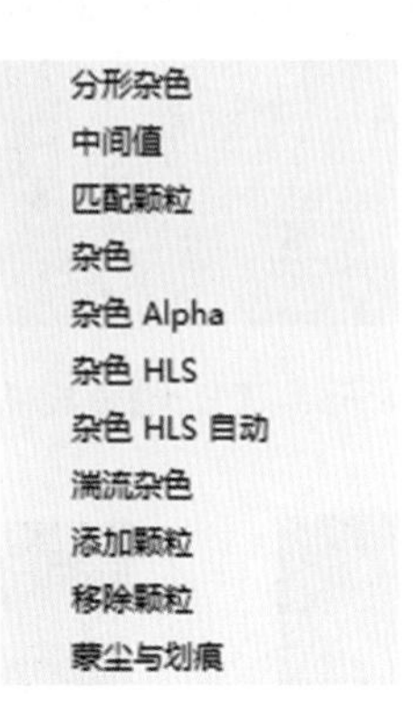

图 6－64 【杂色与颗粒】效果组

6.6.1 分形杂色

分形杂色效果可以模拟一些自然效果，如云、雾、火等。选中素材，在菜单栏中执行【效果】|【扭曲】|【分形杂色】命令，此时参数设置如图 6－65 所示。素材添加该效果后如图 6－66 所示。

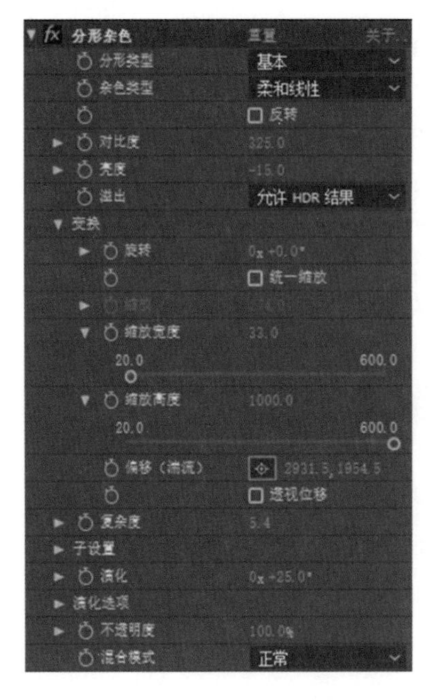

图 6－65 【分形杂色】参数设置

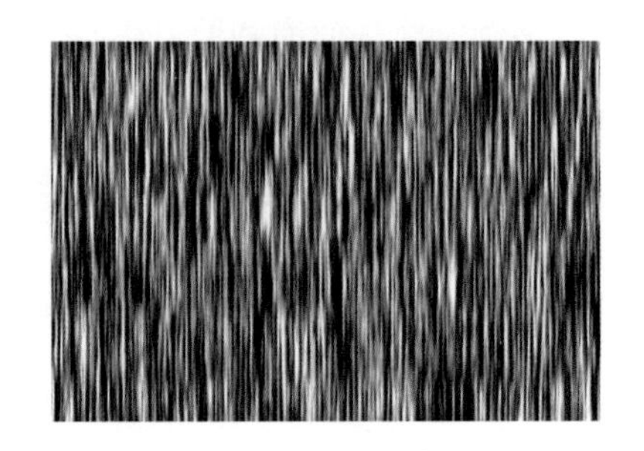

图 6－66 【分形杂色】效果

下面对分形杂色效果的主要属性参数进行详细介绍。

【分形类型】:设置分形的类型。

【杂色类型】:设置杂色类型为块、线性、软线或曲线性。

【反转】:勾选此选项可反转效果。

【对比度】:设置生成杂色的对比度。

【亮度】:设置生成杂色图像的明亮程度。

【溢出】:设置溢出方式为剪切、柔和固定、反绕或允许 HDR 结果。

【变换】:设置杂色的比例。

【复杂度】:设置杂色图案的复杂程度。

【子设置】:设置子影响的百分比。

【演化】:设置杂色相位。

【演化选项】:设置演变属性。

【不透明度】:设置透明程度。

【混合模式】:设置混合模式为无、正常、添加、混合、屏幕或覆盖等模式。

6.6.2 杂色

杂色效果可以为图像添加杂色效果。选中素材,在菜单栏中执行【效果】|【扭曲】|【杂色】命令。

下面对杂色的主要属性参数进行详细介绍。

【杂色数量】:设置杂色数量。

【杂色类型】:勾选此选项可使用杂色效果。

【剪切】:勾选此选项可剪切结果值。

6.6.3 杂色 HLS

杂色 HLS 效果可以将杂色添加到图层的 HLS 通道。选中素材,在菜单栏中执行【效果】|【扭曲】|【杂色 HLS】命令,此时参数设置如图 6-67 所示。为素材添加该效果的前后对比如图 6-68 所示。

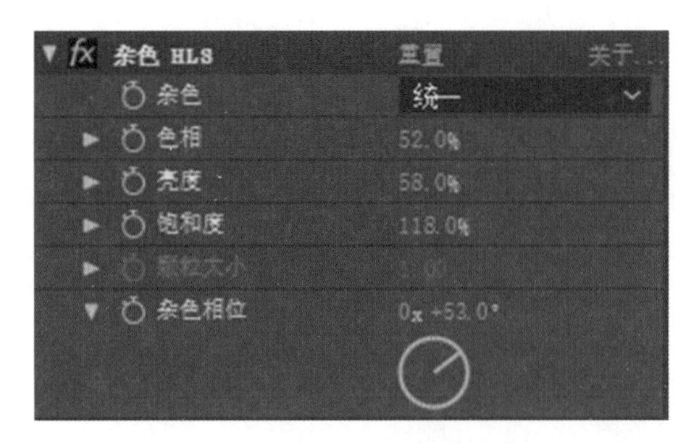

图 6-67 【杂色 HLS】参数设置

(a)未添加【杂色 HLS】效果

(b)添加【杂色 HLS】效果

图 6-68 使用【杂色 HLS】效果前后对比

下面对杂色 HLS 效果的主要属性参数进行详细介绍。

【杂色】:设置杂色产生方式为统一、方形或颗粒。

【色相】:设置杂色在色调中生成的数量。

【亮度】:设置杂色在亮度中生成的数量。

【饱和度】:设置杂色在饱和度中生成的数量。

【颗粒大小】:设置杂点大小。

【杂色相位】:设置杂色相位。

6.7 过渡效果

After Effects 中的过渡是指素材与素材之间的转场动画效果。在制作作品时使用合适的过渡效果,可以提升作品播放的连贯性,呈现出炫酷的动态效果和震撼的视觉体验。在菜单栏中执行【效果】|【过渡】,即可看到包括【渐变擦除】、【卡片擦除】、【CC Glass Wipe】、【CC Grid Wipe】、【CC Image Wipe】、【CC Jaws】、【CC Light Wipe】、【光圈擦除】、【块溶解】、【百叶窗】、【径向擦除】、【线性擦除】等,如图 6-69 所示。

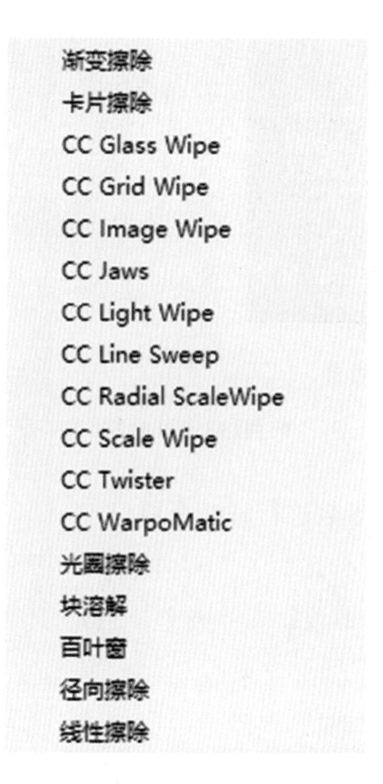

图 6-69 【过渡】效果组

6.7.1 渐变擦除

渐变擦除效果可以利用图片的明亮度来创建擦除效果使其逐渐过渡到另一个素材中。选中素材，在菜单栏中执行【效果】|【过渡】|【渐变擦除】命令，此时参数设置如图 6-70 所示。为素材添加该效果的画面如图 6-71 所示。

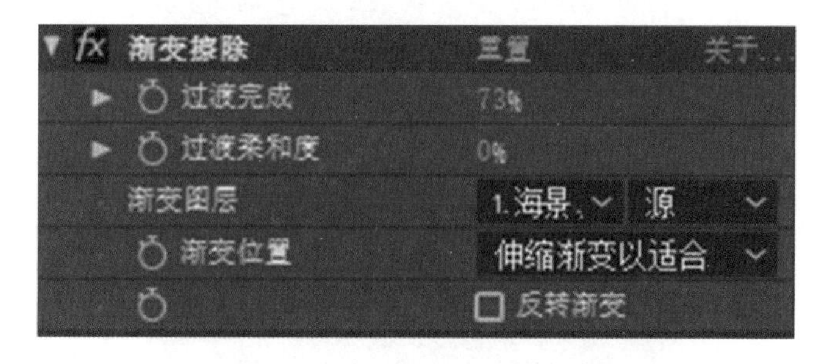

图 6-70 【渐变擦除】参数设置

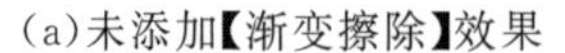
(a)未添加【渐变擦除】效果　　(b)添加【渐变擦除】效果

图 6-71　使用【渐变擦除】效果前后对比

下面对渐变擦除的主要属性参数进行详细介绍。

【过渡完成】:设置过渡完成百分比。

【过渡柔和度】:设置边缘柔和程度。

【渐变图层】:设置渐变的图层。

【渐变位置】:设置渐变放置方式。

【反转渐变】:勾选此选项,反转当前渐变过渡效果。

6.7.2　卡片擦除

卡片擦除效果可以模拟体育场卡片效果进行过渡。选中素材,在菜单栏中执行【效果】|【过渡】|【卡片擦除】命令,此时参数设置如图 6-72 所示。为素材添加该效果的画面如图 6-73 所示。

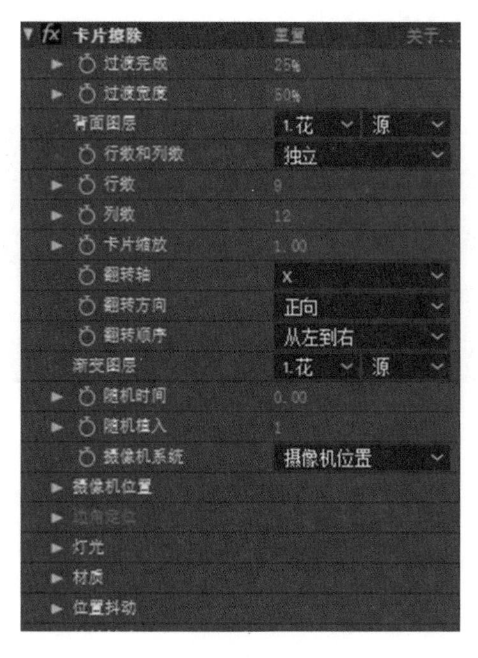

图 6-72　【卡片擦除】参数设置

(a)未添加【卡片擦除】效果

(b)添加【卡片擦除】效果

图 6-73　使用【卡片擦除】效果前后对比

下面对卡片擦除的主要属性参数进行详细介绍。

【过渡完成】:设置过渡完成百分比。

【过渡宽度】:设置过渡宽度的大小。

【背面图层】:设置擦除效果的背景图层。

【行数和列数】:设置卡片的行数和列数。

【行数】:设置行数数值。

【列数】:设置列数数值。

【卡片缩放】:设置卡片的缩放大小。

【翻转轴】:设置卡片反转轴向角度。

【翻转方向】:设置反转的方向。

【翻转顺序】:设置反转的顺序。

【渐变图层】:设置应用渐变效果的图层。

【随机时间】:设置卡片翻转的随机时间。

【随机植入】:设置随机时间后,卡片翻转的随机位置。

【摄像机系统】:设置显示模式为摄像机位置、边角定位或合成摄像机。

【摄像机位置】:设置【摄像机系统】为【摄像机位置】时,即可设置摄像机位置、旋转和焦距。

【边角定位】:设置【摄像机系统】为【边角定位】时,即可设置边角定位和焦距。

【灯光】:设置灯光照射强度、颜色或位置。

【材质】:设置漫反射、镜面反射和高光锐度。

【位置抖动】:设置位置抖动的轴向力量和速度。

【旋转抖动】:设置旋转抖动的轴向力量和速度。

6.7.3 CC Twister(CC 扭转过渡)

【CC Twister】效果可以使图像产生扭转变形，从而达到擦除图像的效果。选中素材，在菜单栏中执行【效果】|【过渡】|【CC Twister】命令，此时参数设置如图 6－74 所示。为素材添加该效果的画面如图 6－75 所示。

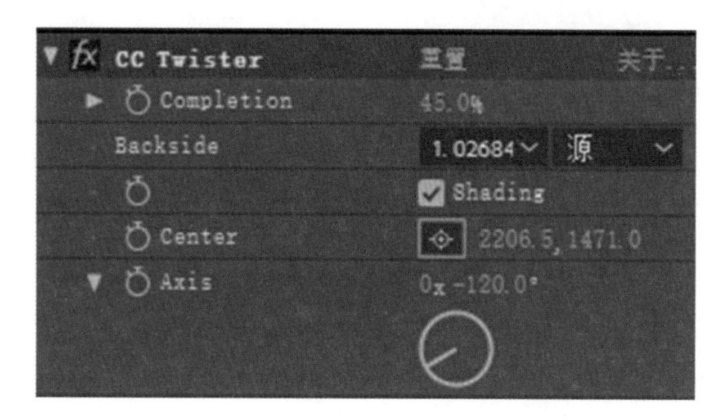

图 6－74 【CC Twister】参数设置

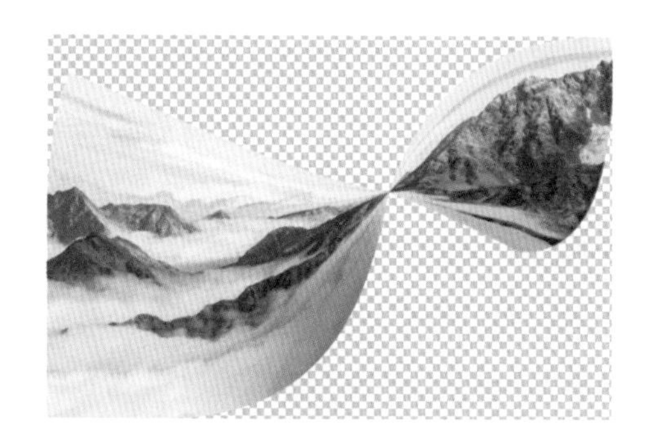

(a)未添加【CC Twister】效果　　(b)添加【CC Twister】效果

图 6－75 使用【CC Twister】效果前后对比

下面对 CC Twister 的主要属性参数进行详细介绍。

【Completion】(完成)：调节图像过渡的程度。

【Backside】(背面)：在右侧的下拉列表中选择一个图层作为扭曲背面的图像。

【Shading】(阴影)：选中该选项，扭曲的图像将产生阴影。

【Center】(中心)：设置扭曲图像中心点的位置。

【Axis】(坐标轴)：调节扭曲的角度。

实战任务

任务十二　数字流星雨效果

一、任务引导

本案例主要利用【Particle playground】(粒子运动场)属性及【发光】、【残影】属性制作数字流星雨动画效果,完成的动画效果如图 6-76 所示。

图 6-76　数字流星雨完成效果

二、任务实施

(1)执行菜单栏中的【文件】|【打开项目】命令,选择配套素材中的"ch06\案例:流星雨效果\背景素材"并导入。

(2)将"背景"拖入时间轴面板,这时会新建一个合成,按 Ctrl+K 快捷键,设置合成时间为 00:00:10:25 帧,如图 6-77 所示。

图 6－77　合成设置

(3)执行菜单栏中的【图层】|【新建】|Solid【固态层】命令，打开固态层设置对话框，设置名称为【数字流星】，颜色为黑色。

(4)为“数字流星”层添加【粒子运动场】特效。执行【效果】|【模拟】|【粒子运动场】特效，并设置【粒子运动场】的参数。

在特效控制面板中，修改【粒子运动场】特效的参数。展开【发射】选项组，设置【位置】的值为(330.0,0.0)，【圆筒半径】的值为 330.00，【每秒粒子数】的值为 80.00，【方向】的值为 180.0°，【随机扩散速率】的值为 20.00，【颜色】为绿色(R:76;G:176;B:32)，【字体大小】值为 20.00，参数设置如图 6－78 所示，合成窗口效果如图 6－79 所示。

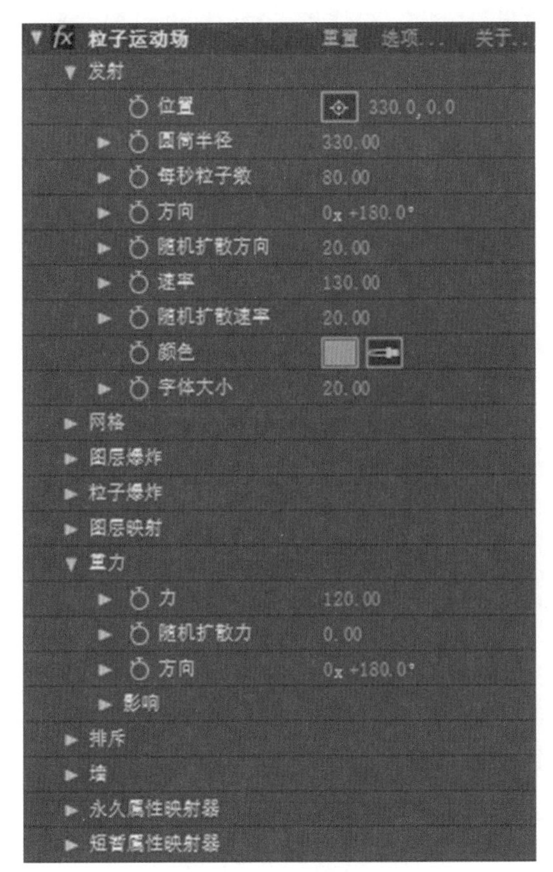

图6-78 【粒子运动场】参数设置

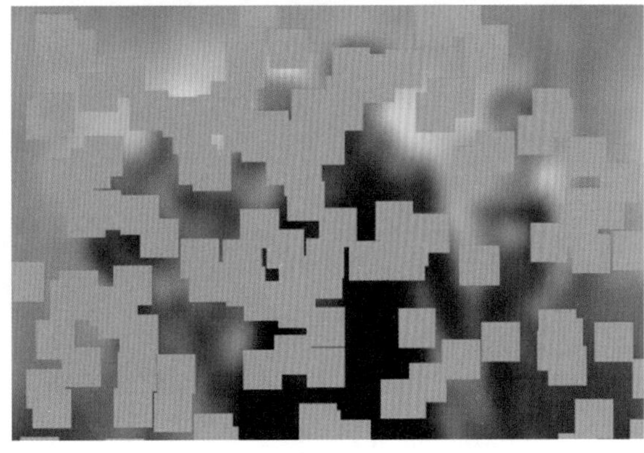

图6-79 添加【粒子运动场】效果

(5)单击【粒子运动场】右侧的【选项】,单击【编辑发射文字】按钮,弹出编辑文字对话框,在对话框文字输入区输入任意数字并点击【确定】按钮,完成文字编辑,如图6-80所示,合成窗口效果如图6-81所示。

图6-80 【编辑发射文字】面板

图6-81 【编辑发射文字】效果

(6)为“数字流星”层添加【发光】特效。执行【效果】|【风格化】|【发光】特效，并设置发光的参数。

在特效控制面板中，修改【发光】特效的参数。设置【发光阈值】值为 60.0%，【发光半径】的值为 5.0，【发光强度】的值为 2.0，如图 6－82 所示，合成窗口效果如图 6－83 所示。

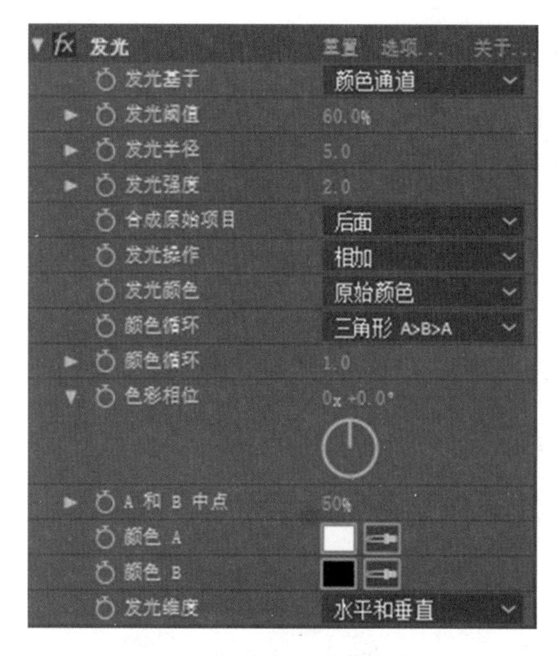

图 6－82 【发光】参数设置

图 6－83 【发光】效果

(7)为“数字流星”层添加【残影】特效。执行【效果】|【时间】|【残影】特效，并设置残影的参数。

在特效控制面板中，修改【残影】特效的参数。设置【残影时间】的值为－0.050，【残影数量】的值为 8，【衰减】的值为 0.75，如图 6－84 所示，合成窗口效果如图 6－85 所示。

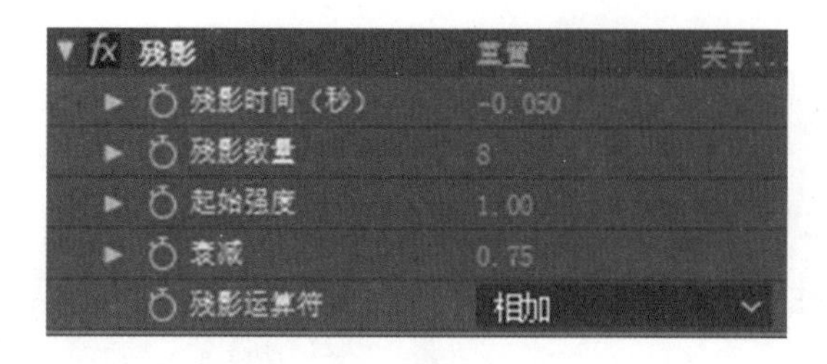

图 6－84 【残影】参数设置

图 6-85 添加【残影】效果

(8)按空格键预览整段动画,完成该案例的制作。

任务十三 飞机合成效果

一、任务引导

本案例主要利用【Keylight】属性及【色阶】属性制作飞机合成效果,完成的动画效果如图6-86所示。

图 6-86 飞机合成效果

二、任务实施

(1)执行【合成】|【新建合成】菜单命令,设置宽度为1 280像素,高度为720像素,【时长】设置为6秒,将【合成名称】命名为“飞机合成效果”。

(2)执行【文件】|【导入】|【文件】命令,弹出【导入文件】对话框,选择“场景.jpg”及“直升机.mp4”文件,单击【导入】按钮,将素材导入项目。

(3)将【项目】窗口中的“直升机.mp4”和“场景.jpg”素材先后拖入【图层】面板,接着设置“场景.jpg”的【位置】参数为(650.0,360.0),【缩放】为(150.0,150.0)。“直升机.mp4”图层的

【缩放】为(200.0,200.0),【位置】参数为(640.0、450.0),如图 6-87 所示。操作完成后在【合成】窗口的对应预览效果如图 6-88 所示。

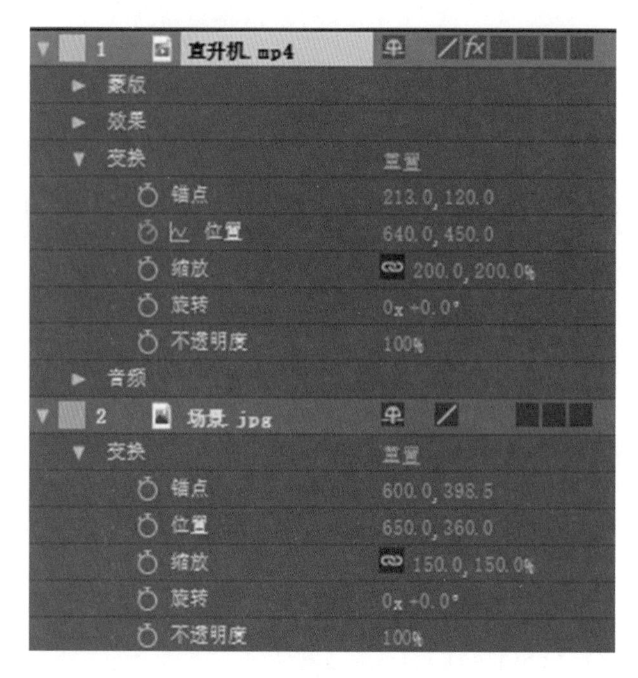

图 6-87 素材变换参数设置

图 6-88 画面效果

(4)在时间线窗口选择“直升机.mp4”图层,为其添加【Keylight(1.2)】命令。执行【效果】|【抠像】|【Keylight(1.2)】特效,并在【效果控件】面板中进行参数设置。

选择【吸管】工具，移动光标至【合成】窗口,吸取“直升机.mp4”图像中的绿色背景,吸取到 Screen Colour 的 RGB 值为(91、209、85),如图 6-89 所示。

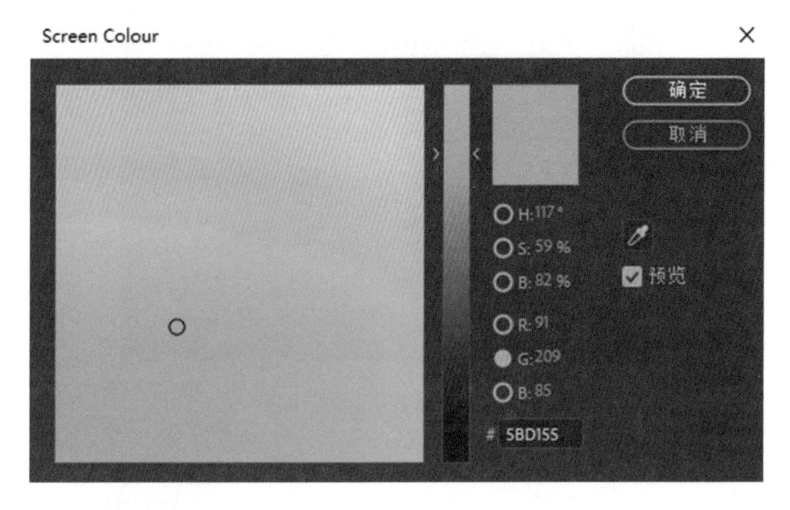

图 6-89　吸取背景颜色

(5)上述操作后,预览视频会发现在飞机起飞之前,飞机右下角有抠像残留。在【图层】面板中选择“直升机.mp4”图层,接着使用【钢笔】工具在【合成】窗口沿着直升机的轮廓进行框选处理,如图 6-90 所示。

图 6-90　钢笔绘制蒙版

(6) 在【图层】面板中选择“直升机.mp4”图层,执行【效果】|【颜色校正】|【色阶】命令,并在【效果控件】面板中设置【输入黑色】参数为−80.0,【输入白色】参数为 300.0,如图 6-91 所示。操作完成后在【合成】窗口对应的预览效果如图 6-92 所示。

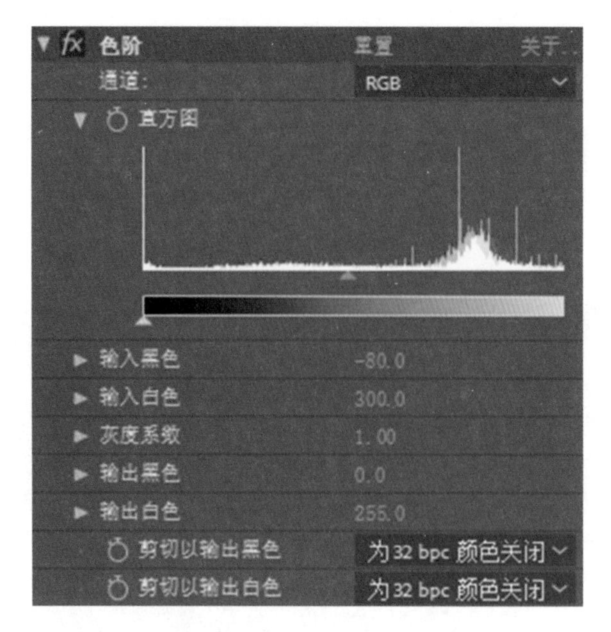

图 6－91 【色阶】参数设置

图 6－92 画面效果

(7) 为直升机添加位移关键帧动画。选择"直升机.mp4",并在 5 秒时间线面板中点击【位置】参数前的【时间变化秒表】按钮设置【位置】关键帧动画,在 6 秒设置【位置】值为(1 500,200),设置关键帧动画。

(8)按空格键预览整段动画,完成该案例的制作。

任务十四　卡通形象汇聚效果

一、任务引导

本案例主要利用【分形杂色】、【梯度渐变】、【曲线】、【卡片动画】属性制作卡通形象汇聚效果，完成的动画效果如图 6－93 所示。

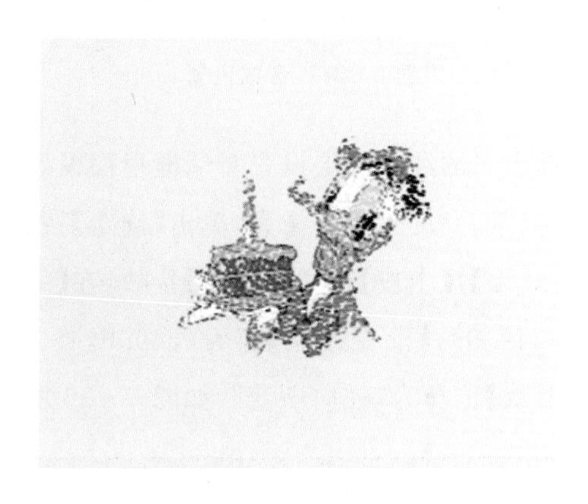

图 6－93　卡通形象汇聚效果

二、任务实施

(1)执行【合成】|【新建合成】菜单命令，设置宽度为 640 像素，高度为 480 像素，【时长】设置为 8 秒，将【合成名称】命名为“汇聚引导”，如图 6－94 所示。

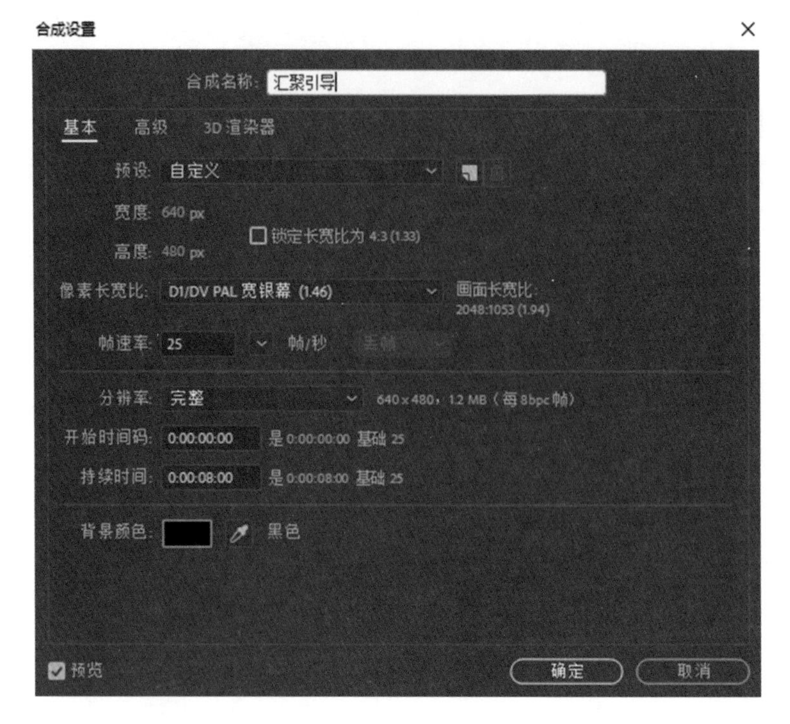

图 6-94　合成设置

(2)新建【纯色】图层，在弹出来的纯色图层设置对话框里面设置名称为【背景】，纯色层尺寸与合成大小一致，宽度为 640 像素，高度为 480 像素，单击【确定】按钮。

(3)选择【背景】层，执行【效果】|【生成】|【梯度渐变】特效，在【效果控件】面板中设置渐变特效的【渐变起点】值为(320.0,240.0)；【渐变终点】值为(640.0,480.0)；【起始颜色】为“白色”；【结束颜色】为“黑色”；【渐变形状】选择为“径向渐变”，如图 6-95 所示。

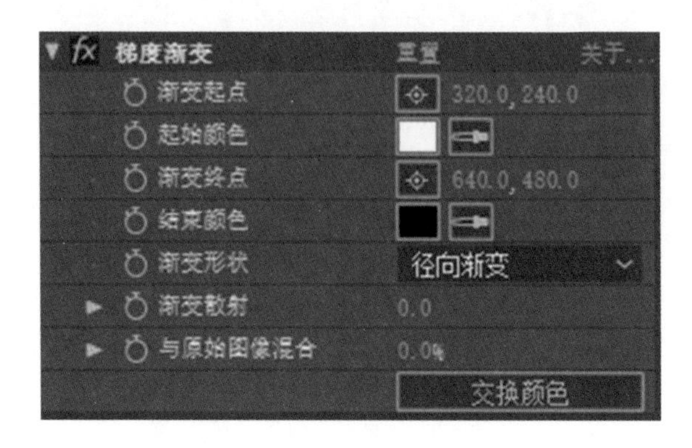

图 6-95　【梯度渐变】参数设置

(4)新建【纯色】图层，在弹出来的【纯色图层设置】对话框里面设置【名称】为“噪波”，纯色层尺寸与合成大小一致，宽度为 640 像素，高度为 480 像素，单击【确定】按钮。

(5)下面要制作噪波效果。选择【噪波】层，执行【效果】|【噪波和杂色】|【分形杂色】。

(6)在特效面板中，设置【分形杂色】特效的参数，【变换】|【缩放】设置为 20.0，【复杂度】设置为 20.0，【子设置】中的【子影响】设置为 100.0，【子缩放】设置为 30.0，【子旋转】设置为50.0°，参数如图 6-96 所示。

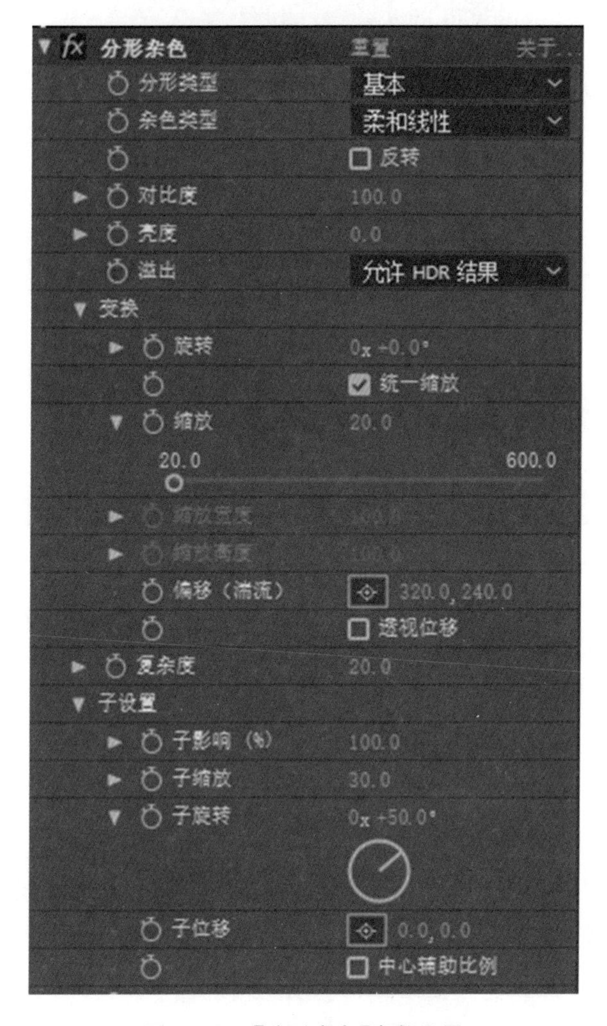

图 6-96 【分形杂色】参数设置

(7)选择【噪波】图层，执行【效果】|【颜色校正】|【曲线】特效，在特效面板中设置曲线特效的参数如图 6-97 所示。

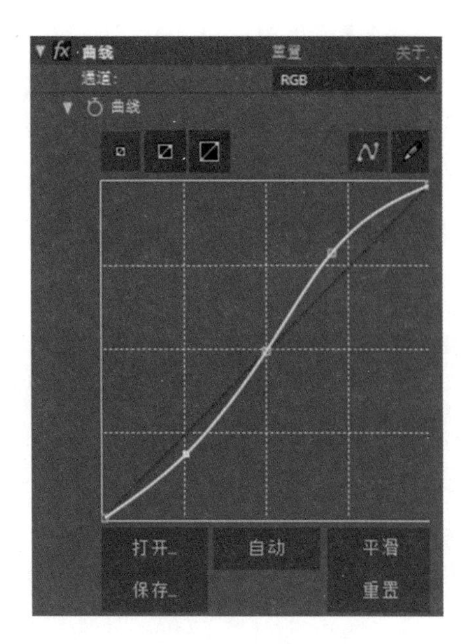

图 6-97 【曲线】参数设置

(8)选择【噪波】图层,设置图层叠加模式为"相乘",如图 6-98 所示。

图 6-98 修改图层叠加模式

(9)新建一个合成,设置【宽度】为 2 500 像素,【高度】为 1 950 像素,【持续时间】为 8 秒,将【合成名字】命名为"卡通形象"。

(10)在项目面板中,单击鼠标右键,在弹出来的菜单中选择【导入】|【文件】命令,选择需要导入的素材文件"唐老鸭.png",单击【打开】按钮即可导入文件。并在项目面板中,选择刚才导入的文件"唐老鸭. png",拖到时间线中。

(11)选择【唐老鸭】图层,按 S 键展开【缩放】属性,并设置值为(200%,200%)。

(12)执行【合成】|【新建合成】菜单命令,设置宽度为 720 像素,高度为 576 像素,【时长】设置为 8 秒,将【合成名称】设置为"卡通形象汇聚效果"。

(13)新建【纯色】图层,在弹出来的【纯色图层设置】对话框里面设置【名称】为"背景",纯色层尺寸与合成大小一致,宽度为 720 像素,高度为 576 像素,单击【确定】按钮。

(14)选择【背景】层,执行【效果】|【生成】|【梯度渐变】特效,在特效面板中设置梯度渐变的【渐变起点】值为(—40.0,600.0);【渐变终点】值为(952.0,45.0);【起始颜色】黄色为(R:255,G:255,B:0);【结束颜色】为白色(R:255,G:255,B:255),如图 6-99 所示。

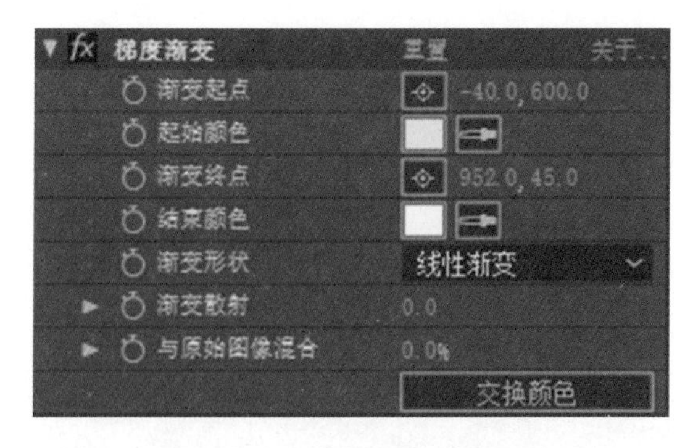

图 6-99 【梯度渐变】参数设置

(15)在项目面板中将“汇聚引导”合成与“卡通形象”合成拖曳入“卡通形象汇聚效果”合成中,同时关闭【噪波】层的显示开关。

(16) 选择“卡通形象”层,执行【效果】|【模拟】|【卡片动画】特效,然后在特效面板中对卡片动画特效的各项属性进行设置。

将【行数】属性的值和【列数】属性的值设置为 100,并将【渐变图层 1】设置为“汇聚引导”层,如图 6-100 所示。

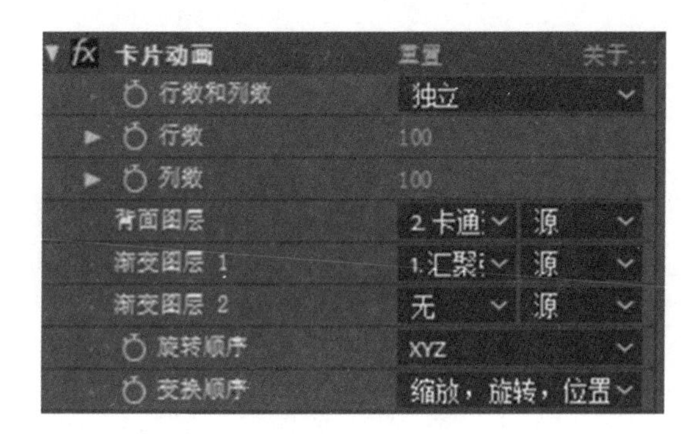

图 6-100 【卡片动画】参数设置

(17)在 00:00:00:00 帧处,将【X 位置】、【Y 位置】、【Z 位置】属性下的【乘数】值分别设为(0.50,0.50,100.00),并将各参数下的【源】设置为强度 1,如图 6-101 所示。

▼ X 位置
源 强度 1
► 乘数 0.50
► 偏移 0.00
▼ Y 位置
源 强度 1
► 乘数 0.50
► 偏移 0.00
▼ Z 位置
源 强度 1
► 乘数 100.00
► 偏移 0.00

图 6-101 【卡片动画】参数设置

在 00:00:00:00 帧处，将【X 轴缩放】和【Y 轴缩放】属性栏下的【乘数】将属性的值分别设为(0.50,0.50)；将【摄像机位置】属性栏下的【Z 轴旋转】属性的值设为 0x+50.0°；将【X、Y 位置】属性的值设为(520.0,980.0)，并将各参数下【源】设置为强度 1，如图 6-102 所示。

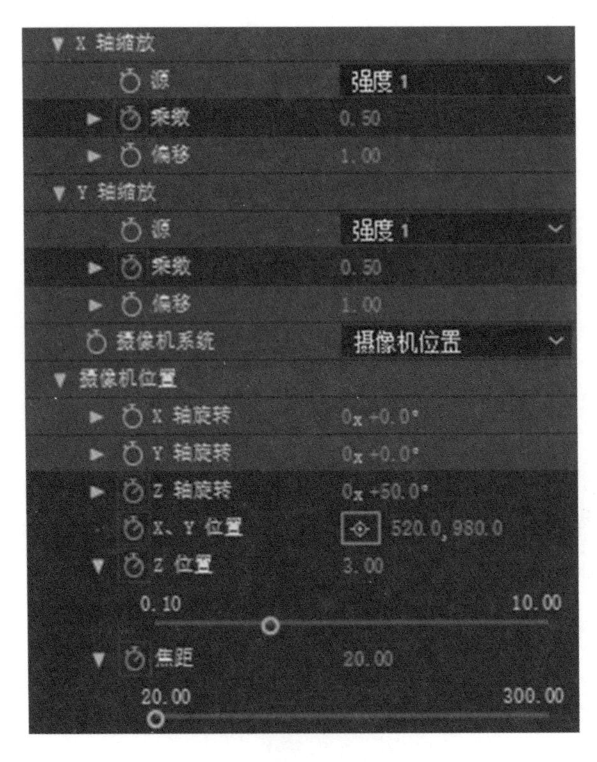

图 6-102 【卡片动画】参数设置

(18)在 00:00:07:00 帧处,将【X 位置】、【Y 位置】、【Z 位置】属性下的【乘数】值分别设为(0.50,0.50,100.00),如图 6-103 所示。

X 位置
源 强度 1
乘数 0.50
偏移 0.00
Y 位置
源 强度 1
乘数 0.50
偏移 0.00
Z 位置
源 强度 1
乘数 100.00
偏移 0.00

图 6-103 【卡片动画】参数设置

在 00:00:07:00 帧处,将【X 轴缩放】和【Y 轴缩放】属性栏下的【乘数】属性的值均设为 0.00;将【摄像机位置】属性栏下的【Z 轴旋转】属性的值设为 0x+0.0°;将【X、Y 位置】属性的值设为(1 250.0,980.0),如图 6-104 所示。

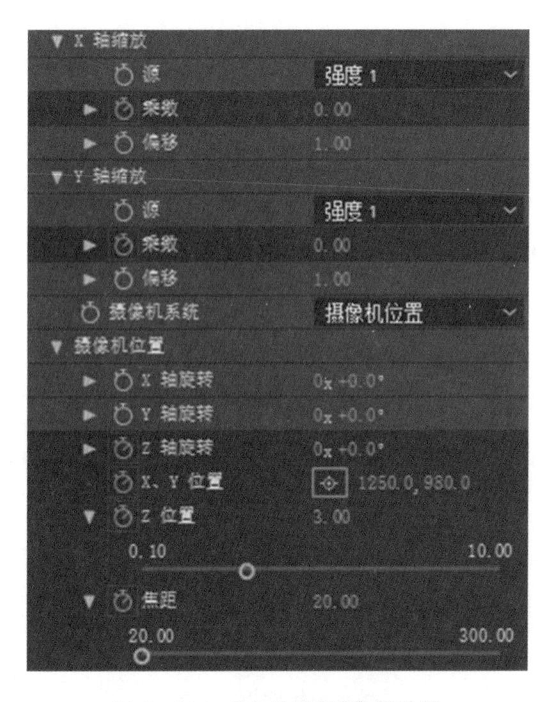

图 6-104 【卡片动画】参数设置

(19)按空格键预览整段动画,完成该案例的制作。

第7章

光影特效

内容提要

After Effects中的各种光效和仿真特技在很多时候都可以依靠各种粒子类特效来实现。

通过各种光效和粒子效果的综合运用，可以丰富和修饰画面，增添画面美感和动感，完成拍摄任务难以实现的画面效果，带给观众奇妙的视觉体验。本章主要讲解在After Effects学习中制作粒子和光效不可或缺的两个插件Red Giant Trapcode（红巨星粒子插件合集）和Optical Flares（光晕耀斑插件）。

学习导航

<table>
<tr><td colspan="2">学习内容</td><td>光影特效</td></tr>
<tr><td rowspan="3">教学目标</td><td>知识目标</td><td>1. 了解Red Giant Trapcode合集；
2. 掌握Particular粒子系统的应用；
3. 掌握3D Stroke粒子系统的应用；
4. 掌握Optical Flares光晕耀斑系统的应用</td></tr>
<tr><td>能力目标</td><td>1. 能够运用Particular粒子系统制作粒子动画；
2. 能够运用3D Stroke粒子系统制作粒子动画；
3. 能够运用Optical Flares光晕耀斑系统制作光效动画</td></tr>
<tr><td>素质目标</td><td>1. 培养学生良好的团队协作、团队互助意识；
2. 培养学生认真、刻苦的工作作风，以及严谨、精确的工作态度</td></tr>
<tr><td colspan="2">思政素养</td><td>1. 在学习“美丽夜景”案例制作过程中，注重培养学生热爱祖国的意识；
2. 在学习“花间小鸟”案例制作过程中，注重培养学生保护环境的意识</td></tr>
<tr><td rowspan="2">教学重难点</td><td>教学难点</td><td>1. Particular粒子系统的基础操作；
2. 3D Stroke粒子系统的基础操作</td></tr>
<tr><td>教学难点</td><td>1. Particular粒子系统中辅助系统的应用；
2. Optical Flares光晕耀斑系统的应用</td></tr>
<tr><td colspan="2">建议学时</td><td>8学时</td></tr>
</table>

7.1　Red Giant Trapcode

Red GiantTrapcode 系列是 After Effects 软件中最常用的一款粒子插件合集，它包含有 8 种滤镜特效，分别是 Form、Particular、Shine、3D Stroke、Starglow、Sound Keys、Lux 和 Echospace。主要功能是在影片中建造独特的粒子效果与光影变化，也包括声音的编修与摄影机的控制等功能。由于第三方插件并非 After Effects 自带滤镜，所以在使用该插件之前，需安装并确定所安装的 Trapcode 适用于 After Effects 软件版本。本节将从中选取两个特效进行讲解。

7.1.1　Particular

Trapcode 系列中功能最强大的当属 Particular，它是一个 3D 粒子系统，其功能非常强大，很受用户欢迎。它可以产生各种各样的自然效果，像烟雾、火焰、闪光、云等，也可以产生有机的和高科技风格的图形效果，实现非常酷炫的运动图形。Particular 特效参数如图 7-1 所示。下面讲解 Particular 特效的重要参数。

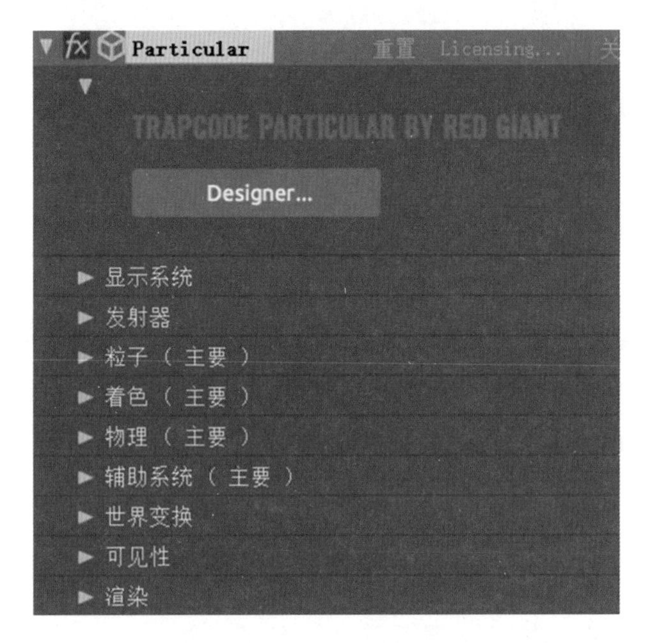

图 7-1　Particular **特效参数**

(1)【发射器】：专门针对粒子发射器进行设置。可以在此设置修改粒子发射器的类型，还可以对发射器的方向、速度、尺寸等属性进行控制。它可以控制粒子从何处、以何种方式喷射出来。

在发射器类型下拉列表框中可以指定粒子发射器的类型。它的发射方式有很多种，可以从一个点、盒子、圆球或者网格中发射，也可以使用合成中的灯光或者层来作为发射方式。如图 7-2 所示，选择不同的发射器，可调整的参数也不同，关于发射器的位置、旋转、尺寸等属性的调整都比较简单，这里不再赘述，下面来看看和粒子发射状态关系较为密切的参数。

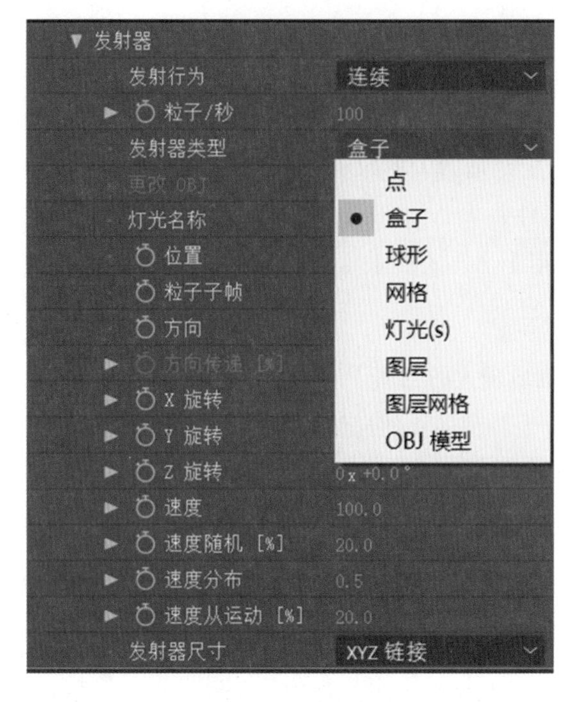

图 7－2　发射器类型设置

【粒子/秒】参数控制发射器中每秒喷射粒子的数量。数量高时粒子会很多，但是计算速度也会相应减慢，所以一般情况下需要在速度和质量间找到一个平衡点。

【速度】参数控制粒子的发射速度，也就是粒子以多快的速度离开发射器。速度越快，粒子喷射得越远。较低的速度会使粒子聚集在一起。而速度随机 参数则是随机扩散速度，确定粒子速度的随机量。该值越高，粒子变化速度越快。

(2)【粒子】：主要设置粒子自身。它和发射器栏是不同的，发射器针对的是全局，粒子针对的是个体。举个例子，发射器就像是设置枪管，而粒子则是设置子弹。

粒子是具有生命的，从它自发射器喷出的一刹那至其消失，就是粒子的生命周期。可以在生命参数栏中设置粒子的生命周期。该数值越高，粒子生命越长。生命较长的情况下，因为老粒子还未消亡，新粒子已经诞生，越往后粒子数目越多。一般情况下，当生命参数较低时，粒子喷射节奏会很快，因为不断有旧粒子死亡，新粒子诞生；当生命参数较高时，粒子是一个比较舒缓、持续的喷射过程。

在粒子类型下拉列表框中可以指定粒子的形状。可以将粒子指定为简单的圆形、发光的圆形或者星形等形状，也可以设置粒子成仿真状态的云层或者烟雾等，如果需要更复杂的效果，还可以定制粒子的形状。如图 7－3 所示。

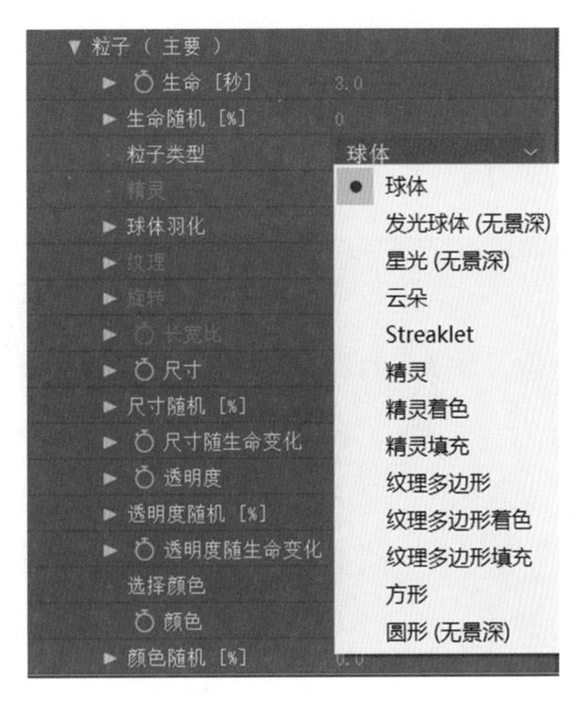

图 7－3　粒子类型设置

如果选择粒子类型为【精灵】，单击其下方的【选择精灵】按钮将弹出精灵对话框，其中有非常多粒子形状可供选择，如图 7－4 所示。

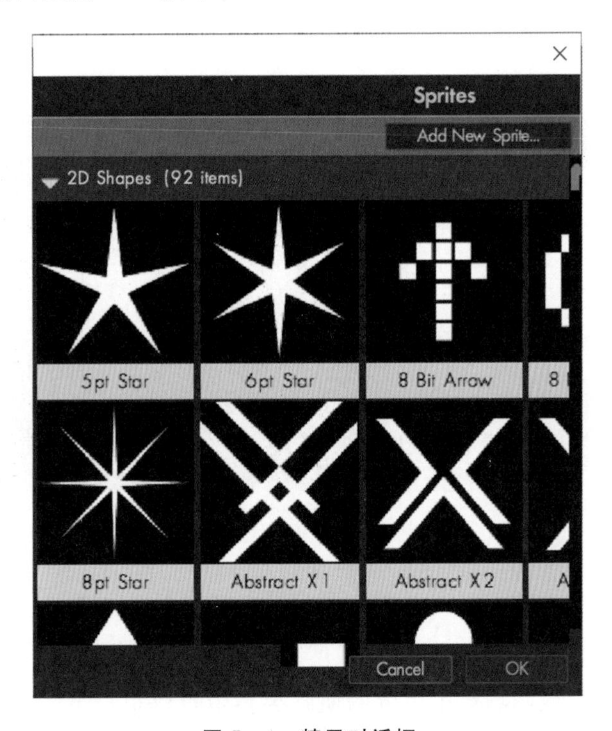

图 7－4　精灵对话框

而基于上述的基础形状，通过修改颜色、粒子的尺寸、密度等，还可以产生复杂的粒子形状。可以对粒子的旋转角度、尺寸、不透明度等进行设置。可以看到，这些参数都伴随着一个【随机参数】，通过对随机参数进行设置，可以让上述参数不规则地变化，让粒子状态更加复杂、生动，如图 7 - 5 所示。

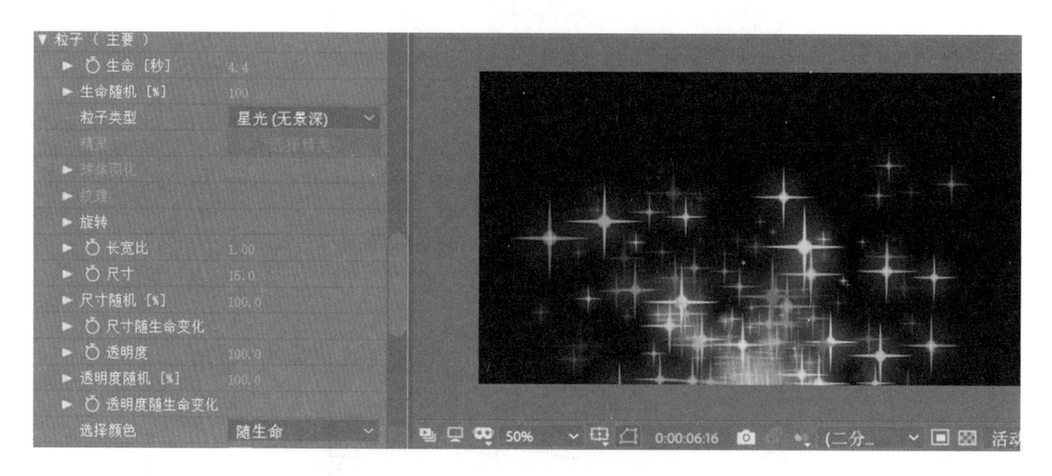

图 7 - 5　粒子随机参数设置

(3)【着色】：当我们开启着色开关时，粒子会一瞬间消失不见，此时我们开启透明网格就会发现粒子颜色都变成了黑色，是因为着色开关开启后，需要配合灯光层来使用，用图层的灯光来照亮粒子，同时灯光的亮度会影响粒子的明暗关系，灯光的颜色会影响粒子的颜色，如图 7 - 6 所示。

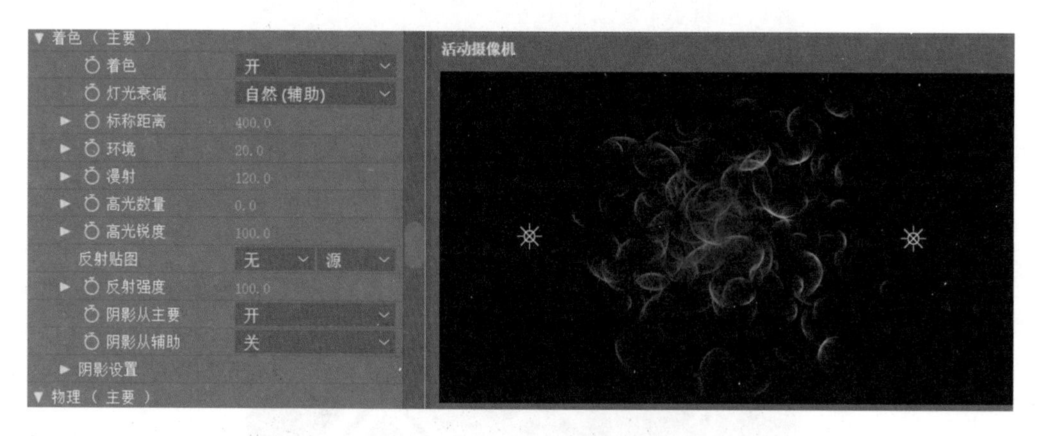

图 7 - 6　开启着色

在【灯光衰减】下拉列表框中有两个选项，第一个是【没有(AE)】，它表示 AE 里的灯光虽然可以影响粒子的颜色，但是不会因为光照的强度来影响粒子的明暗关系；第二个【自然(辅助)】，它表示 AE 里的灯光既可以影响粒子位置的明暗关系也可以根据 AE 里的灯光来影响粒子的颜色。

当选择【自然(辅助)】选项时，标称距离被激活，它的数值决定了 AE 灯光对粒子衰减的影响范围，数值越大影响的距离越大，能照亮的范围越广，数值越小则反之。打个比方，标称距离等于一个球体的半径，光源点为球体的中心点，球体的半径越大，则表示这个光源所能照射的范围越远，即衰减范围越大，越靠近光源点的粒子受到的影响则越大，粒子受到的影响随半径向外慢慢递减。

7.1.2　3D Stroke

3D Stroke(3D 描边)是 Trapcode 系列中又一非常常用的特效。它可以为路径、遮罩添加笔画，类似于 Photoshop 中的描边功能。通过对笔画设置关键帧动画，能让笔画在三维空间中自由地运动，如弯曲、位移、旋转、缩放、重复等，最终绘制出精美、奇异的动态几何图形，如图 7－7 所示。

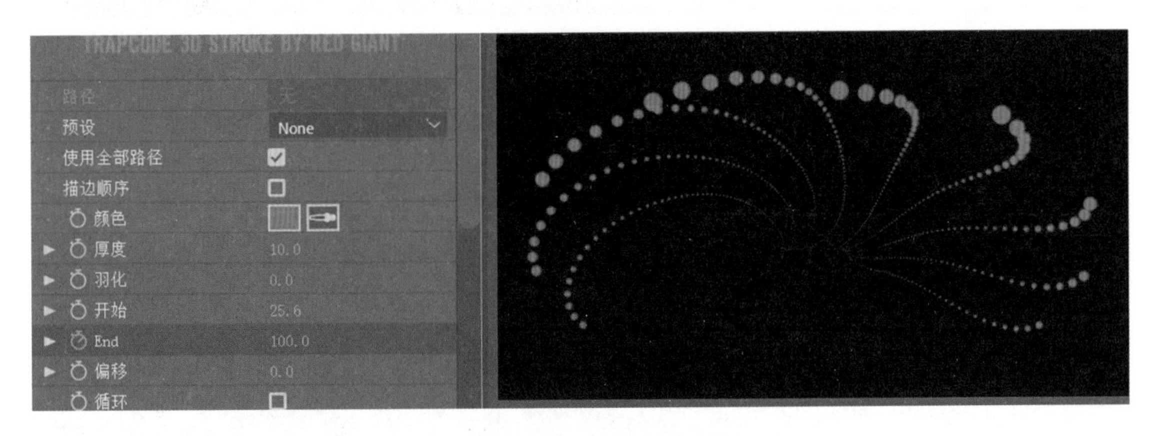

图 7－7　3D Stroke 效果案例

下面对该特效一些特殊的设置进行说明。【开始】和【结束】控制的是描边开始端和结束端的位置，可以调节其参数设置动画，调整【偏移】也可设置动画。在【锥体】参数组中选中【启用】复选框之后，可调整图形厚度为中间粗两端细，如图 7－8 所示。

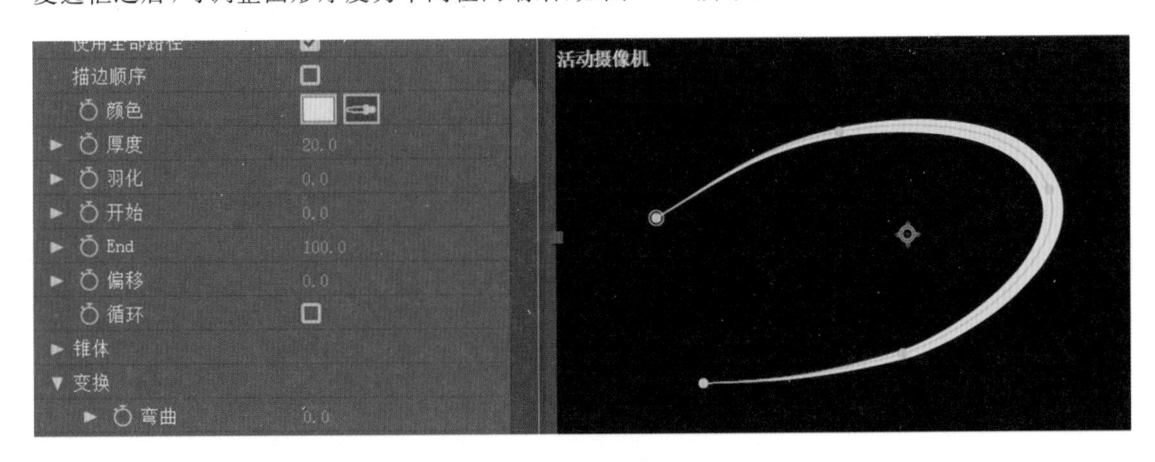

图 7－8　启用【锥体】参数

调整【锥体】下面的参数可以创建走光效果，如图 7－9 所示。

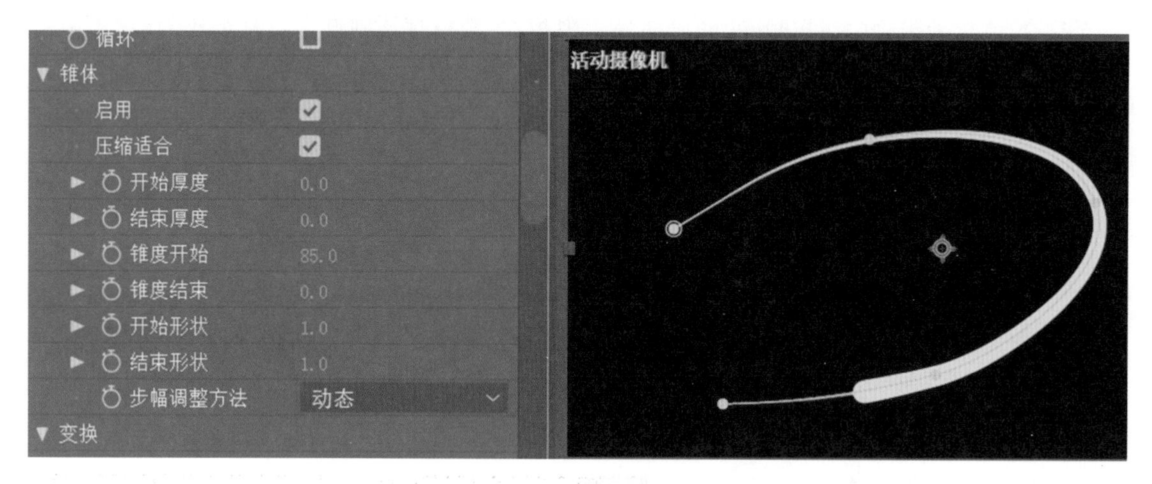

图 7－9 走光效果

通过调节【变换】参数组的项目，可以实现弯曲变形及在三维空间的转换等效果，如图7－10所示。

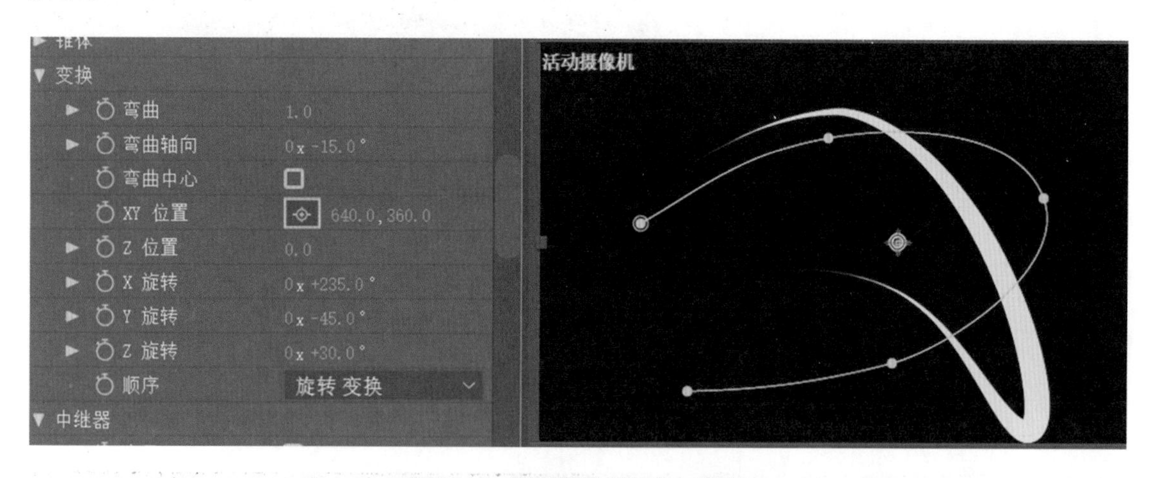

图 7－10 【变换】参数调节后效果

【中继器】参数组可以设置描边路径在三维空间的重影数量、重影衰减、重影的疏密程度，以及旋转操作等，如图 7－11 所示。

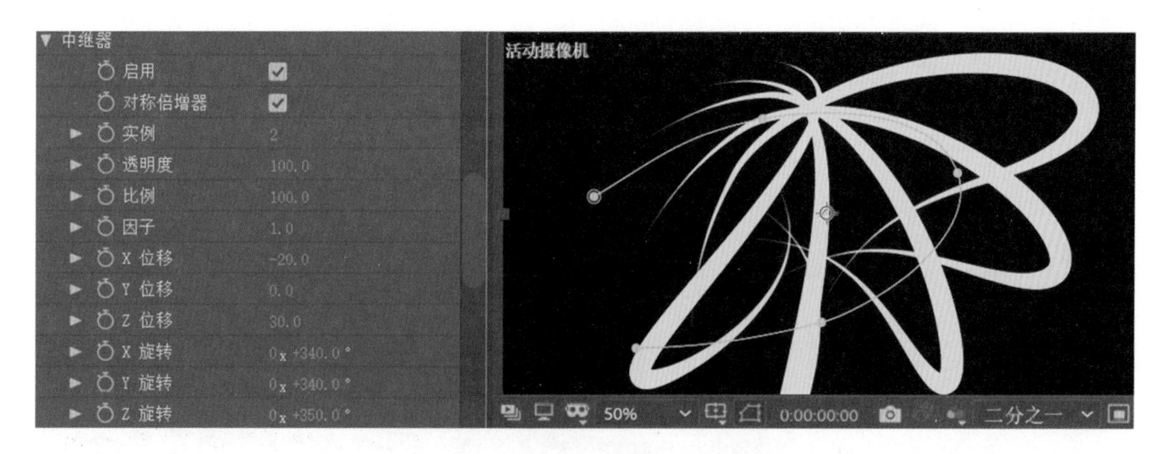

图 7－11 【中继器】参数调节后效果

【高级】参数组控制的是该特效的高级设置，包括整体的步幅、透明度、颜色通道、透明通道的设置等，如图 7－12 所示。

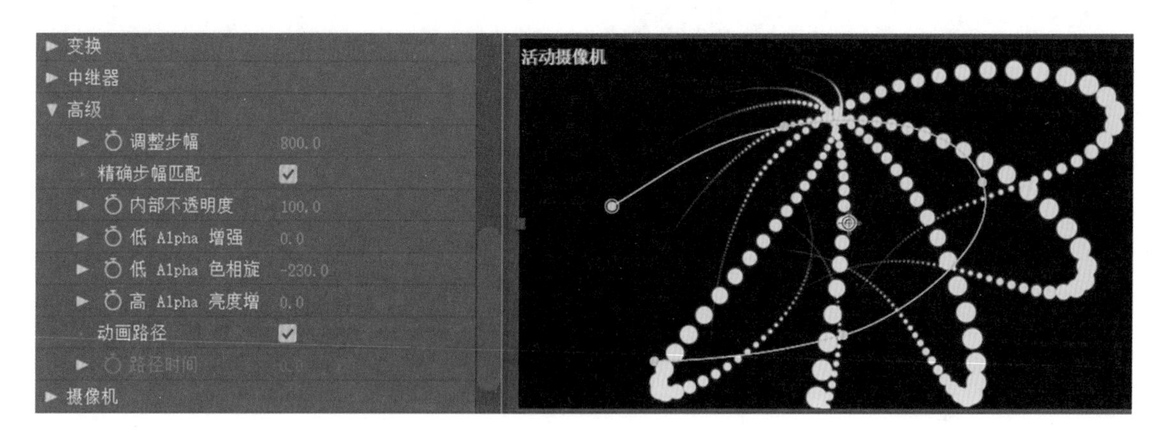

图 7－12 【高级】参数调节后效果

【摄像机】参数组可以通过摄像机观察路径。如图 7－13 是创建 24 mm 摄像机层后，调整摄像机角度观看到的结果。除此之外，在给路径创建动画之后，还可以在 Motion Blur 参数组下设置运动模糊的值。

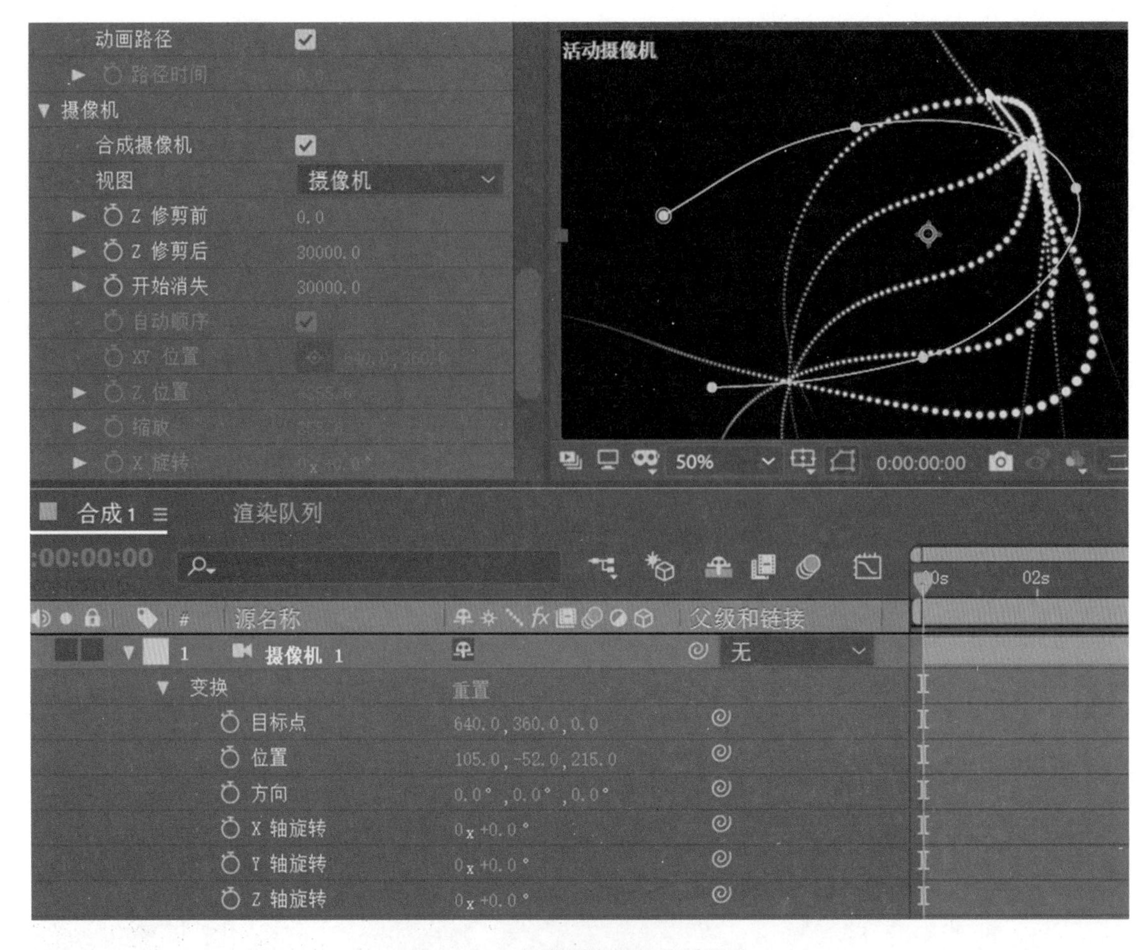

图 7-13　调节摄像机位置后效果

7.2　Optical Flares

Optical Flares(光学耀斑)插件是 Video Copilot 公司出品的一款模拟镜头光晕效果的插件,可以模拟各种光源在镜头中呈现的光晕及光斑效果,视频中很多光晕效果都可以使用这个插件做出来。

执行【效果】|【Video Copilot】|【Optical Flares】命令,可在该图层上添加 Optical Flares 光晕插件效果,在合成视图面板中可以看到该插件默认状态下呈现的画面,如图 7-14 所示。

图 7－14　Optical Flares 插件默认效果

单击【Options】按钮，会弹出【光晕效果选项】窗口，如图 7－15 所示。该窗口为光晕效果预设窗口，由菜单栏、工具栏，以及预览、堆栈、编辑器、浏览器这几个面板构成。

图 7－15　光晕效果选项

预设有两种，在【光晕效果选项】窗口右下角，如图 7－16 所示，左边【光晕对象】是自定义预设，右边【预设浏览器】是整体预设。左边的【光晕对象】预设，可以添加单个光晕元素。

图 7－16　光晕预设

右边的【预设浏览器】中有多个文件夹，任意选择一个双击打开，可以看到其中的光晕预设效果，如图 7－17 所示。选择其一单击，即可在【预览】窗口查看所选光晕预设效果。

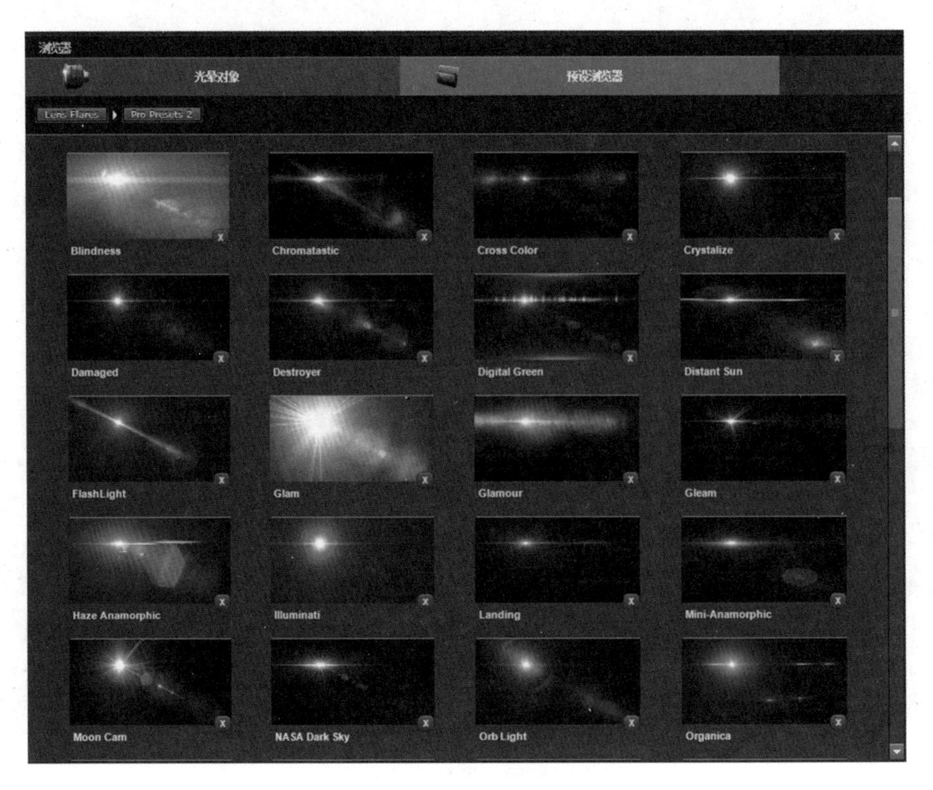

图 7－17　【浏览器】

如果文件夹内没有想要的预设,还可以拖动到滑条的最上面,选择【预设浏览器】中第一个文件夹后退按钮,即可退回重新选择其他文件夹。

添加好预设后,还可以在【编辑器】中对光晕的各项参数进行调整,如图 7-18 所示。

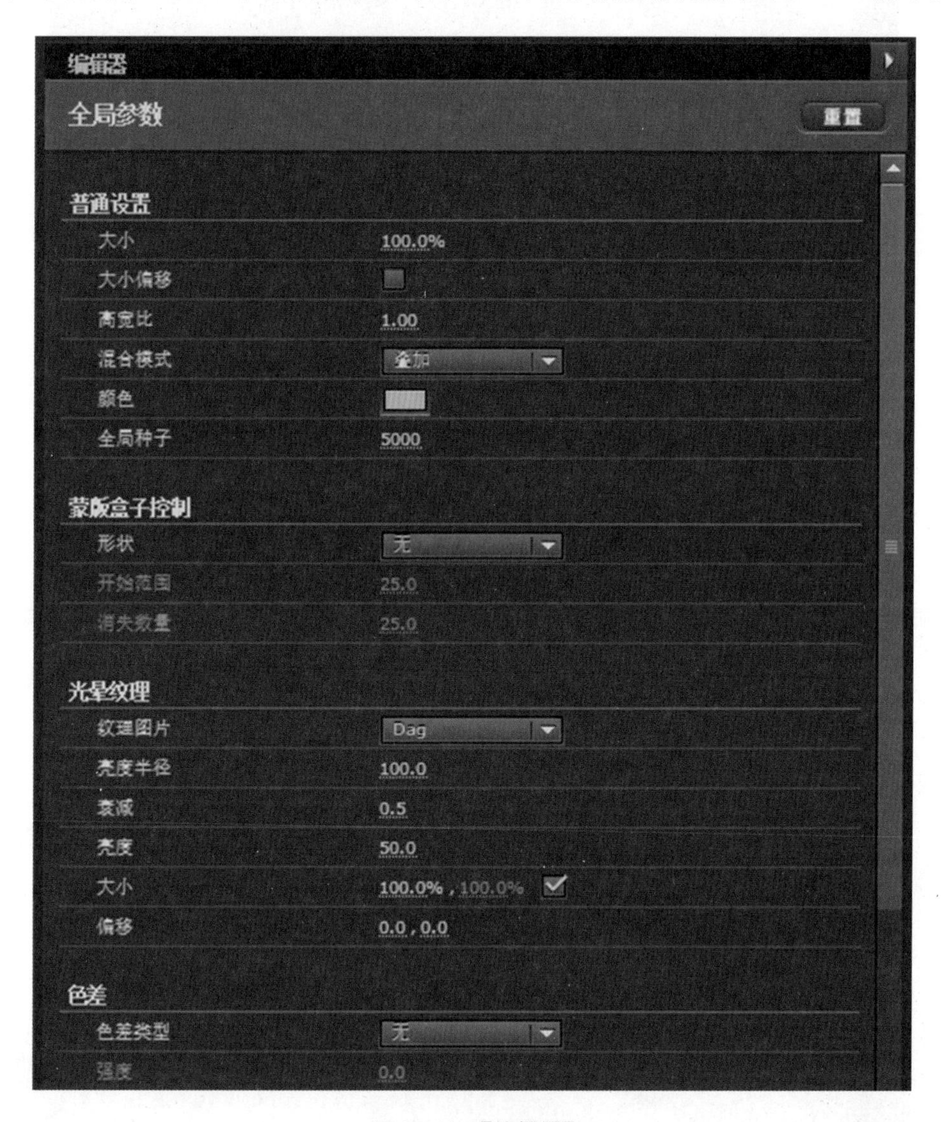

图 7-18 【编辑器】

如果操作失误,可以点击【预览】窗口上方的【撤销】按钮,如果效果添加乱了,想要重置效果可以点击【预览】窗口上方的【清除所有】按钮,如图 7-19 所示,弹出对话框中选择【是】即可。

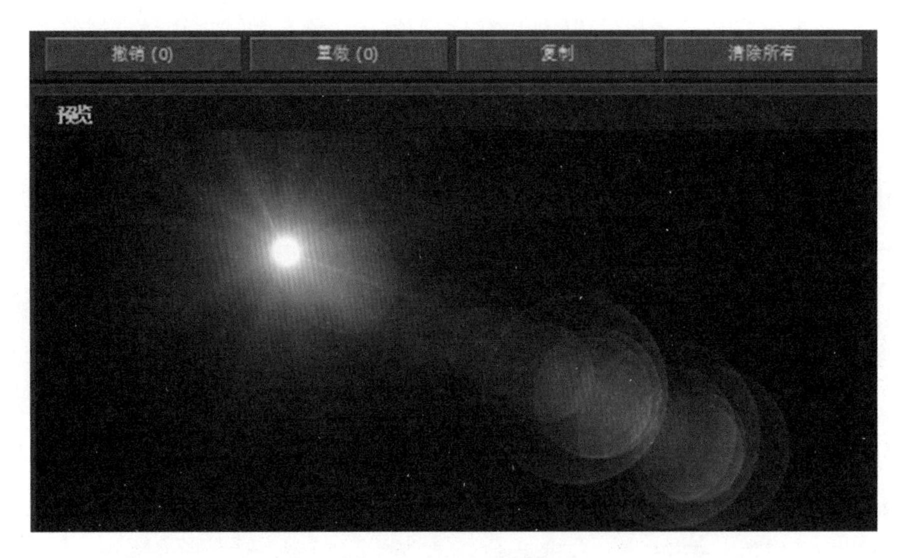

图 7-19 【预览】

如果不想显示某个光晕元素，可以单击窗口左下角【堆栈】面板里的【隐藏】按钮，将其隐藏，如图 7-20 所示。

图 7-20 【堆栈】

调节好光晕效果后，单击右上角【OK】按钮确定退出编辑窗口，进一步在【效果控件】面板中进行调节。参数如图 7 - 21 所示。

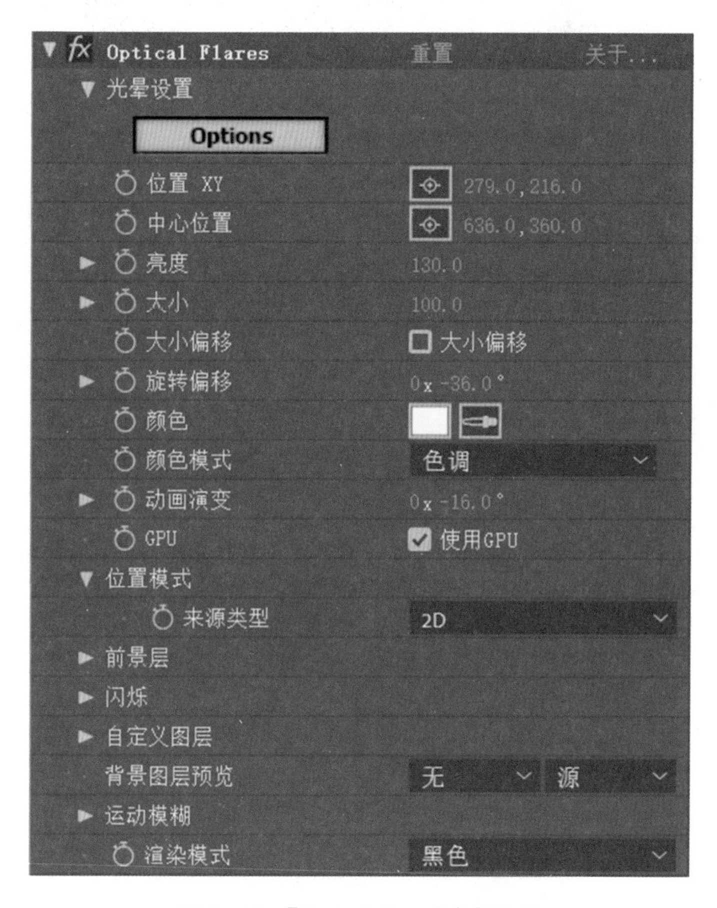

图 7 - 21 【Optical Flares】参数设置

下面对【Optical Flares】参数设置中较难理解的参数进行说明。

【位置模式】：用于指定光晕的来源类型，即光晕在二维或三维中的空间定位模式，支持 2D、3D、跟踪灯光、遮罩、亮度 5 种类型，如图 7 - 22 所示。

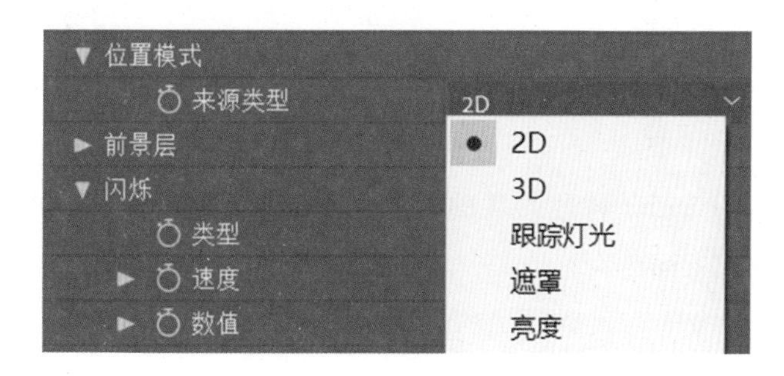

图 7 - 22 【位置模式】

【前景层】:以图层的 Alpha 或亮度信息作为光源的前景图层,使光源依据前景图层产生逼真的光源遮挡效果。

【闪烁】:模拟光源强弱变化效果,形成闪烁感觉,如图 7-23 所示。主要调节速度、数值和随机种子这几个参数。

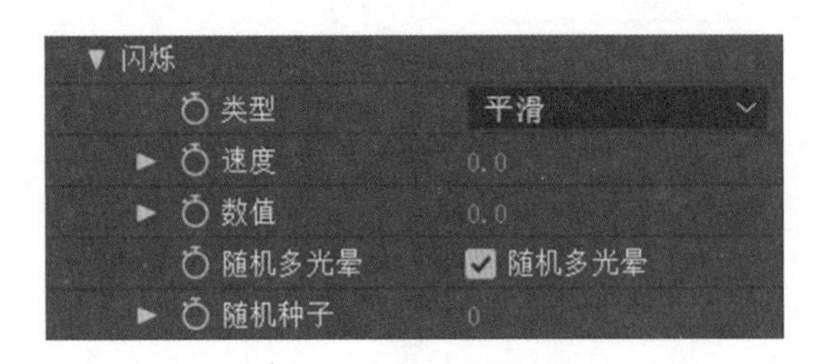

图 7-23 【闪烁】

【自定义图层】:可自定义光源照在镜头表面形成痕迹的光斑效果。

【运动模糊】:使光晕在运动时产生运动模糊效果。

【渲染模式】:包含黑色、透明、在原始 3 种模式。用于设定光晕不同的显示方式。如图 7-24所示。

图 7-24 【渲染模式】

实战任务

任务十五 美丽夜景

一、任务引导

本案例主要讲解 Particular 特效的基础应用。主要学习【发射器】和【粒子】属性参数的设置。案例效果如图 7-25 所示。

图7-25　案例效果

二、任务实施

(1)新建“美丽夜景”合成。按Ctrl+N组合键新建一个合成,如图7-26所示,设置参数后单击【确定】按钮。

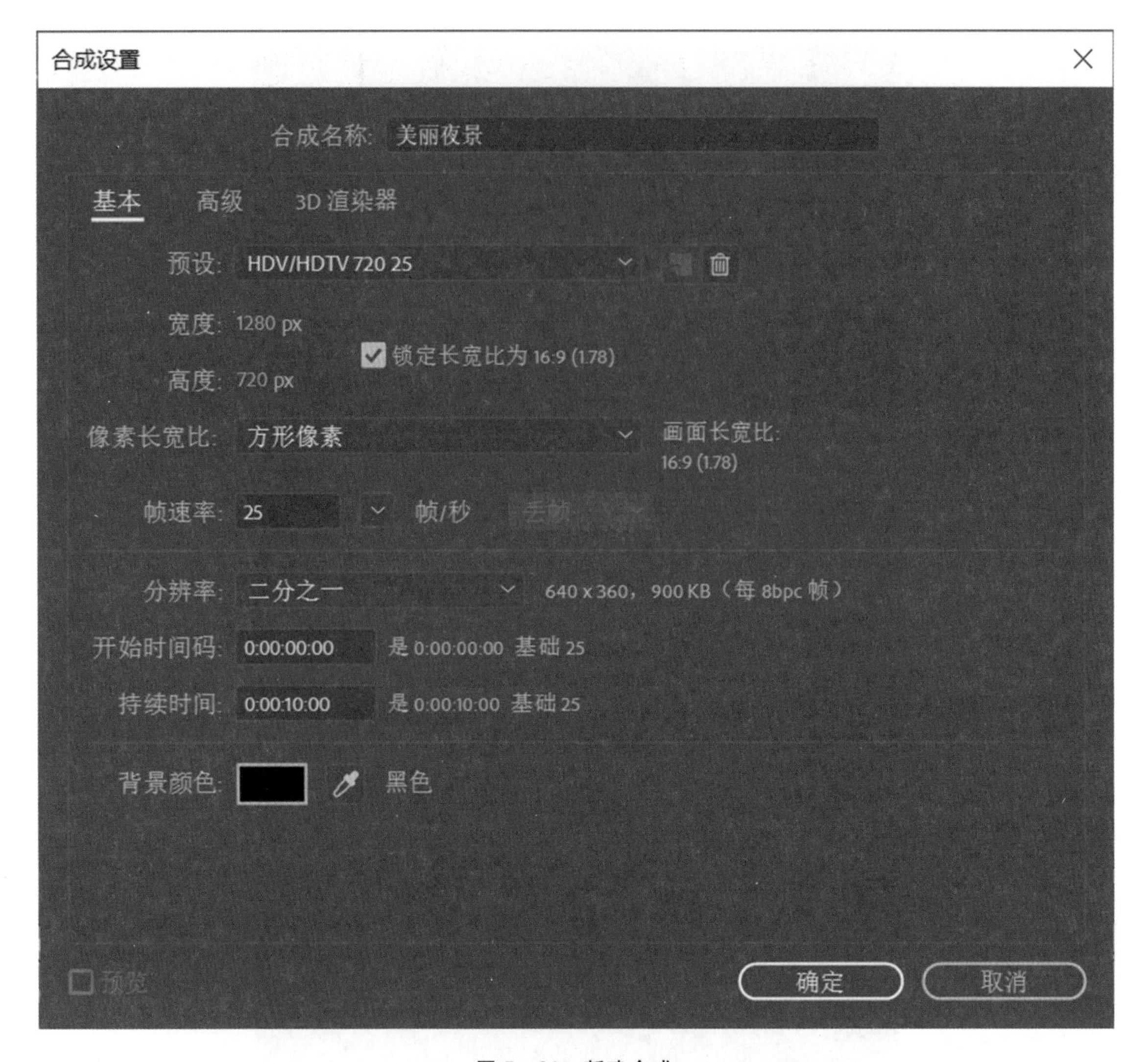

图 7-26 新建合成

(2)新建一个纯色层。按 Ctrl+Y 组合键新建一个纯色层,命名为“叠加层”,单击【OK】按钮确定。给“叠加层”添加【效果】|【生成】|【梯度渐变】特效,设置参数如图 7-27 所示。

图 7-27　设置【梯度渐变】参数

(3)再新建一个纯色层。按 Ctrl＋Y 组合键新建一个纯色层，命名为“粒子”，单击【OK】按钮确定。给“粒子”层添加【效果】|【Trapcode】|【Particular】特效，调整【发射器】参数如图7-28所示。同时给【位置】属性在0帧添加关键帧。

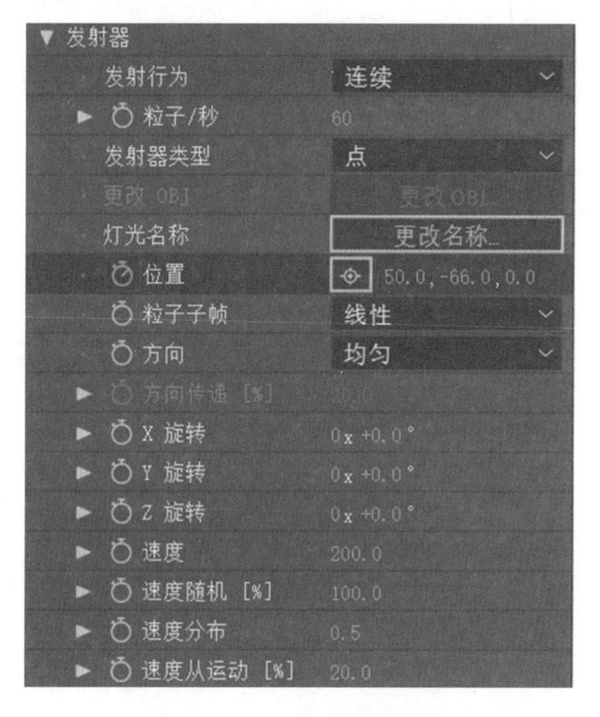

图 7-28　调整【发射器】参数

在 00:00:09:24 帧处调节【发射器】的【位置】属性为(1 270,－90)此时自动添加关键帧。

(4)调节【粒子】属性参数如图 7-29 所示。其中【尺寸随生命变化】和【透明度随生命变化】均选择【PRESETS】(预设)中的第二个图形。

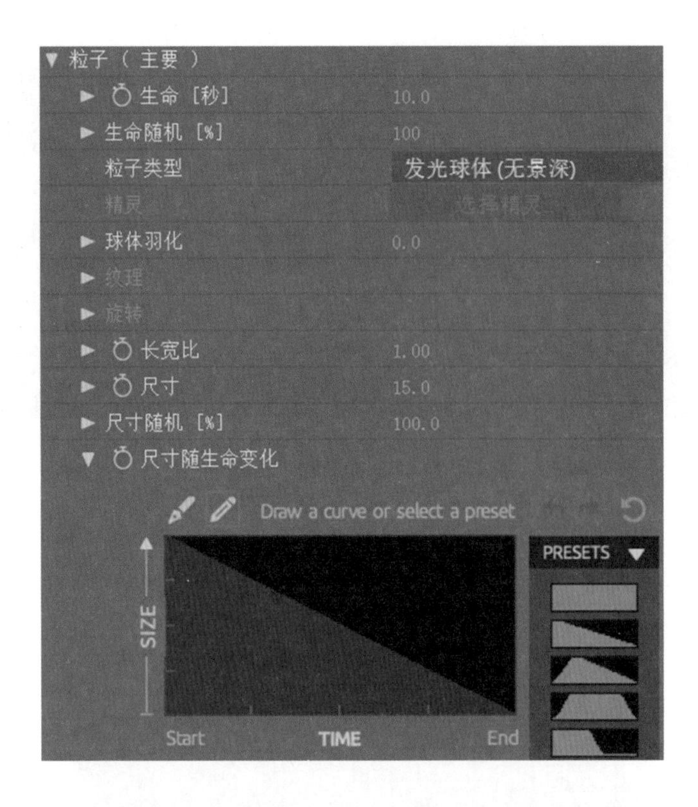
▼ 粒子（主要）
生命[秒] 10.0
生命随机[%] 100
粒子类型 发光球体(无景深)
精灵 选择精灵
球体羽化 0.0
纹理
旋转
长宽比 1.00
尺寸 15.0
尺寸随机[%] 100.0
尺寸随生命变化
Draw a curve or select a preset
PRESETS
SIZE
Start
TIME
End

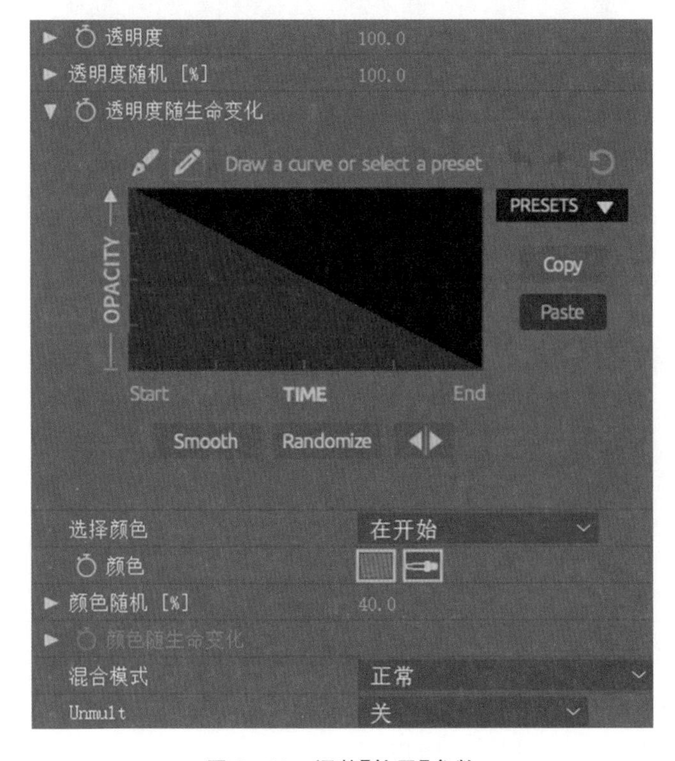
透明度 100.0
透明度随机[%] 100.0
透明度随生命变化
Draw a curve or select a preset
PRESETS
OPACITY
Copy
Paste
Start
TIME
End
Smooth
Randomize
选择颜色 在开始
颜色
颜色随机[%] 40.0
颜色随生命变化
混合模式 正常
Unmult 关

图 7-29 调整【粒子】参数

(5)下面导入背景素材，在【项目】面板双击鼠标左键，选择配套资源中的“Ch07\案例：美丽夜景\素材”文件夹中的“背景”素材并导入。将其添加至【时间线】面板最下层，调节【缩放】和【不透明度】参数如图 7－30 所示。

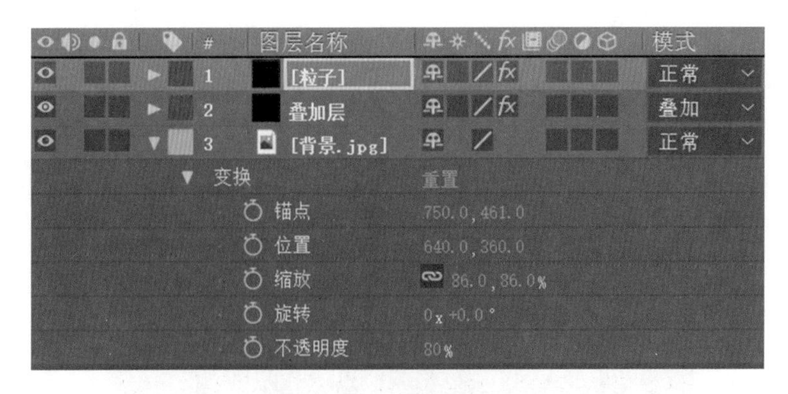

图 7－30　背景参数调节

(6)调节【叠加层】模式为叠加。

(7)影片制作完毕。最后按 Ctrl＋M 组合键输出影片即可。

任务十六　花间小鸟

一、任务引导

本案例主要讲解 Particular 特效的高级应用。主要学习利用【蒙版路径】设置粒子运动轨迹、【粒子】属性中【精灵】的应用和【着色】属性的设置。案例效果如图 7－31 所示。

图 7－31　案例效果

二、任务实施

(1)首先导入背景素材,在【项目】面板双击鼠标左键,选择配套资源中的"Ch07\案例:花间小鸟\素材"文件夹中的【背景】素材并导入。鼠标左键将其拖至【时间线】面板再松开,新建背景合成。

(2)新建一个纯色层。按 Ctrl+Y 组合键新建一个纯色层,命名为"路径",单击【OK】按钮确定。在"路径"层用钢笔工具绘制路径如图 7-32 所示。然后在【时间线】面板中,单击"路径"层左侧的眼睛图标,将"路径"层隐藏。

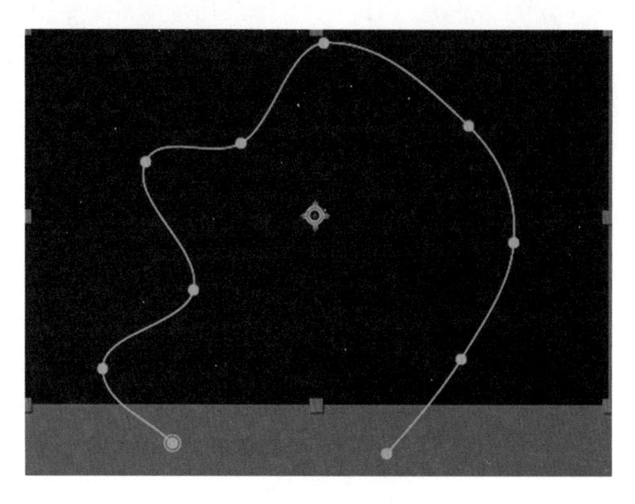

图 7-32 绘制路径

(3)新建一个纯色层,命名为"小鸟",单击【OK】按钮确定。为其添加【效果】|【Trapcode】|【Particular】特效。

(4)在【时间线】面板中,展开"路径"层,选择【蒙版路径】,按 Ctrl+C 组合键进行复制,如图 7-33所示。

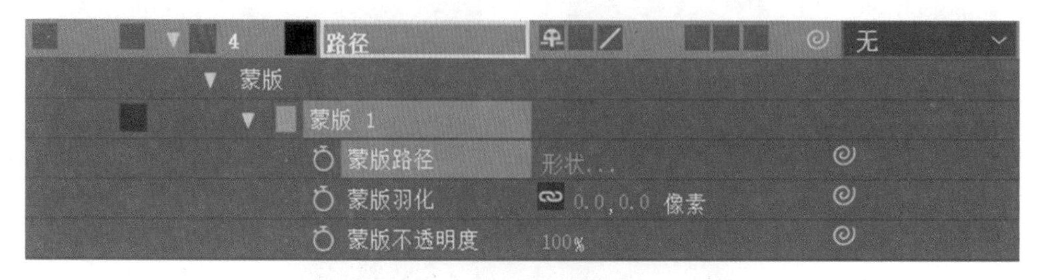

图 7-33 复制蒙版路径

(5)将时间调整到 00:00:00:00 帧的位置,展开"小鸟"层,选择【Particular】特效【发射器】中的【位置】一项,按 Ctrl+V 组合键将"蒙版路径"粘贴到【位置】选项上,如图7-34所示。

图 7－34　制作路径跟随动画

(6)将时间调整到 00:00:09:24 帧的位置，选择【位置】选项的最后一个关键帧，将其拖动到 00:00:09:24 帧的位置，如图 7－35 所示。

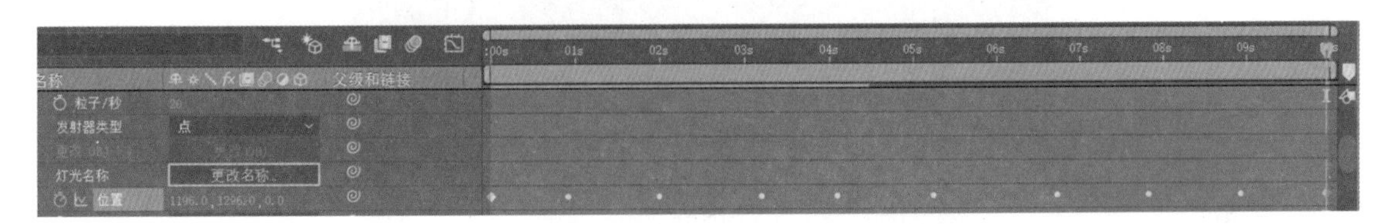

图 7－35　调整关键帧位置

(7)下面设置粒子项参数。展开粒子类型，选择【Sprites】，单击选择精灵项，在弹出的精灵选项对话框中选择【Bird】，如图 7－36 所示，单击【OK】按钮确定。调整【粒子】参数如图7－37 所示。

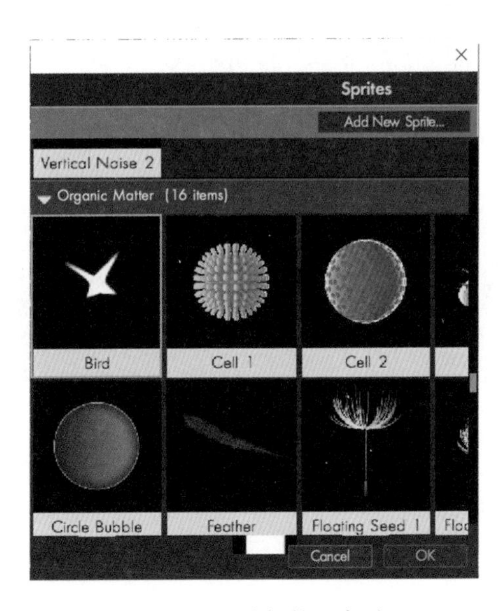

图 7－36　选择粒子类型

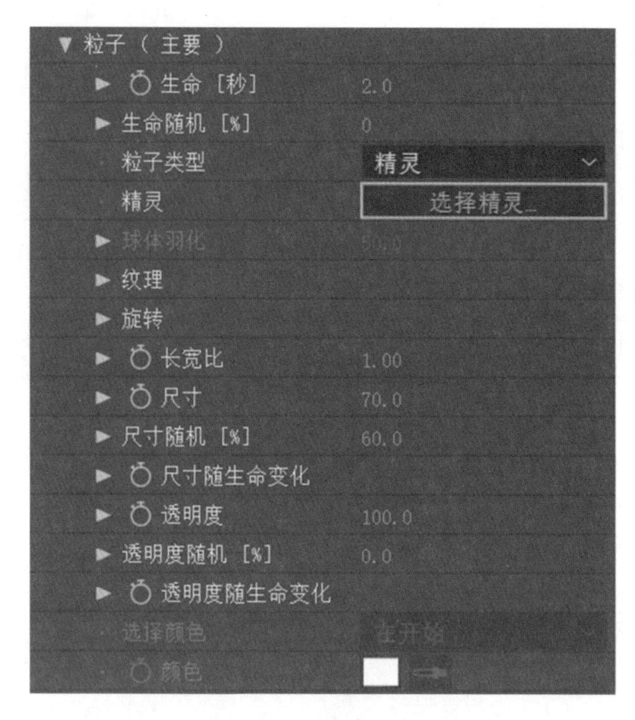

图 7-37 调整粒子参数

(8)将【着色】选项展开，设置【着色】为“开”，如图 7-38 所示。

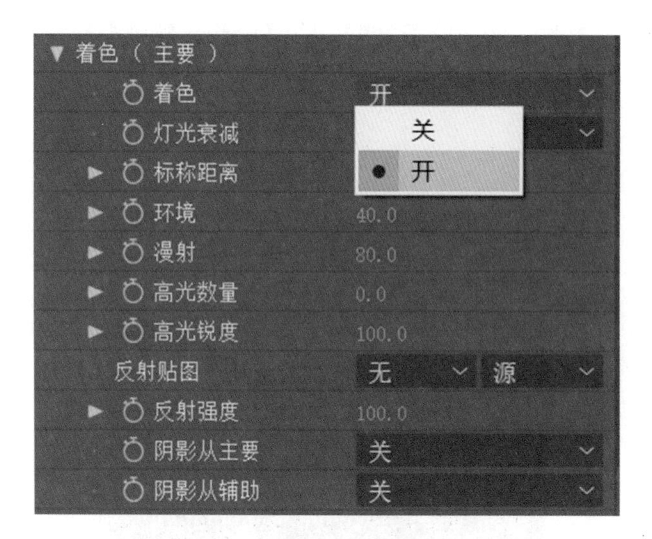

图 7-38 打开着色开关

(9)下面建立灯光层。在【时间线】面板中分别建立点光源【点光 1】和【点光 2】，参数如图 7-39所示。

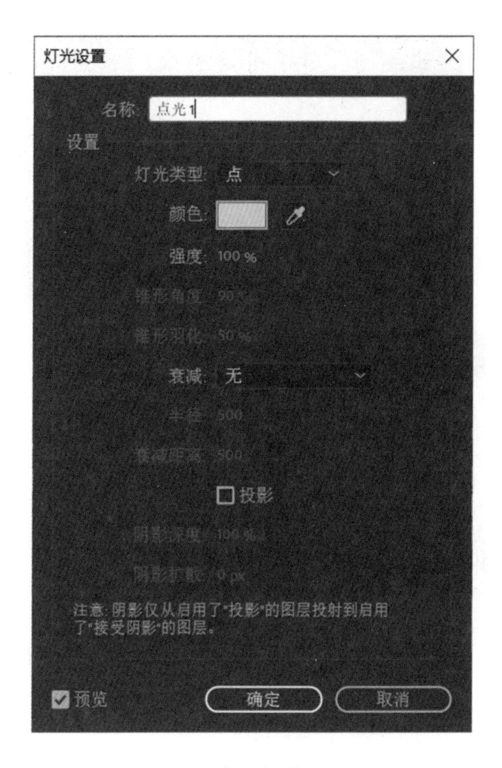

(a)建立灯光 1

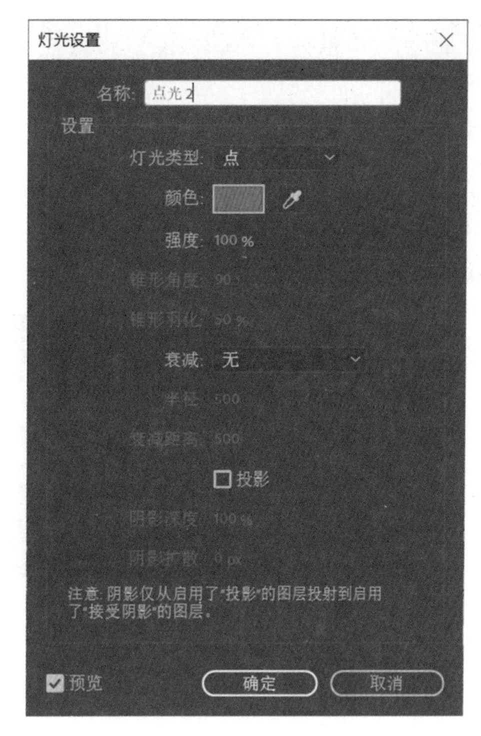

(b)建立灯光 2

图 7－39　设置灯光参数

(10)调整灯光位置,如图 7－40 所示。

图 7－40　调整灯光位置

(11)影片制作完毕。最后按 Ctrl＋M 组合键输出影片即可。

任务十七　粒子光效

一、任务引导

本案例主要讲解 Particular 特效的高级综合实战应用。主要学习粒子和其他特效的综合应用。案例效果如图 7－41 所示。

图 7-41　案例效果

二、任务实施

(1)新建“粒子光效”合成。按 Ctrl+N 组合键新建一个合成，如图 7-42 所示，设置参数后单击【确定】按钮。

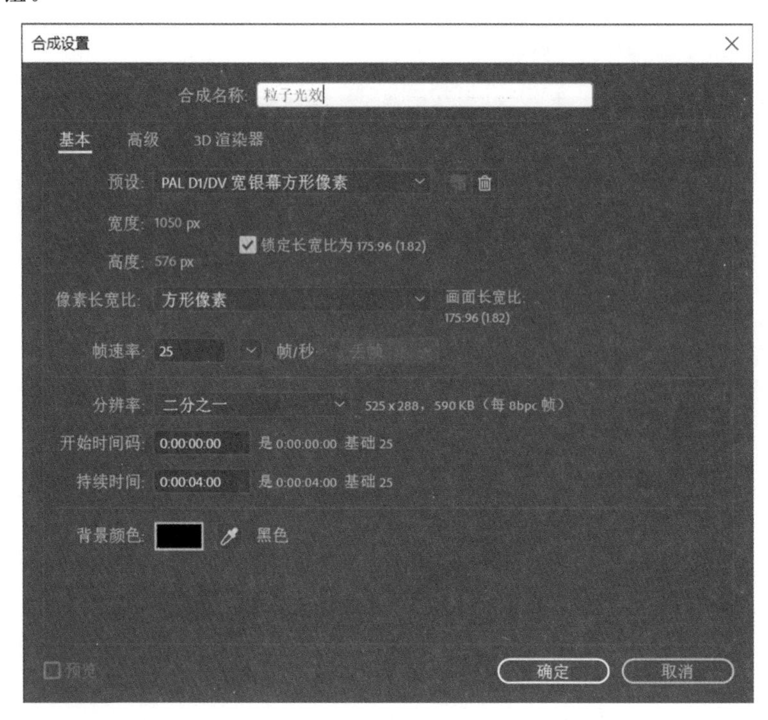

图 7-42　新建合成

(2)新建纯色层命名为“背景”,颜色设置为深蓝色,尺寸与合成保持一致,如图 7－43 所示。

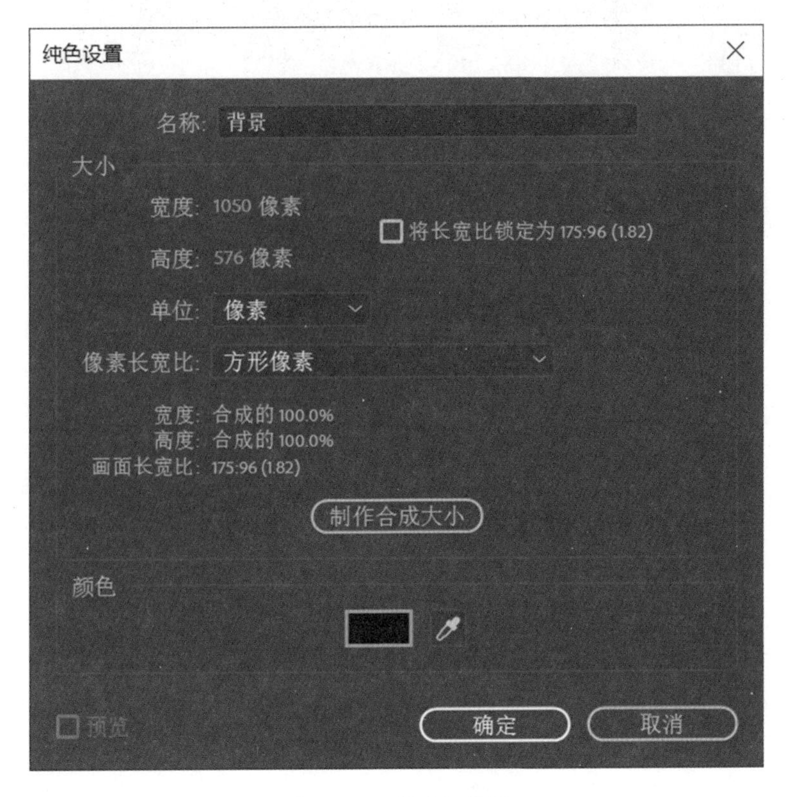

图 7－43　新建纯色层

(3)新建纯色层命名为“背景 2”,颜色设置为黑色,尺寸与合成一样大,并使用钢笔工具绘制遮罩,按快捷键 F 展开蒙版羽化属性,并设置值为(270,270),勾选【反转】属性将遮罩反向,如图 7－44 所示。

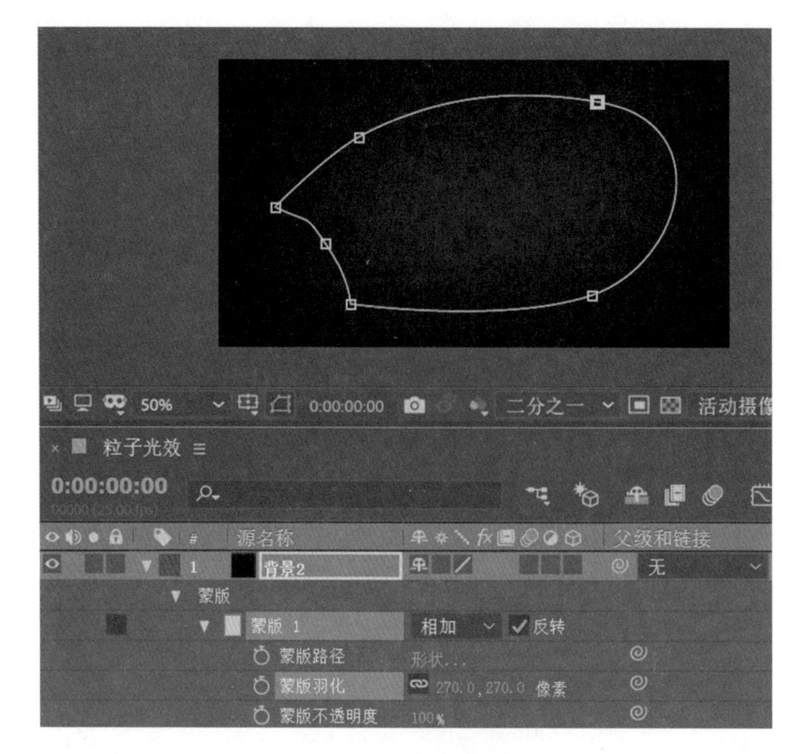

图 7-44　调整遮罩参数

(4)新建纯色层命名为“光”,颜色设置为白色,尺寸与合成一样大,并使用椭圆工具绘制遮罩。按快捷键 F 展开【蒙版羽化】属性,并设置值为(80,80),按快捷键 T 展开【不透明度】属性,设置【不透明度】属性关键帧动画,在第 00:00:00:10 帧处设置【不透明度】属性值为 0%,在 00:00:01:07 帧处设置【不透明度】属性值为 100%,在 00:00:02:07 帧处设置【不透明度】属性值为 100%,在 00:00:02:16 帧处设置【不透明度】属性值为 30%,如图 7-45 所示。

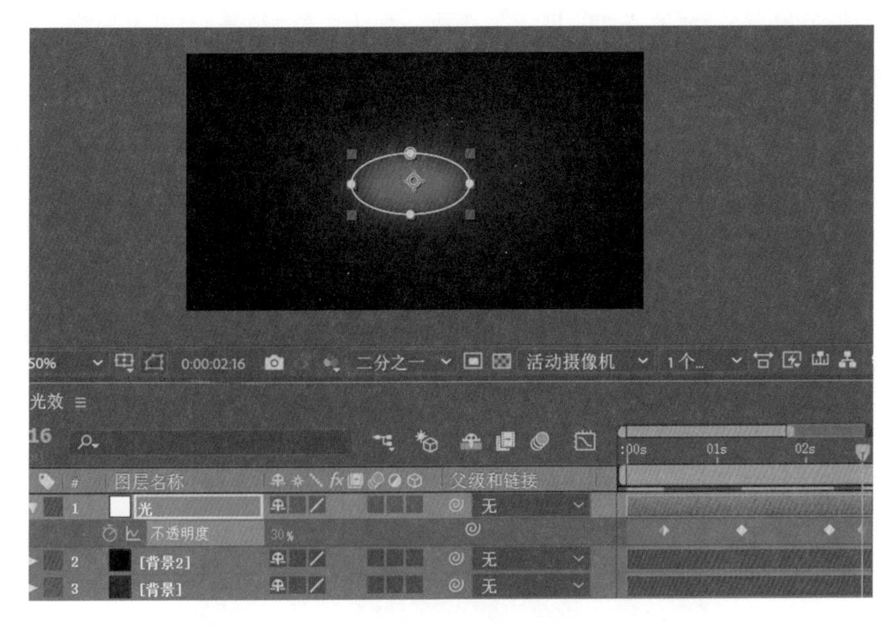

图 7 - 45 **调整参数**

(5)选择“光”层,按快捷键 M 展开蒙版路径属性并设置关键帧动画,在 00:00:02:07 帧处添加蒙版路径关键帧,在 00:00:02:16 帧处调整【遮罩路径】如图 7 - 46 所示。

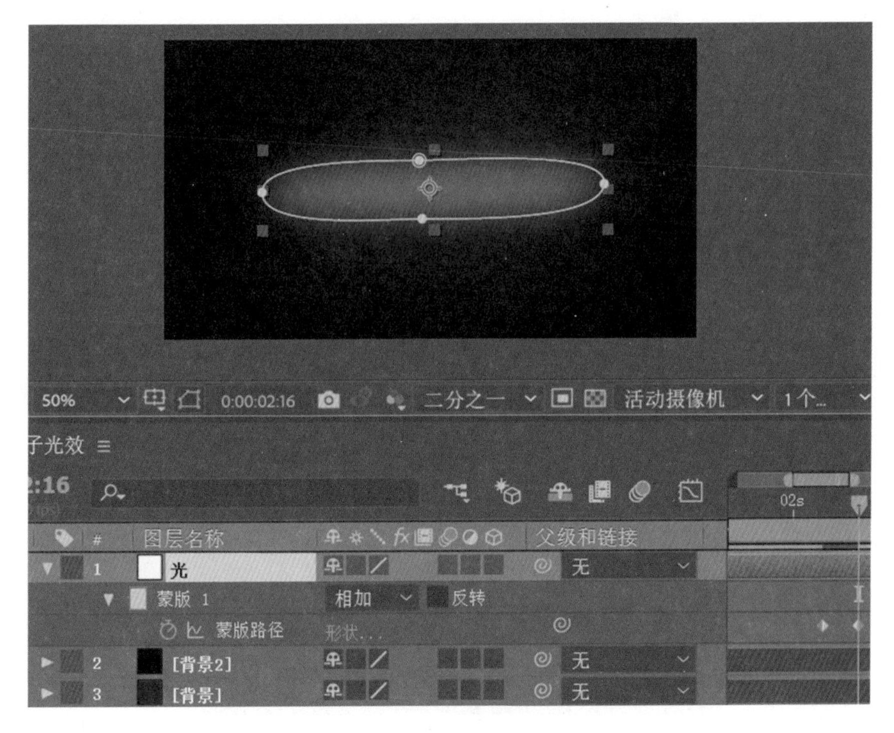

图 7 - 46 **调整参数**

(6)新建纯色层命名为“粒子 1”,尺寸与合成一样大。给“粒子 1”层添加【效果】|【Trapcode】|【Particular】特效,调整【发射器】参数如图 7-47 所示。调整【粒子(主要)】参数如图 7-48 所示。调整【物理(主要)】参数如图 7-49 所示。

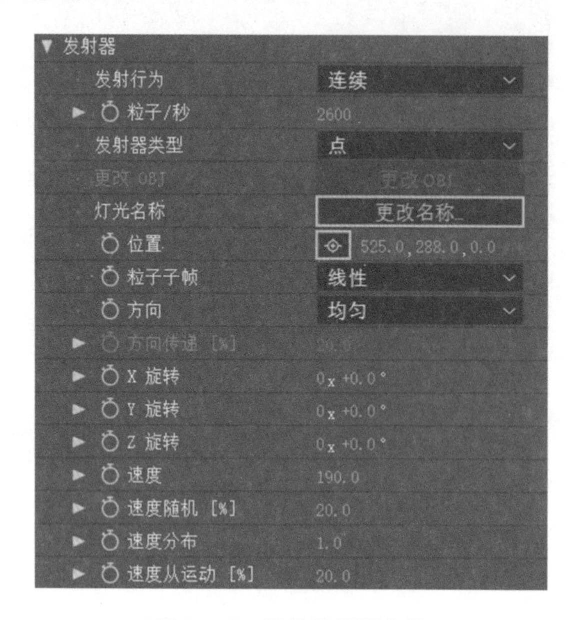

图 7-47　调整发射器参数

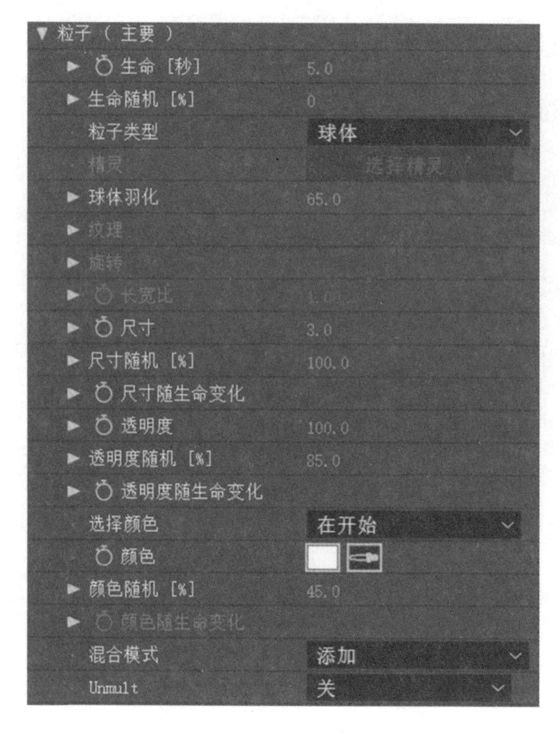

图 7-48　调整粒子参数

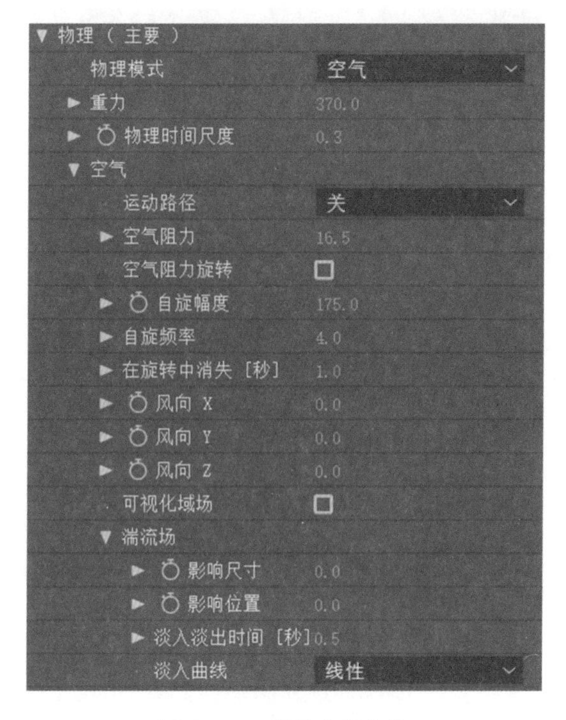

图 7-49 **调整物理参数**

(7)选择“粒子 1”层，给 Particular 特效设置关键帧动画，在 00:00:00:00 帧处设置【风向 Y】属性的值为 500，在 00:00:02:02 帧处设置【风向 Y】属性的值为－500，在 00:00:03:02 帧处设置【风向 Y】属性的值为 0，并同时设置【发射器】|【粒子/秒】属性值为 1 000，在 00:00:03:04 帧处设置【粒子/秒】属性的值为 0，如图 7-50 所示。

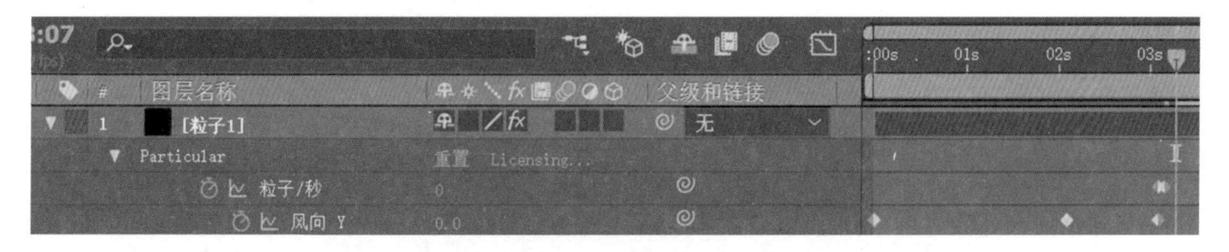

图 7-50 **设置动画**

(8)选择“粒子 1”层，执行【效果】|【风格化】|【发光】特效，参数设置如图 7-51 所示。

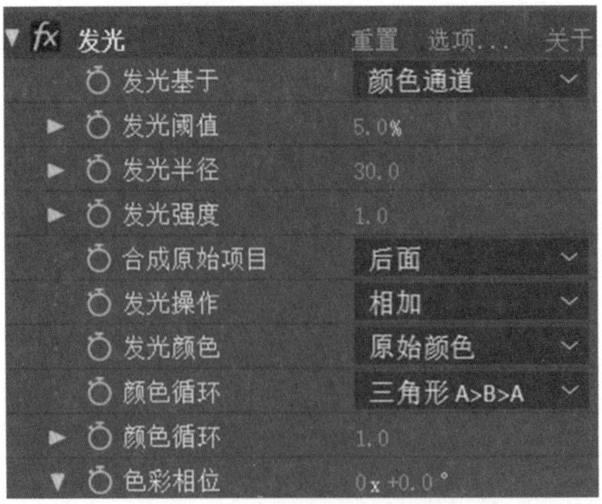

图 7-51　设置发光参数

(9)选择“粒子 1”层,按组合键 Ctrl+D 复制一层命名为“粒子 2”,在选择“粒子 2”层的情况下按快捷键 U 展开关键帧,在 00:00:00:00 帧处修改【风向 Y】属性的值为-500,在 00:00:02:02 帧处修改【风向 Y】属性的值为 500。

(10)选择“粒子 2”层,按组合键 Ctrl+ D 复制一层命名为“粒子 3”,再选择“粒子 3”层按快捷键 U 展开关键帧,选择【风向 Y】属性,按 Delete 键删除【风向 Y】属性上的关键帧,设【风向 Y】属性为 0,并为【风向 X】属性添加关键帧动画,在 00:00:00:00 帧处设置【风向 X】属性的值为 1 000,在00:00:02:02 帧处修改【风向 X】属性的值为-1 000,在 00:00:03:02 帧处修改【风向 X】属性值为 0,并同时设置【发射器】|【粒子/秒】属性值为 2 600,在 00:00:03:04 帧处设置【粒子/秒】属性的值为 0。

(11)选择“粒子 3”层,按组合键 Ctrl+ D 复制一层命名为“粒子 4”,再选择“粒子 4”层,并下按快捷键 U 展开关键帧,在 00:00:00:00 帧处设置【风向 X】属性的值为-1 000,在 00:00:02:02 帧处改【风向 X】属性的值为 1 000,如图 7-52 所示。

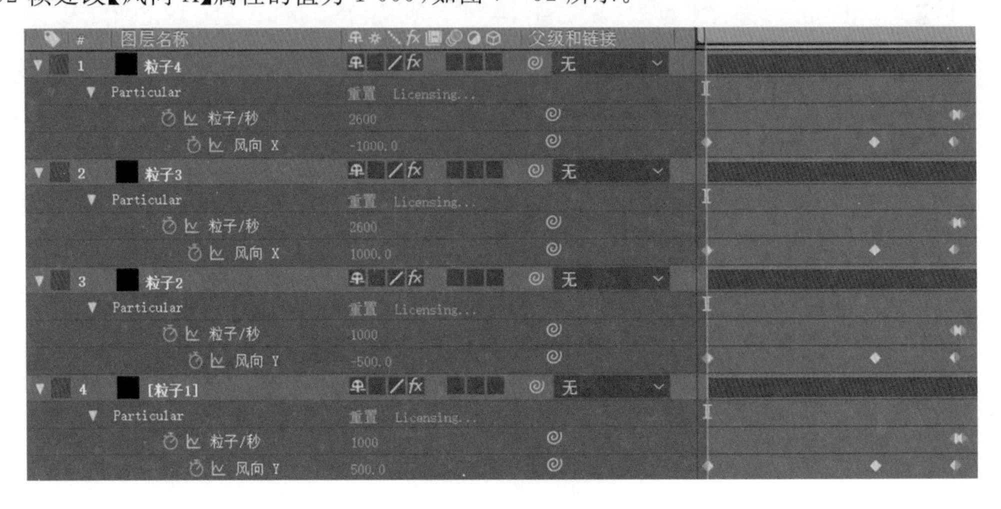

图 7-52　设置参数

(12)参数设置完成后，按小键盘上的数字 0 预览动画，效果如图 7-53 所示。

图 7-53　预览效果

(13)新建文本层，输入文字“粒子光效 Li Zi Guang Xiao”，打开文本层 3D 开关，选择文字“粒子光效”设置字体大小为 115，选择“Li Zi Guang Xiao”设置字体大小为 50，文字颜色设置为紫色，如图 7-54 所示。

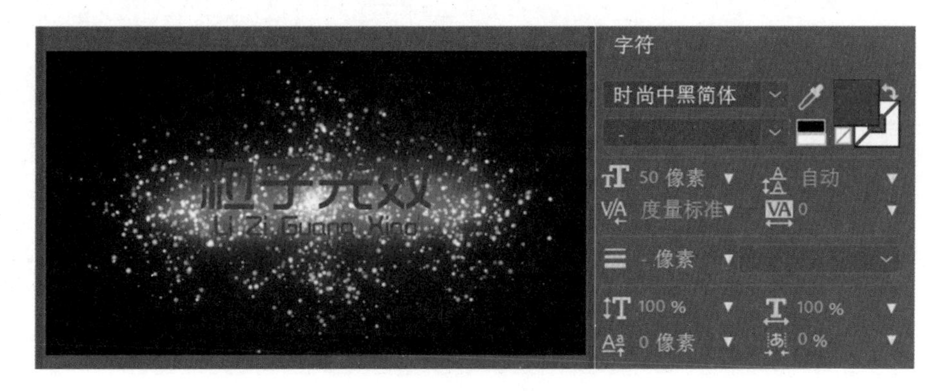

图 7-54　文本设置效果

(14)选择“文字”图层，执行【效果】|【透视】|【投影】特效，参数设置如图 7-55 所示。

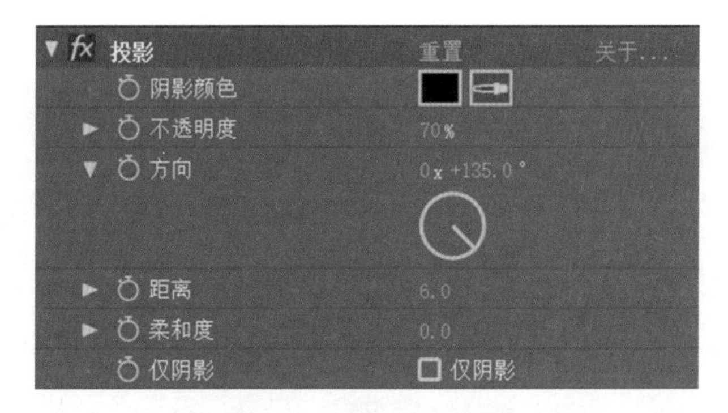

图 7-55　投影参数设置

(15)选择“文字”图层，执行【效果】|【风格化】|【发光】特效，参数设置如图 7-56 所示。

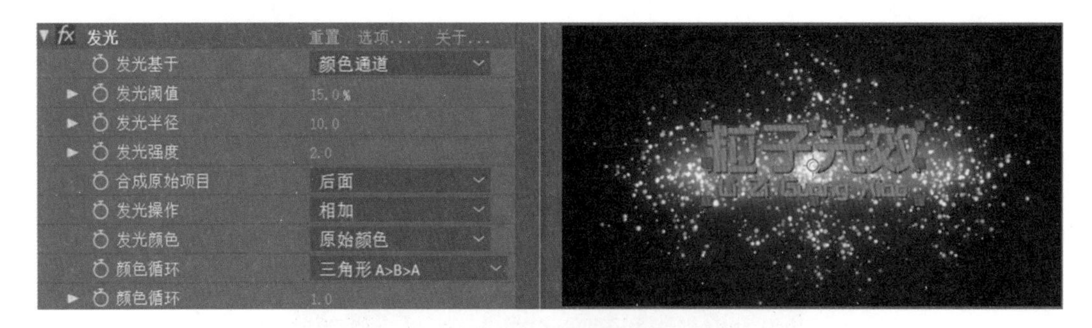

图 7-56　发光参数设置

(16)选择“文字”图层,执行【效果】|【Trapcode】|【Shine】特效,参数设置如图 7-57 所示。

图 7-57　Shine 参数设置

(17)选择“文字”图层,执行【效果】|【透视】|【斜面 Alpha】特效,参数设置如图 7-58 所示。

图 7-58　斜面 Alpha 参数设置

(18)选择“文字”图层，按快捷键 T 展开【不透明度】属性，为【不透明度】属性设置关键帧动画，在 00:00:02:02 帧处设置【不透明度】属性的值为 0%，在 00:00:02:16 帧处设置【不透明度】属性的值为 100%，按快捷键 R 展开文字层的旋转属性，设置【Y 轴旋转】属性值为 180°，如图 7-59 所示。

3	T	粒子光效 Li...uang Xiao	无
文本		动画:	
效果			
变换		重置	
锚点		0.0,0.0,0.0	
位置		525.0,288.0,0.0	
缩放		100.0,100.0,100.0%	
方向		0.0°,0.0°,0.0°	
X 轴旋转		0x+0.0°	
Y 轴旋转		0x+180.0°	
Z 轴旋转		0x+0.0°	
不透明度		0%	

图 7-59　不透明度参数设置

(19)新建摄像机层，将【预设】属性设置为 15 毫米，如图 7-60 所示。

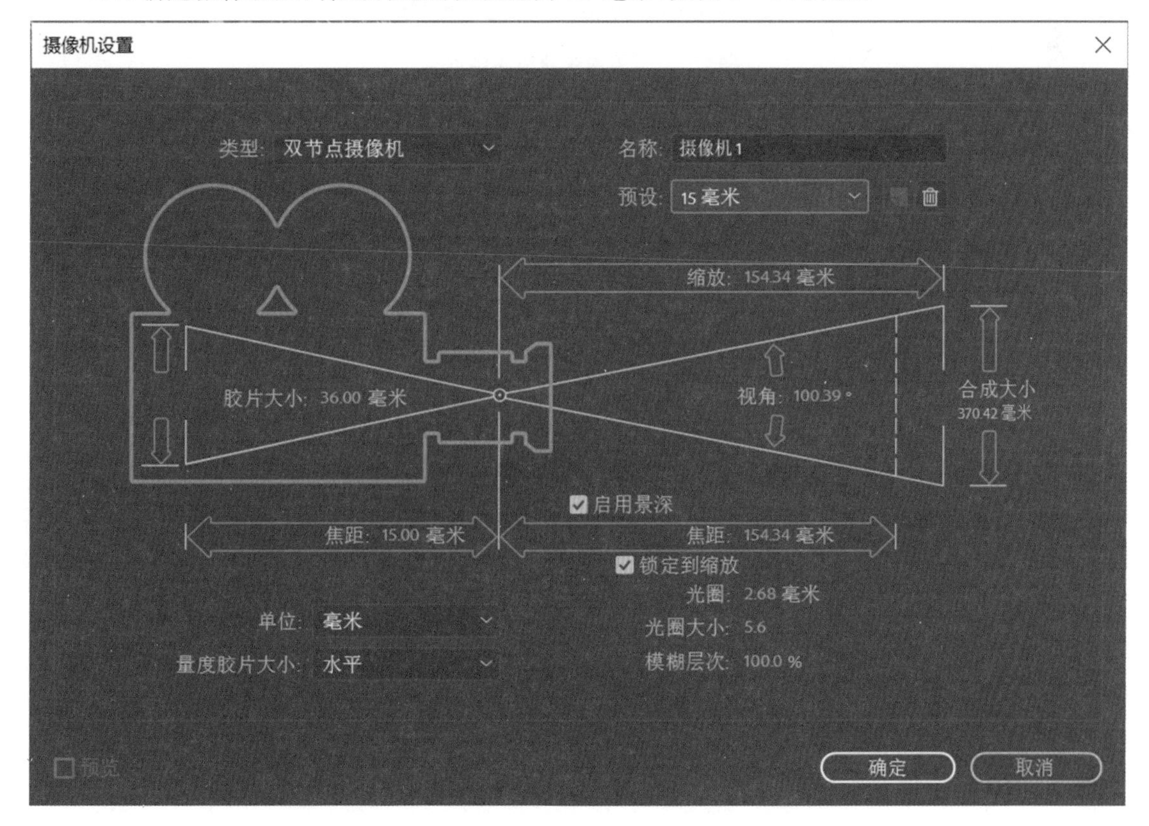

图 7-60　摄像机参数设置

(20)选择摄像机层,为摄像机层的【目标点】和【位置】属性添加关键帧动画,在 00:00:00:00 帧处设置【目标点】属性值为(525, 288, 200)、设置【位置】属性值为(525, 288, —115) ,在第 00:00:00:09 帧处设置【目标点】属性值为(525, 288, 35)、设置【位置】属性值为(525, 288, —287) ,在 00:00:02:13 帧处设置【目标点】属性值为(525,288, 0)、设置【位置】属性值为(525, 288,—320) ,选择第 00:00:00:09 帧处的两个关键帧单击右键,在弹出的快捷菜单中选择【关键帧插曲值...】属性,将【临时插值】设置为【贝塞尔曲线】,如图 7 - 61 所示。关键帧动画参数设置如图 7 - 62 所示。

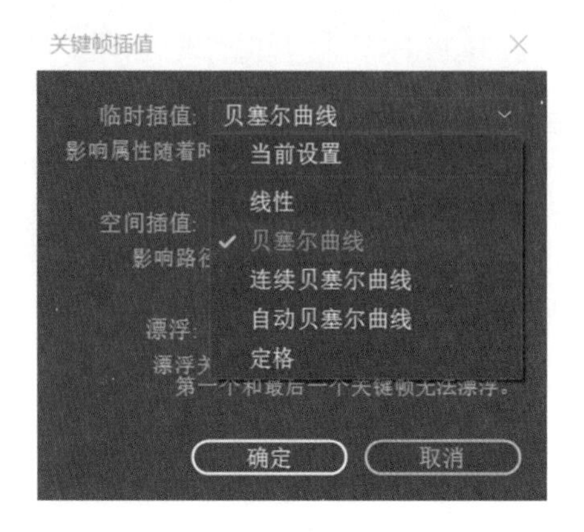

图 7 - 61　贝塞尔曲线参数设置

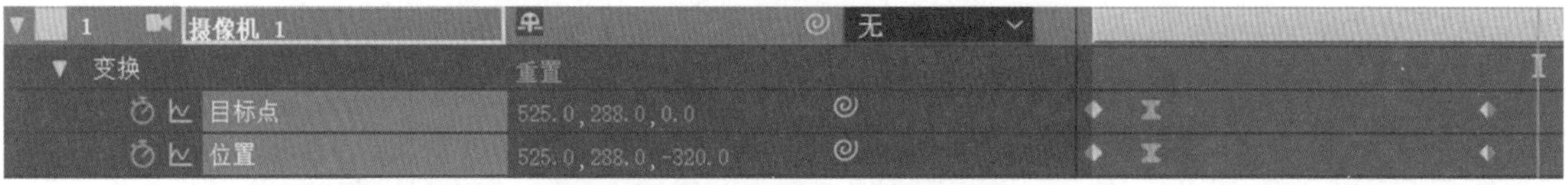

图 7 - 62　关键帧动画参数设置

(21)新建空对象层,并打开 3D 开关,按快捷键 R 展开空物体层的旋转属性,在 00:00:01:06 帧处设置【Y 轴旋转】属性值为 0,在 00:00:02:20 帧帧处设置【Y 轴旋转】属性值为 170,选择【Y 轴旋转】属性的两个关键帧,并按快捷键 F9 将线性关键帧转换为贝塞尔关键帧。

(22)选择摄像机层,将摄像机层的【父级和链接】属性设置为“空 1”层,如图 7 - 63 所示。

图 7－63　父级和链接设置

(23)新建调整图层,用矩形工具为调整图层绘制遮罩,如图 7－64 所示。

图 7－64　调整图层绘制遮罩

(24)选择调整图层,按快捷键 F 展开【蒙版羽化】属性,并设置其值为(325.0,325.0),如图 7－65 所示。

图 7－65　蒙版羽化设置

(25)选择调整图层,执行【效果】|【颜色校正】|【色相/饱和度】特效,参数设置如图 7-66 所示。

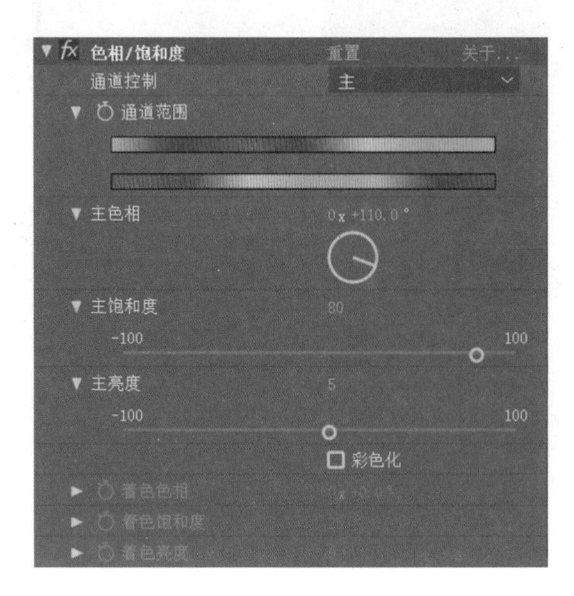

图 7-66 色相/饱和度设置

(26)最终效果如图 7-67 所示。

图 7-67 最终效果

(27)影片制作完毕。最后按 Ctrl+M 组合键输出影片即可。

任务十八 浪漫烟花

一、任务引导

本案例主要讲解 Particular 特效的高级综合实战应用。案例效果如图 7-68 所示。

图 7－68　案例效果

二、任务实施

(1)新建“浪漫烟花”合成。按 Ctrl+N 组合键新建一个合成,如图 7－69 所示,设置参数后单击【确定】按钮。

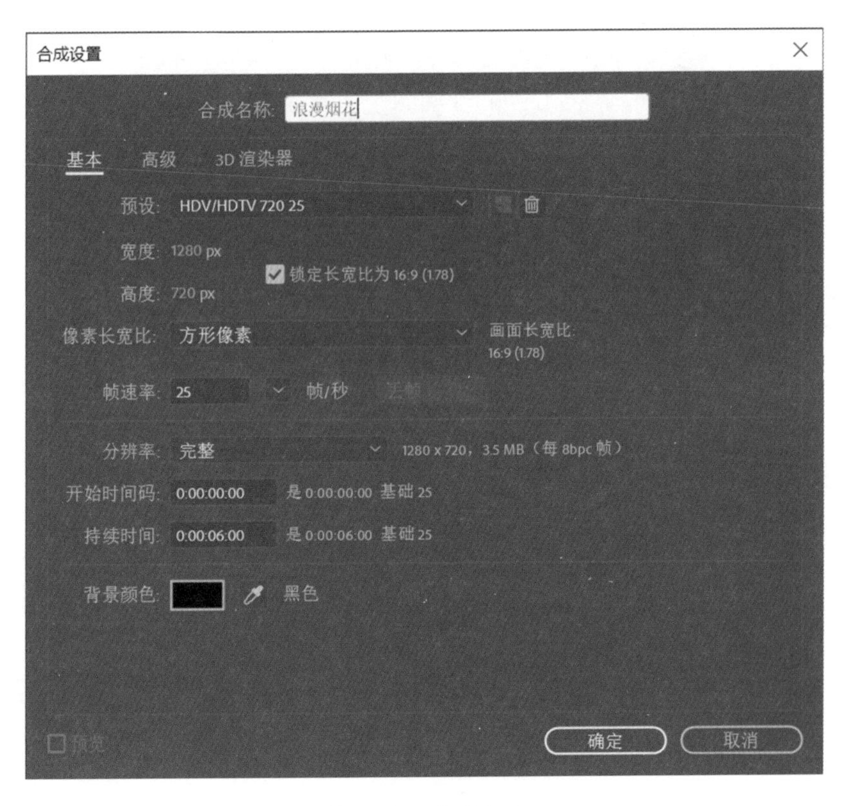

图 7－69　新建合成

(2)新建纯色层命名为“爆炸-粒子”,尺寸与合成一样大。给“爆炸-粒子”层添加【效果】|【Trapcode】|【Particular】特效,调整【发射器】参数如图 7－70 所示。需要注意这个例子中发射器是爆炸模式。调整【粒子(主要)】参数如图 7－71 所示。透明度随生命变化的图像可以形成闪烁的效果。调整【物理(主要)】参数如图 7－72 所示。

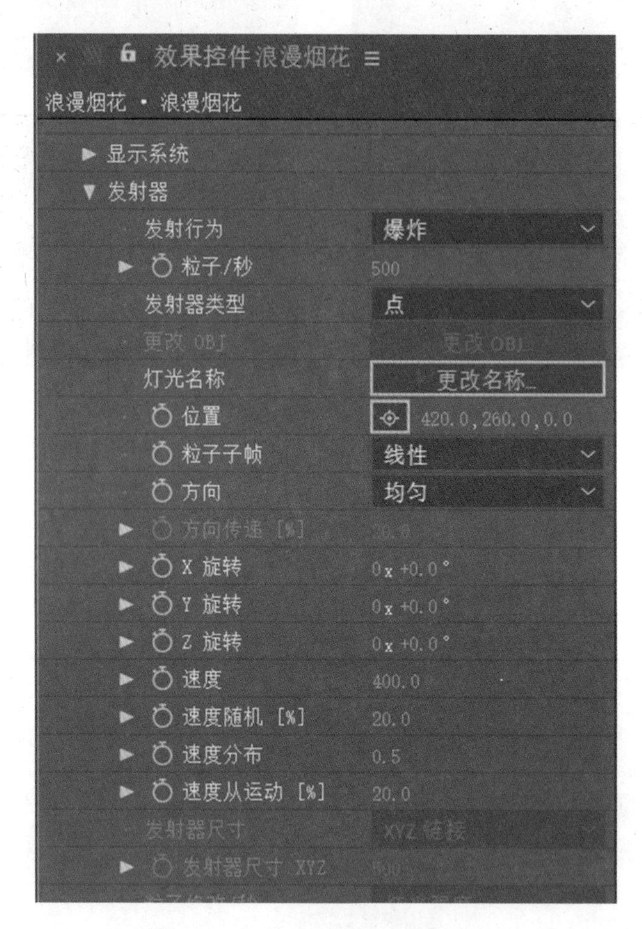

图 7－70　调整【发射器】参数

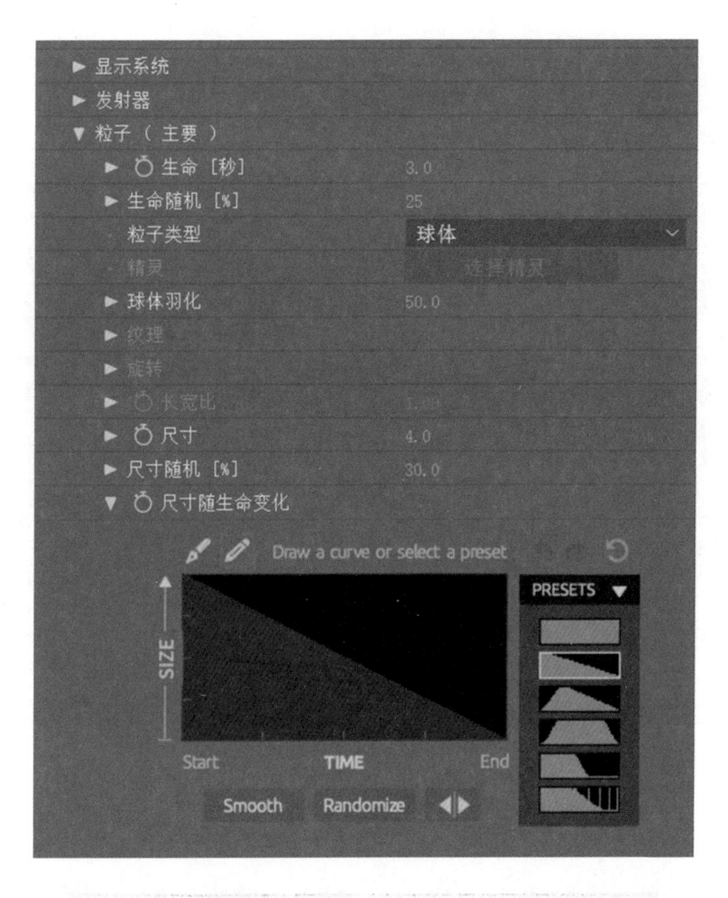

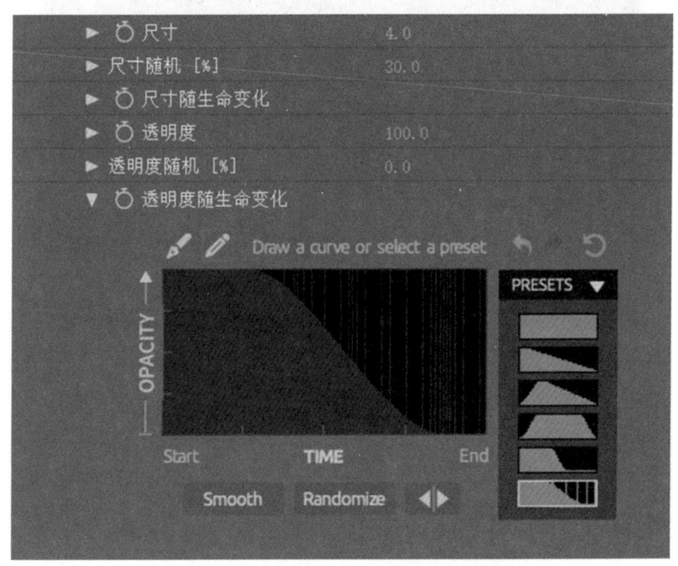

图 7－71　调整【粒子(主要)】参数

▼ 物理（主要）	
物理模式	空气
► 重力	30.0
► 物理时间尺度	1.5
▼ 空气	
运动路径	关
► 空气阻力	1.5
空气阻力旋转	☐
► 自旋幅度	0.0
► 自旋频率	1.0
► 在旋转中消失［秒］	1.0
► 风向 X	0.0
► 风向 Y	0.0
► 风向 Z	0.0
可视化域场	☐
▼ 湍流场	
► 影响尺寸	0.0
► 影响位置	20.0

图 7－72　调整【物理(主要)】参数

此时效果如图 7－73 所示。

图 7－73　图片效果

(3)下面进入烟花制作最主要的部分。展开【辅助系统(主要)】属性，将【发射】项调节为【连续】。此时粒子效果如图 7－74 所示。

图 7-74　粒子效果

(4)下面调节【辅助系统(主要)】属性的参数如图 7-75 所示。其中选择【颜色随生命变化】预设中的黑白过渡,重新调节色块为橙黄色过渡。

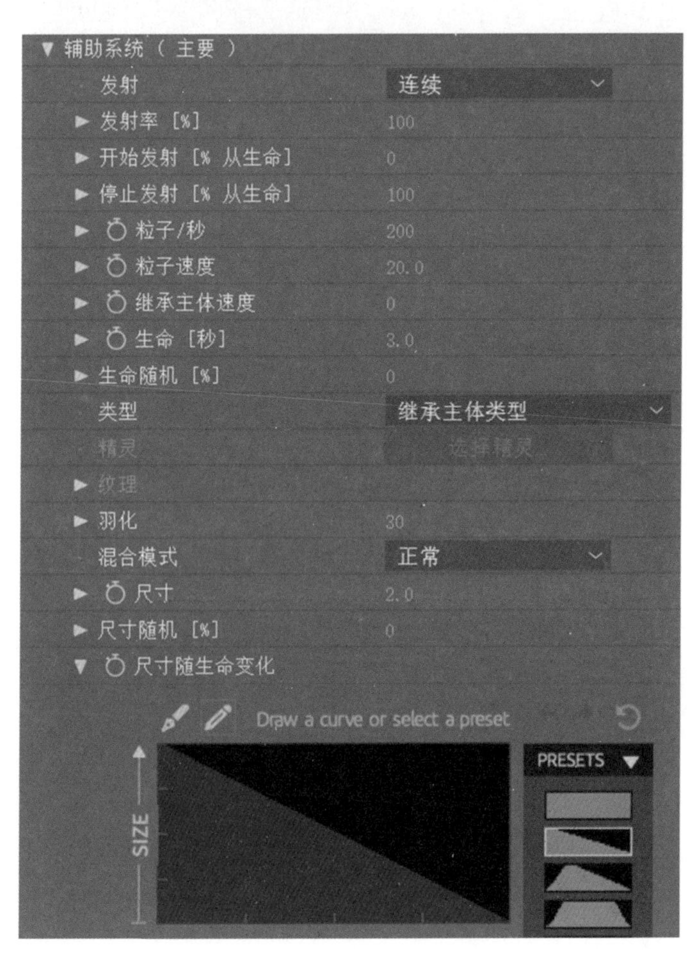

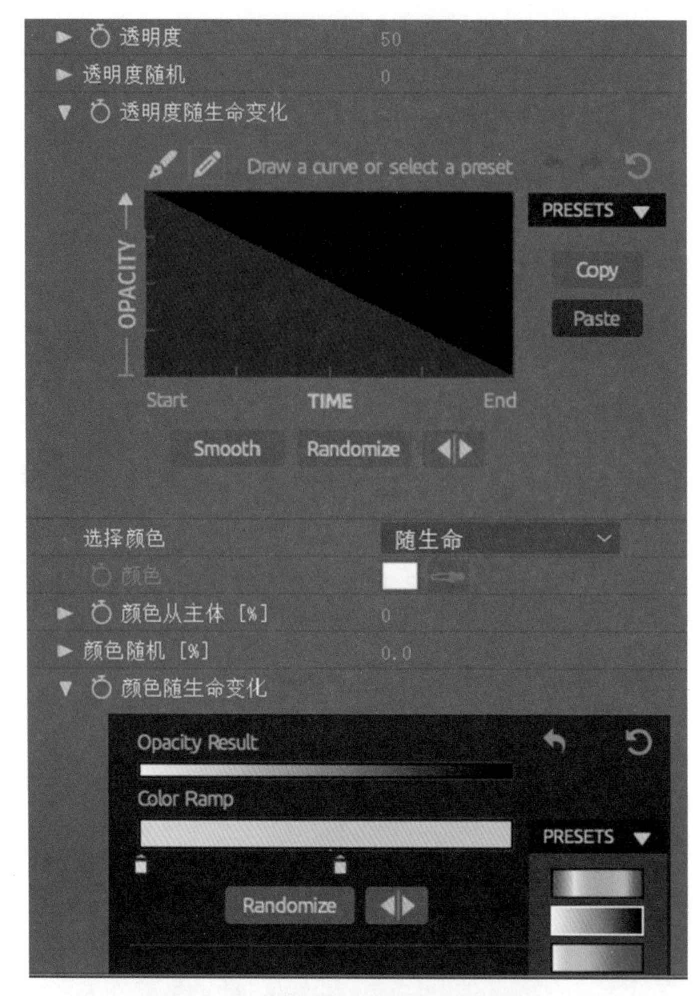

图 7-75 调节【辅助系统(主要)】参数

此时粒子效果如图 7-76 所示。

图 7-76 粒子效果

(5)下面打开【渲染】属性中的【运动模糊】参数，如图 7－77 所示。

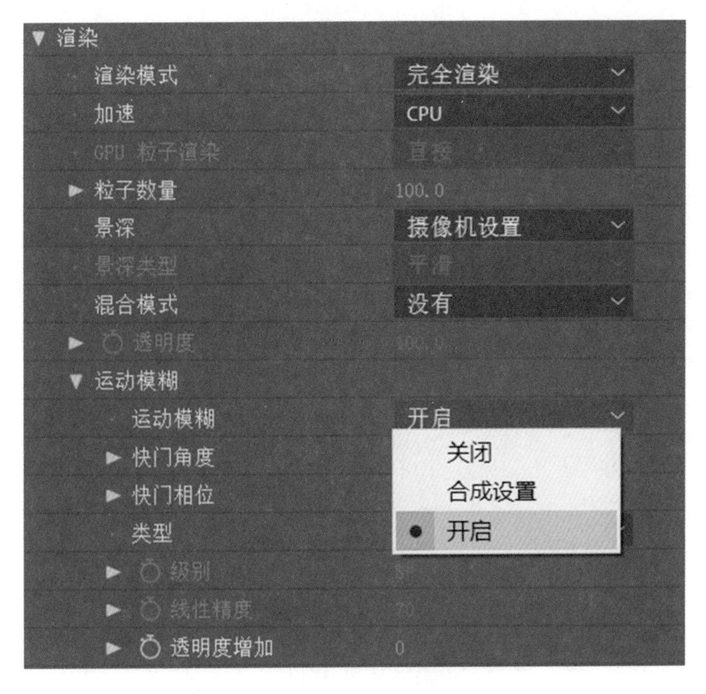

图 7－77　**设置【运动模糊】选项**

(6)选择“爆炸-粒子”图层，为其添加发光效果，让烟花产生光效。执行【效果】|【风格化】|【发光】特效，参数设置如图 7－78 所示。这是第一层光效，只制作出光扩散开的效果。

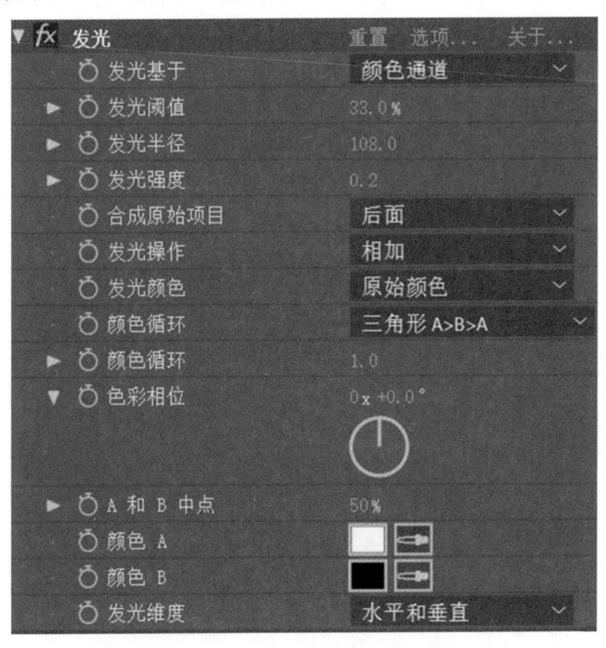

图 7－78　**设置【发光】特效**

(7)选择【发光】效果,执行 Ctrl+D 复制一层,参数设置如图 7－79 所示。

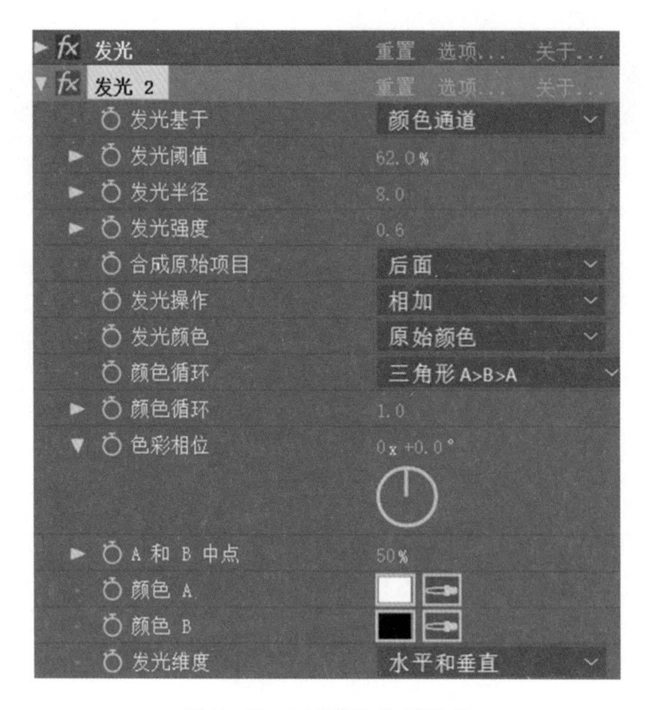

图 7－79　设置【发光 2】特效

(8)第二层光效制作完成,烟花光效明显增强,但还不够绚烂,下面选择【项目】面板下方的 8 bpc 位深选项,如图 7－80 所示,设置位深为 32 bpc,如图 7－81 所示,此时粒子效果更为漂亮,如图 7－82 所示。第一层粒子制作完成。

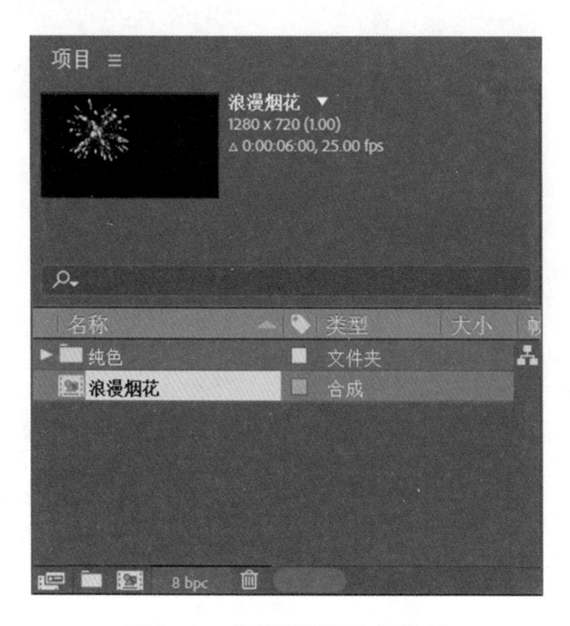

图 7－80　【项目】面板位深选项

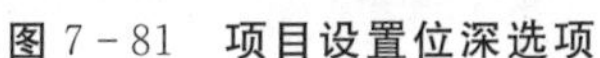
图 7-81　项目设置位深选项

图 7-82　粒子效果

(9)下面制作第二层粒子。选择“爆炸-粒子”图层，执行 Ctrl+D 复制一层，命名为“爆炸-粒子 2”，将“爆炸-粒子”图层改为“爆炸-粒子 1”，将“爆炸-粒子 2”放到“爆炸-粒子 1”图层下方，并设置这一层独显，设置“爆炸-粒子 1”和“爆炸-粒子 2”层叠加模式为“相加”，如图 7-83 所示。将“爆炸-粒子 2”层的发光 2 特效删除。

图 7-83　设置“爆炸-粒子 2”图层

(10)下面调节“爆炸-粒子 2”图层【Particular】特效参数。调节【发射器】参数如图 7-84 所示，注意调节一下【发射器】中的【随机种子】数量，否则两层粒子会重叠在一起，【随机种子】数量变化可以帮助调节粒子形态。调节【物理(主要)】参数如图 7-85 所示。调节【辅助系统(主要)】参数如图 7-86 所示。此时“爆炸-粒子 2”图层效果如图 7-87 所示。关闭“爆炸-粒子 2”图层独显，效果如图 7-88 所示。

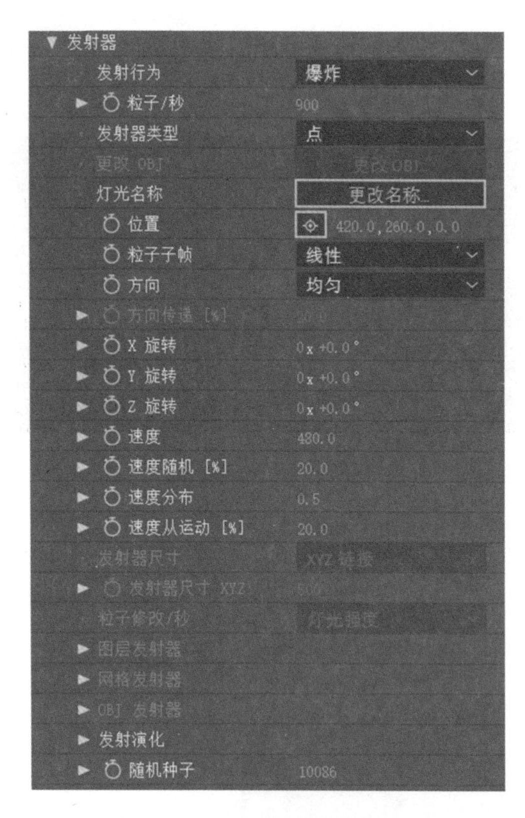

图 7-84　调节【发射器】参数

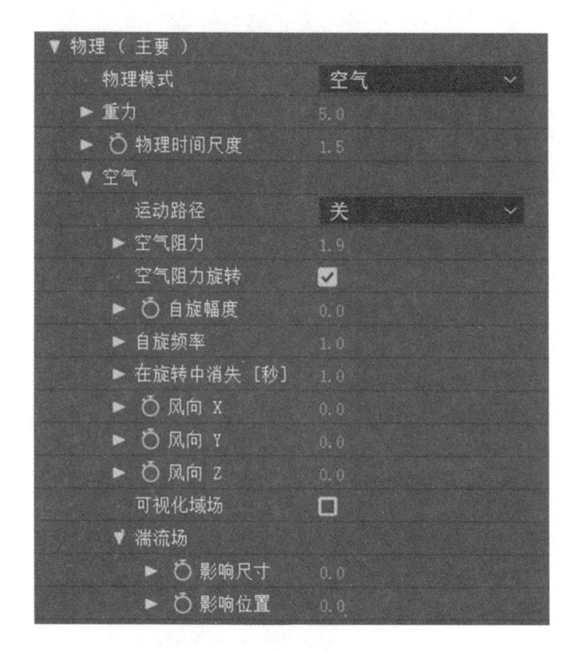

图 7-85　调节【物理(主要)】参数

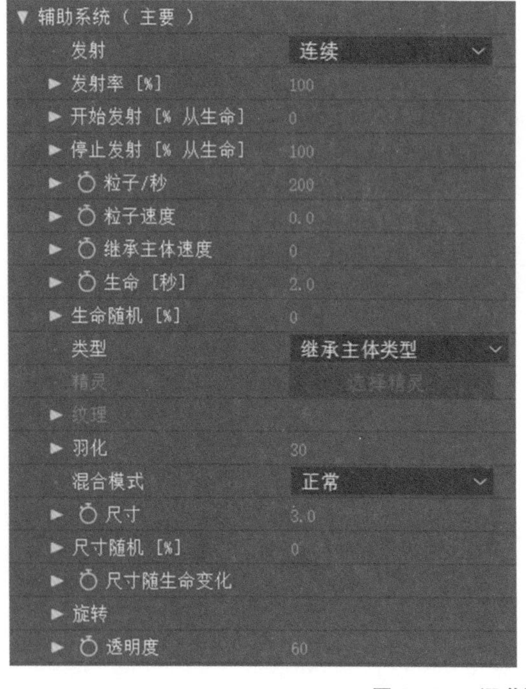

图 7-86　调节【辅助系统(主要)】参数

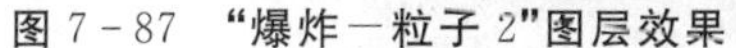

图 7-87　“爆炸—粒子 2”图层效果

图 7-88　两个图层效果

(11)下面制作第三层粒子。选择“爆炸-粒子 2”图层，执行 Ctrl+D 复制一层，命名为“爆炸-闪烁”，将“爆炸-闪烁”放到“爆炸-粒子 2”图层下方，并设置这一层独显。

(12)将“爆炸-闪烁”层的【发光】特效删除，选择【Particular】特效参数中【辅助系统(主要)】属性，将【发射】项调节为【关闭】。调节【发射器】中【粒子/秒】为 1 500，【速度】为 300。调节【粒子(主要)】参数如图 7-89 所示。调节【物理(主要)】参数如图 7-90 所示。此时粒子效果如图 7-91 所示。

▼ 粒子（主要）	
► 生命［秒］	5.0
► 生命随机［%］	40
粒子类型	球体
精灵	选择精灵
► 球体羽化	50.0
► 纹理	
► 旋转	
► 长宽比	1.00
► 尺寸	2.0
► 尺寸随机［%］	40.0
► 尺寸随生命变化	
► 透明度	100.0
► 透明度随机［%］	0.0
► 透明度随生命变化	
选择颜色	在开始
颜色	

图 7-89　调节【粒子(主要)】参数

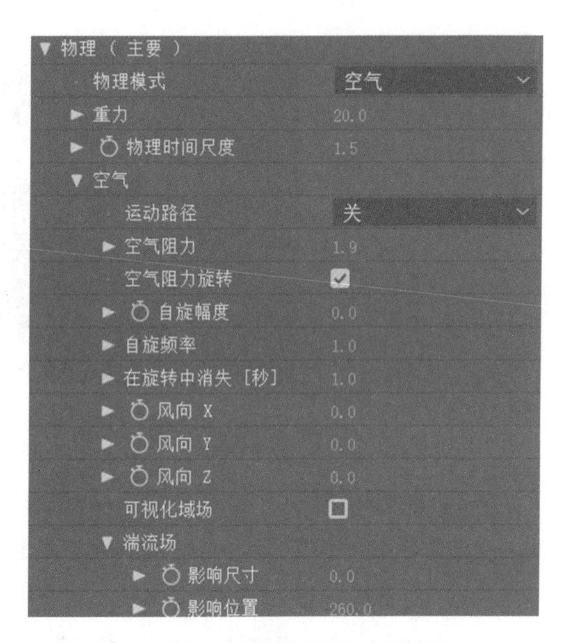

图 7-90　调节【物理(主要)】参数

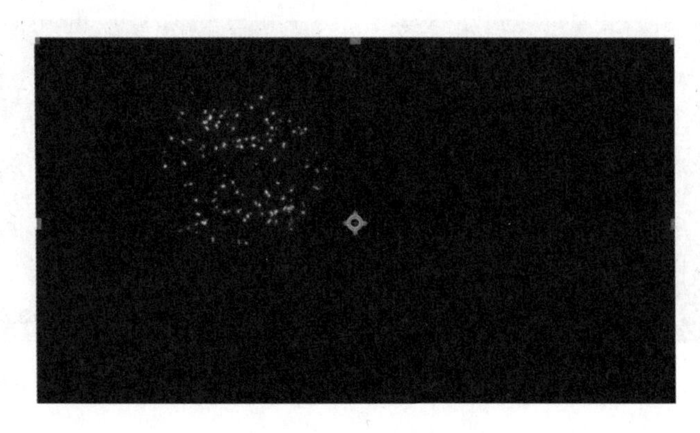

图 7 - 91　粒子效果

(13)下面制作第四层粒子。选择"爆炸-闪烁"图层,执行 Ctrl+D 复制一层,命名为"爆炸-闪烁 2",将"爆炸-闪烁 2"放到"爆炸-闪烁"图层下方,并设置这一层独显。

(14)将"爆炸-闪烁 2"层的【Particular】特效参数中【发射器】属性中的【速度】调为 450,适当调节【随机种子】参数,使得它们位置略有差异。调节【粒子(主要)】属性中【粒子/秒】为 3.2,【尺寸】为 1.2。此时整体效果如图 7 - 92 所示。

图 7 - 92　粒子效果

(15)下面制作第五层粒子。选择"爆炸-闪烁 2"图层,执行 Ctrl+D 复制一层,命名为"爆炸-闪烁 3",将"爆炸-闪烁 3"放到"爆炸-闪烁 2"图层下方,并设置这一层独显。

(16)将"爆炸-闪烁 3"层的【Particular】特效参数中【发射器】属性中的【粒子/秒】调节为 600,【速度】调为 220,适当调节【随机种子】参数,使得它们位置略有差异。调节【粒子】属性中【粒子/秒】的值为 4.5,【尺寸】为 5,调节【透明度随生命变化】如图 7 - 93 所示,这样该层粒子会一直闪烁,【颜色】为白色。此时整体效果如图 7 - 94 所示。

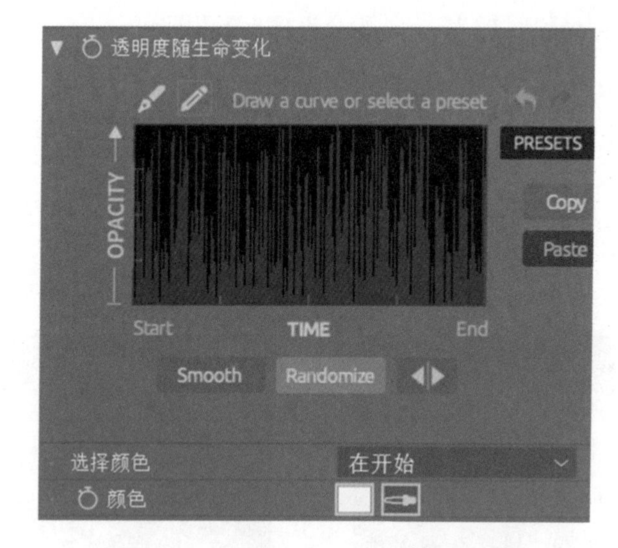

图 7-93 调节【透明度随生命变化】参数

图 7-94 粒子效果

(17)烟花制作完成。读者可以自行再制作几组,形成烟花漫天绽放的景象。可参考图 7-95。

图 7-95 烟花最终效果

(18)影片制作完毕。最后按 Ctrl+M 组合键输出影片即可。

任务十九　文字光效

一、任务引导

本案例主要讲解 Optical Flares(光学耀斑)插件的综合实战应用。案例效果如图 7-96 所示。

图 7-96　案例效果

二、任务实施

(1)新建“文字光效”合成。按 Ctrl+N 组合键新建一个合成,如图 7-97 所示,设置参数后单击【确定】按钮。

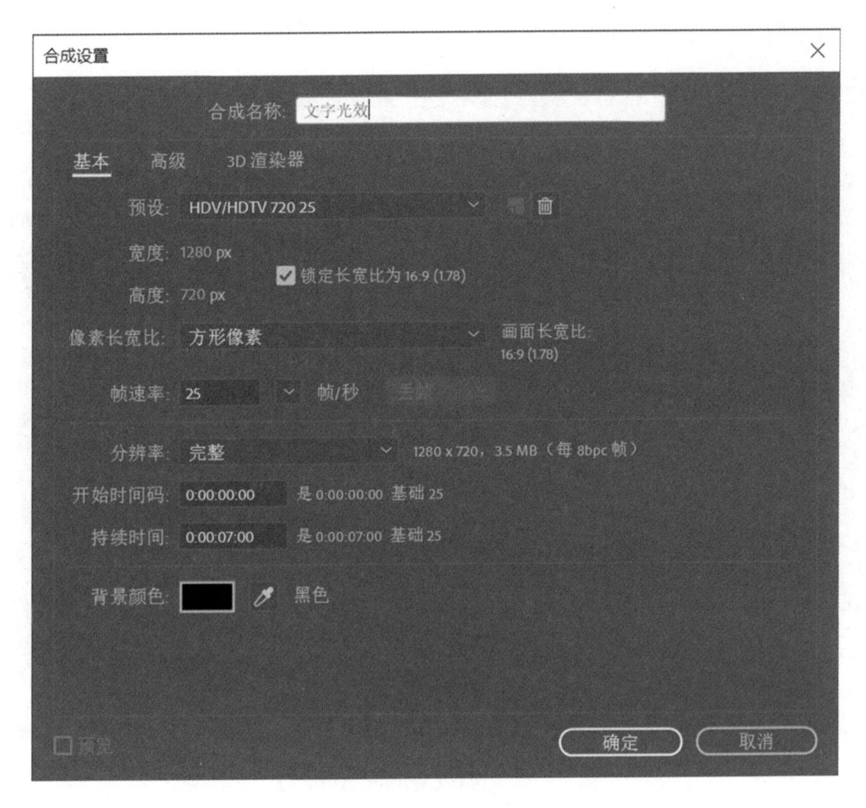

图 7－97　**新建合成**

(2)新建纯色层命名为“背景”,尺寸与合成一样大。给“背景”层添加【效果】|【Video Copilot】|【Optical Flares】特效,在【效果控件】面板中单击【Options】按钮,会弹出【光晕效果选项】窗口,在右下角【浏览器】窗口中选择【Pro Presets(50)】文件夹,如图 7－98 所示。

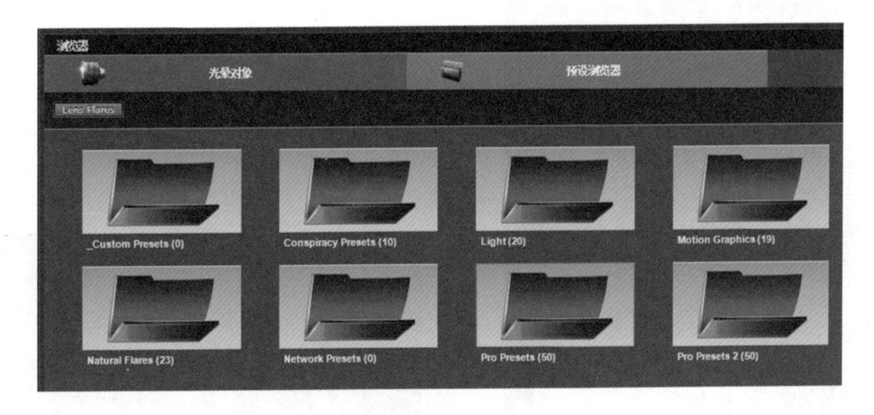

图 7－98　**选择【Pro Presets(50)】**

(3)单击打开【Pro Presets(50)】文件夹,选择最后一项【Winter Aurora】,如图 7-99 所示。

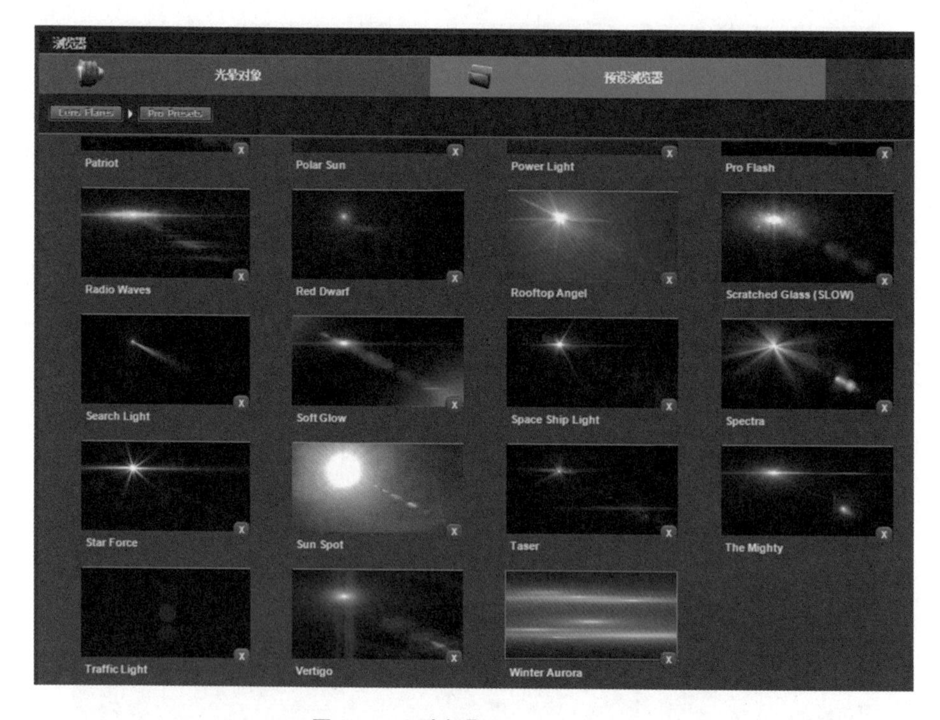

图 7-99 选择【Winter Aurora】

(4)下面调节参数。在【编辑器】中设置【光晕纹理】中的【纹理图片】为【Grainy】,如图 7-100 所示。在【预览】窗口中观察效果如图 7-101 所示。单击【光晕效果选项】窗口右上角的【OK】键,退出编辑窗口。

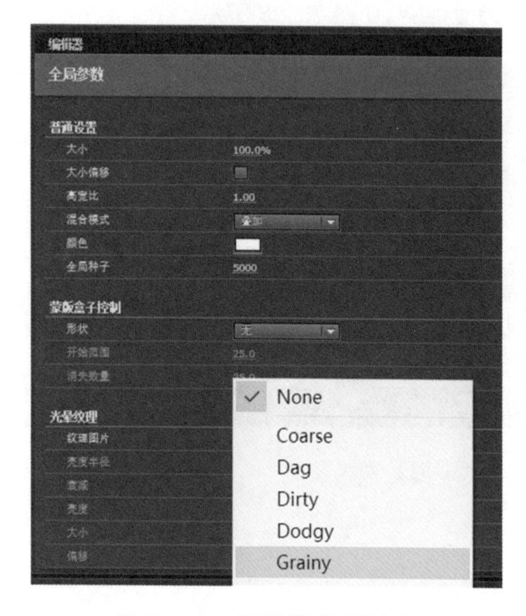

图 7-100 设置【编辑器】参数

图 7-101 预览效果

(5)下面给“背景”层制作动画。选中“背景”层的【Optical Flares】特效，在 00:00:00:00 帧处，设置【位置 XY】属性值为(384, 216)，并添加关键帧；将时间指针移动到 00:00:06:04 帧处，设置【位置 XY】属性值为(1 025,560)，此时自动添加第二个关键帧。将时间指针移动到 00:00:02:05 帧处，设置【亮度】属性值为 100 ，并添加关键帧；再将时间指针移动到 00:00:02:12 帧处，设置【亮度】属性值为 150 ，此时自动添加第二个关键帧。

(6)下面按 T 键展开【不透明度】属性，将时间指针移动到 00:00:01:20 帧处，设置【不透明度】属性值为 30 ，并添加关键帧；再将时间指针移动到 00:00:02:06 帧处，设置【不透明度】属性值为 100 ，此时自动添加第二个关键帧。“背景”层制作完成。

(7)接下来制作“文字”层。新建文本层，输入文字“HAPPY NEW YEAR”，选择文字“HAPPY NEW YEAR”设置字体大小为 59，选择“Cooper Black”字体，其余参数设置如图 7 - 102 所示。

图 7 - 102　**设置文本参数**

(8)选择“HAPPY NEW YEAR”图层，执行【效果】|【透视】|【投影】特效，参数设置如图 7 - 103所示。

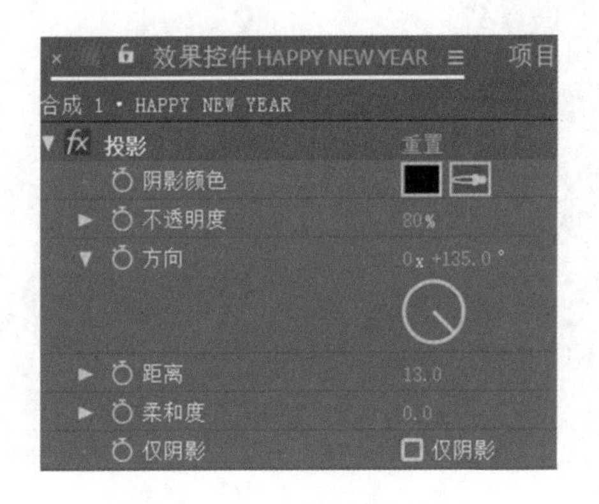

图 7 - 103　**【投影】参数设置**

(9)选择“HAPPY NEW YEAR”图层，执行【效果】|【透视】|【边缘斜面】特效，参数设置如图 7-104 所示。

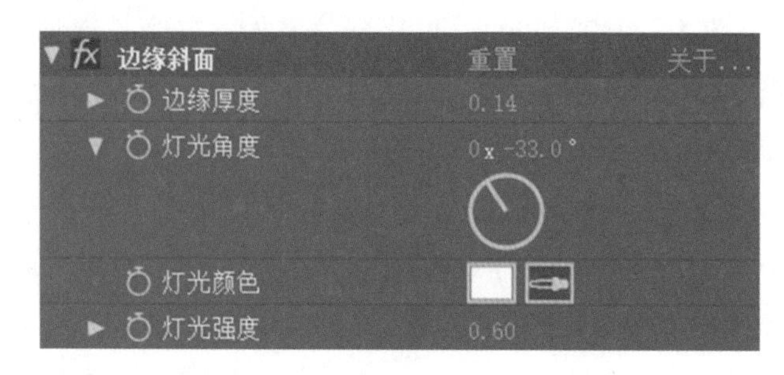

图 7-104 【边缘斜面】参数设置

(10)下面给文字层制作动画。按 S 键展开【缩放】属性，将时间指针移动到 00:00:01:12 帧处，设置【缩放】属性值为 0，并添加关键帧；再将时间指针移动到 00:00:01:14 帧处，设置【缩放】属性值为 110，此时自动添加第二个关键帧；再将时间指针移动到 00:00:06:00 帧处，设置【缩放】属性值为 130，此时自动添加第三个关键帧，选中此关键帧，按下 F9 键，将它设为“缓动”。文字层制作完成。

(11)新建纯色层命名为“闪耀”，尺寸与合成一样大。给“闪耀”层添加【效果】|【Video Copilot】|【Optical Flares】特效，在【效果控件】面板中单击【Options】按钮，弹出【光晕效果选项】窗口，在右下角【浏览器】窗口中选择【Motion Graphics(19)】文件夹，单击打开文件夹，选择【Red Triangles】这一项，如图 7-105 所示。单击【光晕效果选项】窗口右上角【OK】键，退出编辑窗口。

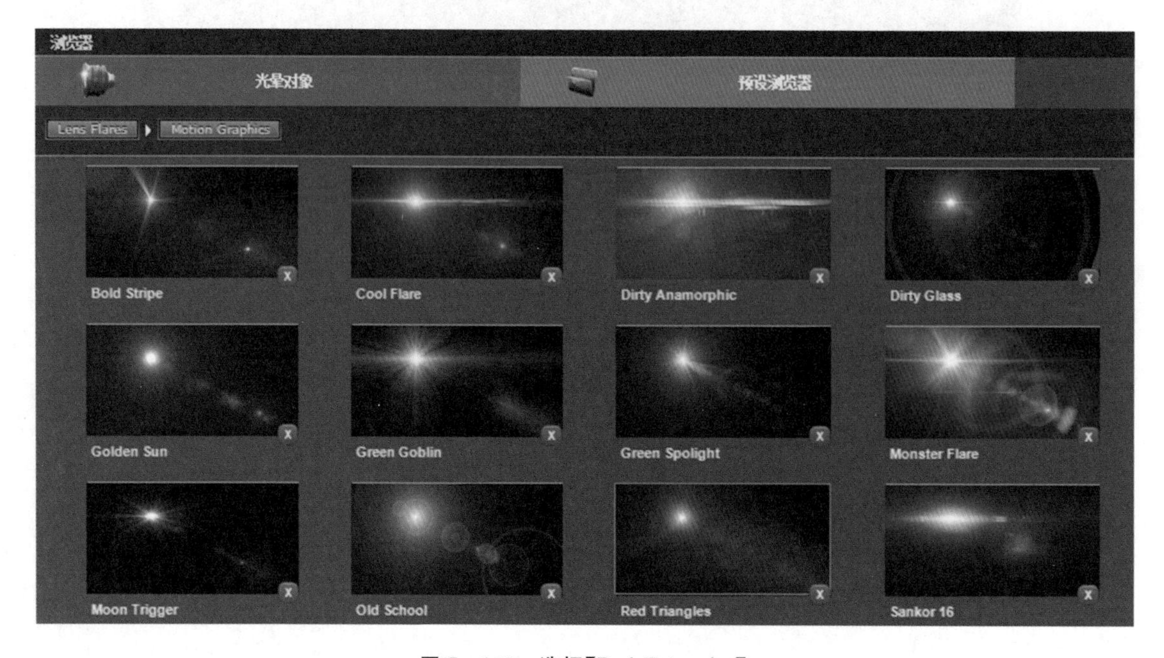

图 7-105 选择【Red Triangles】

(12)给“闪耀”层制作动画。选中“闪耀”层的【Optical Flares】特效，在 00:00:00:00 帧处，设置【位置 XY】属性值为(－10，360)，添加关键帧；将时间指针移动到 00:00:02:15 帧处，设置【位置 XY】属性值为(1 300,360)，此时自动添加第二个关键帧。将时间指针移动到 00:00:01:04 帧处，设置【亮度】属性值为 100 ，并添加关键帧；再将时间指针移动到 00:00:01:11 帧处，设置【亮度】属性值为 1 000 ，此时自动添加第二个关键帧；再将时间指针移动到 00:00:01:20 帧处，设置【亮度】属性值为 100 ，此时自动添加第三个关键帧。

(13)按 T 键展开【不透明度】属性，将时间指针移动到 00:00:01:15 帧处，设置【不透明度】属性值为 100 ，并添加关键帧，效果如图 7－106 所示；再将时间指针移动到 00:00:01:22 帧处，设置【不透明度】属性值为 40 ，此时自动添加第二个关键帧。“闪耀”层制作完成。

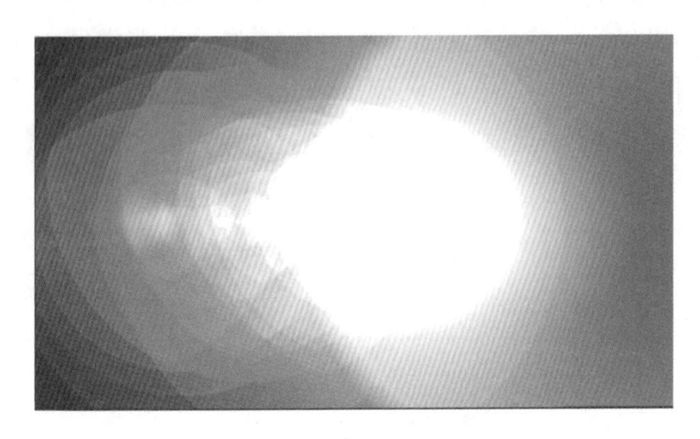

图 7－106　设置效果

(14)影片制作完毕。最后按 Ctrl＋M 组合键输出影片即可。

第8章 表达式

内容提要

表达式和运动跟踪是After Effects软件中比较高级的制作动画的方式，表达式主要是做一些程序化的脚本处理，可以让一些烦琐的操作简单化，制作一些非常酷的效果，为影视创作提供了强劲的后期特效制作方式。本章对After Effects中的“表达式”进行了介绍，重点讲解创建表达式的方法、编辑表达式方法、表达式应用举例。通过本章内容的学习，读者可以掌握AE中表达式的使用方法。

学习导航

<table>
<tr><td colspan="2">学习内容</td><td>表达式</td></tr>
<tr><td rowspan="3">教学目标</td><td>知识目标</td><td>1. 了解表达式的基本知识；
2. 掌握表达式的基本构成；
3. 掌握常用表达式使用的方法和场合；
3. 理解关键帧动画和表达式动画之间的关系</td></tr>
<tr><td>能力目标</td><td>1. 能够判定简单表达式语法错误；
2. 能够利用常用表达式制作动画效果；
3. 能够判断关键帧动画和表达式动画之间的关系</td></tr>
<tr><td>素质目标</td><td>1. 培养学生的逻辑思维和能力；
2. 培养学生分析问题的能力；
3. 培养学生的自学能力</td></tr>
<tr><td colspan="2">思政素养</td><td>1. 利用时钟案例，教育学生遵时、守时的品质；
2. 利用案例教学，培养学生分析、解决问题的能力</td></tr>
<tr><td rowspan="2">教学重难点</td><td>教学难点</td><td>1. 表达式编写规则；
2. 表达式返回值与属性数组的关系；
3. 常用表达式的使用方法</td></tr>
<tr><td>教学难点</td><td>1. 表达式返回值与属性数组的关系，以及具体设置；
2. 综合利用不同表达式制作不同动画效果的方法；
3. 表达式关联器的使用方法与原理</td></tr>
<tr><td colspan="2">建议学时</td><td>6学时</td></tr>
</table>

8.1　表达式认知

8.1.1　什么是表达式

表达式就是为特定参数赋予特定值的一条或一组语句。表达式一般是由数字、运算符、符号、自由变量和约束变量组成。约束变量在表达式中已被指定数值，自由变量则可以在表达式外另行指定数值。

After Effects 表达式的语法及命令都是源自 Java Script 这门语言，使用表达式可以直接控制图层的各个属性，也可以对不同的图层属性设置某种关联效果。

8.1.2　表达式的创建

表达式创建方法比较简单，首先在时间轴面板上选中要影响图层的某个属性，然后选择【动画】菜单【添加表达式】命令；实用表达式创建快捷键 Alt＋Shift＋＝；按住键盘上 Alt 键并单击关键帧记录器(码表)图标。此时该属性的数据变成红色，同时显示表达式控制器，就说明表达式已经创建了。如图 8－1 所示。

图 8－1　表达式控制器

表达式控制器的 4 个按钮：

：表达式开关，打开/关闭表达式。

：用曲线来显示数值变化。

：表达式关联器，其他属性写入拾取参数的对应代码。

：表达式语言菜单，可以在这里直接选择表达式。

> 小技巧：如果想要查看某个图层的表达式，可以在时间轴面板上选择该图层，然后在键盘上快速按两下 E 键，该图层所使用到的表达式就会全部显示出来，如图 8－2 所示。

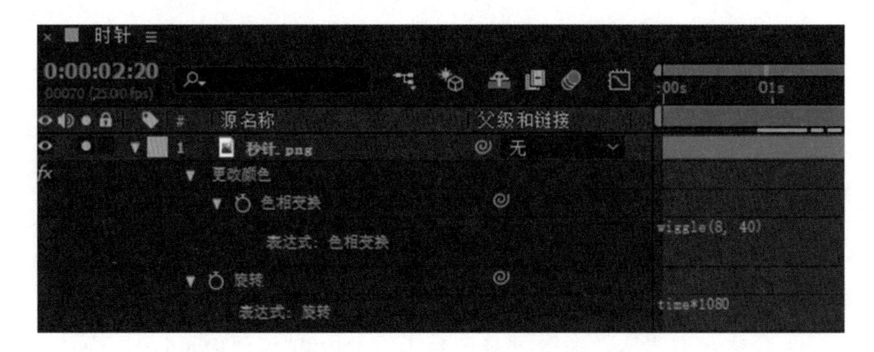

图 8-2　表达式显示小技巧

在向某一属性添加表达式后，可以继续为该属性添加或编辑关键帧。表达式可以采用某一属性值（由其关键帧确定）并使用该值作为生成新的修改值的输入。

8.1.3　表达式的修改

在 After Effects 中可以在表达式中手动输入表达式，也可以使用表达式语言菜单来完整的输入表达式，还可以使用表达式关联器或从其他表达式实例中复制表达式，但是都是在表达式的输入框来完成。如图 8-3 所示。

图 8-3　表达式输入框

首先确定表达式输入框处于激活状态，在输入框内通过直接输入或通过表达式语言菜单来输入或编辑表达式。输入或编辑完表达式后，按小键盘上的 Enter 或单击输入框以外的区域退出编辑状态。

"表达式语言"菜单列出了参数和默认值。能够提示在编写表达式时可以控制哪些元素。例如，在语言菜单中，"属性"类别的摆动方法显示为 wiggle(freq, amp, octaves=1, amp_mult=.5, t=time)。五个参数在 wiggle 后面的圆括号中列出。最后三个参数中的"="表示使用这些参数是可选的。如果您没有为其指定任何值，则它们将分别默认为 1、5 以及当前时间。注意：您必须将"表达式语言"菜单编写的参数名称替换为实际值。

如果表达式编写有问题，After Effects 将提示错误信息，且自动终止表达式运行，同时显示一个黄色的警告图标。如图 8-4 所示。

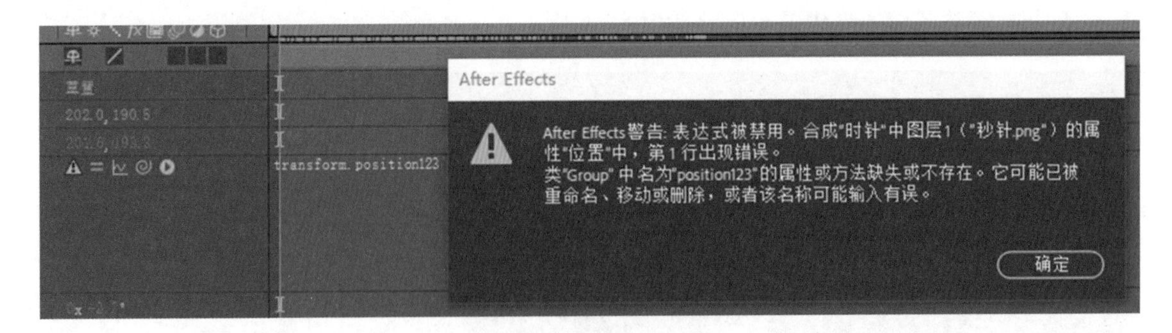

图8-4 表达式编写出错

8.1.4 表达式的复制

当要复制某个图层的表达式时，要将表达式连同关键帧一起复制到其他图层属性中，可以在【时间轴】面板上选择原动画属性进行复制操作，再粘贴到其他图层上。如果只想将一个图层属性的表达式（不含关键帧）复制到其他图层属性中，可以在【时间轴】面板上选择该图层的具体属性，右键单击该属性，在弹出对话框中选择【仅复制表达式】命令，再粘贴到目标图层中去，就完成了表达式的复制。如图8-5所示。

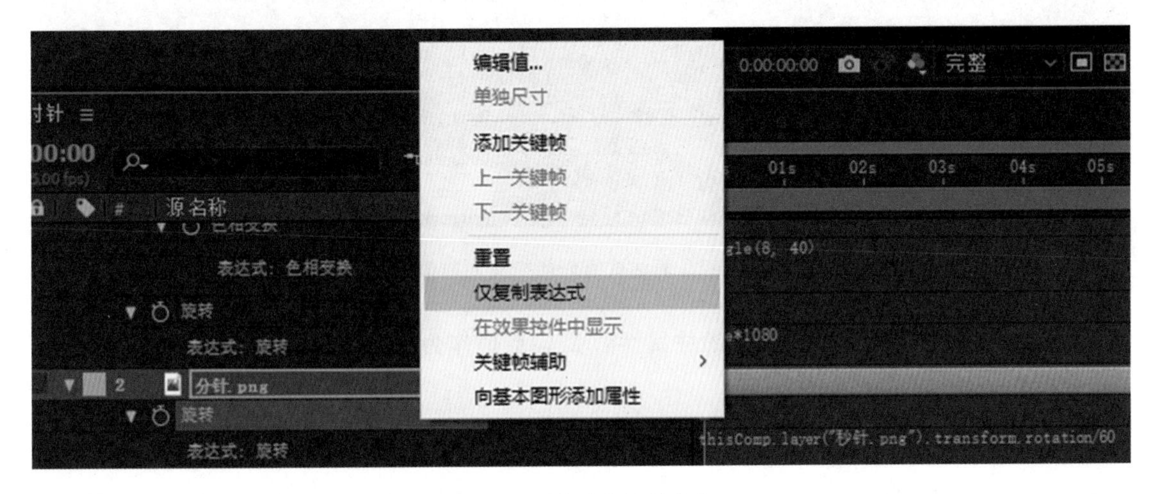

图8-5 表达式复制命令

如果要将表达式粘贴到目标图层其他属性上时，必须确定哪个属性才是粘贴操作的目标。例如，将一个图层的位置属性表达式复制到其他图层的缩放属性，则必须手动选择目标属性。

在After Effects中还有一种非常便捷的方法实现表达式的复制，就是利用【表达式关联器】。具体使用方法很简单，就是将表达式管理器按钮◎拖曳到其他属性名字或数值上来关联属性。拖曳到属性名字上，那么表达式输入框中显示的结果是将该图层的所有参数值作为表达式输出的数值。例如，将一个图层的缩放属性表达式关联器◎拖曳到另外一个图层的缩放属性名字上时，表达式输入框中显示内容如图 8－6 所示。

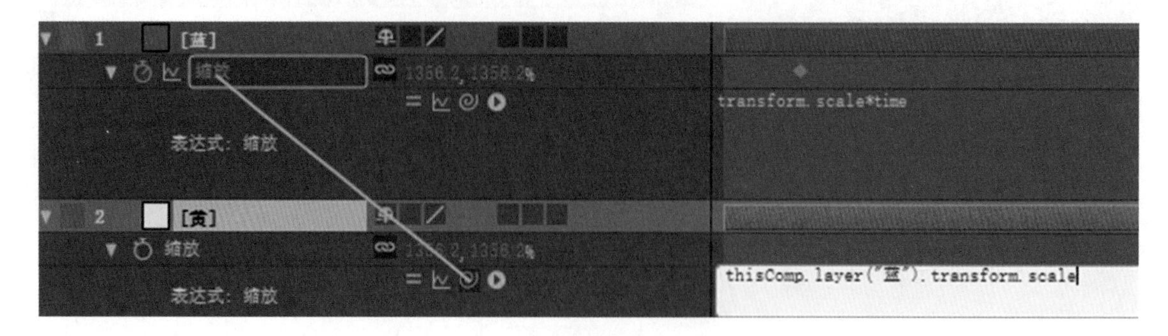

图 8－6　表达式关联器拖曳到名字上

如果将表达式管理器拖曳到图层属性的数值上，那么在表达式输入框中显示图层属性的指定参数值。例如，将一个图层的缩放属性表达式关联器拖曳到另外一个图层的缩放属性 X 轴参数上时，表达式输入框中显示内容如图 8－7 所示。

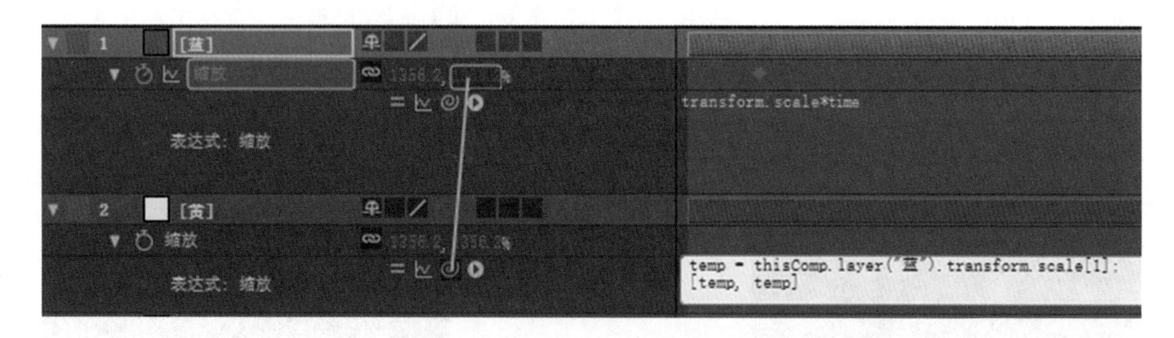

图 8－7　表达式管理器拖曳到数值上

此时表达式将调用另一个图层缩放属性的 Y 轴数值作为自身缩放属性的输出数值。

8.1.5　表达式的删除

删除表达式和创建表达式的方法基本相同，选择图层已经创建完表达式的属性再执行一次创建表达式的方法，即可删除。除此之外，也可在表达式文本编辑区内将所有内容全选，然后按 Delete 进行删除。

8.1.6　表达式的存储与调用

编写完表达式后，可以将其保存为“动画预设”以供日后使用。当您保存其中的属性具有表达式但没有关键帧的预设时，只会保存表达式。如果该属性具有一个或多个关键帧，则保存的预设包含表达式以及所有关键帧值。

然而，因为表达式的编写涉及项目中的其他图层且可能会使用特定图层名称，所以有时必须修改表达式才能在项目之间传递表达式。

8.2　表达式语法

8.2.1　表达式语言

After Effects 表达式语言基于 Java Script 语言，具有扩展的内置对象集。After Effects 仅使用 Java Script 标准内核，并在其中内嵌图层、合成、素材和摄像机等扩展对象，这样表达式就可以调用 After Effects 项目中的大部分值。

在创建表达式时须牢记下列几点：

· 在编写表达式时，一定要注意英文字母的大小写，因为 Java Script 是区分大小写的语言。

· 表达式中一个语句结束后，要用分号作为结尾，因为需要分号来分隔语句或行。

· 系统会识别字符串中的空格，但是单词之间的空格将会被忽略。

· 表达式中用到的标点符号均应为英文标点符号。

8.2.2　访问属性和方法

After Effects 对象是一个可包含其他对象、属性和方法的项。例如，合成、图层和素材都属于对象。特别是合成、图层和素材都是全局对象，这意味着可以在任何上下文中引用它们而无须引用一些更高级别的对象。对象属性又分为属性（attributes）或方法（methods）。属性（attributes）是指事件，简单地引用现有值来确定其输出（返回）值。方法（methods）是指完成事件的途径，通常执行某些操作来创建其输出（返回）值。通常在方法名称后面会有圆括号（括住方法的任何输入参数），例如，通常情况下，方法和属性之间的区别是方法，而属性则简单地引用现有值来确定其输出（返回）值。您可以通过查找方法名称后面的圆括号（括住方法的任何输入参数）轻松地将方法和属性区分开来。

例如，我们新建一个合成，其中包含“图层 A”和“图层 B”两个图层，我们要将“图层 A”中【不透明度】属性使用表达式链接到“图层 B”中【高斯模糊】滤镜的【模糊度】中，可以在“图层 A”中的【不透明度】属性中编写出如下表达式：

thisComp. layer("图层 B"). effect("Gaussian Blur")("Blurriness")

从左到右读取此表达式，可从较高级别进行，包含对象乃至特定属性：

· 特定合成名：this Comp。

· 该合成中的图层：layer("图层 B")。

· 该图层中的特定效果对象：effect("Gaussian Blur")。

· 该效果中的特定属性：("Blurriness")。

· 各个级别之间用“. ”来分隔。

由此可见，After Effects的表达式结构基本可以归纳为：

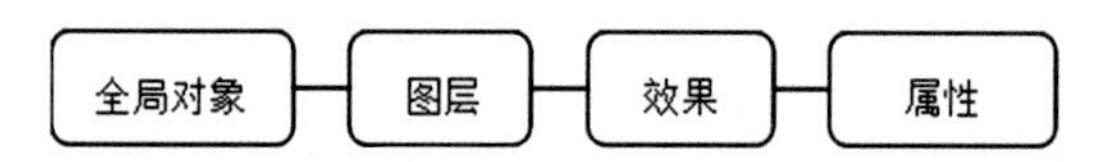

如果表达式中不含图层使用效果，则直接调用图层属性。例如在“图层A”的【旋转】属性链接到“图层B”的【旋转】属性上，则应在“图层A”的【旋转】属性添加表达式：

this Comp. layer("图层B"). rotation

根据表达式访问属性和方法的书写方式，我们可以寻找到表达式指向的具体对象、属性和方法，从而理解表达式所要实现的具体内容，方便对表达式进行错误判断和修改，使用表达式也会更加得心应手。

在After Effects中，如果使用的对象属性是自身，系统将默认将当前图层属性设置为表达式的对象属性，可以在表达式中忽略对象层级不进行书写。

例如，在本图层【位置】上使用wiggle()表达式，可以写成以下两种形式：

wiggle(5,10)；

position. wiggle(5,10)；

表达式可以添加文字注释，方便其他用户调用理解。

一种是在注释语句前添加//符号，在同一行表达式中，任何处于//符号后面的语句都被认为是表达式注释语句，在程序运行时不会被编译，如下所示：

//这是一条注释语句

另外一种是在注释语句首尾分别添加/*和*/符号，程序编译时将不执行/*和*/之间的语句，如下所示：

/*这也是

一条注释语句*/

8.3 常用表达式

作为After Effects的初学者，在面对表达式学习时，可能会觉得无从下手，因为在After Effects中提供了非常多的表达式元素。但是在实际工作中，有一些表达式会经常使用。在本节内容中我们将会对一些常用的表达式使用方法进行学习，它会让你在利用After Effects制作动态特效和动画工作中更加高效。

8.3.1 时间表达式(time)

time表示时间，以秒为单位，表示每一秒将变化一个单位。time*n =时间(秒数)*n，表示返回当前时间n倍的数值，这样可以做出一些比较细微变化的动画效果。需要注意的是这里讲的时间是当前合成内的相对时间，而非计算机操作的系统时间。如图8-8所示。

图 8-8 合成时间显示

比如在旋转属性上设置 time 表达式为 time * 60,则图层将通过 1 秒的时间旋转 60 度,2 秒时旋转到 120 度,以此类推(数值为正数时顺时针旋转,数值为负数时逆时针旋转)。

注意事项:time 只能赋予一维属性的数据,也就是说在将 time 赋予含有两个及以上的数据的属性时,系统将会报错。如要将 time 赋值给位置属性【x,y】时,需要分别将 time 赋值给 x 和 y 上,或者将 time 单独赋值给 x 或 y。

8.3.2 抖动/摆动表达式(wiggle)

wiggle 是 After Effects 里面最常用到表达式之一。通过赋予物体随机值使之实现随机摆动,它确实能让你得到你想象中的效果。这个表达式可以让你的动画看起来更加生动和自然。

wiggle(freq, amp,octaves = 1, amp_mult = 0.5, t = time)

wiggle 表达式有默认 5 个组成元素:freq=频率(即每秒抖动的次数);amp=振幅(每次抖动的幅度);octaves=振幅幅度(在每次振幅的基础上还会进行一定的振幅幅度,很少用);amp_mult=频率倍频(默认数值即可,数值越接近 0,细节越少;越接近 1,细节越多);t=持续时间(抖动时间为合成时间,一般无须修改)。事实上,我们在使用 wiggle 时一般只写前两个数值。需要注意的是,在 wiggle 表达式中 amp 返回值是随机数值,是在振幅允许范围中的任意值,并不能对运动过程进行精确控制。

例如,我们在合成中新建五角星图层,然后给图层位置、缩放、透明度上添加如下表达式,看看实际效果。如图 8-9 所示。

wiggle(5,50)

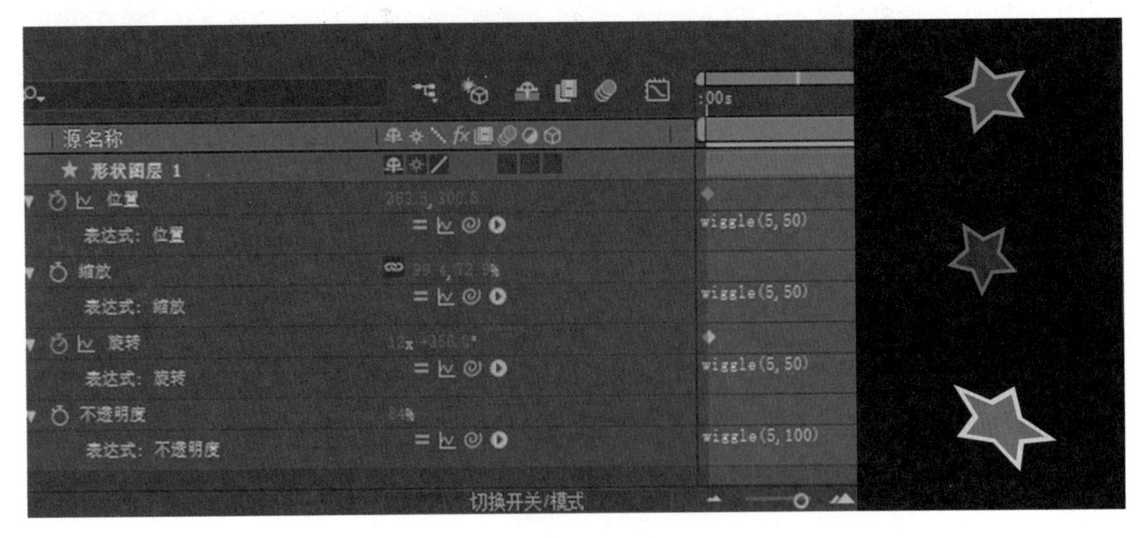

图 8-9　添加抖动表达式效果

我们可以看出，wiggle 表达式返回值可直接在现有属性上运行，不区分单属性和双属性，当然也可以作用在双维属性的某个维度上。思考下如何让五角星只实现“胖瘦”变化。

8.3.3　索引表达式(index)

index 表达式返回的是图层编号，也就是该图层在合成中依次排列的编号，用这个表达式可以做出每间隔多少个值就产生变化的效果。

例如，我们要实现上例中五角星图层的拖影效果可以这样来编写表达式。将五角星图层进行复制、排序，如图 8-10。

#	图层名称
1	★ 五角星
2	★ 五角星 2
3	★ 五角星 3
4	★ 五角星 4
5	★ 五角星 5

图 8-10　复制图层、调整顺序

然后在各图层旋转属性上添加表达式(index－1) * 20，在透明度属性上添加 100－(index－1) * 20，表示的意思是第一个图层不变，以下图层旋转角度依次增加 20°，透明度依次减少 20%，将会出现图 8-11 所示的效果。

图 8-11　表达式控制旋转与透明度变化

下面我们在合成中每个图层的位置属性上也添加 index 表达式，实现位置上随图层序号变化而变化。这个要注意一点，因为位置是二维属性，而 index 返回的是单数值，要实现位置按照横纵比例进行变化，就要给位置的 x，y 参数上添加相同的数值，这样我们编写的表达式如下所示：

x=(index-1) * 50+150，y=(index-1) * 50+150;

[x,y]

实现的效果如图 8-12 所示。

图 8-12　添加表达式后位置变化

思考下，如果是在三维图层位置属性或四维属性色彩中，怎样利用 index 来实现变化呢？

8.3.4　循环动画表达式(loopOut)

loopOut 表达式一般用于创建循环动画，但是前提是 loopOut 表达式需要预先设定关键帧。所以在制作循环旋转动画时，首先要设置旋转动画的 2 个关键帧，添加表达式后动画就会永无止境地重复这两个关键帧的运动。

我们还是以五角星图层为例，了解下 loopOut 表达式的用法和特点。我们在图层第 2 秒时修改旋转属性，实现旋转一周的动画，然后在该属性上添加 loopOut()表达式。需要注意的是，表达式的大小写要区分，圆括号必须有，从而实现一直旋转的动画效果。

为了减少输入工作量，避免输入错误，可以使用表达式语言菜单来进行输入，如图 8-13 所示。

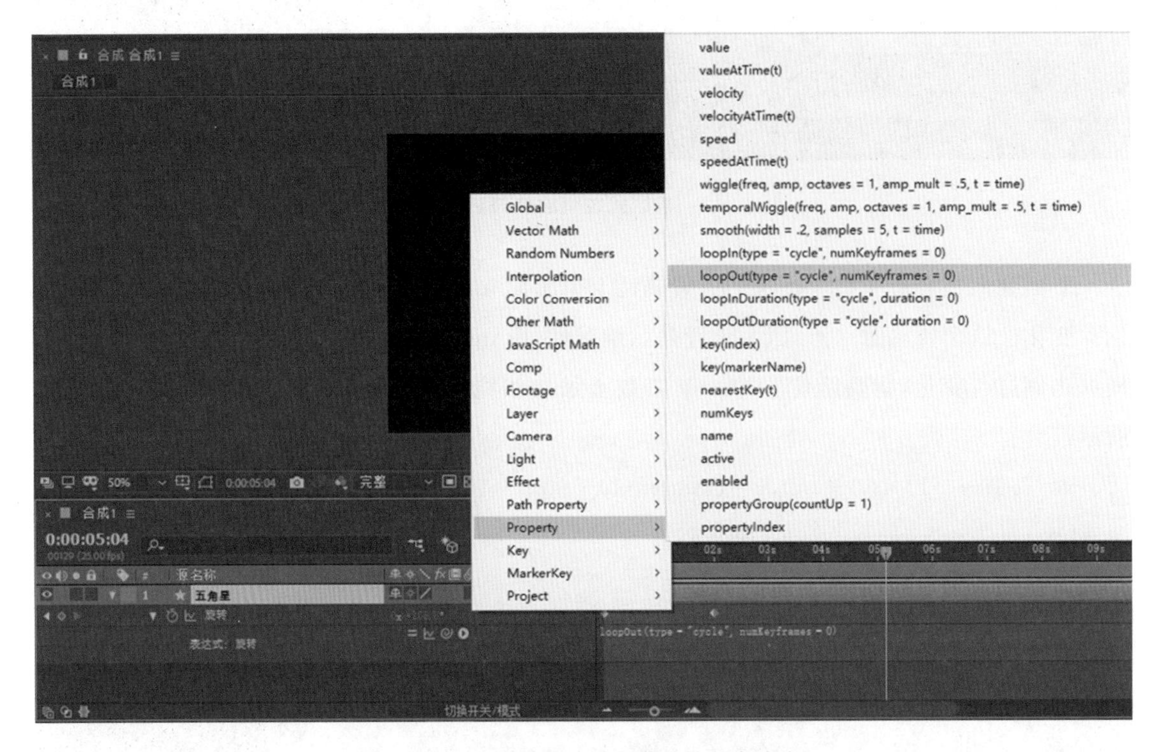

图 8-13　利用表达式语言菜单输入表达式

在五角星图层的缩放、透明度属性上制作关键帧动画，起始位置缩放为 100、透明度为 100，在时间 2 秒处设置缩放为 50、透明度为 0，这样就形成了一个在 0～2 秒间的关键帧动画。如图 8-14 所示。

图 8-14　设置关键帧动画

用同样的办法，我们在图层的缩放、透明度属性上也添加表达式 loopOut(type = "cycle",

numKeyframes = 0)，得到以 2 秒为单位进行循环的动画效果，如图 8－15 所示。

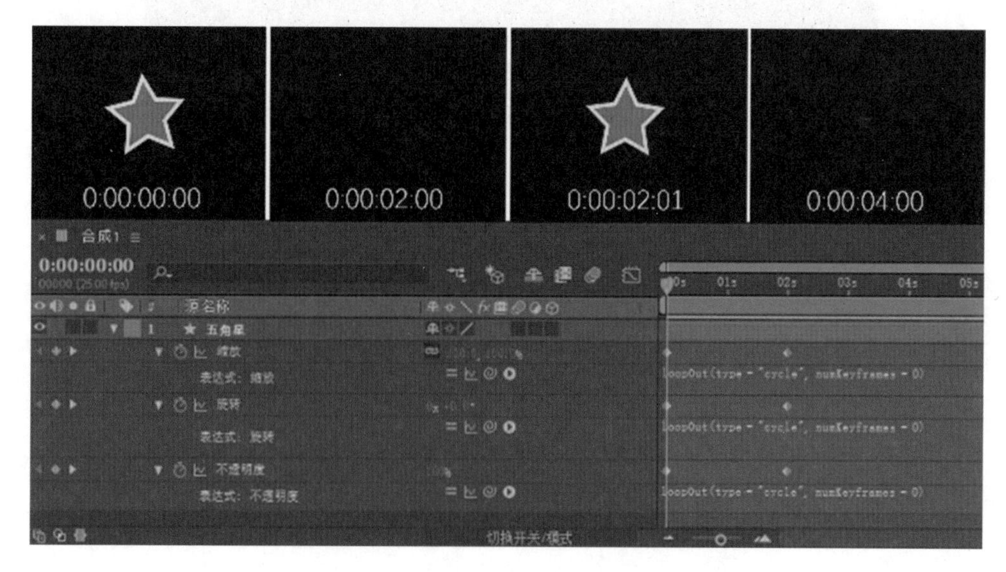

图 8－15　表达式控制大小与透明度变化

上例中我们添加 loopOut 表达式时，发现有两个参数，其中 type ＝“cycle”的含义是循环类型，系统中定义有 cycle、offset、continue、pingpong 等各种类型。

cycle：周而复始来回运动。

offset：叠加之前关键帧循环。

continue：延续属性变化的最后速度。

pingpong：如“乒乓球”一样循环。

我们可以试着将类型变换一下，以 0 秒、2 秒、3 秒、4 秒为参数，看看四种循环类型分别的效果。如图 8－16、8－17、8－18、8－19 所示。

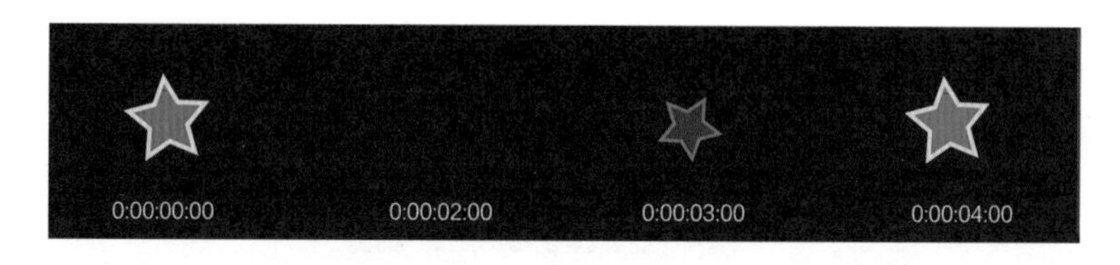

图 8－16　cycle 循环类型

图 8－17　offset 循环类型

图 8-18　continue 循环类型

图 8-19　pingpong 循环类型

我们以 2 个循环周期为单位,图上可以看出, offset 和 continue 的循环类型显示效果基本一致,cycle 和 pingpong 显示效果一致,但是在连贯显示效果上还是有所差别,读者在实际练习中,可以加深下体会。

numkeyframes 表示选择哪些关键帧进行循环。

当 numkeyframes=0 的时候,表示所有关键帧循环;

当 numkeyframes=1 的时候,表示只循环最后两帧;

当 numkeyframes=2 的时候,表示只循环最后三帧。以此类推。

需要说明的是,使用 continue 循环类型时,不能有 numkeyframes 参数,否则表达式会报错。

8.4　表达式综合应用实例

上面我们学习了表达式的一些基本知识,下面我们使用表达式来做两个小任务。

实战任务

任务二十　时钟动画

一、任务引导

本案例主要利用 time 表达式作用于旋转属性形成动画的基本方法。根据钟表三针的逻辑关系,使用时间表达式制作时钟动画效果。如图 8-20 所示。

图 8－20　时钟效果

二、任务实施

这个案例主要用到时间表达式 time，下面我们来看具体操作。

(1)新建一个合成，因为我们使用的时钟素材为正圆形，所以我们在新建合成的时候，分辨率设置为 400×400。如图 8－21 所示。

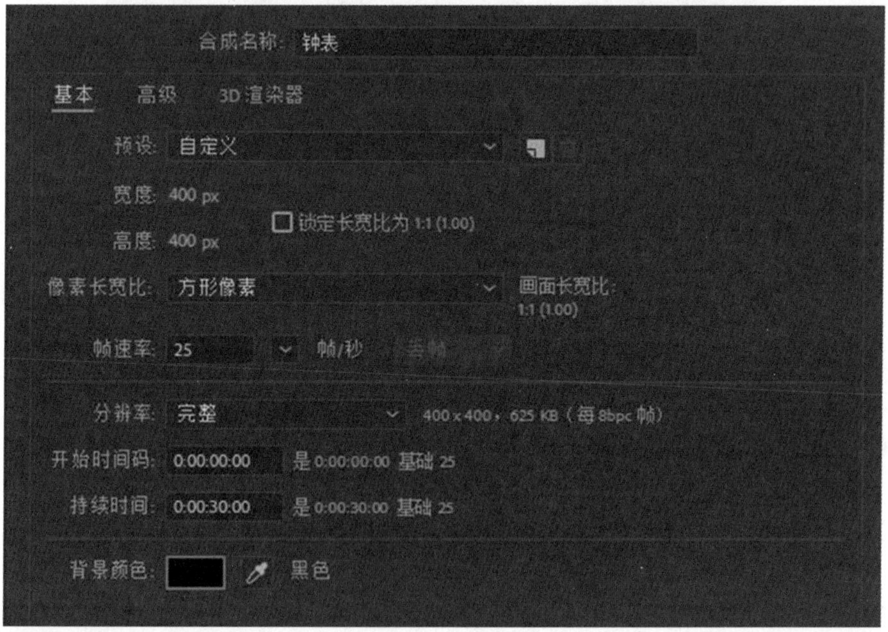

图 8－21　新建合成

(2)将表盘、时针、分针、秒针直接导入到项目里，用鼠标依次拖放到合成上。利用对齐工具快速将时针、分针、秒针进行对齐。

因为三个指针都是围绕圆心进行旋转，所以我们以时针末尾圆环为基准点，将三个指针精确对齐，并将旋转点对齐到表盘中心位置。如图 8－22 所示。

图 8-22 对齐三个指针

(3)下面这步操作比较重要，分别在三个指针属性中找到描点，将锚点拖放对齐在旋转中心处。因为在 After Effects 中，对象的运动、移动和旋转都是以锚点为标识的。如图 8-23 所示。

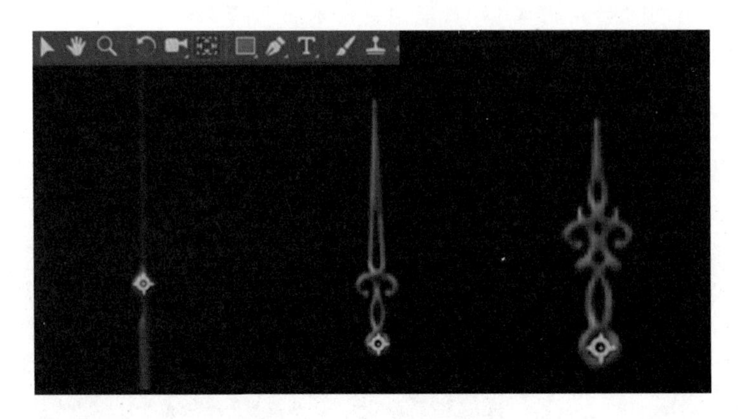

图 8-23 设置锚点位置

完成上述操作，这样我们就把基础工作做好了，下面我们来添加表达式。

(4)先来添加秒针的表达式。选中秒针，按下 R 键调出旋转属性，按住 Alt 键同时用鼠标单击码表，给旋转属性添加表达式。在表达式编辑框内输入 time * 360，这个表达式的意义在于合成中的当前时间的 360 倍，用在我们秒针旋转中，就是 1 秒旋转 1 圈，即 360°，这样方便我们观看动画效果。如图 8-24 所示。

图 8-24 秒针添加 time 表达式

(5)利用表达式关联器来给分针旋转属性添加表达式。调出分针的旋转属性，拖动表达式关联器到秒针的旋转属性上，这样分针就随着秒针的运动而运动了。但是这时候我们观察到分针和秒针的旋转速度是一样的，需要我们改写分针的表达式为 thisComp. layer("秒针. png").

transform. rotation/60，秒针是分针旋转速度的 60 倍，即秒针转 60 圈分针才转 1 圈。

(6)按照上述操作方法，我们给时针的旋转属性添加表达式为 thisComp. layer("分针. png"). transform. rotation/12，这样一个简单的时钟动画就做好了。

任务二十一 可以看见的音乐

一、任务引导

我们在使用播放器播放音乐时，会有很炫的音频可视化效果，本案例就尝试通过 After Effects 将图形动画和音乐关联起来，实现简单的音乐可视化动画效果。如图 8 - 25 所示。

图 8 - 25 实例效果

二、任务实施

这个案例中，主要有外圈音频频谱、中圈圆环震动、内圈光盘旋转、光盘内部的直线频谱、播放条和计时器等，下面我们来进行案例的制作。

(1)首先我们建立一个合成，将示例音乐、背景、唱片、唱片指针等导入到项目中。如图 8 - 26 所示。

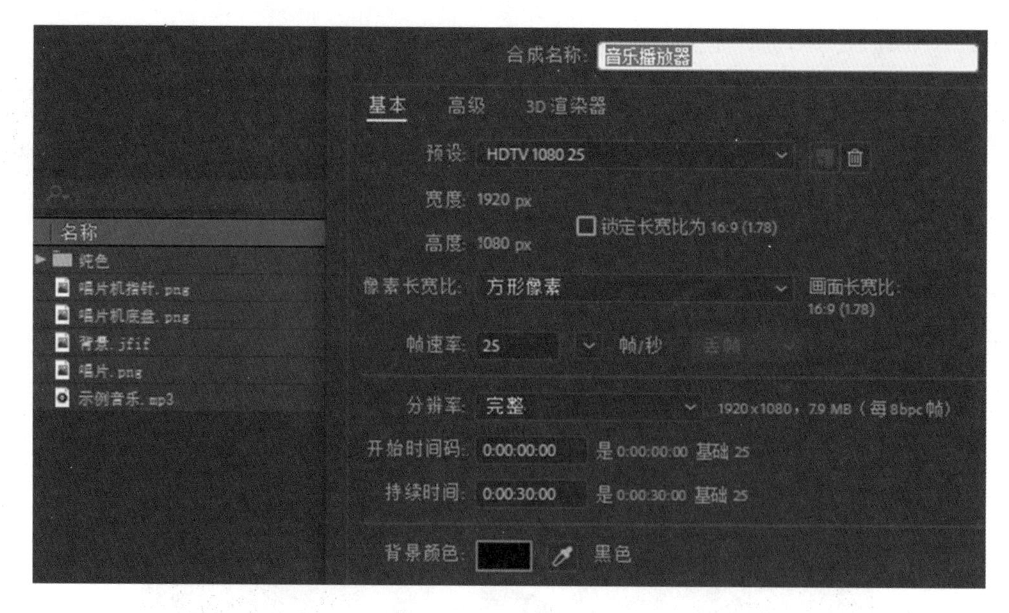

图 8-26 合成设置

(2)然后我们在合成中新建一个纯色图层,命名为频谱,给图层添加效果—生成—音频频谱,这样图层就有了点状效果。如图 8-27 所示。

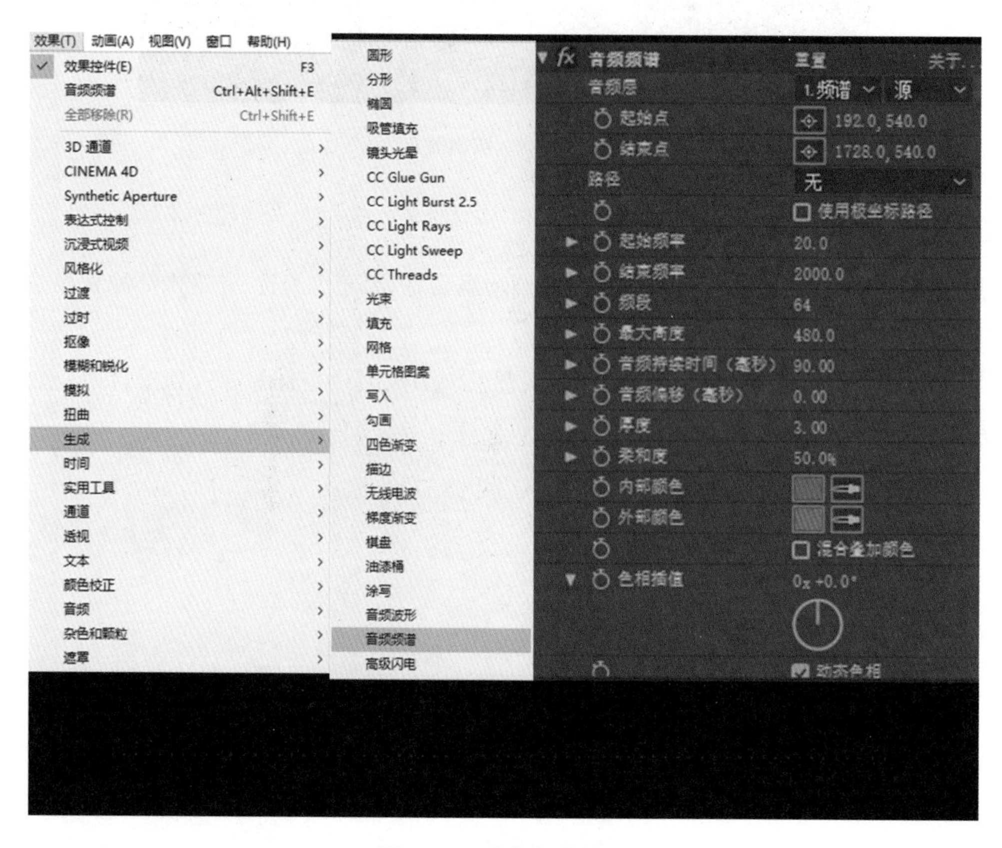

图 8-27 音频频谱效果

(3)在音频频谱效果中调整颜色为白色、厚度为 10,形成下面的效果。如图 8－28 所示。

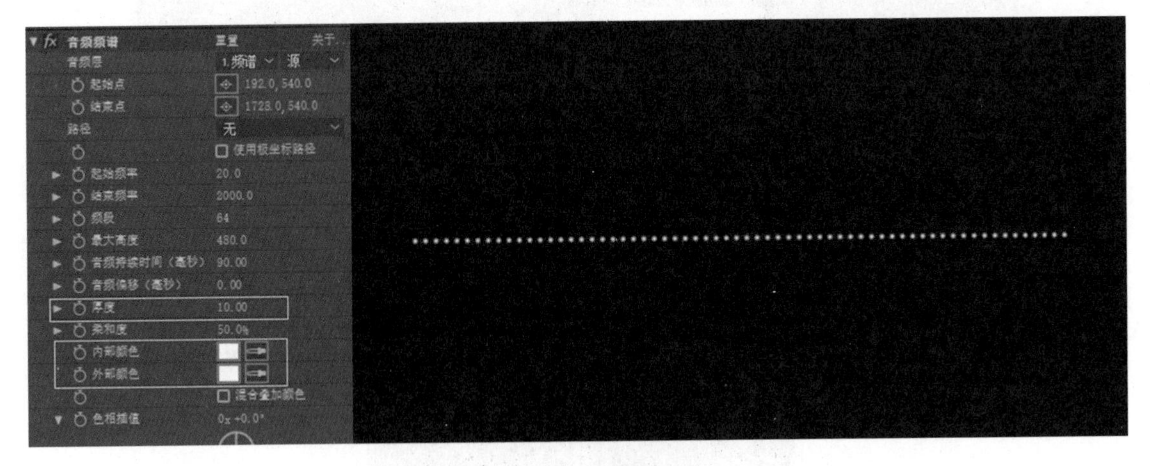

图 8－28　调整颜色

(4)然后把示例音乐拖动到合成最底层,选择音乐节奏稍快的片段,便于我们观察效果,将其设置为预合成,命名为音频,这样方便我们后期对音乐素材进行替换。如图 8－29 所示。

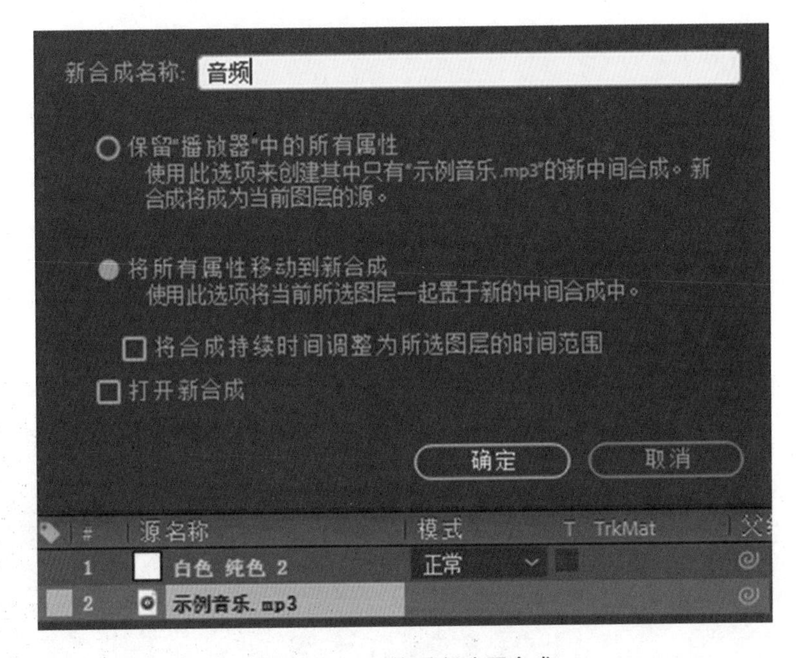

图 8－29　以音乐新建预合成

(5)接下来调整音频频谱效果,与音乐素材进行关联,具体操作有下面几个元素。如图 8－30 所示。

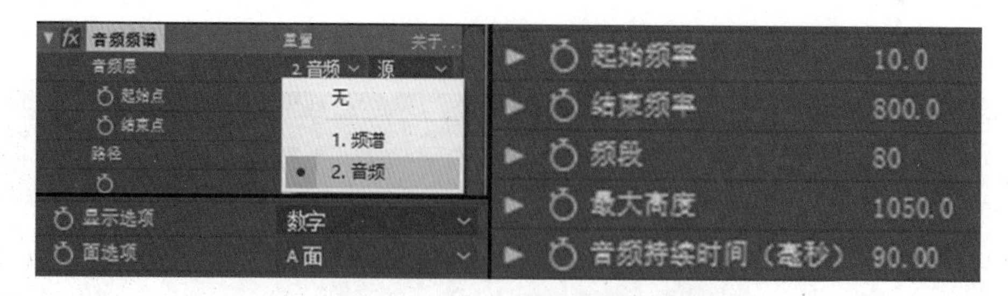

图 8-30　调整音频频谱参数

调整后的显示效果如图 8-31 所示。

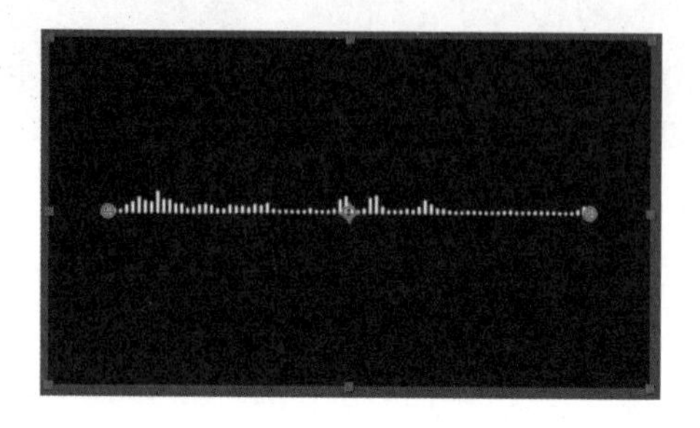

图 8-31　调整后显示效果

小提示：参数的数值要根据不同的音频素材来调整，不同的音频素材，数值设置也不尽相同，要根据实际观察效果来调整。如果要改变音频频谱的长短，还需要设置起始点和结束点两个参数数值。

(6)下面我们选中频谱图层，按下 Ctrl＋D，复制一层，命名为点状频谱，在音频频谱效果中，修改高度为 2 200，厚度为 15，显示选项为模拟频点，形成如下效果。如图 8-32 所示。

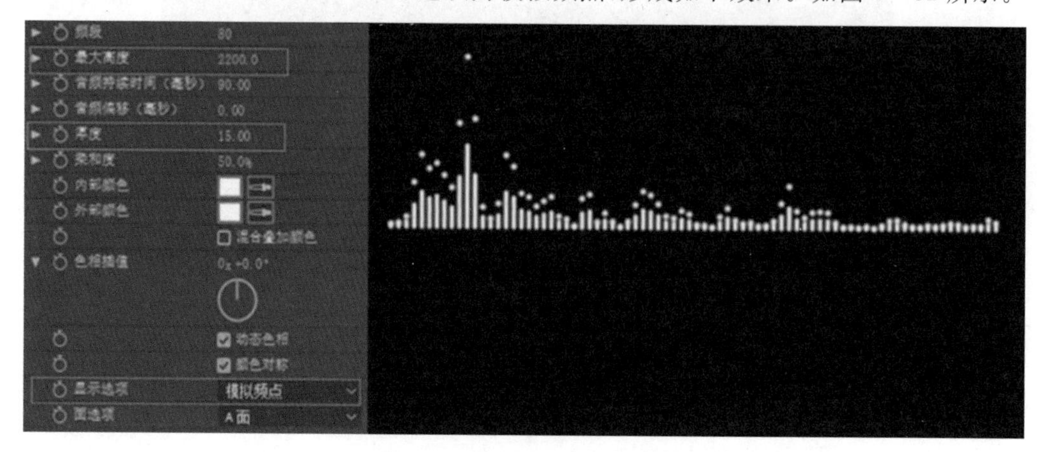

图 8-32　复制一层再次调整参数

(7)选中上述两层,Ctrl+D 复制一下,然后利用椭圆工作,按住 Shift 键在频谱图层中央画一个正圆形遮罩,在音频频谱效果中将路径属性值改为蒙板 1,形成下面的效果。如图 8-33 所示。

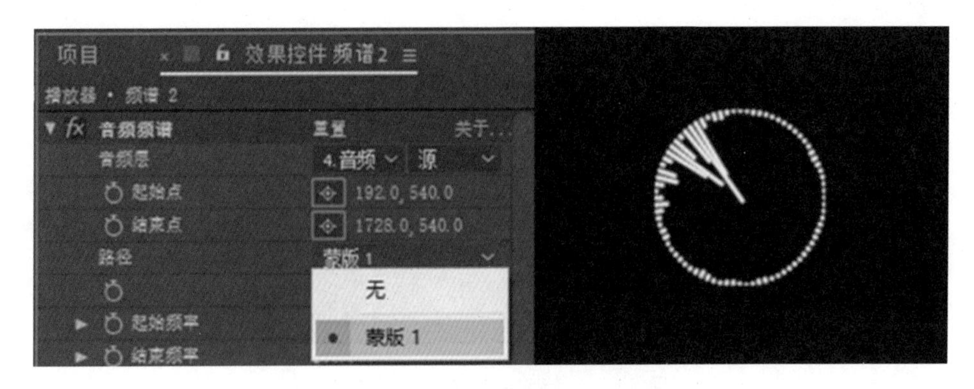

图 8-33　利用蒙版创建圆形频谱显示

(8)这个时候我们发现频谱跳动是向内侧的,我们要设置为向外侧,那么就需要将面选项改为 B 面,效果如图 8-34 所示。

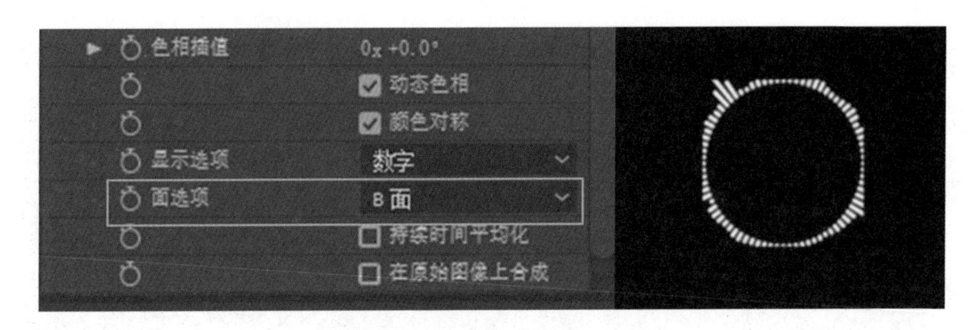

图 8-34　选择向外伸展的 B 面

(9)我们发现合成中的显示效果有蒙板影响,可以在蒙板中将蒙板效果改为无。如图 8-35 所示。

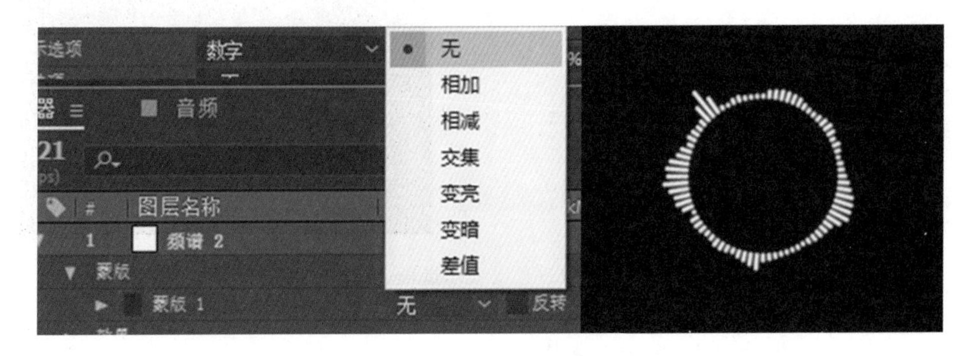

图 8-35　取消蒙版效果

(10)利用同样的操作，完成点状频谱设置，将该层透明度改为 60%，显示效果如图 8－36 所示。

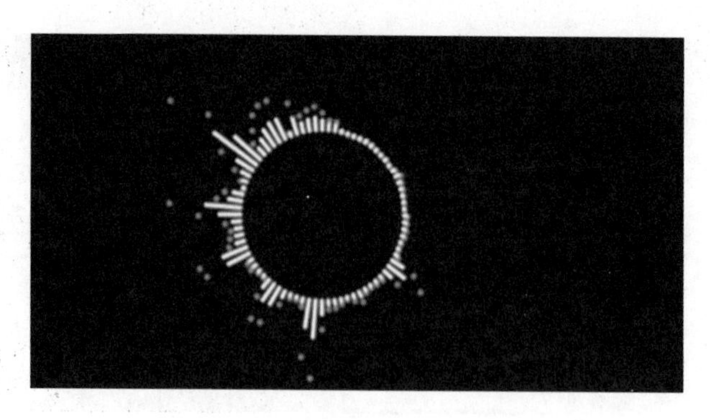

图 8－36　修改点状频谱为圆形显示

(11)将修改好的频谱图层复制，把音频频谱效果中的显示选项改为模拟谱线，厚度改为 4.00，选中我们刚操作的这三层，预合成为圆形频谱，给合成添加四色渐变，进行颜色设置，这样我们就先把第一部分做好了。如图 8－37 所示。

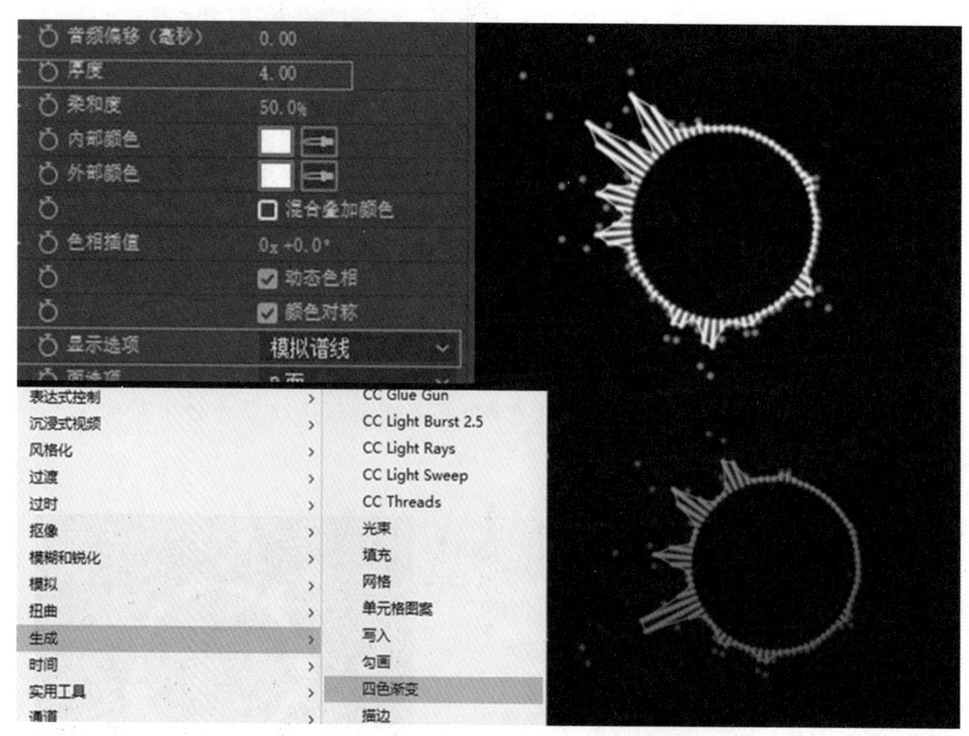

图 8－37　复制修改频谱显示选项、添加四色渐变

(12)在合成中新建形状图层，利用椭圆工具画圆环，并于圆形频谱中心位置对齐。然后复制两层，分别改变缩放和透明度，形成效果如图 8－38 所示。

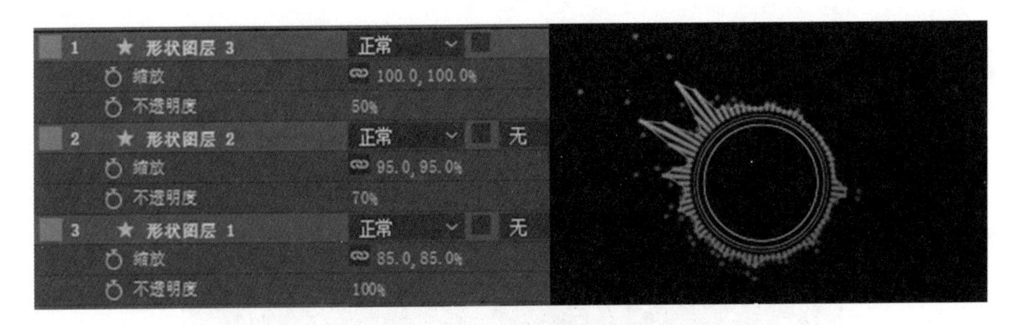

图 8-38　制作圆形形状

(13)接下来我们选中时间线上的音频合成,选择动画(A)—关键帧辅助(K)—将音频转化为关键帧,这样时间线上就多了个音频振幅图层。如图 8-39 所示。

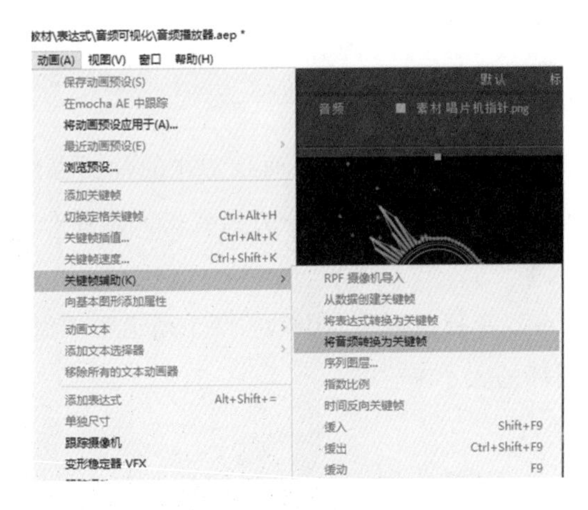

图 8-39　将音频转换为关键帧

(14)选中音频振幅图层,快速双击 E 键,就可以发现该图层的左声道、右声道、两个通道都有很多密集的关键帧,这是根据音频的振幅变化而来的。如图 8-40 所示。

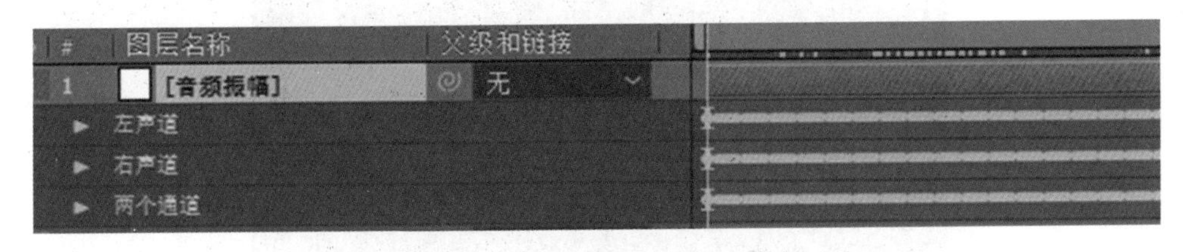

图 8-40　生成的一系列关键帧

(15)选中形状图层 1,单击 S 键调出缩放属性,按住 Shift 键的同时单击 T 键调出透明度属性,然后按住 Alt 键的同时单击缩放属性码表 建立表达式,利用表达式关联器快速填写表达式。如图 8-41 所示。

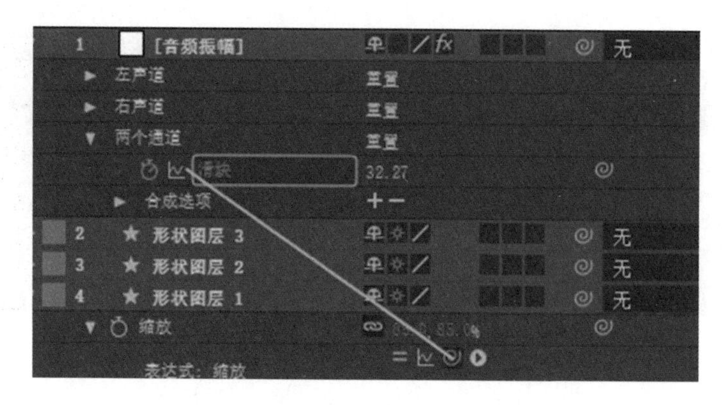

图 8-41　利用表达式关联器创建表达式

```
temp = thisComp.layer("音频振幅").effect("两个通道")("滑块");
[temp, temp]
```

小提示：因为缩放是个二维数组，所以要将返回值分别给数组的两个变量进行赋值。

(16)通过观察效果发现圆环的缩放值太小，而且变化的范围也比较大，这样不利于我们后期的制作，所以我们要修改默认生成的表达式，一方面要扩大圆环的大小，另一方面要控制圆环变化的范围。修改的表达式如下：

```
temp = thisComp.layer("音频振幅").effect("两个通道")("滑块")+60;
/* +60 是为了扩大圆环的大小 */
f=clamp(temp,100,70);
/* 定义变量 f,利用 clamp 函数限制 temp 变量的最大和最小值,从而控制圆环缩放变化的范围 */
[f, f]
```

修改前后的对比效果如图 8-42 所示。

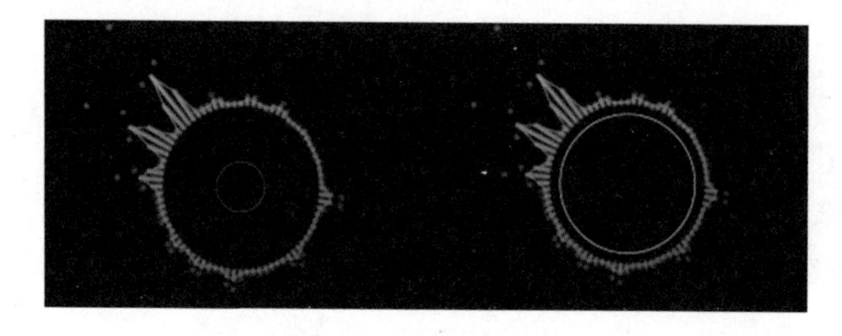

图 8-42　表达式修改前后对比

(17)同理，我们给形状图层 2 添加表达式：

```
temp = thisComp.layer("音频振幅").effect("两个通道")("滑块")+65;
f=clamp(temp,100,70);
```

[f, f]

(18)给形状图层 3 添加表达式：

temp = thisComp.layer("音频振幅").effect("两个通道")("滑块")+75;

f=clamp(temp,100,80);

[f, f]

这样就实现了三个圆环根据音乐节拍实现缩放的动画。将音频振幅复制 1 层，然后将该图层和三个形状图层选中进行预合成，命名为圆环。如图 8－43 所示。

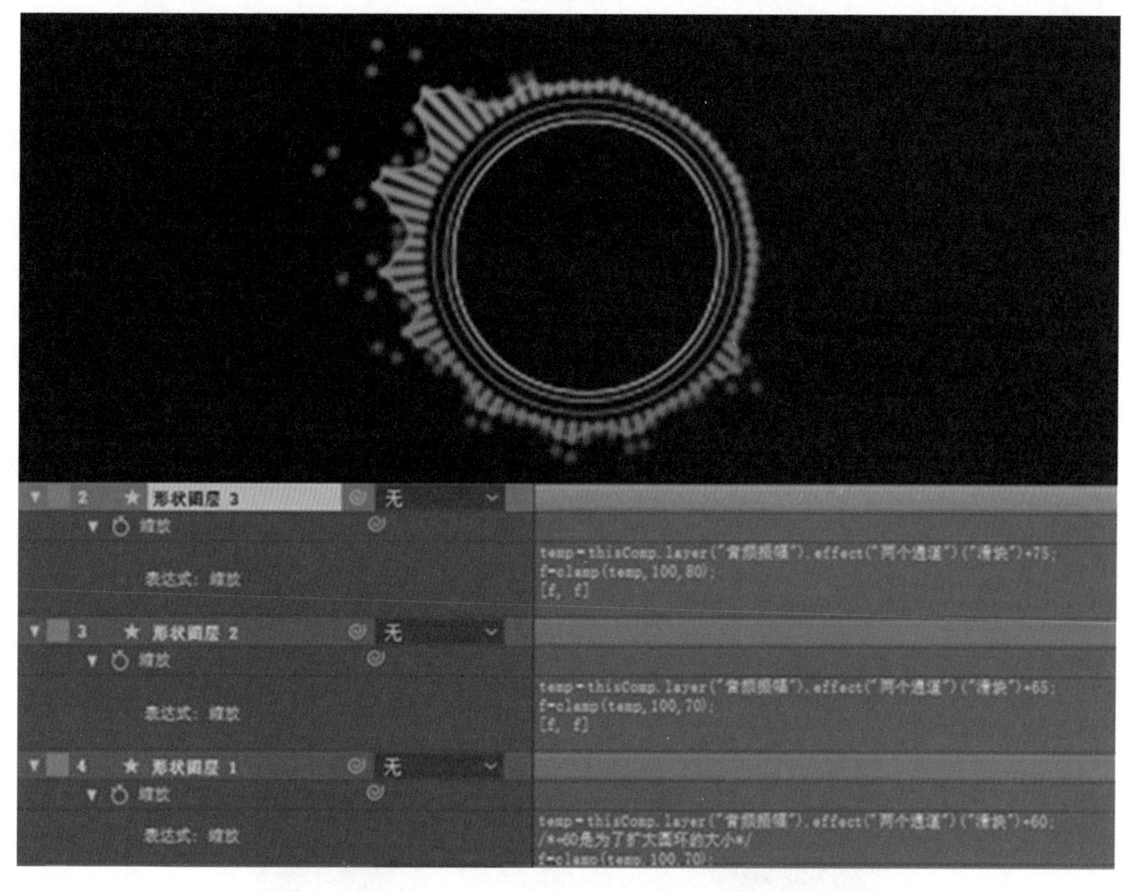

图 8－43　三个圆环形状动画制作完成

(19)接下来我们将唱片机指针、唱片、唱片机底盘依次选中，拖动到合成时间线上，放置在圆环频谱下面。如图 8－44 所示。

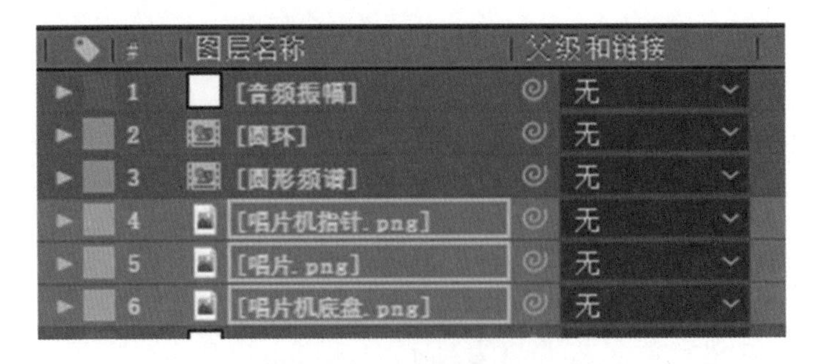

图 8-44　调整图层位置

(20)将唱片机底座和唱片进行对齐,并将锚点移动到中心位置上。将唱片指针的锚点移动到末端中心位置。如图 8-45 所示。

图 8-45　调整锚点位置

(21)接下来我们选中唱片图层,Ctrl+D 进行复制,使用椭圆蒙板工具在复制层上将中心的黄色区域扣出来。如图 8-46 所示。

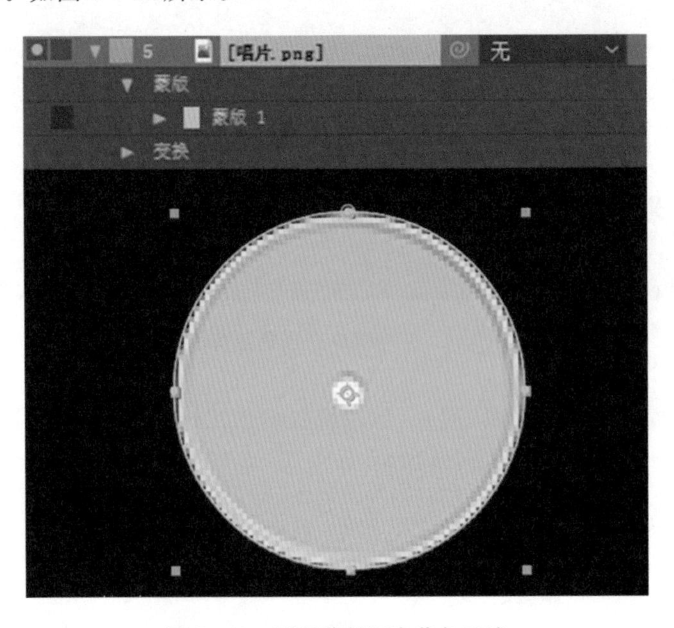

图 8-46　利用蒙版抠出黄色区域

(22)接下来分别制作唱片动画。首先选中唱片图层,单击R键调出旋转属性,然后按住Alt键的同时单击旋转属性码表建立表达式,输入表达式time * 20,这样就建立了唱片旋转动画。如图8-47所示。

图8-47 添加旋转表达式控制

(23)选中我们抠出来的圆环图层,单击S键调出缩放属性,然后按住Alt键的同时单击旋转属性码表建立表达式。拖动表达式关联器到音频振幅图层的两个通道属性的滑块上,快速填充表达式。如图8-48所示。

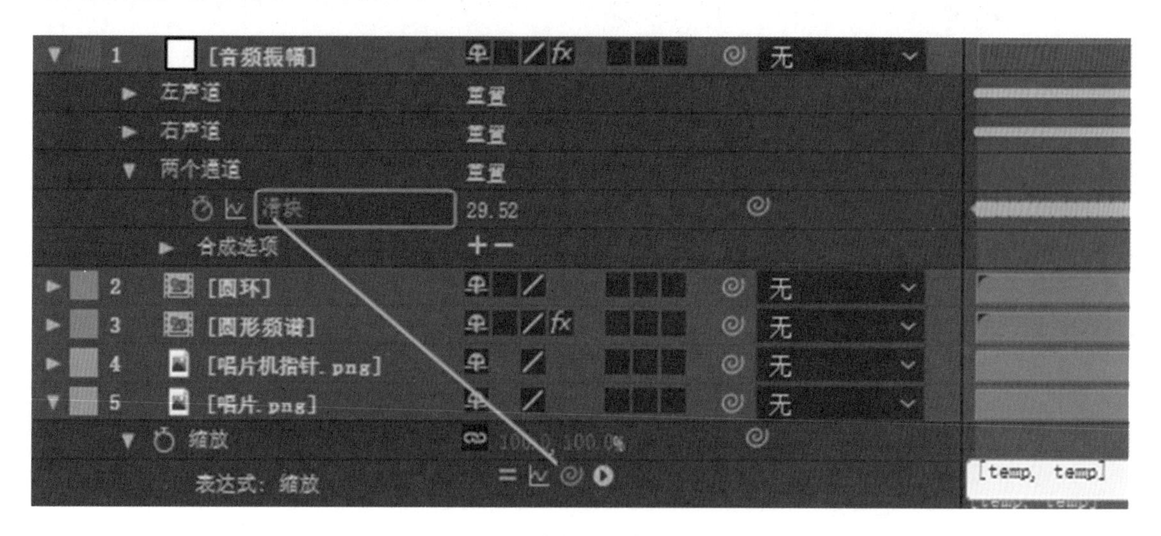

图8-48 黄色区域表达式建立

如图8-49所示,为了实现中间黄色区域的震动效果,将表达式改写为:

temp = (thisComp.layer("音频振幅").effect("两个通道")("滑块")+80);

f=clamp(temp,120,80);

[f, f]

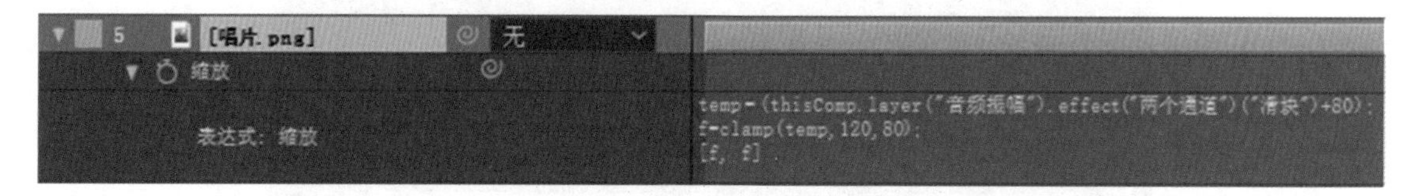

图8-49 具体表达式内容

(24)选择唱片指针图层,单击 R 选项,然后按住 Alt 键的同时单击旋转属性码表建立表达式。利用表达式管理器建立并修改表达式为:

```
temp=thisComp.layer("音频振幅").effect("两个通道")("滑块")-20;
clamp(temp,10,5) * -1
```

这样我们就完成了唱片机整体动画的工作任务。如图 8-50 所示。

图 8-50　唱片机整体动画效果

(25)选择音频振幅并进行复制,选择组成唱片机整体动画的四个图层,进行预合成,命名为唱片机。如图 8-51 所示。

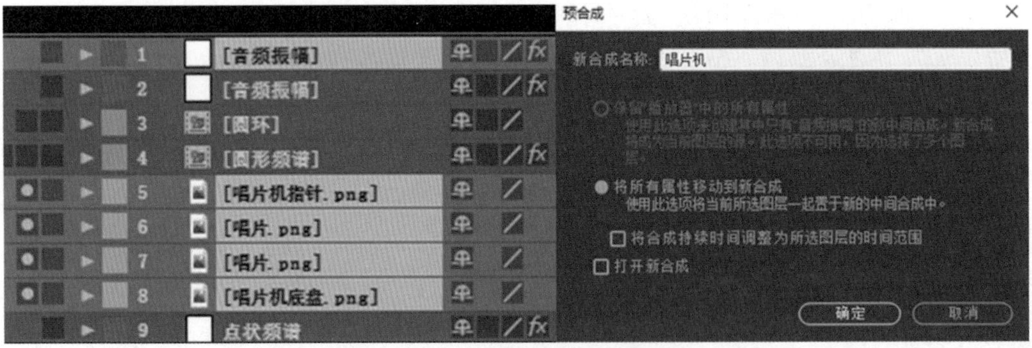

图 8-51　选中图层进行预合成

(26)按住 Ctrl 键,利用鼠标单击,选中点状频谱和频谱图层,进行预合成,命名为横向频谱。如图 8-52 所示。

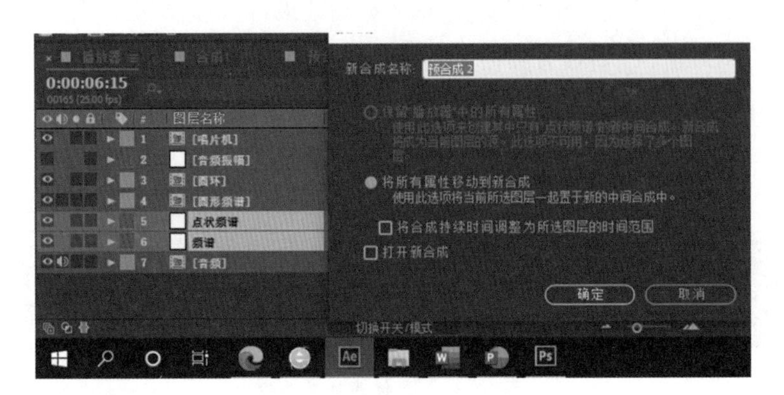

图 8-52　选中图层进行预合成

(27)然后将横向频谱合成放置到最上层，混合模式改为相加，将其放置在唱片机的下半部分，并利用缩放属性调整大小和位置。如图 8－53 所示。

图 8－53　图层关系设置

(28)新建纯色图层，设置背景色为白色，命名为“进度条下”，利用矩形蒙板制作白色矩形条，将其不透明度设置为 50％。利用缩放工具将其放置在频谱位置下面。如图 8－54 所示。

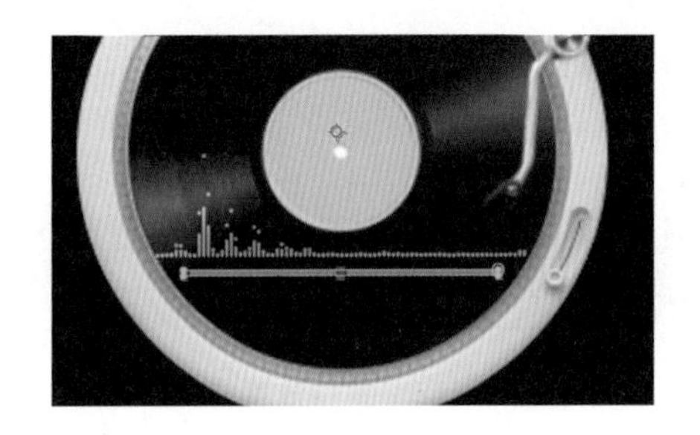

图 8－54　新建白色矩形条

(29)利用 Ctrl＋D 快捷命令复制该层，改名为“进度条上”，将不透明度改为 80％。如图 8－55 所示。

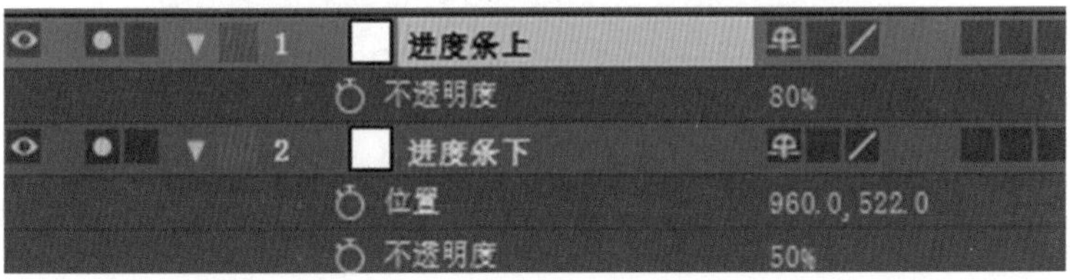

图 8－55　复制图层调整透明度

(30)选择“进度条上”图层，添加线性擦除效果，在开始位置按下码表，打下关键帧，将擦除角度改为－90°，设置过度完成数值为刚刚擦除完，拖动指针到时间线末尾，插入关键帧，设置过度完成数值为刚刚未擦除效果的数值。设置羽化值使其头部稍稍虚化。如图 8－56 所示。

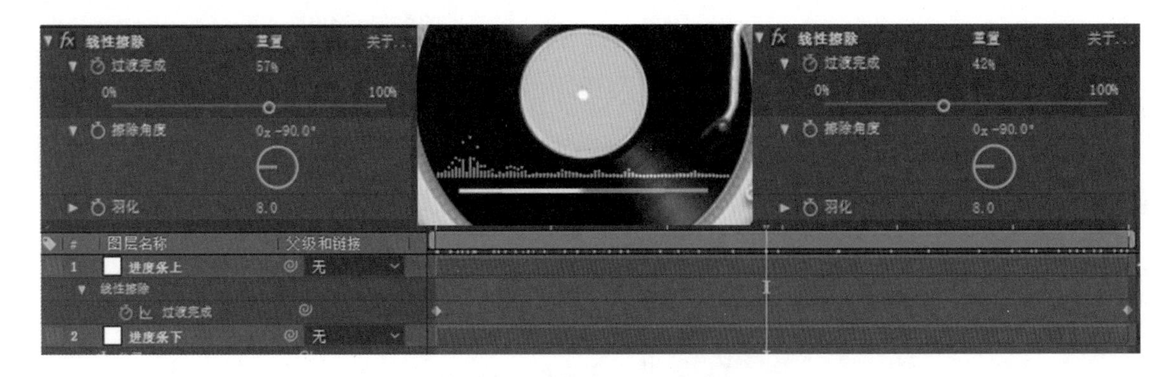

图 8-56　制作进度条动画

(31)新建形状图层,利用椭圆工具制作一个圆形,设置其颜色为橙色,并将其放置在“进度条上”图层的左边。点击 P 键调出位置属性,将播放指针拖放到时间线的起始位置,点击位置属性码表 插入关键帧,然后将播放指针拖动到时间线的终点位置,插入关键帧,将圆形拖放到图层“进度条上”的末端,制作完成位移动画。如图 8-57 所示。

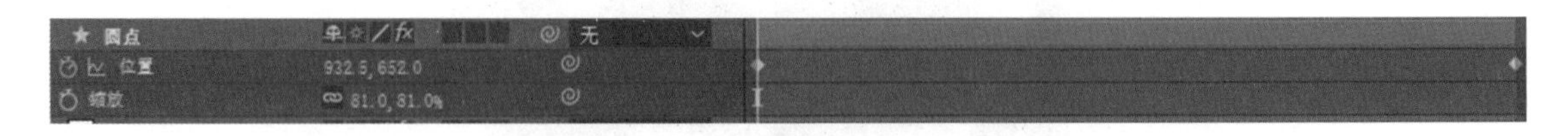

图 8-57　制作进度指针

(32)为了美观,我们给圆点图层添加发光效果,具体参数设置如图 8-58 所示。

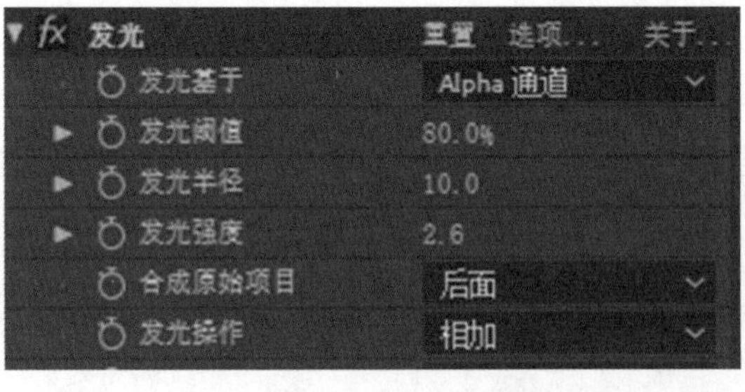

发光	重置　选项...　关于...
发光基于	Alpha 通道
发光阈值	80.0%
发光半径	10.0
发光强度	2.6
合成原始项目	后面
发光操作	相加

图 8-58　添加发光效果

(33)这样我们就把进度条制作完成了,选中这三层进行预合成,命名为进度条。如图 8-59 所示。

图 8-59 选中图层进行预合成

(34)然后我们给这个播放器添加一个计时效果。新建一个文本层,命名为计时,在唱片的下半部分输入 00:00,设置字体形式和大小。如图 8-60 所示。

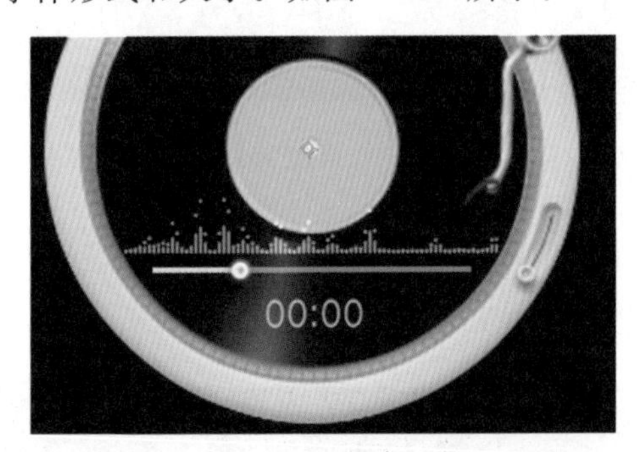

图 8-60 设置计时文本格式

(35)展开计时层的文本属性,找到源文件属性,按下 Alt 键,点击位置属性码表,建立表达式。在表达式文本框内输入以下语句,实现计时效果。

```
min=Math.floor(time/60);
//定义 min 变量为分,并将当前合成时间对 60 取整
sec=Math.floor(time);
//定义 sec 变量,把当前合成时间秒部分赋值给变量 sec
if(min>=60){min=min%60;}
//如果分钟数大于 60,则将 min 变量对 60 取余数,并将值重新赋给变量 min
if(sec<10){sec="0"+sec;}
//如果秒数小于 10,则在当前秒数前加 0 显示
if(min<10){min="0"+min;}
```

//如果分钟数小于 10,则在当前分钟数前加 0 显示

text=min+":"+sec;

//最后显示为分:秒,也就是分钟和秒数一直是两位显示

思考:如果计时器要显示时:分:秒形式,且都为两位数值,应该在当前表达式语句上怎样修改呢?

(36)做好表达式后,我们基本上就将播放器的整体动画效果做好了。这时我们将背景图片拖放到时间线的最后一层,将缩放属性数值改为 135。如图 8-61 所示。

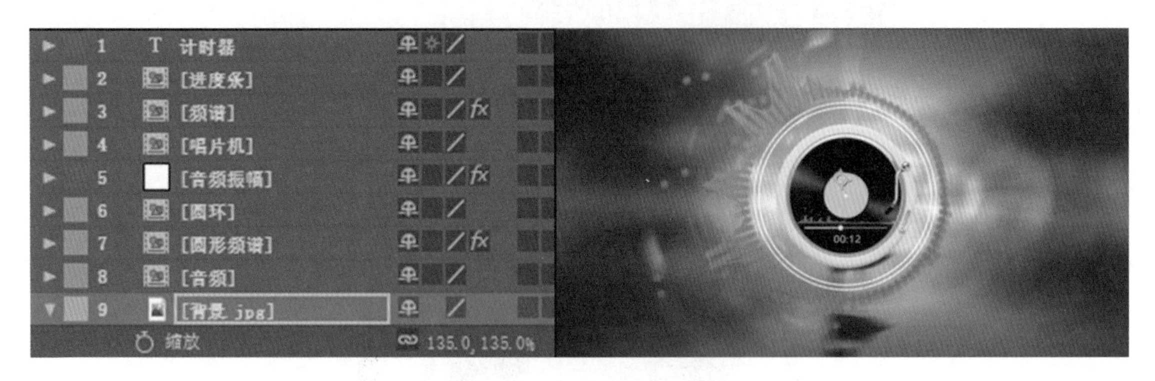

图 8-61　调整背景图层

(37)我们发现背景比较亮,圆形频谱部分显示不是很明显,这时应该先调整背景的颜色。给背景图层添加曲线效果,进行曲线数值调整,形成以下效果,如图 8-62 所示。

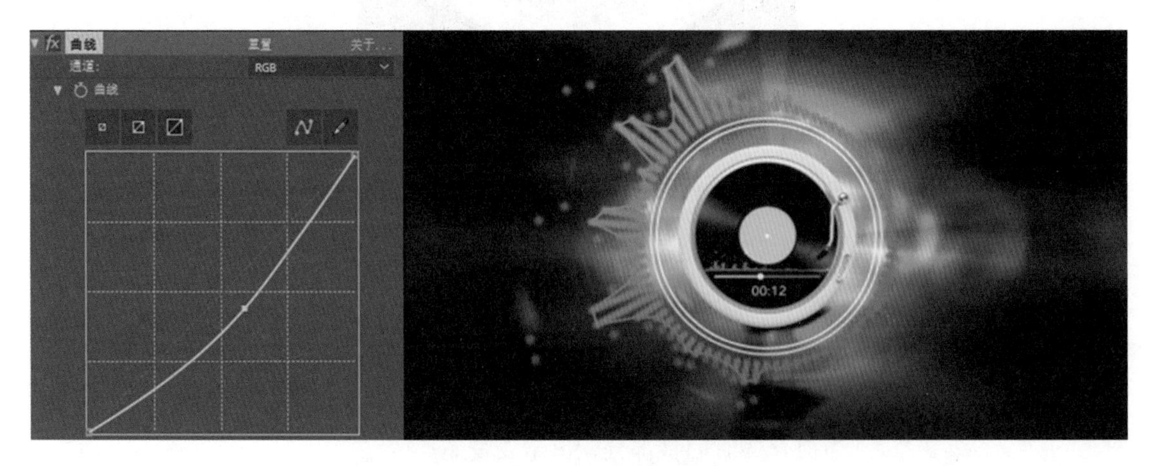

图 8-62　调整背景色彩

(38)接下来复制圆形频谱图层,将混合模式改为相加,加强显示效果。如图 8-63 所示。

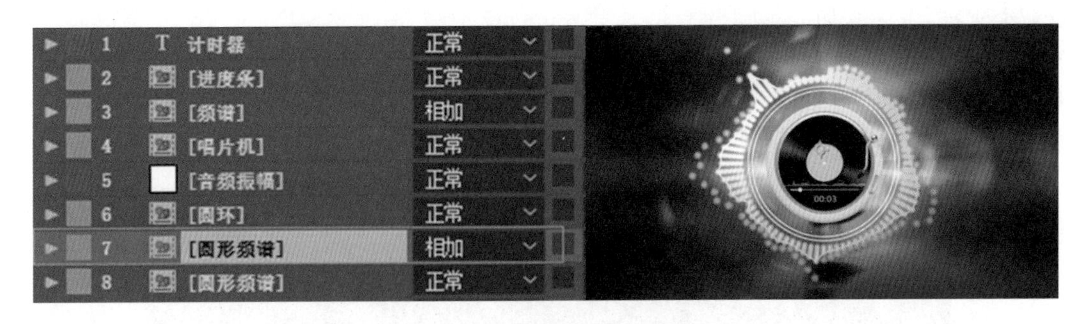

图 8－63　增强混合显示效果

(39)利用表达式关联器将背景图层的缩放属性与音频振幅关联，给背景图层的缩放添加、修改如下表达式，如图 8－64 所示。

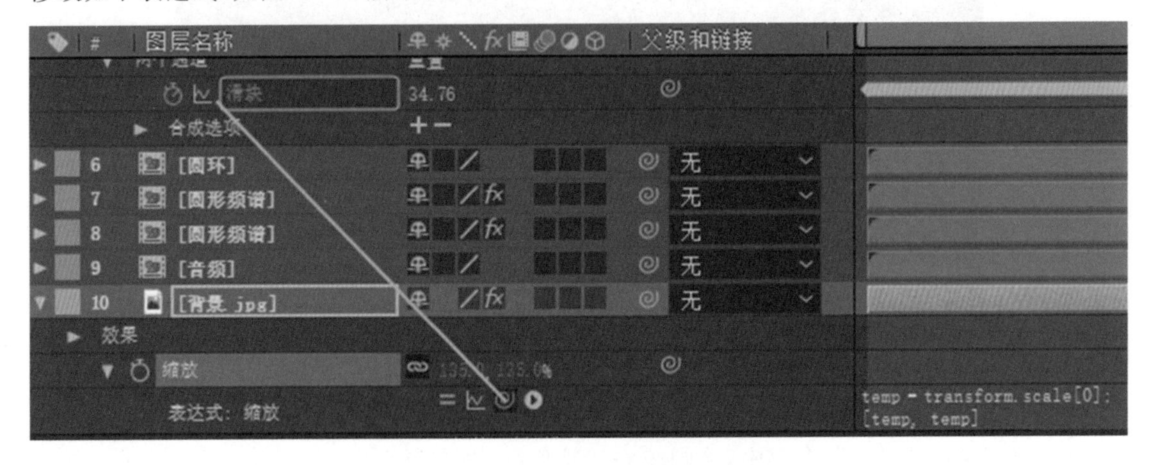

图 8－64　利用表达式关联器创建表达式

```
temp = thisComp.layer("音频振幅").effect("两个通道")("滑块")+120;
f=clamp(temp,150,135);
[f, f]
```

(40)完成这步操作，我们的播放器动画效果基本就做完了。为了美观，在唱片上半部分添加音频的名字，至此音频播放器的动画制作全部完成。

> 小提示：在制作播放器动画效果时，可以先制作播放器的各个组件，然后再给关联的图层属性添加相应的表达式效果，这样做起来更加直观、快捷。

任务二十二　蝴蝶飞

一、任务引导

在有些视频中会出现如飞鸟、蝴蝶等动物扇动翅膀飞行的动画效果，这些效果也是通过表达式来实现的，下面我们就来学习一下。

二、任务实施

（1）新建合成，命名为“蝴蝶飞”。如图 8－65 所示。

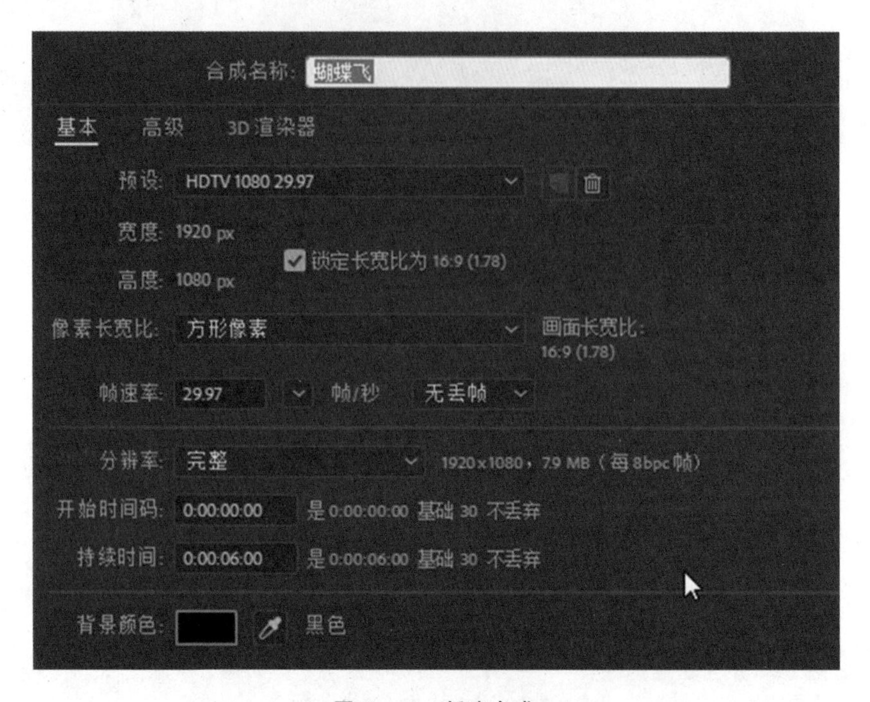

图 8－65　新建合成

（2）将蝴蝶图片导入到合成中，给蝴蝶添加颜色键，并进行抠图，开启 3D 图层开关。如图 8－66所示。

图 8－66　添加颜色键抠图

（3）复制蝴蝶图层，利用蒙板将左右翅膀和身体分离出来，每个部分单独一个图层。如图 8－67所示。

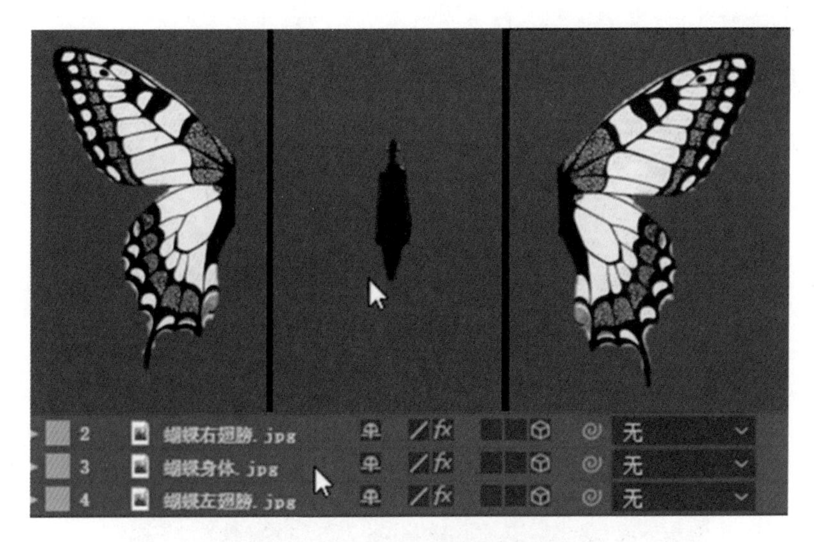

图 8－67　利用蒙版分离组成部分

(4)新建一个空白对象，打开 3D 开关，为空白对象添加滑块控制。展开滑块控制，添加表达式：Math. sin(time) * 80，用它来控制蝴蝶翅膀的运动。如图 8－68 所示。

图 8－68　为空对象添加滑块表达式

(5)利用表达式关联器，将翅膀图层在 Y 轴上的旋转属性链接到空对象的滑块上，自动建立表达式。如图 8－69 所示。

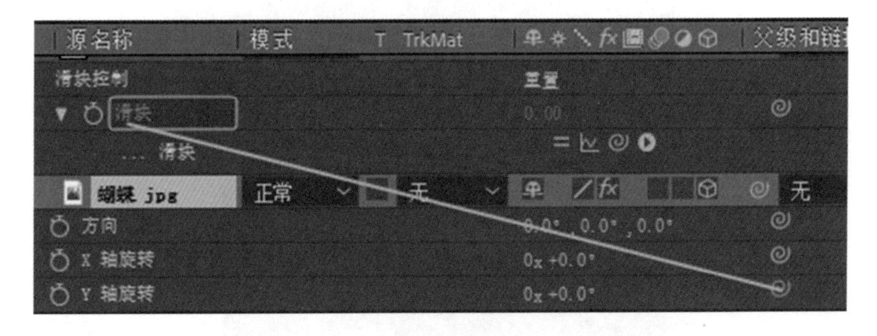

图 8－69　使用关联器建立表达式

(6)修改其中一个翅膀的表达式，使其和另一个翅膀反向，形成翅膀扇动动画。如图 8－70 所示。

右翅膀表达式为：thisComp.layer("空 1").effect("滑块控制")("滑块")。

左翅膀表达式为：-thisComp.layer("空 1").effect("滑块控制")("滑块")。

图 8-70 蝴蝶扇动翅膀效果

(7)导入一张花丛图片作为背景，并以图片新建合成。如图 8-71 所示。

图 8-71 新建背景合成

(8)将“蝴蝶飞”拖放到背景合成上，打开 3D 开关和矢量开关。如图 8-72 所示。

图 8-72 打开 3D 开关、矢量开关

(9)新建空对象图层，打开 3D 开关，调出位置属性，用关键帧设置运动轨迹。如图 8-73 所示。

图 8-73 设置空白对象运动轨迹

(10)利用表达式关联器给蝴蝶添加位置动画。如图 8－74 所示。

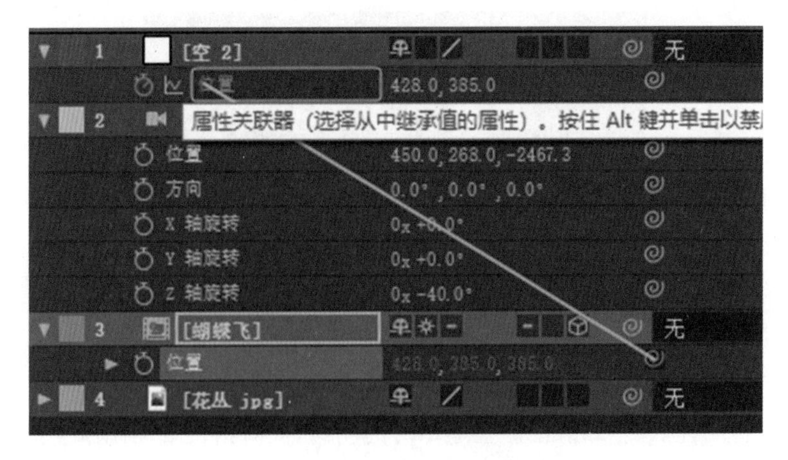

图 8－74 给蝴蝶添加位置运动动画

(11)选中“蝴蝶飞”图层,单击鼠标右键,在弹出菜单中选择【变换】|【自动定向】。如图 8－75所示。

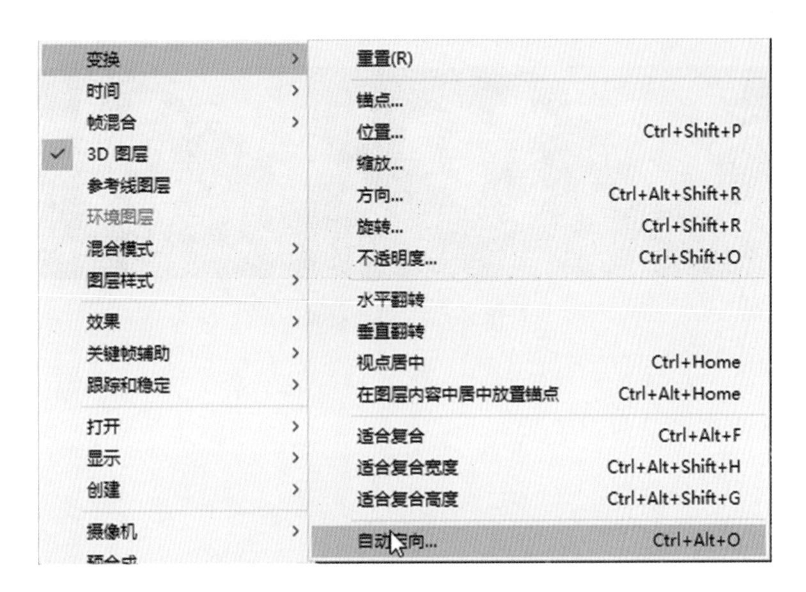

图 8－75 设置蝴蝶图层变换属性

(12)在弹出窗口中选择“沿路径定向”。如图 8 - 76 所示。

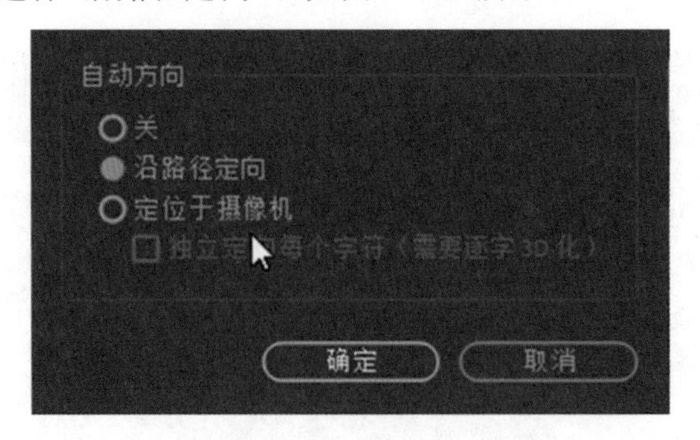

图 8 - 76　设置“沿路径定向”

(13)利用旋转属性,调整蝴蝶沿路径运动时的朝向,同时给位置动画添加抖动效果,让其更加自然,形成最终效果。如图 8 - 77 所示。

蝴蝶位置表达式:

```
temp = thisComp.layer("空 2").transform.position+wiggle(20,50);
[temp[0], temp[1], temp[1]]
```

图 8 - 77　最终效果

第9章

跟踪与稳定

内容提要

跟踪是After Effects中非常强大和特殊的特效功能，它可以对动态素材中的某些指定的像素点进行跟踪，然后将跟踪的结果作为路径依据进行各种特效处理，运动跟踪可以匹配源素材的运动或消除摄像机的运动，为影视创作提供了强劲的后期特效制作方式。本章主要介绍运动跟踪中的稳定跟踪、单点跟踪、多点跟踪、摄像机跟踪等技术。通过本章内容的学习，读者可以掌握AE中匹配素材与目标运动对象、稳定抖动的镜头影片，以及拍摄素材中的镜头运动轨迹应用等操作方法。

学习导航

学习内容		跟踪与稳定
教学目标	知识目标	1. 了解运动跟踪的基本原理； 2. 掌握运动跟踪操作的基本流程； 3. 理解单点跟踪、多点跟踪和镜头跟踪达到的效果差异
	能力目标	1. 能够根据不同跟踪目的选择合适的跟踪方法； 2. 能够利用跟踪方法来制作不同的跟踪效果； 3. 能够利用不同运动跟踪方法，制作跟踪效果
	素质目标	1. 培养学生创新的思维和能力； 2. 培养学生的自学能力
思政素养		1. 利用视频素材，展示我国的社会发展和大好河山，激发学生爱国情怀； 2. 利用运动跟踪的操作基本流程，培养学生做事要遵循规律与方法； 3. 利用案例教学，培养学生分析、解决问题的能力
教学重难点	教学难点	1. 运动跟踪的基本制作流程； 2. 四种跟踪具体制作方法及其使用场合判定； 3. 跟踪器面板各类参数的含义以及在效果制作过程中的意义
	教学难点	1. 跟踪与稳定的实质差异； 2. 跟踪点选取、调整的方法； 3. 将自动分析与手动分析配合，对跟踪关键帧进行手动修复
建议学时		6学时

9.1 运动跟踪的创建

9.1.1 运动跟踪的作用与应用范围

After Effects 中的运动跟踪，是指对动态镜头中的某个或多个指定的像素点进行跟踪分析，并自动创建出关键帧，最后将跟踪的运动数据应用于其他图层或滤镜中，让其他图层元素或滤镜与原始镜头中的运动对象进行同步匹配，从而实现跟随目标运动的动画效果。我们可以将运动跟踪的基本原理理解为“相对运动，即为静止”。

运动跟踪最典型的应用就是在镜头画面中替换或添加元素，如图 9-1 所示的显示器内容的替换。

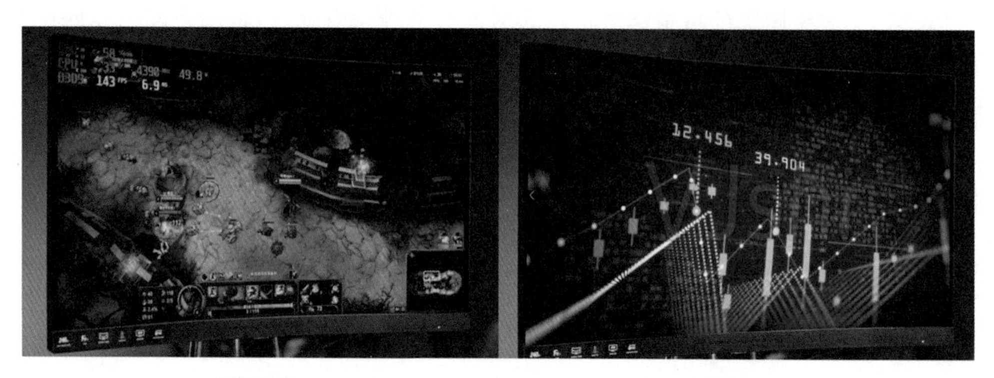

原始图像　　替换后

图 9-1　运动跟踪应用

我们在一些影视作品中会看到巨大的楼房墙体上播放着各种视频，也是使用的运动跟踪技术。

利用运动跟踪还可以实现前期视频抖动的问题。在前期拍摄中，由于一些不可避免的客观因素，有时得到的是一些画面抖动的镜头素材。而在后期处理中，这些素材又需要加入整个影片项目中，这种情况下就须要将素材在 After Effects 中做必要的后期处理以消除画面抖动。这个处理过程与技术，也称之为稳定跟踪。

除此之外，我们利用运动跟踪还可以模拟视频拍摄时摄像机的运动，然后将 CG 元素（也称为虚拟元素或三维场景）的运动与实拍素材画面的运动相匹配，这种方法称为摄像机跟踪，也称为摄像机反求或镜头反求。

摄像机跟踪是一切 CG 特效成功的基础。图 9-2 即为摄像机跟踪应用的一个案例。

原始图像　　　　处理后

图 9－2　摄像机跟踪应用

9.1.2　运动跟踪的基本方法

运动跟踪的基本方法或流程依次为以下几个内容：

第一步：确定被跟踪对象；

第二步：点击“跟踪运动”；

第三步：设置跟踪方式；

第四步：设置跟踪点或者区域；

第五步：进行跟踪分析；

第六步：选择运动轨迹应用对象；

第七步：选择跟踪器应用维度。

9.2　跟踪器面板

不管是什么类型的运动跟踪，都需要在【跟踪器】面板上进行相关的设置和应用，所以我们有必要详细地认识下跟踪器面板。

执行【窗口—跟踪器】菜单命令，打开【跟踪器】面板，如图 9－3 所示。

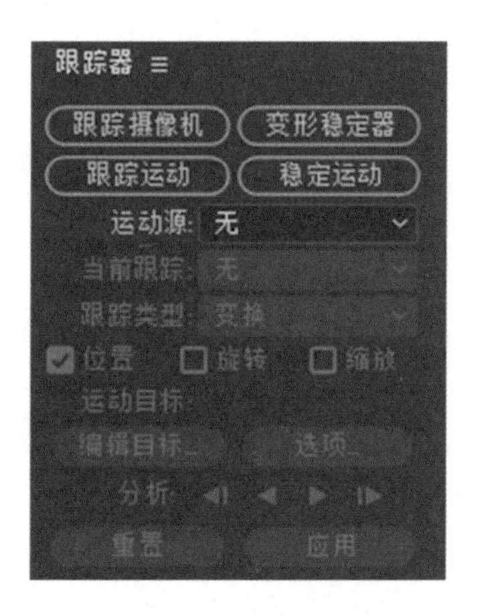

图 9－3　跟踪器面板

跟踪器面板参数介绍。

【跟踪摄像机】用来完成画面的 3D 跟踪解算。

【变形稳定器】用来自动解析完成画面的稳定设置。

【跟踪运动】用来完成画面的 2D 跟踪解析。

【稳定运动】用来控制画面的稳定设置。

【运动源】设置被解算的图层,只对素材和合成有效。

【当前跟踪】选择被激活的解算器。

【跟踪类型】设置使用的跟踪解算模式,不同的跟踪解算模式可以设置不同的跟踪点,并且将不同跟踪解算模式的跟踪数据应用到目标图层或目标滤镜的方式也不一样,共有以下 5 种。

①稳定:通过跟踪"位置""旋转""缩放"的值来对原图层进行反向补偿,从而起到稳定原图层的作用。当跟踪"位置"时,该模式会创建一个跟踪点,经过跟踪后会为原图层生成一个"锚点"关键帧;当跟踪"旋转"时,该模式会创建两个跟踪点,经过跟踪后会在原图层产生一个"旋转"关键帧;当跟踪"缩放"时,该模式会创建两个跟踪点,经过跟踪后会为原图层产生一个"缩放"关键帧。

②变换:通过跟踪"位置""旋转""缩放"的值将跟踪数据应用到其他图层中。当跟踪"位置"时,该模式会创建一个跟踪点,经过跟踪后会为其他图层创建一个"位置"跟踪关键帧数据;当跟踪"旋转"时,该模式会创建两个跟踪点,经过跟踪后会为其他图层创建一个"旋转"跟踪关键帧数据;当跟踪"缩放"时,该模式会创建两个跟踪点,经过跟踪后会为其他图层创建一个"缩放"跟踪关键帧数据。

③平行边角定位:该模式只跟踪倾斜和旋转变化,不具备跟踪透视的功能。在该模式中,平行线在跟踪过程中始终是平行的,并且跟踪点之间的相对距离也会被保存下来。"平行边角定位"模式使用 3 个跟踪点,然后根据 3 个跟踪点的位置计算出第 4 个点的位置,接着根据跟踪的数据为目标图层的"边角定位"滤镜的 4 个角点应用跟踪的关键帧数据。

④透视边角定位:该模式可以跟踪到原图层的倾斜、旋转和透视变化。"透视边角定位"模式使用 4 个跟踪点进行跟踪,然后将跟踪到的数据应用到目标图层的"边角定位"滤镜的 4 个角点上。

⑤原始:该模式只能跟踪原图层的"位置"变化,通过跟踪产生的跟踪数据不能直接通过使用"应用"按钮应用到其他图层中,但是可以通过复制粘贴或是表达式的形式将其连接到其他动画属性上。

【运动目标】:设置跟踪数据被应用的图层或滤镜控制点。After Effects 通用对目标图层或滤镜增加属性关键帧来稳定图层或跟踪原图层的运动。

【编辑目标】:设置运动数据要应用到的目标对象。

【选项】:设置跟踪器的相关选项参数,单击该按钮可以打开"运动跟踪选项"对话框。

【分析】:在原图层中逐帧分析跟踪点。

【向后分析 1 帧 ◀|】:分析当前帧,并且将当前时间指示滑块往前移动一帧。

【向后分析】:从当前时间指示滑块处往前分析跟踪点。

【向前分析】:从当前时间指示滑块处往后分析跟踪点。

【向前分析 1 帧】:分析当前帧,并且将当前时间指示滑块往后移动一帧。

【重置】:恢复到默认状态下的特征区域、搜索区域和附着点,并且从当前选择的跟踪轨道中删除所有的跟踪数据,但是已经应用到其他目标图层的跟踪控制数据保持不变。

【应用】:以关键帧的形式将当前的跟踪解算数据应用到目标图层或滤镜控制上。

在“跟踪器”面板中,单击【选项】按钮可打开【动态跟踪器选项】对话框,如图 9-4 所示。

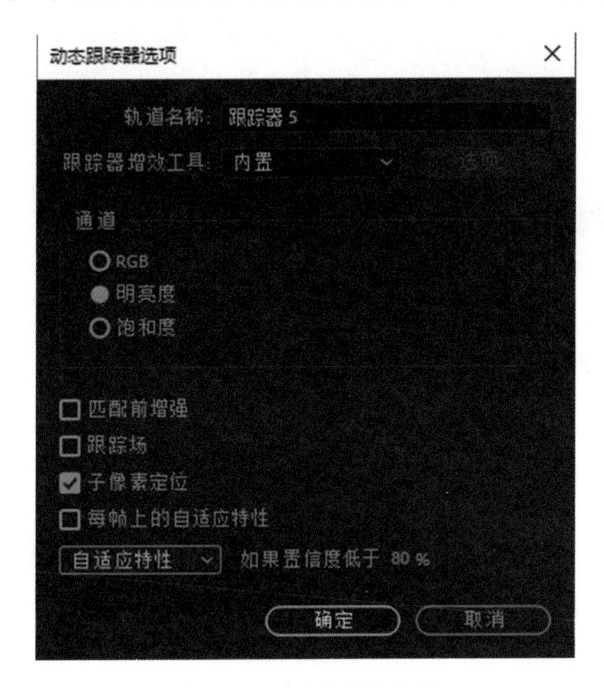

图 9-4　动态跟踪器选项

动态跟踪器选项对话框的参数如下。

【轨道名称】:设置跟踪器的名字,也可以在“时间轴”面板中修改跟踪器的名字。

【跟踪器增效工具】:选择动态跟踪器插件,系统默认的是 After Effects 内置的跟踪器。

【通道】:设置在特征区域内比较图像数据的通道。如果特征区域内的跟踪目标有比较明显的颜色区别,则选择 RGB 通道;如果特征区域内的跟踪目标与周围图像区域有比较明显的亮度差异,则选择使用“明亮度”通道;如果特征区域内的跟踪目标与周围区域有比较明显的颜色“饱和度”差异,则选择“饱和度”通道。

【匹配前增强】:为了提高跟踪效果,可以使用该选项来模糊图像,以减少图像的噪点。

9.3　跟踪点的选择

在制作运动跟踪效果的时候,有一个操作非常关键,就是跟踪点的选择。选好跟踪点可以使跟踪效果制作事半功倍，而跟踪点选择不恰当，就会为后期制作增加很多的工作量。好的跟踪点选择一般遵循以下基本原则。

(1)跟踪点选取对象尽量始终在画面中存在。

(2)跟踪点与周围图像存在明显的差异。这种差异可以是亮度、色彩、饱和度三者中的某一种。

选定的每个跟踪点都包含有“功能区域”“搜索区域”和“附加点”，如图 9－5 所示，其中 a 为“附加点”，b 为“搜索区域”，c 为“特征区域”。

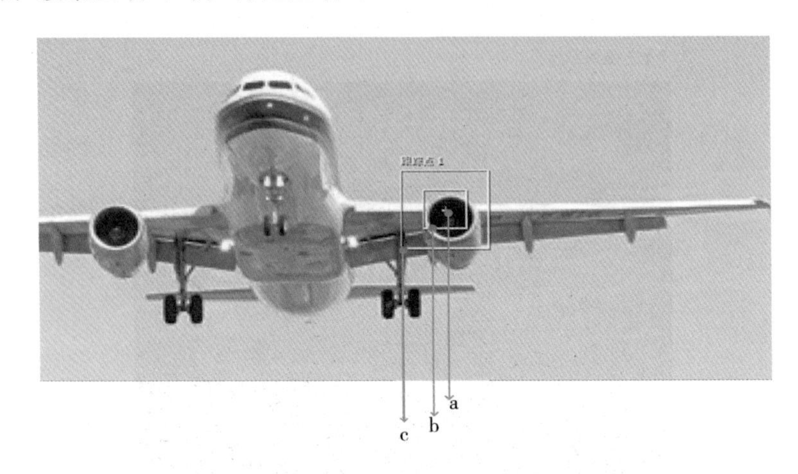

图 9－5　跟踪点三个区域

跟踪点的三个组成部分，对制作运动跟踪。效果有着重要的作用，我们来仔细认识一下。

【特征区域】：确定图层被跟踪的区域，一般要包含有一个明显的视觉元素，这个区域应该在整个跟踪阶段都能被清晰辨认。

【搜索区域】：定义了 After Effects 搜索范围，为运动物体在帧与帧之间的位置变化预留出搜索空间。搜索区域设置的范围越小，越节省跟踪时间，但是会增大失去跟踪目标的概率。

【附加点】：指定跟踪的最终附着点。

对跟踪点的调整，一般由 6 个操作因素组成。如图 9－6 所示。

①：单独移动搜索区域的位置。

②：整体移动搜索区域和特征区域，附着点位置不产生变动。

③：移动附着点(或称为特征点)。

④：整体移动跟踪器的位置。

⑤：调整搜索区域的大小。

⑥：调整功能区域的大小

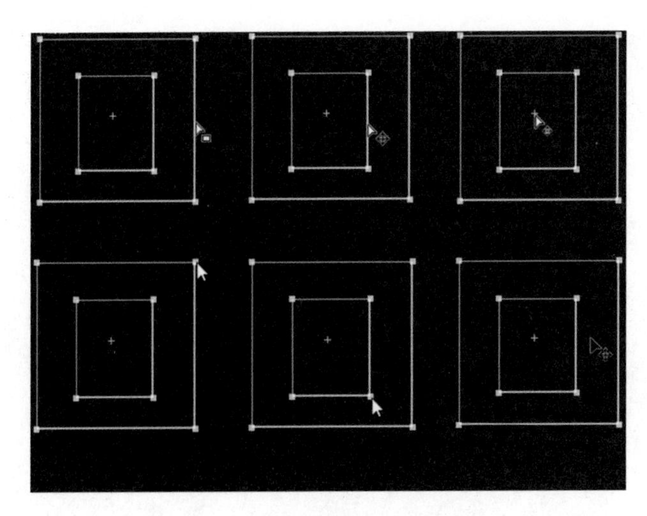

图 9-6　跟踪点调整位置与含义

实战任务

任务二十三　妙笔生花

一、任务引导

本案例是利用运动跟踪制作一个简单案例。在 After Effects CC 2018 中根据铅笔尖创建运动跟踪，将运动的关键帧动画赋给火花，调整两者之间的位置，形成最终效果如图 9-7 所示。

图 9-7　实例效果

二、任务实施

(1)打开软件新建一个合成，命名为“妙笔生花”，如图 9-8 所示。

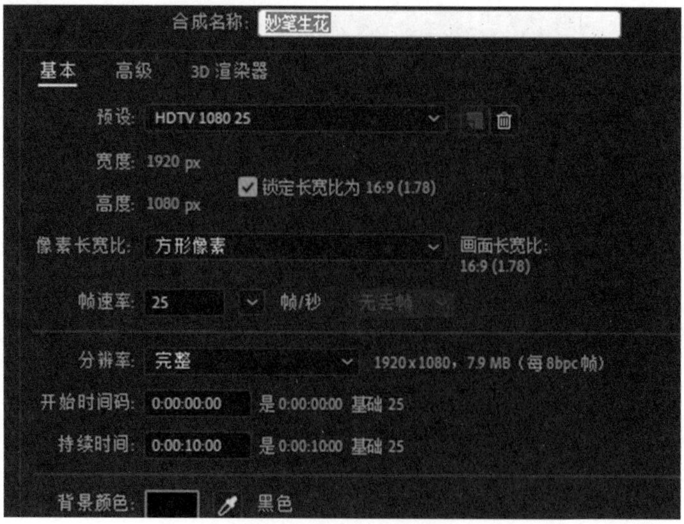

合成名称: 妙笔生花
基本 高级 3D 渲染器
预设: HDTV 1080 25
宽度: 1920 px
锁定长宽比为 16:9 (1.78)
高度: 1080 px
像素长宽比: 方形像素
画面长宽比: 16:9 (1.78)
帧速率: 25 帧/秒 无丢帧
分辨率: 完整 1920x1080, 7.9 MB (每 8bpc 帧)
开始时间码: 0:00:00:00 是 0:00:00:00 基础 25
持续时间: 0:00:10:00 是 0:00:10:00 基础 25
背景颜色: 黑色

图 9-8 合成设置

(2)将我们需要的素材导入到项目里,并将其置入合成时间线窗口中,如图 9-9 所示。

名称
火花特效素材.mov
妙笔生花
写字.mp4
图层名称
...mov]
[写字.mp4]

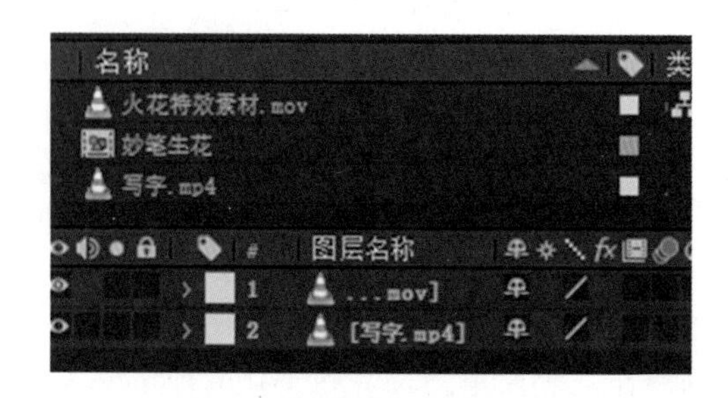

图 9-9 调整图层位置关系

(3)选择“写字”图层,选取铅笔写字的部分,执行“动画—跟踪运动”菜单命令,这个时候会弹出跟踪器面板。我们在跟踪器面板中做如图 9-10 所示的设置。

跟踪摄像机
变形稳定器
跟踪运动
稳定运动
运动源: 写字.mp4
当前跟踪: 跟踪器 1
跟踪类型: 原始
位置
旋转
缩放
运动目标
编辑目标...
选项...
分析:
重置
应用

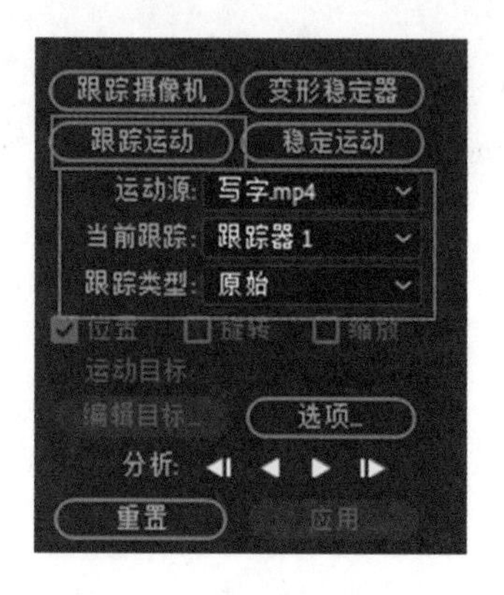

图 9-10 跟踪器面板设置

(4)将指针移动到时间线开始位置,将跟踪点放到铅笔笔尖处,如图 9－11 所示。

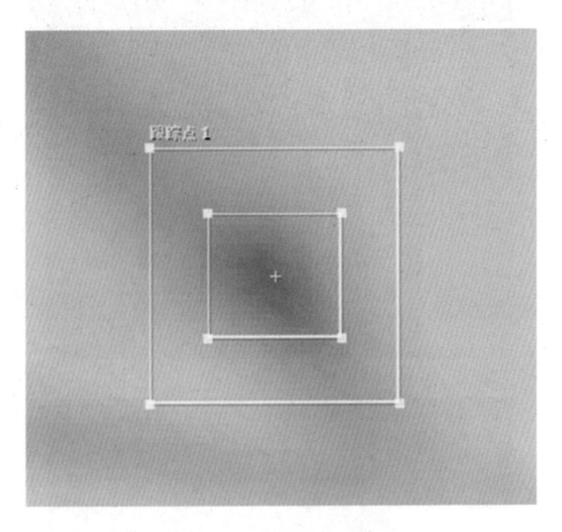

图 9－11 跟踪点设置

(5)单击跟踪器面板的【向前分析】按钮,进行运动跟踪分析,分析结果如图 9－12 所示。

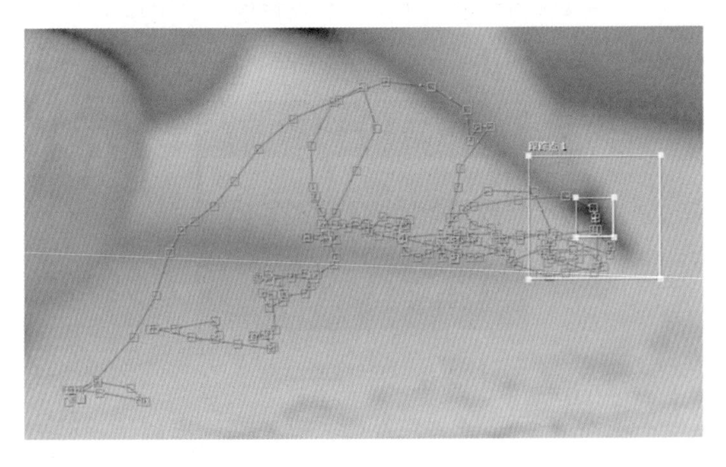

图 9－12 笔尖运动关键帧

(6)跟踪分析做好后,新建一个空对象,在跟踪器面板中选择空对象,将关键帧复制给目标图层,如图 9－13 所示。

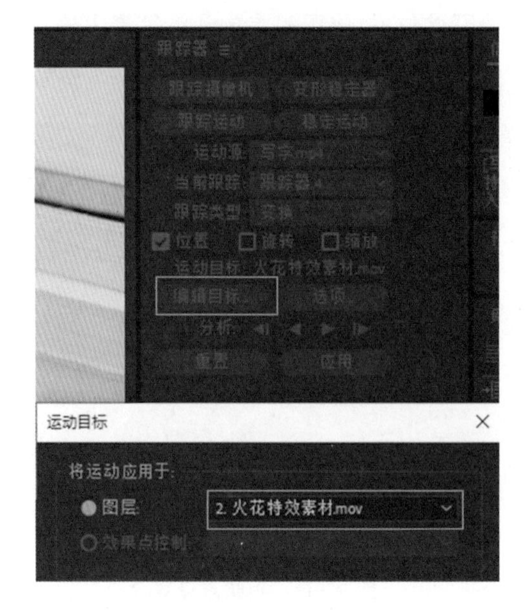

图 9－13 将跟踪关键帧赋给火花图层

(7)在跟踪器面板中点击【应用】按钮,在弹出的动态跟踪应用选项对话框中选择维度为“X 和 Y”,单击【确定】,如图 9－14 所示。

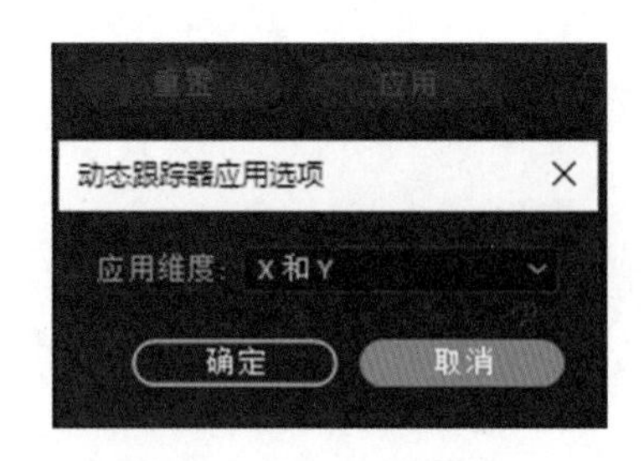

图 9－14 维度选择

小技巧:为了便于我们后期操作,我们在制作运动跟踪效果的时候,最好建立一个空对象,然后与跟随运动的图层建立关联。

(8)这时我们选取空对象,按下 U 键,就可以发现在位置属性里多了很多关键帧,如图 9－15 所示。

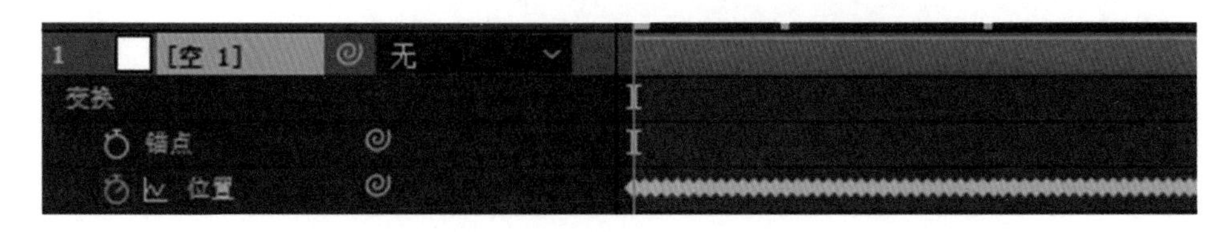

图 9－15 设置空对象为运动目标

(9)将火花图层与空对象建立父级关联，火花就会随着铅笔头一起运动了，如图 9 - 16 所示。

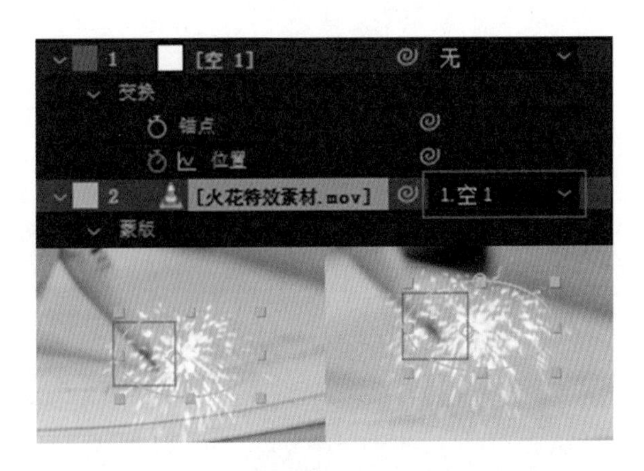

图 9 - 16　火花图层与空对象建立父级关联

(10)我们发现火花与铅笔尖不在同一个位置上，调整火花图层的位置属性，与笔尖对齐，将火花图层的混合模式改为相加，这个案例就完成了。最终效果如图 9 - 17 所示。

图 9 - 17　调整后效果

任务二十四　单点跟踪——冒火的引擎 A

一、任务引导

本案例主要利用运动跟踪中的单点跟踪制作火焰跟随引擎移动，从而形成冒火的引擎效果。效果如图 9 - 18 所示。

图 9-18　案例效果图

二、任务实施

(1)在 After Effects 新建一个合成“冒火的引擎”,设置如图 9-19 所示。

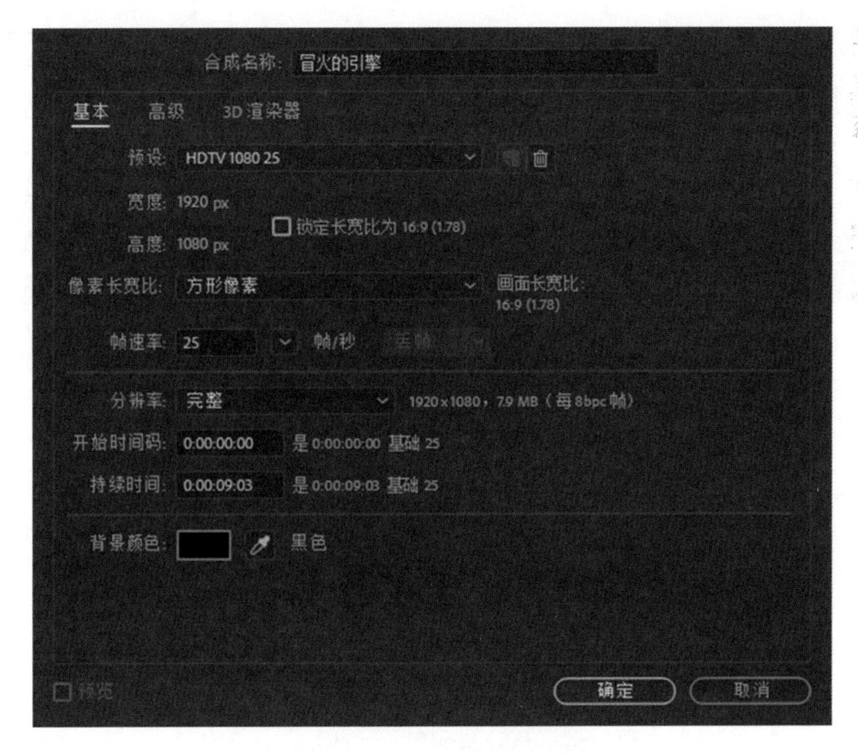

图 9－19　**合成设置**

(2)将案例制作中需要的“飞机”“火焰”等元素导入到项目中，如图 9－20 所示。

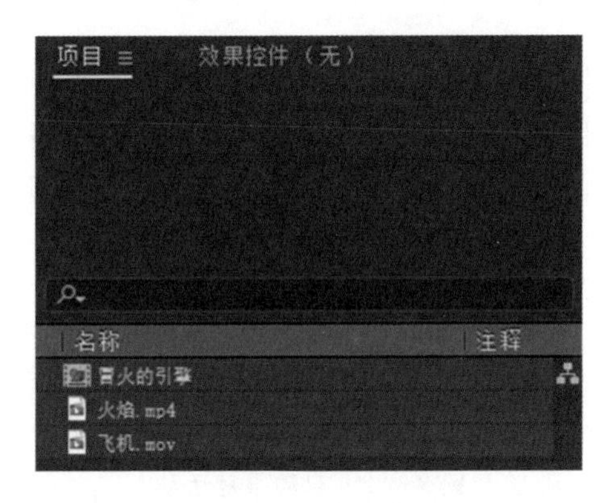

图 9－20　**导入素材**

(3)将视频素材“飞机”拖放到时间线上，调整视频显示比例，充满合成窗口，如图 9－21 所示。

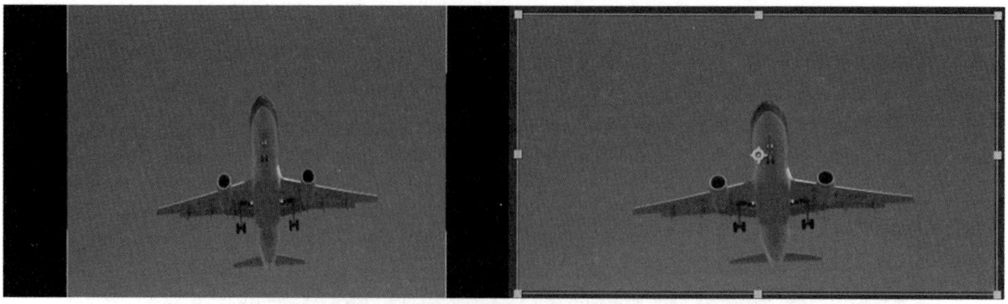

图 9－21　调整图像大小

（4）选中飞机图层，在菜单中选择动画—跟踪运动，如图 9－22 所示。

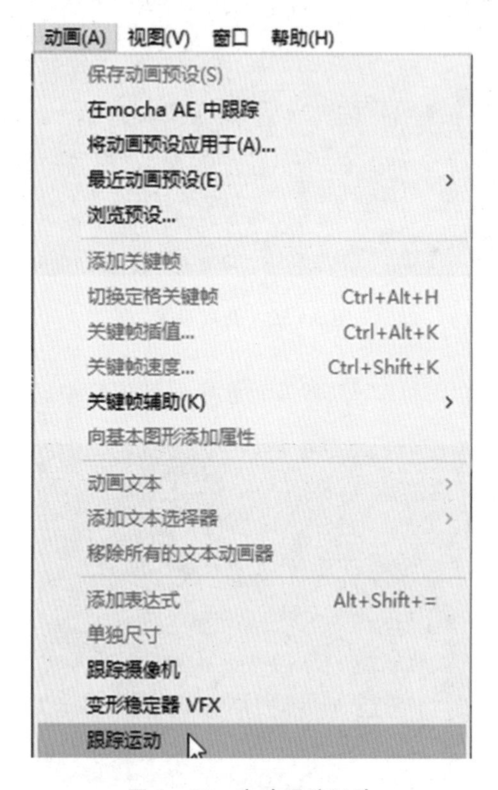

图 9－22　启动跟踪运动

（5）在跟踪器面板中选择跟踪运动选项，点击选项按钮，在弹出的对话框中对跟踪轨道命名，选择明亮度通道，如图 9－23 所示。

【动脑筋】这里为什么要选择明亮度通道？

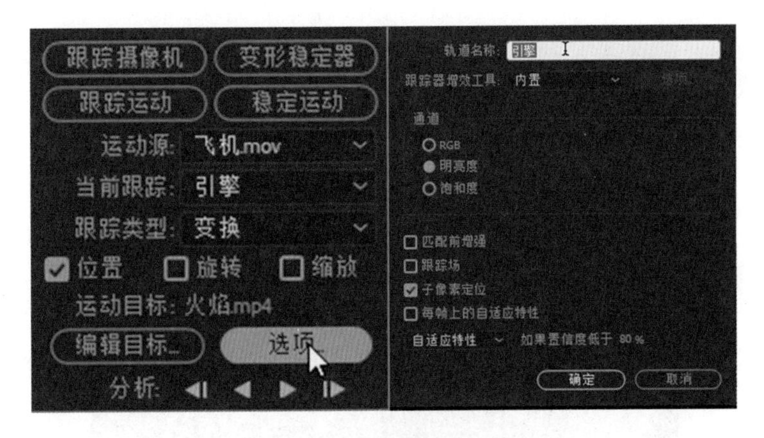

图 9-23 跟踪器面板设置

(6)将时间线指针拖放到起点位置,调整画面中跟踪点的选择位置。位置调整时我们选择引擎中间的黑色区域,为了避免跟踪运动过程中受到其他元素干扰,在特征区域中不要存在其他黑色对象,如图 9-24 所示。

图 9-24 选择跟踪点

(7)设置好跟踪点后,我们在跟踪器面板中选择向前跟踪,系统会根据跟踪点自动计算运动轨迹。

小技巧:在操作这一步骤时,要仔细观察跟踪运动的状态,当发现跟踪有偏移时,要暂停分析。利用手动方法一帧一帧进行跟踪,同时调整跟踪关键帧的位置,以达到更好的跟踪效果。如图 9-25 所示为自动跟踪分析与手动跟踪。

图 9-25　自动跟踪分析与手动跟踪

(8)跟踪设置好后,我们在合成中建立一个空对象,将空对象的锚点和跟踪点的初始位置进行对齐或调整好相对位置。如图 9-26 所示。

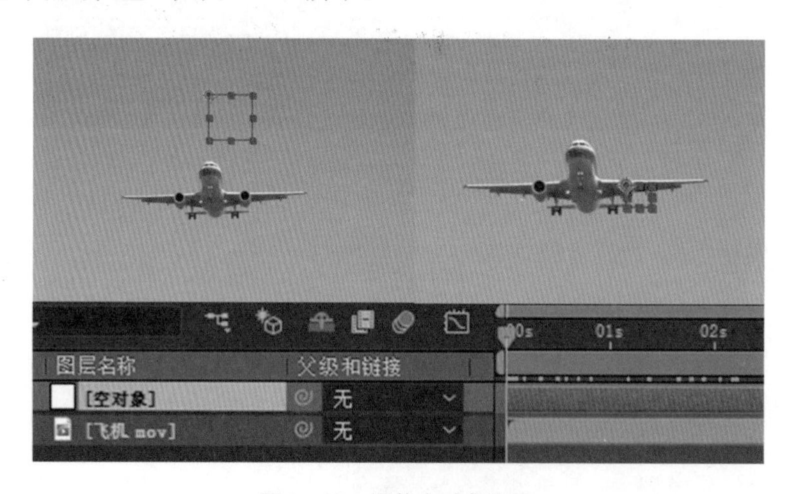

图 9-26　调整空对象位置

(9)利用跟踪器面板,将运动跟踪与空对象进行关联。如图 9-27 所示。

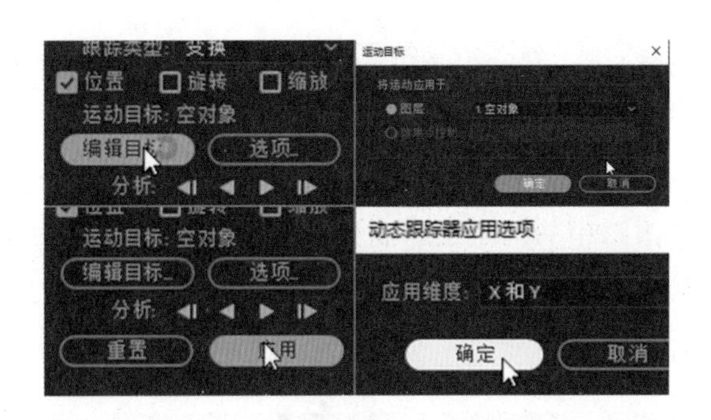

图 9－27　选择空对象为运动目标

(10)这时，我们把火焰拖放到时间上线，将火焰图层与空对象建立关联。调整火焰图层混合模式为相加，如图 9－28 所示。

#	图层名称	模式	T TrkMat	父级和链接
1	[空对象]	正常		无
2	[火焰.mp4]	相加	无	1.空对象

图 9－28　设置空对象作为火焰图层父级

(11)在时间线第一帧调整火焰图层位置，给火焰添加遮罩，如图 9－29 所示。

图 9－29　给火焰图层添加遮罩

这样我们单点跟踪的效果基本就做好了，但是大家在播放的时候会发现火焰有偏移，而且不会随着飞机在镜头中的大小变化而变化，那么怎么改变这样的显示效果呢？我们会在下一个实战案例中进行详细介绍。

任务二十五　两点跟踪——冒火的引擎 B

一、任务引导

本案例主要利用运动跟踪中的两点跟踪制作火焰跟随引擎移动，并在运动中，跟随被跟踪对象大小变化而变化的效果，从而改变“任务二十四”中视频展示出来的瑕疵，使最终效果更加自然。效果如图 9－30 所示。

图 9－30　案例效果

二、任务实施

(1)前期操作步骤不再赘述，我们在设置运动跟踪时考虑到火焰位置和大小的变化，在跟踪器中选择位置和缩放两个属性。在图层视图中会出现 2 个跟踪点的标志，如图 9－31 所示。

图 9-31 设置 2 个跟踪点

(2)把时间指针放置在时间线最开始的位置，第一个跟踪位置依据“任务二十四”中的设定，第二个跟踪位置可以选择对称的另外一个引擎，也可选择其他标志性的点作为跟踪对象，这里我们选择飞机头部的位置作为跟踪点。两个跟踪点的选择确定了位置以及两个跟踪点的相对距离，为我们测算位置和缩放确定了参数，如图 9-32 所示。

图 9-32 调整跟踪点位置

(3)点击向前分析按钮，两个跟踪点就会分别跟随原来设定的位置变化而形成关键帧序列，如图 9-33 所示。

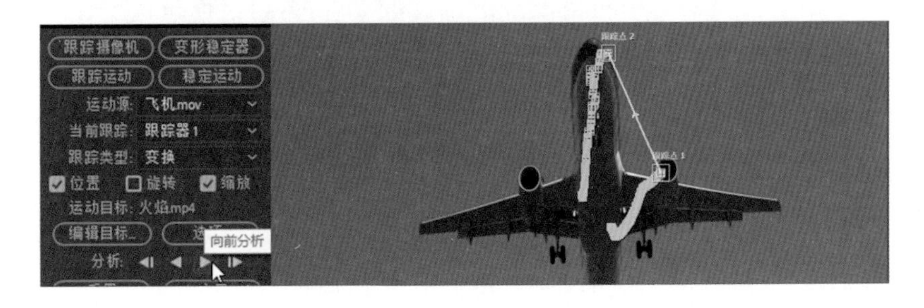

图 9-33 向前分析

(4)将运动目标设置为空对象,将跟踪变化的关键帧赋给空对象,如图 9-34 所示。

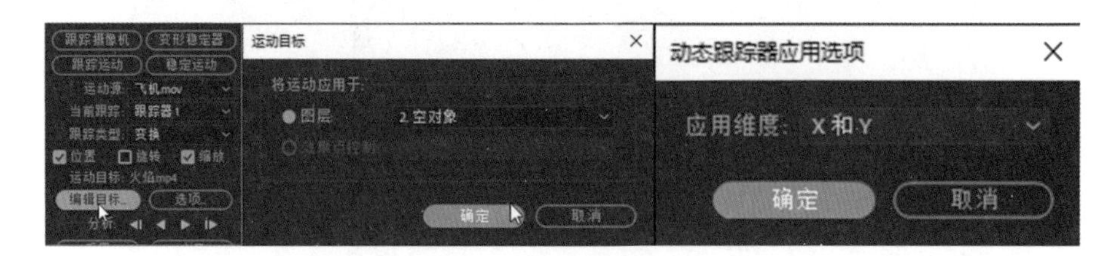

图 9-34　设置运动目标

(5)我们发现空对象图层的位置和缩放属性同时出现跟踪运算后的关键帧。空对象的关键帧的缩放属性直观上并没有效果,那是因为空对象实际上是个虚拟的点,没有大小变化。一旦我们将其他元素与空对象进行关联时就会出现缩放属性的变化,如图 9-35 所示。

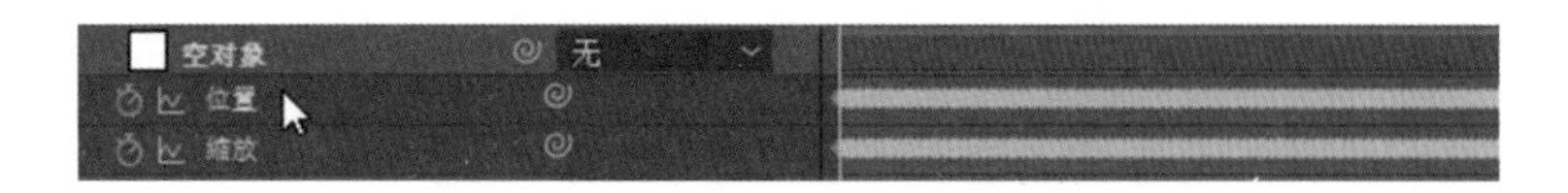

图 9-35　空对象上的属性关键帧

(6)接下来我们同样将火焰拖放到时间线上,放在最上面的图层如图 9-36 所示,调整位置,和对空对象图层进行关联。

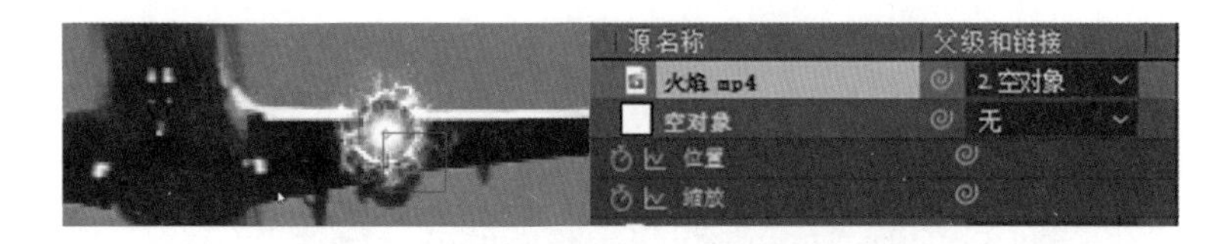

图 9-36　调整火焰位置与空对象关联

(7)为了最后的整体效果呈现得更加自然,我们给火焰图层添加遮罩,进行相关设置,如图 9-37 所示。

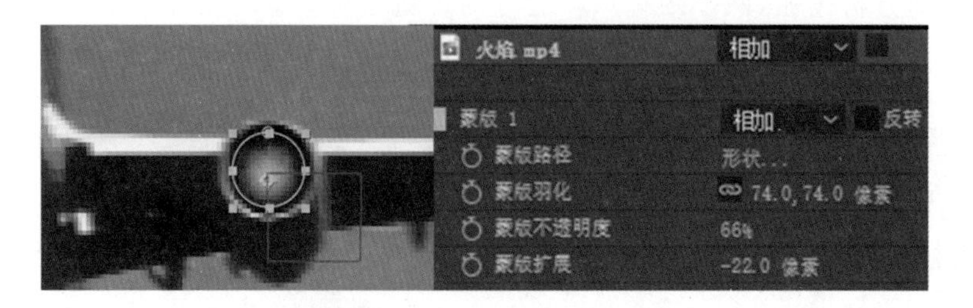

图 9-37　给图层添加遮罩

(8)再复制一层,将调整遮罩按照图 9-38 参数设置,调整大小。

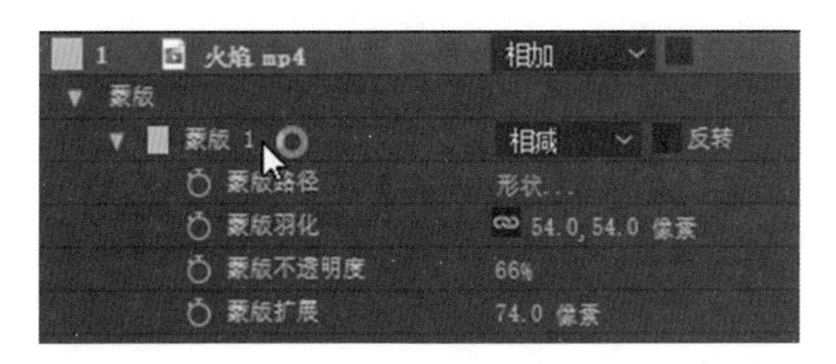

图 9 - 38　**遮罩属性设置**

(9)观察调整前后的效果对比,发现调整后外圈的火焰不太明显,再把外圈火焰的图层进行复制,增强显示效果。如图 9 - 39 所示。

图 9 - 39　**调整前后效果变化**

预览一下整体效果,有时会发现火焰与跟踪点会有偏移。这是因为当时设置跟踪时只是一个虚拟的点,即使稍微偏离,我们也不易觉察。如果要再次调整跟踪点,工作量就比较大。而前面进行空对象关联的操作在这种情况下就能减少我们的工作量。

(10)我们运用火焰与空对象进行关联后,发现有时会有轻微的偏移,可以在火焰图层上继续使用关键帧动画进行纠正。当然这种使用方法的前提是偏移量不大而且不是太频繁,否则只能重新设定运动跟踪。调整好关键帧后,再把关键帧复制给其他几个火焰图层。如图 9 - 40 所示。

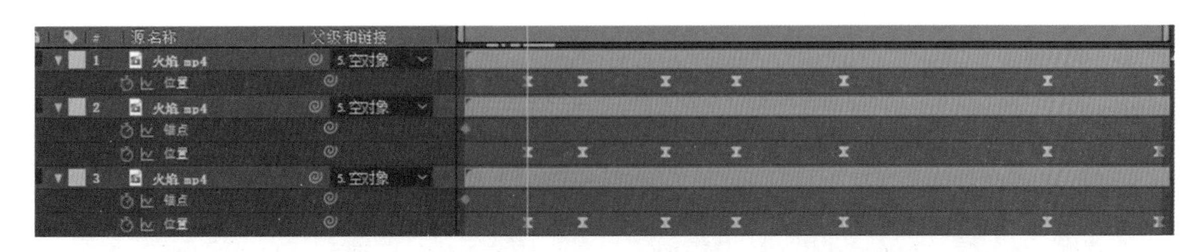

图 9 - 40　**复制火焰图层**

【动脑筋】思考一下如何利用粒子插件添加动力参数,实现烟雾跟随和火星飘散?然后参考上述操作,制作更加逼真的火光效果。

任务二十六　稳定跟踪——晃动镜头纠正

一、任务引导

我们在影视后期制作时，有时发现需要的视频素材在拍摄时因为摄像机晃动导致画面不停晃动或抖动，而现实情况又不允许再次拍摄，那么这时我们就需要运用跟踪技术，实现晃动镜头纠错。

二、任务实施

(1)打开 After Effects 新建项目“晃动镜头纠正”，将素材“蝴蝶”导入到项目中，直接拖放到时间线上，如图 9-41 所示。

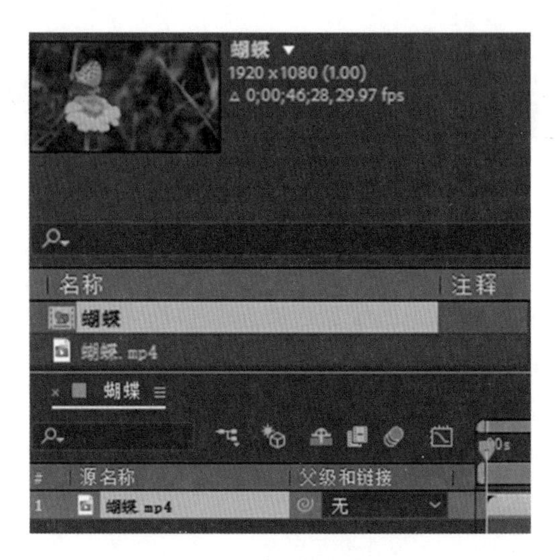

图 9-41　以蝴蝶素材建立图层

(2)观察图 9-42 中蝴蝶和花朵的所在位置(黄色圆圈对象)，发现画面拍摄时，镜头有晃动导致画面不稳定。

图 9-42　镜头晃动导致位置发生变化

(3)在视频素材中截取视频片段，这里我们从开始找到第 7 秒的位置，因为这段素材中镜头变化比较明显。然后按下 Alt+]直接在时间线窗口中进行截取。调整合成结尾指针到刚才裁剪的位置上，鼠标右键点击时间线，在弹出菜单中选择“将合成修剪至工作区”，如图9-43所示。

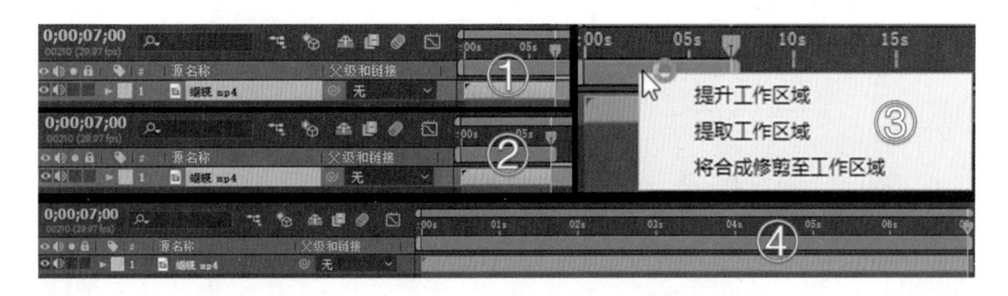

图9-43　修剪合成时间

(4)同样利用菜单动画—跟踪运动调出跟踪器面板。在跟踪器面板中选择稳定运动，在画面中出现跟踪点，如图9-44所示。

图9-44　选择稳定运动

(5)将鼠标移动到特征区域和搜索区域之间，调整跟踪点的位置，在图像中选择合适的点作为跟踪对象。这里我们选择的是花朵中的黑点元素，如图9-45所示。

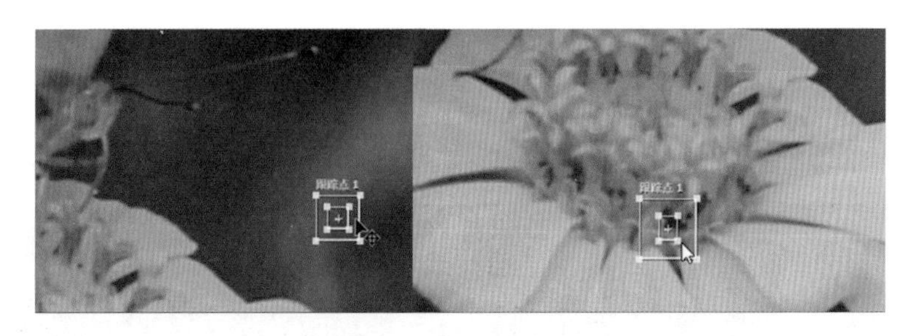

图9-45　选择跟踪点

(6)将时间指针放置到时间线的开始位置，在跟踪器面板中执行向前分析，得到跟踪点的所有关键帧，如图9-46所示。

图 9－46　自动分析运动跟踪

(7)这时我们观察到花朵和蝴蝶不再移动,固定在画面相应的位置,但是调整后画面周围有黑边,如图 9－47 所示。

图 9－47　调整后画面位置移出有效区域

(8)将图像进行缩放,使图像充满整个画面。这时要根据画面移动的相对位置,多观察上下、左右移动的最大的幅度,进行调整,如图 9－48 所示。

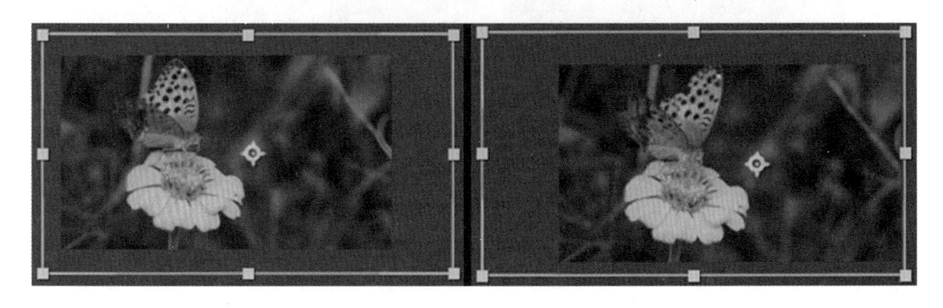

图 9－48　调整图层缩放属性值

(9)除了采用上述方法控制画面稳定,我们也可利用“变形稳定器”来实现画面的稳定效果。在跟踪器面板中,点击变形稳定器,调出变形稳定器 VFX,如图 9-49 所示。

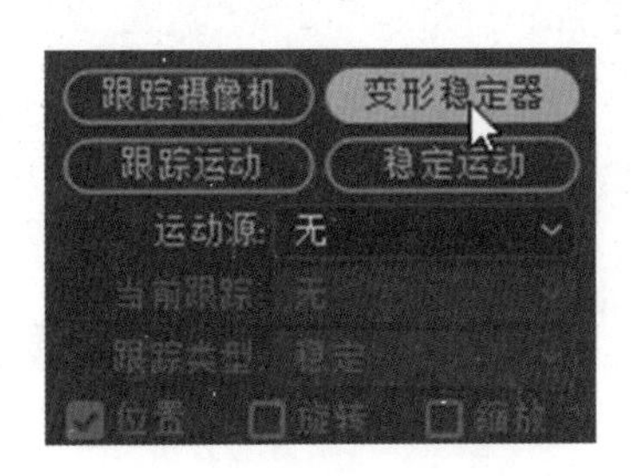

图 9-49 变形稳定器

(10)在效果面板中打开变形稳定器的高级选项,勾选详细分析命令。这时要根据视频素材是否采用运动镜头拍摄方法,来确定是无运动稳定还是平滑运动稳定。本例中用到的素材拍摄方法,选择无运动,如图 9-50 所示。

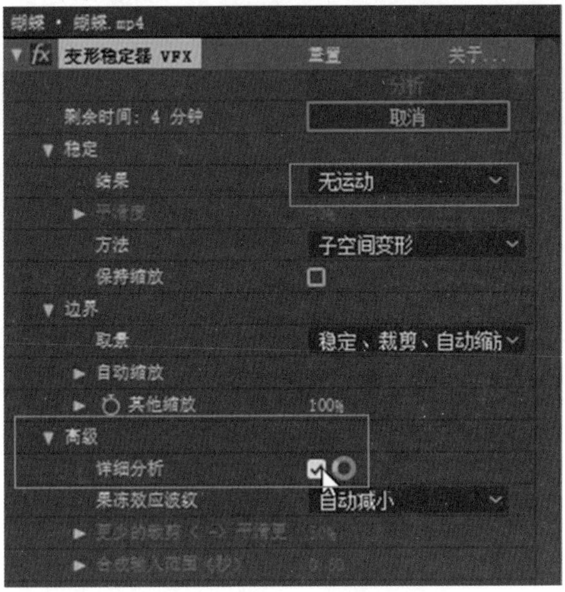

图 9-50 变形稳定器设置

这样电脑开始分析计算、稳定调整。这个过程会比较长,因为实际上这个功能是对摄像机拍摄时的状况进行分析模拟的,计算量比较大。如图 9-51 所示为自动分析。

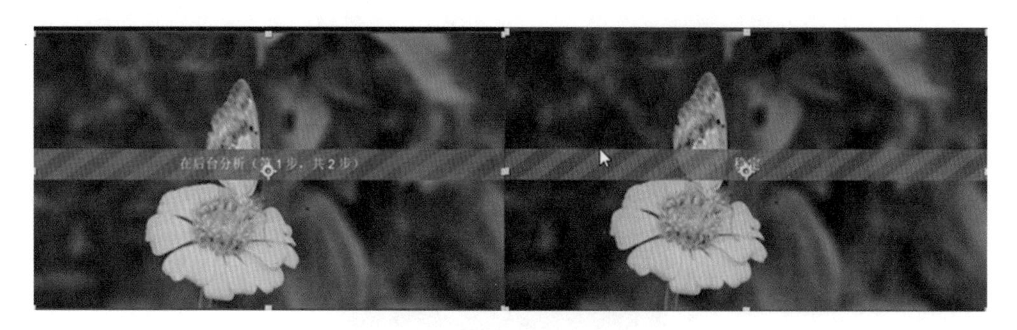

图 9－51　自动分析

(11)调整后的图像初步显示可能和我们的预期还存在差距。如果是运动镜头的话,我们可以调整平滑度。如果是固定镜头的话,就要调整参考稳定点。在效果面板中,选择稳定器参数的“显示跟踪点”选项,画面就会出现很多参考点,如图 9－52 所示。

图 9－52　显示跟踪点

(12)通过使用键盘上 Delete 和鼠标左键,删除不必要的参考点,画面就会自动跟随选中的点进行稳定运算,从而实现画面稳定的效果。一般固定镜头稳定,我们使用稳定运动,运动镜头稳定使用变形稳定器。

任务二十七　四点跟踪——移动楼面上的大屏

一、任务引导

在很多科幻电影和视频中,经常会看到街道和楼宇中有很多的 LED 动态视频展示,这些视频随着镜头和人物的移动而移动,好像在拍摄中实际场景就是这样,其实这些效果都是通过影视后期制作而实现的,实例效果如图 9－53 所示。

图9-53 案例效果

二、任务实施

(1)首先我们打开 After Effects,将案例所需要的“航拍大楼”“相框”“云海”等视频素材导入到项目中,如图9-54所示。

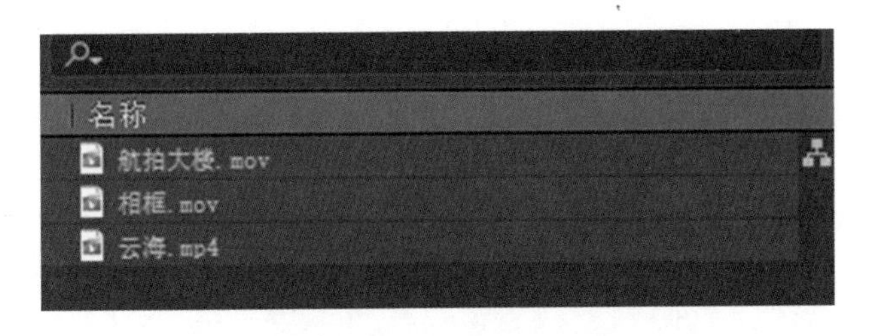

图9-54 调整图层关系

(2)将航拍大楼素材拖动到新建合成按钮上,直接以素材形成新合成,如图9-55所示。

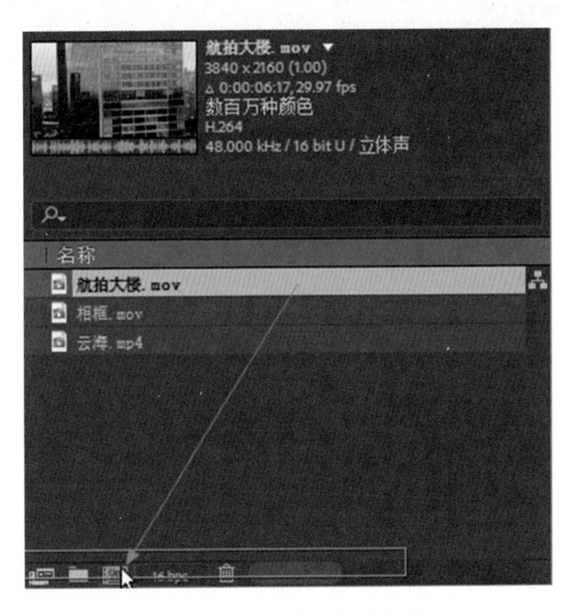

图9-55 以图层新建合成

(3)选中视频图层,利用菜单动画—跟踪运动调出跟踪器面板,选择跟踪运动,如图 9-56 所示。

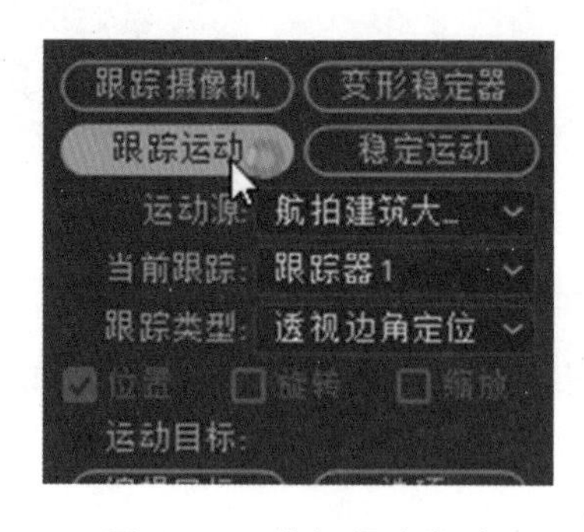

图 9-56 选择跟踪类型

(4)在跟踪类型下拉列表框中,选择"透视边角定位",这时在图层中会显示由 4 个跟踪点组成的一个矩形面。如图 9-57 所示。

小知识:四点跟踪,就是利用由 4 个跟踪点组成的面去跟踪素材中的某个平面内容,当然这个面的最终形状我们可以自由调整。

图 9-57 四点跟踪图示

(5)将时间线指针放置在最初始的位置,逐次调整四个跟踪点的位置,每个点的调整方法与单点跟踪一样,我们也可以将四点跟踪理解为由四个单点跟踪组成的面跟踪。将由四个点组成的面与视频素材中的楼面贴合在一起。注意调整时选择明显的跟踪点,同时要注意长宽比例和形状特征。最终调整的位置如图 9-58 所示。

图 9－58 调整跟踪区域

(6)执行向前分析命令，通过计算，得到四个跟踪点的运行轨迹关键帧，如图 9－59 所示。

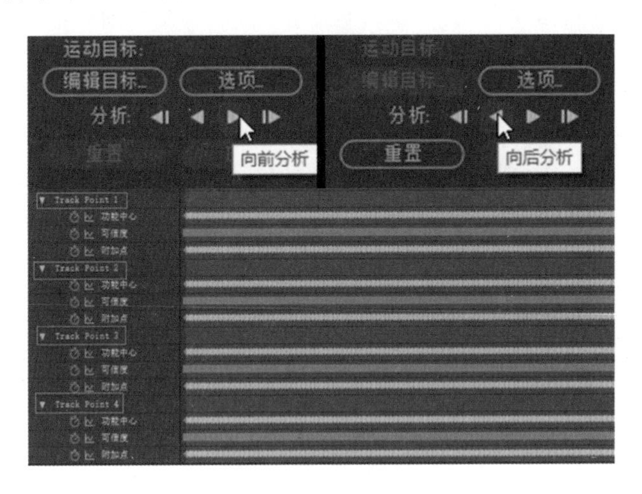

图 9－59 分析后四点关键帧

(7)新建合成，命名为修改，按照四点跟踪形成平面的比例、在画面中持续的时间等，设置相关属性，如图 9－60 所示。

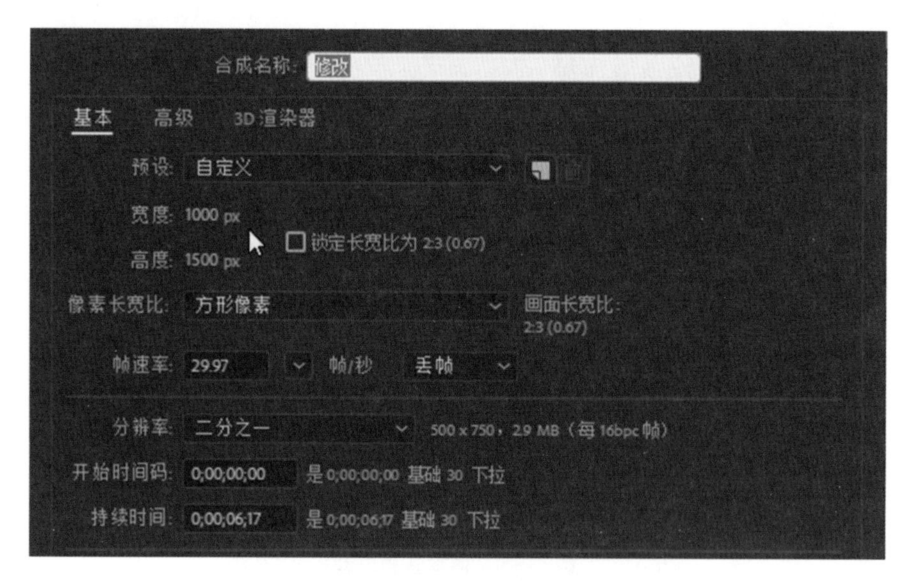

图 9－60　新建合成

(8)把云海素材拖放到修改合成中,修改显示比例,让其充满画面,如图 9－61 所示。

图 9－61　设置云海图层显示比例

(9)将修改合成拖放到航拍大楼合成中,将跟踪得到的关键帧赋给该图层,如图 9－62 所示。需要说明的是,有时我们在执行运动跟踪结束后,无法进行应用,大部分情况是因为我们没有确定编辑目标,或者跟踪器选择错误,希望大家在制作跟踪效果时,不要出现这种情况。

图 9－62　设置运动目标图层

(10)这样在修改合成上就会多出一个边角定位属性,且分别在属性的左上、右上、左下、右下属性上打上了码表。如图 9-63 所示。

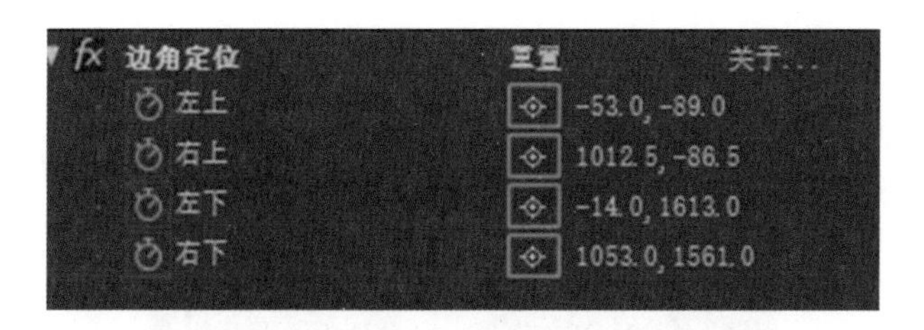

图 9-63 边角定位

(11)选中修改合成,单击键盘上的 U 键,我们发现一共有 5 个关键帧序列,设置四点跟踪后,保证素材和四个跟踪点组成的平面同时运动。如图 9-64 所示。

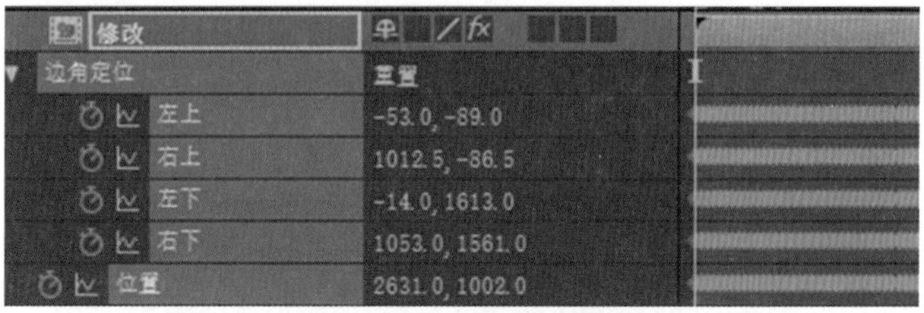

修改
边角定位 重置
左上 -53.0, -89.0
右上 1012.5, -86.5
左下 -14.0, 1613.0
右下 1053.0, 1561.0
位置 2631.0, 1002.0

图 9-64 生成关键帧

(12)预览一下效果,我们发现修改合成已经与航拍大楼贴合在一起运动了。如图 9-65 所示。

图 9-65 初步效果

虽然达到了制作预期的基本目标,但是视频显得有点突兀,我们简单修饰一下,使其更加自然。

(13)继续导入素材相框,拖放到修改合成中,并调整比例使其边框刚好处于四条边的边沿处,如图 9-66 所示。

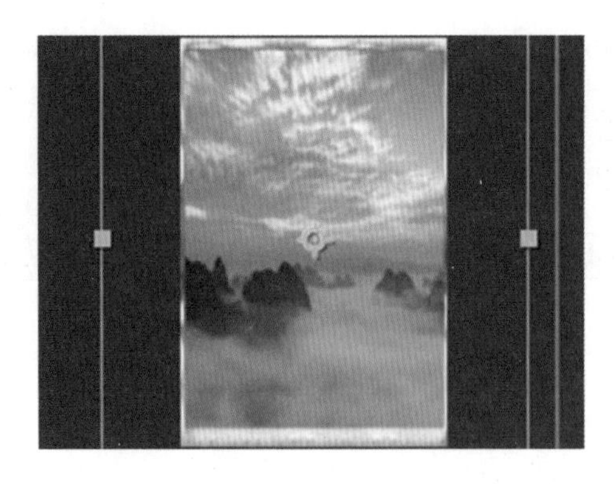

图 9-66　调整相框素材

(14)给相框图层分别添加色相/饱和度和快速方框模糊效果,参数设置如图 9-67 所示,调整相框显示效果。

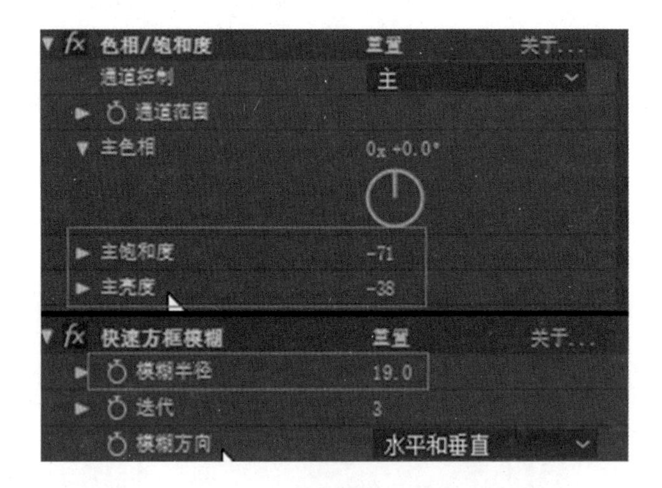

图 9-67　相框图层效果设置

(15)最终效果如图 9-68 所示。

图 9-68　最终效果

任务二十八　摄像机跟踪——有趣的文字特效

一、任务引导

在很多航拍作品中，我们有时会看到很棒的文字特效，比如随公路延伸的文字，山巅上、楼顶上的文字，这些数字原来在现实中根本不存在，这些特效就是使用摄像机跟踪而制作的，下面我们通过案例来揭示一下这个奥秘。案例效果如图 9－69 所示。

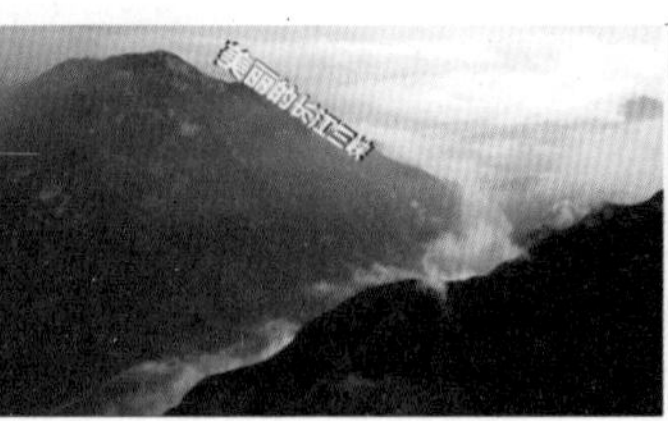

图 9－69　案例效果

二、任务实施

(1)打开 After Effects，导入案例使用的三峡航拍素材。将素材拖放到新建合成按钮上，形成新合成，如图 9－70 所示。

图 9－70　以素材建立合成

(2)把光标点移动到合成时间线第 00:00:10:00 帧处，利用组合键 Alt+]，截取视频素材上的前 10 秒内容作为效果制作的背景，并将合成结尾标志定位在 10 秒位置。在时间线空白处单击鼠标右键，在弹出的菜单中选择将合成修剪至工作区域，合成时长就设定为 10 秒。因为镜头的运动轨迹运算起来比较慢，这样可以节省我们练习的时间，如图 9－71 所示。

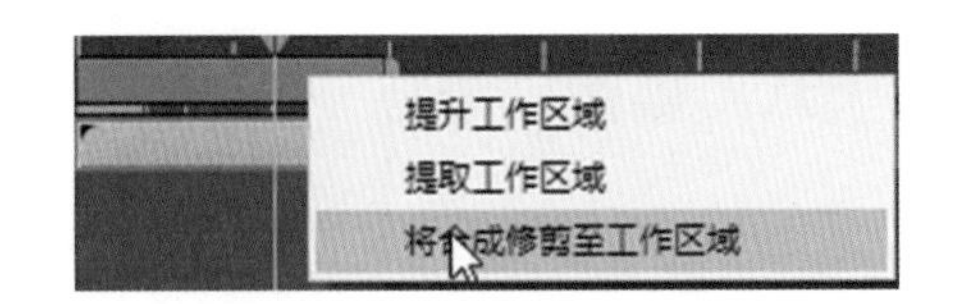

图 9-71　修剪合成时间

(3)选中三峡图层,在效果菜单中选择透视—3D 摄像机跟踪器,如图 9-72 所示。

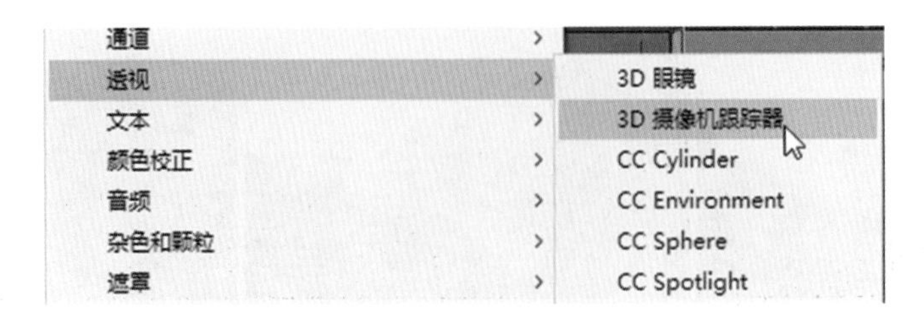

图 9-72　添加摄像机跟踪器

这时摄像机会自动进行分析,如图 9-73 所示。

图 9-73　自动进行跟踪分析

(4)分析运算完成后,在三峡图层上多了很多解算点,一般有红色、蓝色、绿色等三种颜色以上的解算点。移动光标到图层显示窗口中,会变成靶心状。如图 9-74 所示。

图 9-74　跟踪解算点

(5)在图层中选择一个解算点,一般我们选择绿色,这样比较稳定,红色最不稳定,所以尽量不选。单击鼠标右键,在弹出的菜单中选择创建文本和摄像机命令,如图 9-75 所示。

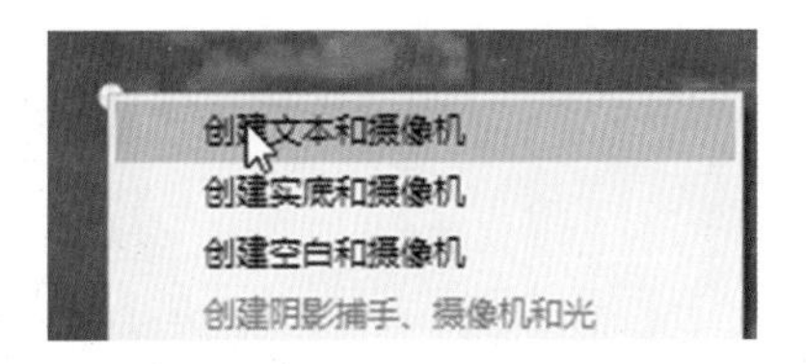

图 9-75　创建文本和摄像机

(6)使用文字工具修改文字的内容,将文本内容修改为“美丽的长江三峡”,然后设置文字大小、字体等内容。调整字体颜色为 R=234,G=248,B=240,具体见图 9-76。

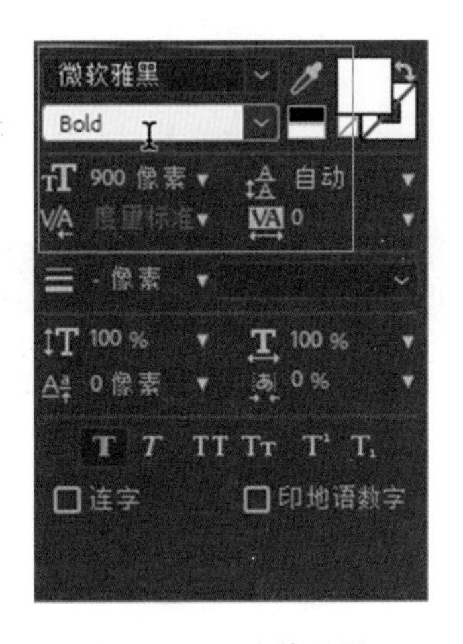

图 9-76　字体设置

(7)按右键预览,发现文字透视角度不好,利用旋转属性和位置属性,调整文字位置如图 9-77 所示。

图 9-77　利用旋转等属性调整透视效果

(8)复制一层,颜色调整为黑色,对图层进行缩放,将黑色字体向下移动一层,形成阴影效果,如图 9-78 所示。

图 9－78　设置阴影效果

(9)预览一下制作后的效果，如图 9－79 所示。

图 9－79　案例效果

这种方法除了可以做文字效果，还可以制作很多有创意的镜头。比如闪电固定击打在某个位置、魔法跟随效果等。

第 10 章 After Effects 与其他软件协同

内容提要

After Effects (简称 AE)具有强大的合成功能和软件兼容性，能够与其他图形、图像软件配合，发挥不同软件的优点，协同制作具有创意的视频效果，让原有素材更加生动、鲜活，更具有视觉的感染力和冲击力，为视频创作提供更广阔的空间。本章主要介绍 After Effects CC 2018 与 Photoshop、Premiere、Cinema 4D 等软件的配合方法。

学习导航

学习内容		After Effects 与其他软件协同
教学目标	知识目标	1. 了解 AE 与第三方软件协同的基本知识； 2. 掌握 AE 与 Photoshop(简称 Ps)协同的基本方法； 3. 掌握 AE 与 Premiere(简称 Pr)协同的基本方法； 4. 掌握 AE 与 Cinema 4D(简称 C4D)协同的基本方法
	能力目标	1. 能够运用 AE 将图像转为 Photoshop 图层； 2. 能够运用 AE 与 Photoshop 制作视频效果； 2. 能够实现 AE 与 Premiere 互相调用，插件共用； 3. 能够运用 AE 与 Cinema 4D(简称 C4D)配合制作三维动画效果
	素质目标	1. 培养学生良好的思维想象力和创造力； 2. 培养学生良好的协调、协作能力
思政素养		1. 注重培养学生的团队意识、协作意识； 2. 在“水墨”案例制作过程中，注重培养学生保护环境的意识，增强传统文化的认同感
教学重难点	教学难点	1. Photoshop 与 AE 的互相调用的方法； 2. Premiere 与 AE 动态链接实时同步； 3. 利用 AE 实现 C4D 模型、场景与视频素材融合
	教学难点	1. 学会运用软件协同制作视频； 2. 利用 AE 与 Photoshop，实现平面立体化； 3. C4D 场景、模型与视频素材的融合方法
建议学时		4 学时

10.1 After Effects 与其他软件协同使用的意义

After Effects 最强大的功能在于合成，制作，组合、修饰很多素材达到精美的视频效果。但是众所周知每一种软件都不是万能的。After Effects 在图形图像的某些专业领域里面功能并不如其他软件那么强大，比如在图像处理方面，After Effects 就不如 Photoshop 用起来那么得心应手；在视频使用方面，不如 Premiere、Final Cut 等软件使用起来那么实时、流畅；在 3D 模型制作、立体场景建立等方面，不如 3D MAX 和 C4D 用起来那么精通。所以在大型复杂的视频效果制作时，After Effects 就需要其他软件来支撑，也就意味着后面需要一个强大的特效制作团队，团队每个人专长于某个软件或者制作的某个方面，各司其职，然后利用 After Effects 将制作好的素材进行组合、调整，得出最终的视频效果。

10.2 After Effects 与 Photoshop 协同使用

After Effects 与 Photoshop 的协同使用方法一般包含两个方面，一个方面是在 After Effects 导出图层然后利用 Photoshop 进行修饰，或者是生成如 GIF 等 AE 不支持导出的文件创作；另外一方面是将 Ps 文件导入到 AE 中，进行背景合成或者制作 2.5D 立体效果等特殊操作。

10.2.1 After Effects 导出 Photoshop 图层

在制作影视后期合成时，有时会根据特定的工作需要，将 After Effects 某个场景转成 psd 文件，然后在 Ps 中利用绘图板手绘一些动漫元素，再将手绘元素以 png 文件导入到 After Effects 中进行效果合成，这种方法在很多动漫视频中经常用到。

10.2.2 After Effects 导入 Photoshop 文件

After Effects 导入的 psd 文件可以实现实时修改。也就是说导入的 psd 文件如果在 Photoshop 中进行了修改，那么在 After Effects 中只需对素材进行刷新就可以看到修改后素材的内容了，这样为联机编辑创造了很好的便利。

After Effects 导入 psd 文件常用的方法有以下几种。

(1)以素材形式导入 psd 文件为一个图层，这种方法是将 psd 文件的所有图层合并成一个单独图层，形成一幅图像，进行使用，如图 10－1 所示。

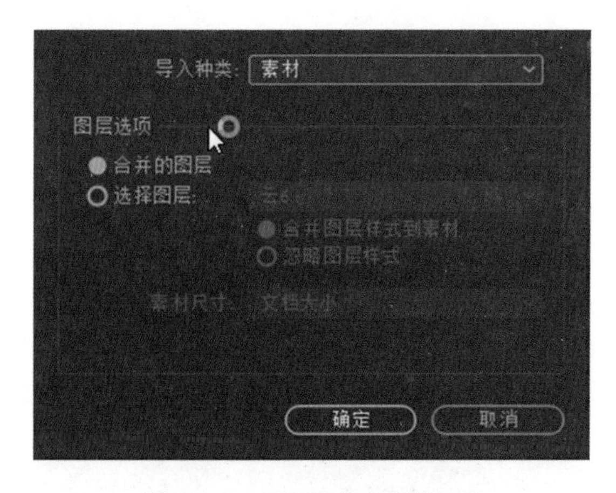

图 10-1　以图层素材调用 psd

(2)调用 psd 中的个别图层,将每个图层以素材图像的形式在项目制作中使用。这种方法可以选择是否应用 psd 文件在 Photoshop 中设置的图层样式,如图 10-2 所示。

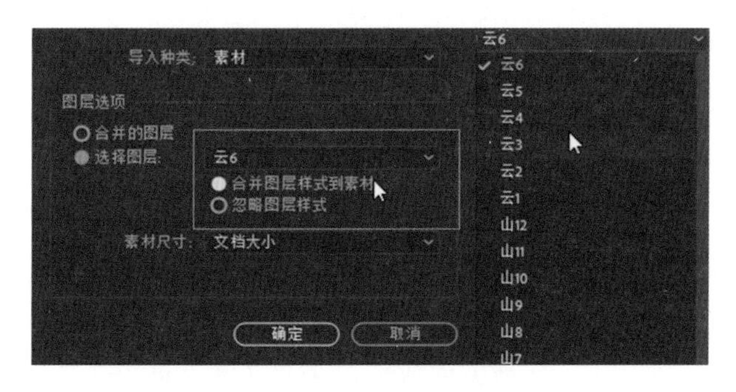

图 10-2　以单独图层调用

(3)将 psd 文件以合成的方式导入到 AE 中,每个图层还是以独立图层形式保留,可以在合成中单独编辑,同时可以选择是否保留图层样式进行编辑,或者将图层样式合成在该图层的图像上,如图 10-3 所示。

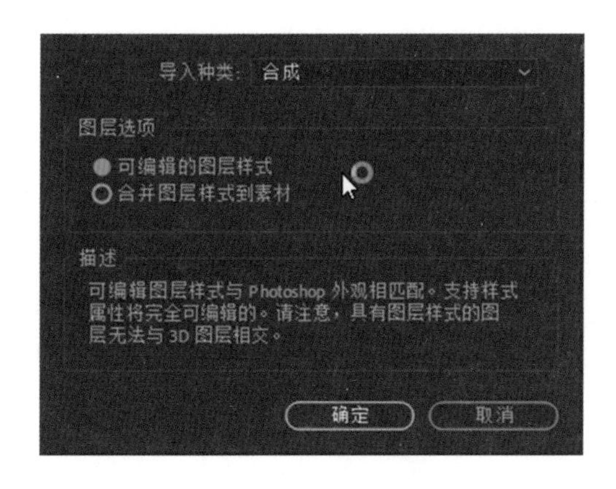

图 10-3　以合成方式调用

(4)另外一种方式还是以合成形式调用,考虑到 psd 文件中各个图层的大小、透视关系,保留每个图层的原始大小。我们在制作效果时,这种方法使用得比较多,如图 10－4 所示。

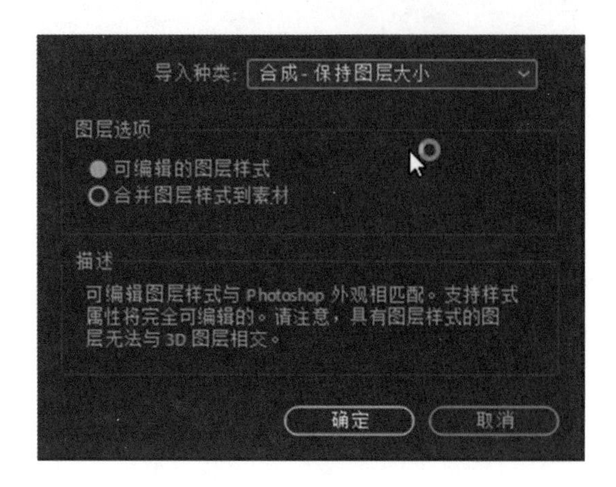

图 10－4 以合成保留图层大小导入

需要说明的是,After Effects 导入 psd 文件,模式必须为 RGB 颜色模式,各个图层必须进行栅格化处理,尤其是文字层。

10.3 After Effects 与 Premiere 协同使用

在实际制作视频时,尤其是时间比较长的视频,我们一般会用 After Effects 与 Premiere, After Effects 软件专门做各种视频效果,Premiere 来进行视频剪辑合成。或是先用 Premiere 来进行视频剪辑合成,再将工程文件导入到 After Effects 进行最终效果包装。无论是哪种配合方法,都遵循这样一条原则:两个软件高版本的那个可以调用低版本的工程,低版本不能调用高版本的工程,如果要两者互相都能调用,务必安装两个软件的同一个版本。

10.3.1 以视频文件为桥梁

这种配合方式比较简单,利用两种软件制作完成后,生成视频,再调入到另外一个软件里面进行接下来的后续处理。这种方法很容易,但是由于工程在生成视频时,会对使用到的素材进行压缩,每经历一次生成,就会让原来的信号衰减一些。如果为了保证画面不衰减而采用不压缩的文件生成方式,会让视频制作整个过程使用很大的文件存储空间,同时浪费很多由于视频生成耽误的时间,所以这种调用方法一般很少用,而且一般都是 Premiere 调用由 After Effects 生成的无损文件,即 AVI 格式的文件。

10.3.2 AE 导入 Pr 工程文件

(1)新建合成,选择【文件】|【导入】【导入 Adobe Premiere Pro 项目】,如图 10－5 所示。

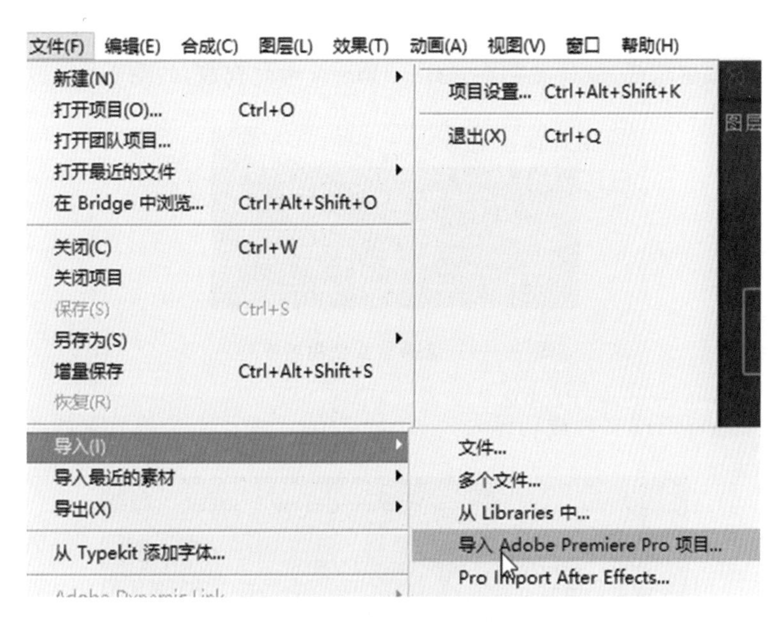

图 10－5　执行导入命令

在导入文件时，不要使用双击文件打开这种方式进行 Premiere 文件的导入，否则你可能会发现系统提示错误，如图 10－6 所示。

图 10－6　错误导入提示

(2)在弹出的对话框中，选择要想调入的 pr 工程文件。

名称	修改日期	类型	大小
500557500	2018/9/2 4:18	文件夹	
500557501	2018/9/2 4:18	文件夹	
500647071	2018/9/2 4:18	文件夹	
Adobe Premiere Pro Audio Previews	2018/9/2 4:18	文件夹	
Adobe Premiere Pro Video Previews	2018/9/2 4:18	文件夹	
Media Cache	2018/9/2 4:18	文件夹	
初见.prproj	2018/9/2 4:18	PRPROJ 文件	151 KB

(N): 初见.prproj　Adobe Premiere Pro 项目

图 10－7　选择导入文件

(3)选择导入序列。在 Premiere 项目中，可以建立很多序列，每个序列都是以时间线窗口排列的素材内容和顺序组成，就像我们在 After Effects 中的合成，如图 10-8 所示。

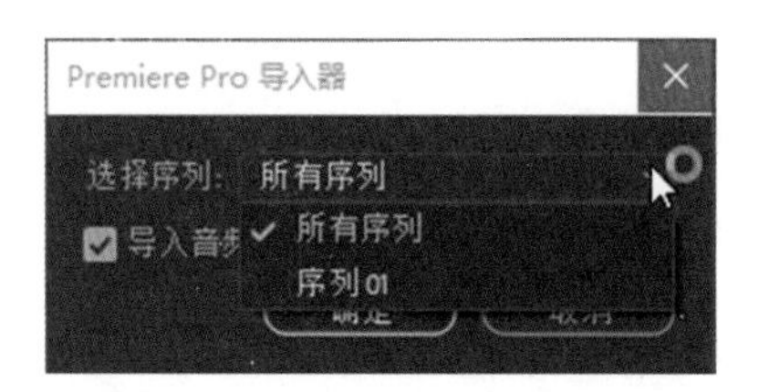

图 10-8 选择需要使用的序列

(4)这样就将 Premiere 文件成功导入到 After Effects 中了。最终效果如图 10-9 所示。

图 10-9 最终效果

素材以在 Premiere 中的时间线窗口顺序进行排列，图层位置也一样。

(5)在 After Effects 中处理完毕后，可以将文件转化为 AE 默认的文件进行保存，也可将文件作为 Premiere 默认文件进行导出，方便 Premiere 对文件的再次调用，如图 10-10 所示。

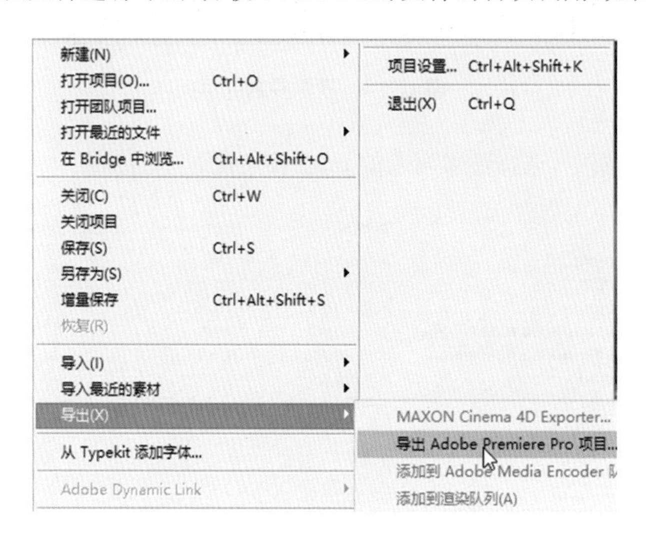

图 10-10 以 Premiere 文件进行导出

另外一种方式是使用动态链接将 AE 与 Pr 进行结合。

(1)打开 Pr，创建一个项目建设，新建序列 1，导入两个任意的视频文件，将两个视频导入到同一轨道上，并保存。

(2)打开 AE，选择文件—Adobe Dynamic Link—新建 Premiere Pro 序列。弹出文件浏览框。如图 10－11 所示。

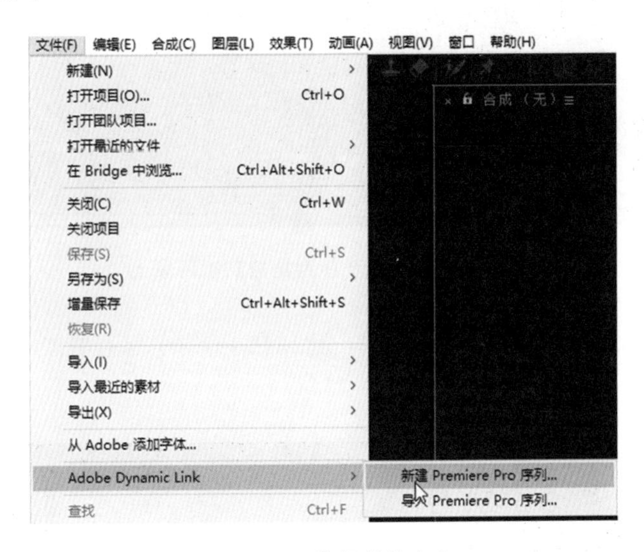

图 10－11　执行链接命令

(3)在文件框中选择刚开始在 Pr 中创建的项目，然后选择项目中包含的序列。如图 10－12 所示。

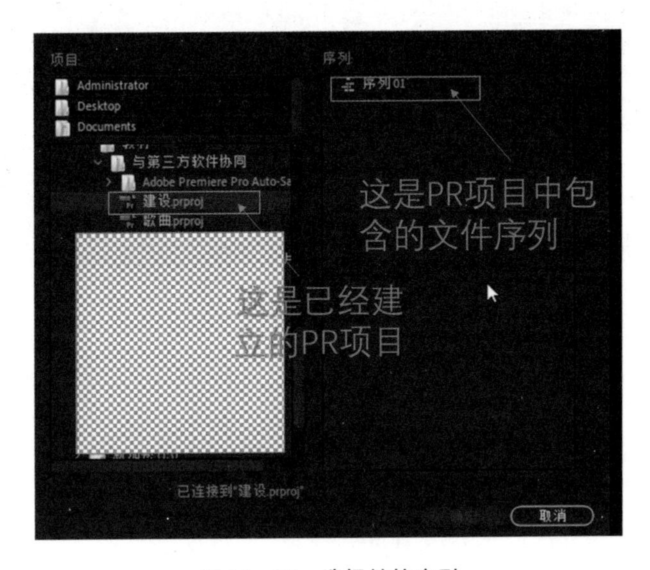

图 10－12　选择链接序列

(4)将该序列从 AE 项目面板中拖入到时间轴中如图 10－13 所示。

图 10－13 将 Pr 序列拖放到时间线上

(5)回到 Pr 对开始导入的序列进行编辑。比如在 Pr 的序列上增加一段文字,如图 10－14 所示。

图 10－14 在 Pr 中输入文字

(6)回到 AE 中,在 AE 中对该序列进行预览,可以发现在 Pr 中进行的更改在 AE 中直接进行了关联。

10.3.3 Premiere 调用 After Effects 文件

Premiere 直接调用 After Effects 文件非常简单,只要直接导入 AE 工程文件,选择要使用的合成就可以了。

还有一种就是使用上面讲到的动态链接方法进行关联。这样操作有个前提,就是在 AE 中预先打开需要关联的工程文件。

(1)在 AE 中打开项目时钟测试,在 Pr 建设项目的序列中选择刚输入的文字素材,右键点击,弹出面板选择使用 After Effects 合成替换,如图 10－15 所示。

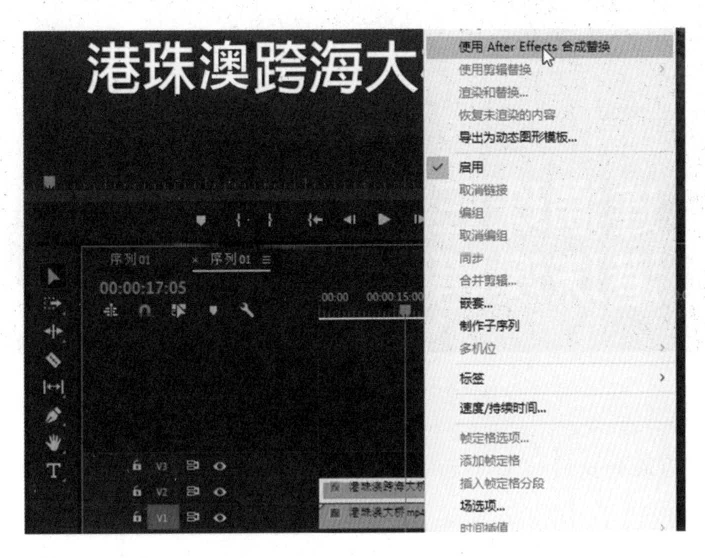

图 10－15　执行合成替换命令

(2)回到 AE,可以看见 AE 项目窗口中多了一个合成,显示已关联,合成在时间线上处于打开状态,说明已关联该视频片段,如图 10－16 所示。

图 10－16　关联后在 AE 中产生一个合成

(3)在 AE 中对该视频片段产生的合成进行编辑,这里我们加了几个字,如图 10-17 所示。

图 10-17 对合成进行编辑

(4)回到 Pr,可以看到这段视频上面也加上了文字。AE 中进行的任何更改,Pr 也会同步更改,如图 10-18 所示。

图 10-18 在 Pr 中显示 AE 中更改的内容

10.4 After Effects 与 Cinema 4D 协同使用

Cinema 4D 是德国 Maxon 公司出品的一款易学、易用、高效且拥有电影级视觉表达能力的 3D 动画软件,因为它出色的视觉表达能力,目前已成为视觉设计师们的首选。

Cinema 4D 与 After Effects 这两款软件都有它不同的特性，在不同的领域占据半壁江山，Cinema 4D 与 After Effects 的结合也为设计师带来更多创意的灵感。实现了平面三维化和三维特效化。而两者的文件互导也非常方便与快捷，下面我们简单介绍一下 After Effects 中导入 Cinema 4D 文件的流程。

(1)首先需要将 Cinema 4D 与 After Effects 结合的插件 Cinema 4D Importer 和 Cinema 4D Format 两个文件安装在 After Effects 的 Plug-ins 目录下。

(2)在 C4D 安装文件夹(Maxon\Cinema 4D R19\Exchange Plugins\aftereffects\Importer\Win\Cs-CC)下找到对应 AE 版本的 C4DImporter.aex 插件，将其复制到 AE 安装文件夹(Adobe\Adobe After Effects CC2018\Support Files)下的 Plug-ins 目录中，路径如图 10-19 所示。同样在 C4D 安装文件夹(Maxon\Cinema 4D R19\Exchange Plugins\aftereffects\C4DFormat\Win\CS5－CS6)下找到 C4DFormat.aex 插件，将其复制到 AE 安装文件夹下的 Plug-ins 目录中，重启 AE，然后跟平时导入素材一样直接导入 C4D 模型即可。

此电脑 > OS (C:) > Program Files > MAXON > Cinema 4D R19 > Exchange Plugins > aftereffects > Importer > Win > CS_CC

名称	修改日期	类型	大小
C4DImporter.aex	2017/8/8 2:33	Adobe After Effects...	405 KB

(a)C4D 插件路径

> 此电脑 > OS (C:) > Program Files > Adobe > Adobe After Effects CC 2018 > Support Files > Plug-ins >

名称	修改日期	类型	大小
DataFormat	2020/9/30 10:33	文件夹	
Effects	2020/9/30 10:33	文件夹	
Extensions	2020/9/30 10:33	文件夹	
Format	2020/11/18 10:21	文件夹	
Keyframe	2020/9/30 10:33	文件夹	
MAXON CINEWARE AE	2020/9/30 10:33	文件夹	
Optical Flares	2020/11/23 16:19	文件夹	
Trapcode	2020/11/18 10:22	文件夹	
C4DImporter.aex	2017/8/8 2:33	Adobe After Effects...	405 KB

(b)AE 插件路径

图 10-19 插件路径

(3)下面导入配套资源文件，选择配套资源中的“Ch10 素材\多米诺骨牌.c4d”，单击【导入】按钮导入素材，如图 10-20 所示。

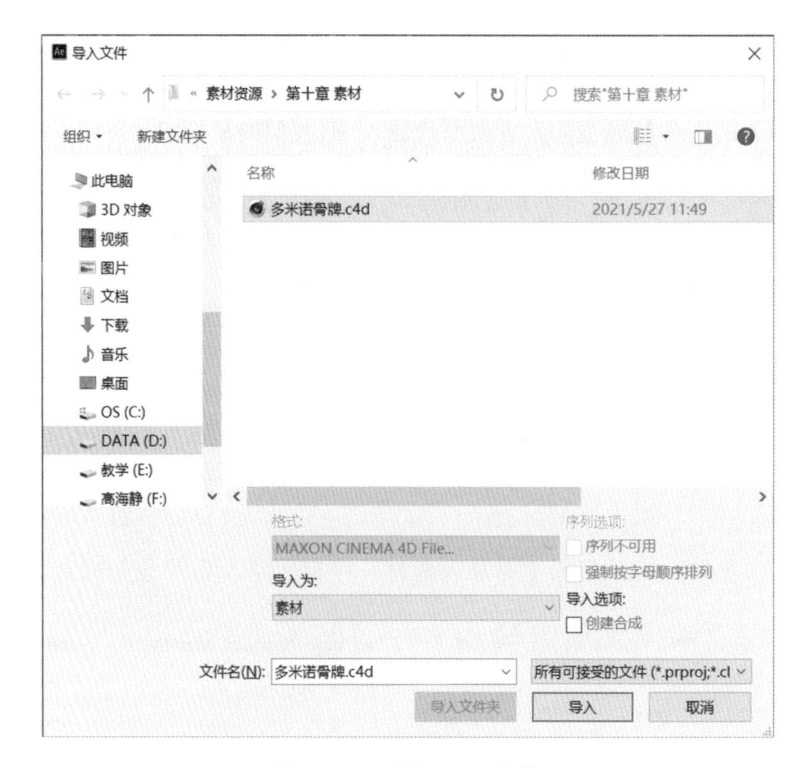

图 10-20　导入 C4D 文件

(4)将多米诺骨牌.c4d 文件拖进【时间线】面板，此时文件在【合成】窗口中的显示带有 C4D 中的灯光图标，如图 10-21 所示，在【效果控件】面板中展开【Render Settings】，将【Render】设置为【OpenGL】，如图 10-22 所示，此时【合成】窗口显示正常，如图 10-23 所示，【时间线】面板动画播放也正常。

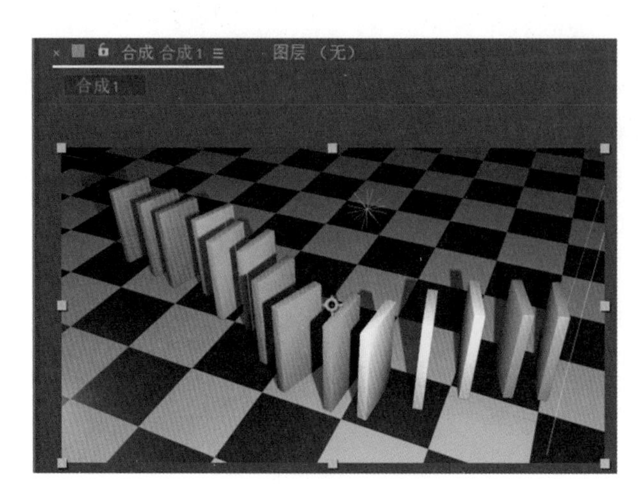

图 10-21　【合成】窗口显示有误

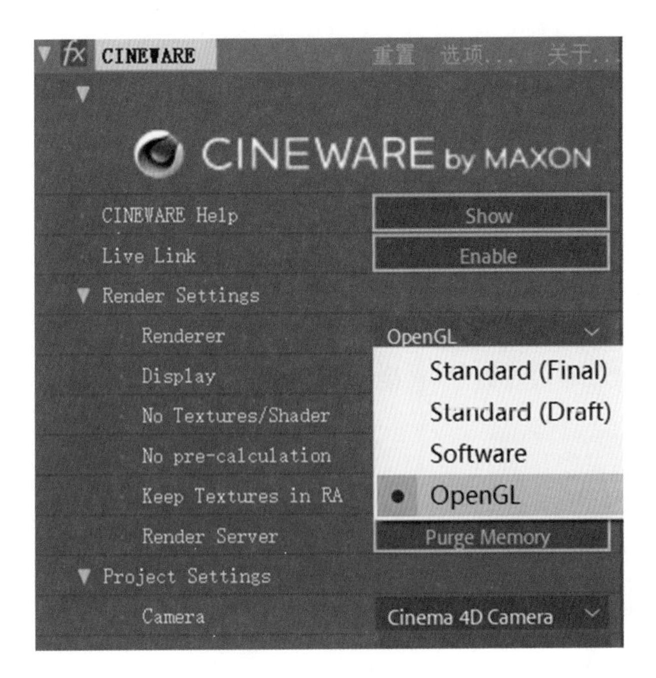

图 10-22 调节参数

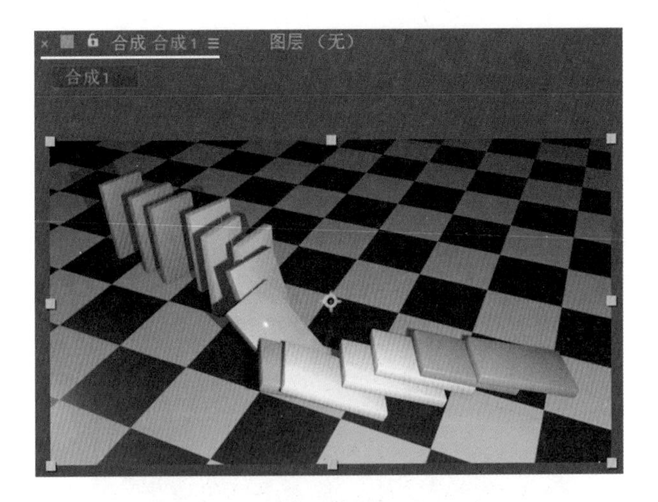

图 10-23 【合成】窗口显示正常

实战任务

任务二十九　云中仙山（1）

（1）新建 After Effects 项目，导入案例所需的云雾素材如图 10－24、10－25、10－26 所示。将云雾素材用鼠标拖放在合成按钮上，直接以素材新建一个合成，如图 10－27 所示。

图 10－24　云雾素材

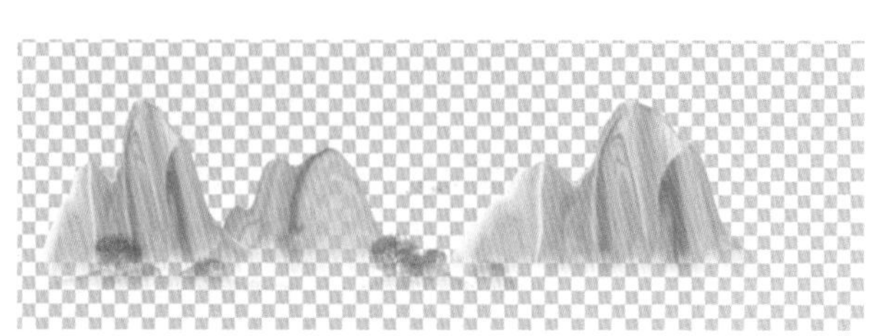

图 10－25　手绘山脉

图 10－26　合成效果

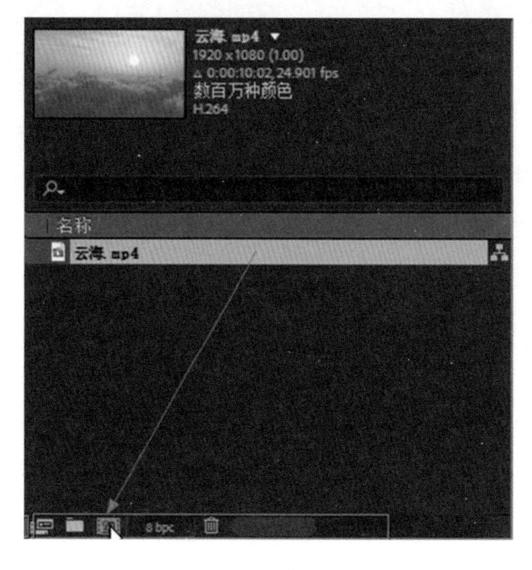

图 10－27　拖放素材新建合成

(2)在时间线上选择一帧作为手绘的参照图案,执行合成—帧另存为—文件命令或者 Photoshop 图层命令,两者均可导出 psd 文件,但是稍有区别,如图 10-28 所示。

图 10-28 执行"文件"命令

执行文件命令后,会直接启动添加到渲染队列命令,利用渲染队列导出 psd 文件,文件名默认为帧在合成中的时间位置,如图 10-29 所示。

图 10-29 利用渲染队列生成 psd 文件

而利用"Photoshop 图层"命令,则会直接弹出对话框,进行文件保存,文件名默认以素材名称命名,如图 10-30 所示。

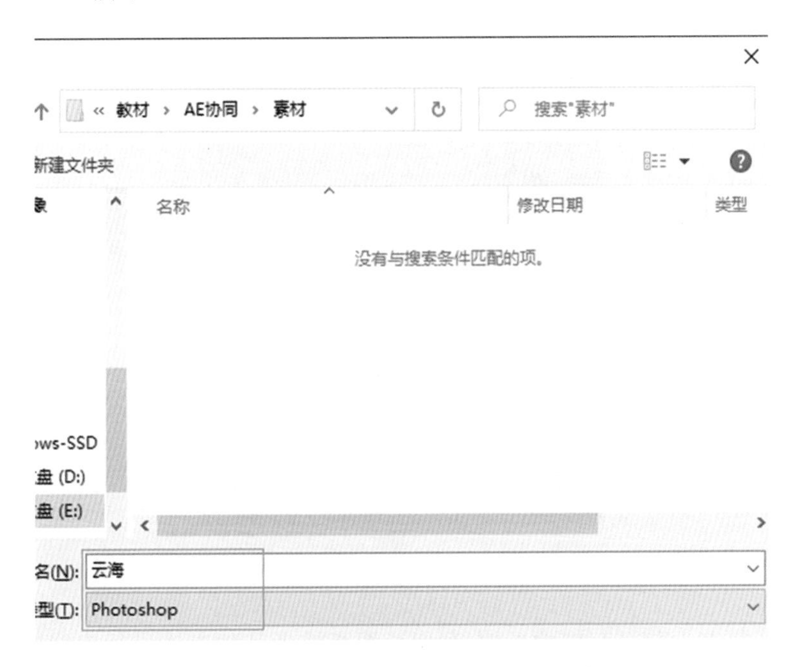

图 10-30 利用对话框对文件进行保存

使用两种方法存储后,文件大小也略有差异,如图 10-31 所示。

名称	大小
云海 (0-00-03-22)	2,330 KB
云海	4,606 KB

图 10－31　两种方法的 psd 文件大小区别

在 Photoshop 中打开后，我们发现显示的形式也略有差异。第二种方法生成的文件比第一种方法多出了几条参考线，如图 10－32 所示。

图 10－32　两种方法在 Ps 中显示的差异

第二种方法生成的 psd 文件显示的参考线与 After Effects 中的视频安全区最外侧的两条标志线位置一致，目的是保证在其他调用修改时，操作在有效区域内，如图 10－33 所示。

图 10－33　AE 与 Ps 参考线位置比较

(3)利用 Photoshop 打开存储的文件，利用画图板或者其他方法进行山峰的绘制，绘制时，要注意参照视频截取出来的单帧画面的透视角度，保持视角的一致性，如图 10－34 所示。

图 10－34　Photoshop 中手绘山峰

(4)绘制完成后，在 Photoshop 图层面板中关闭【云海】图层显示按钮，将山峰另存为 png 文件，如图 10－35 所示。

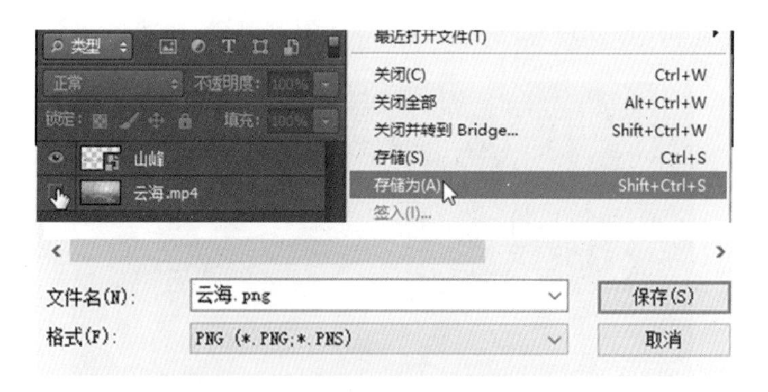

图 10－35　Photoshop 中手绘山峰

(5)将存储的山峰文件导入到 AE 项目文件中，放到【云海】图层上，以图层建立预合成，如图 10－36 所示。

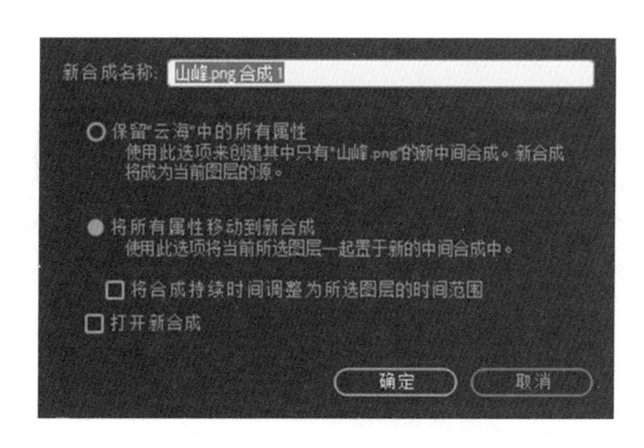

图 10－36　以图层建立预合成

(6)略微调整山峰的位置和大小，使其处于图 10-37 中所示位置。

图 10-37　调整位置、大小关系

(7)这时虽然山峰已经处于云层位置之上，但是一直显示在云雾之前，没有层次效果。将云雾图层复制一层，按照山峰所在位置，利用钢笔工具，勾画遮罩，如图 10-38 所示。

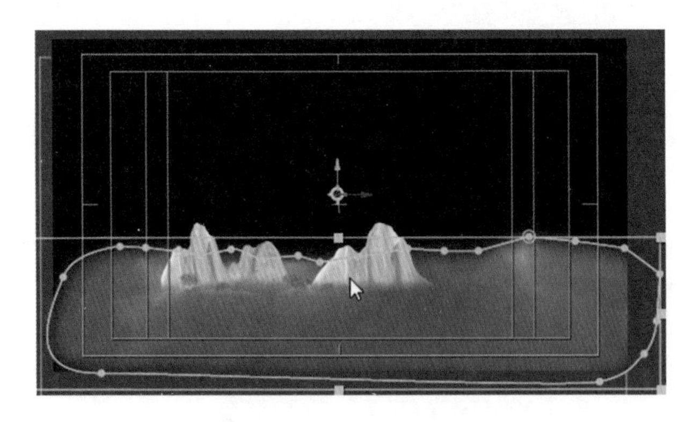

图 10-38　勾画遮罩

(8)将具有遮罩的云海图层放置在山峰图层的上面，打开三个图层的 3D 开关，如图 10-39 所示。

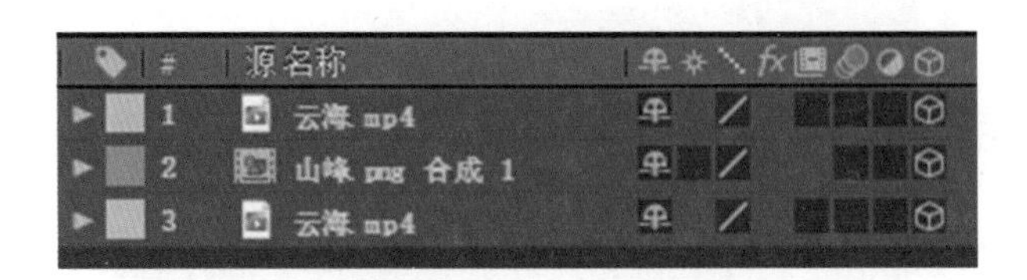

图 10-39　调整图层顺序，打开 3D 图层开关

(9)新建摄像机图层，选择 135 毫米摄像机预设，如图 10-40 所示。

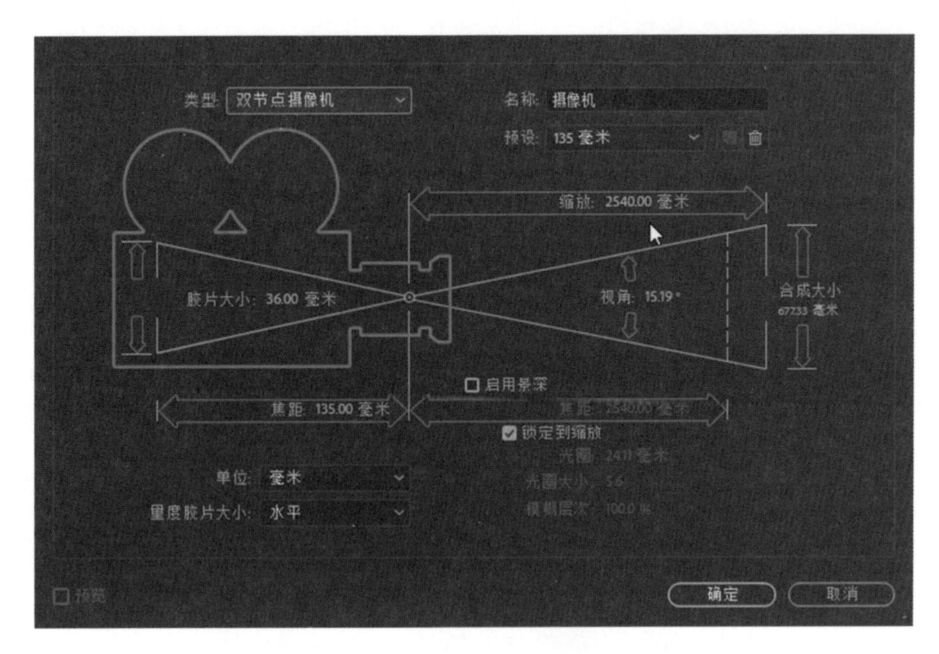

图 10－40　新建摄像机图层

(10)选择视图布局为 2 个视图,方便后面图层位置的逻辑关系调整,如图 10－41 所示。

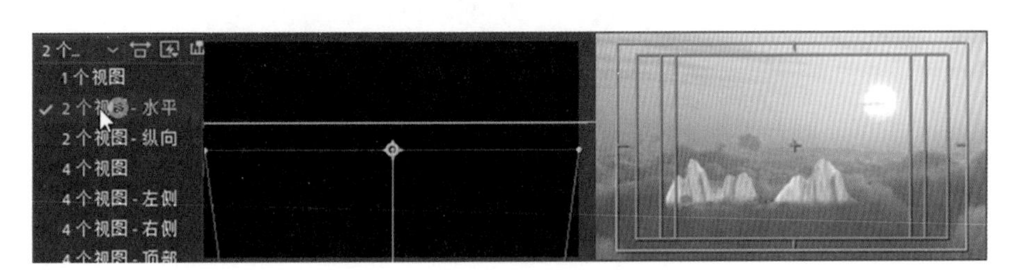

图 10－41　选择 2 个视图布局

(11)利用三个图层的位置属性,调整 Z 轴方向上的数值,形成图层位置关系如图 10－42 所示。

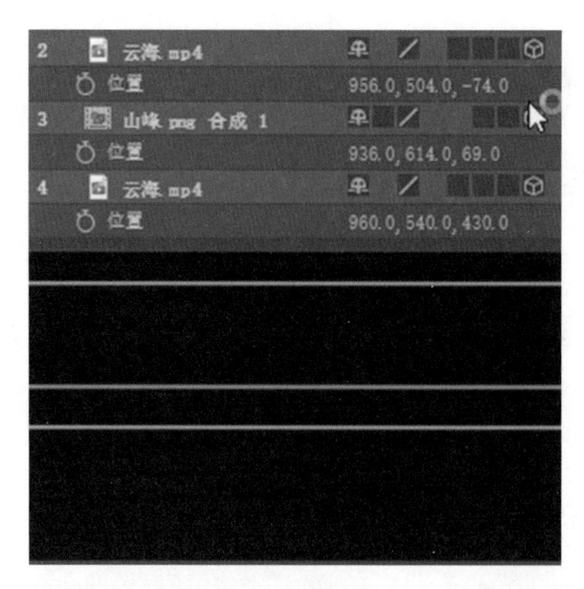

图 10－42　调整位置关系

（12）给上面的云雾图层蒙板添加一些羽化效果，让边缘更加柔和，如图 10－43 所示。

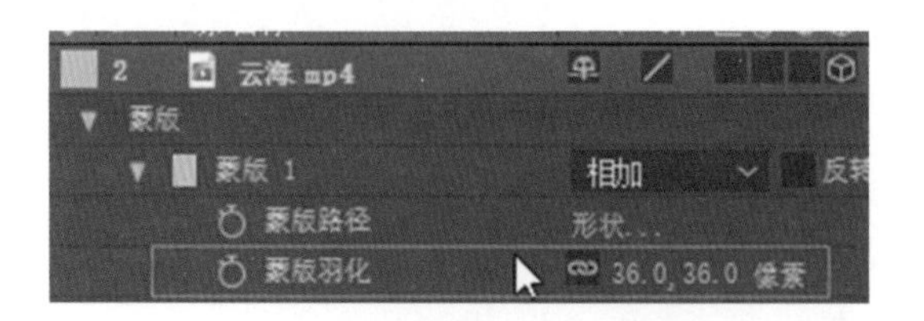

图 10－43　添加蒙板羽化效果

（13）调整摄像机图层的景深开关，调整参数，让画面产生模糊的层次感，如图 10－44 所示。

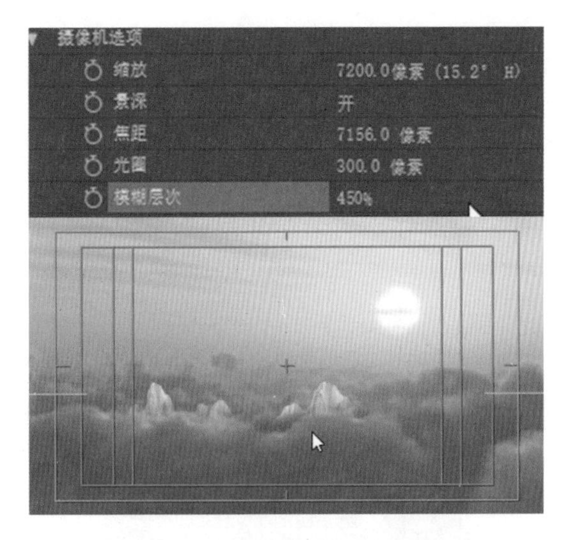

图 10-44　调整景深参数形成效果

(14)调整摄像机位置属性上的Z轴数值如图10-45所示,制作镜头动画效果,如图10-46所示。

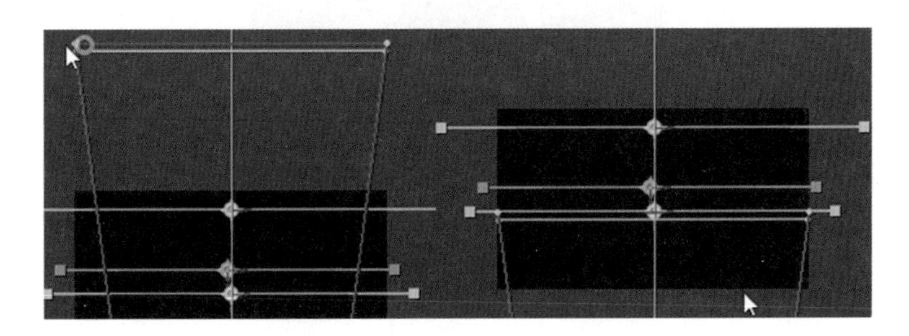

图 10-45　摄像机Z轴位置变化

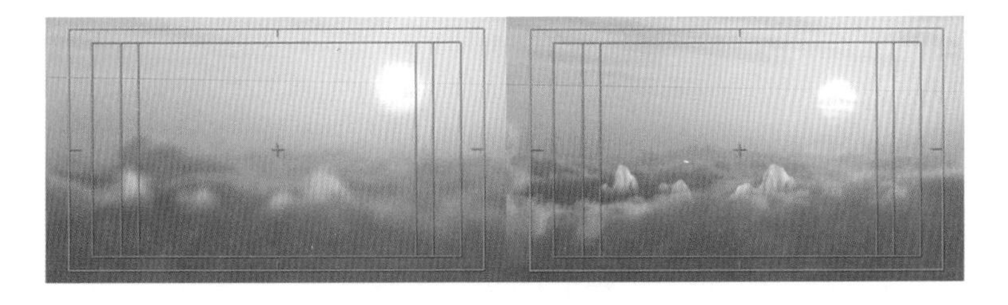

图 10-46　摄像机位置动画效果

任务三十　云中仙山(2)

一、任务引导

在上例的基础上,我们利用AE和Ps两个软件的配合,制作GIF动画。

知识点：After Effects 不能直接输出 GIF 动画文件，但是配合其他软件可以实现，一般有以下三种方法。①安装 Adobe Media Encoder，在 AE 中 Ctrl＋Alt＋M 加载 AME，将格式选择为 GIF 并导出；②利用 AE 渲染 mov 格式视频，再利用 Ps 导入视频制作 GIF 动画；③利用 AE 将工程渲染 PNG 文件序列，用 Ps 导入 PNG 序列，制作 GIF 动画。三种方法中，只有第三种会保持很好的透明通道效果。

二、任务实施

(1)使用 Ctrl＋M 快捷键，调出渲染命令，选择输出模块，将文件格式调整为 PGN 序列。如图 10－47 所示。

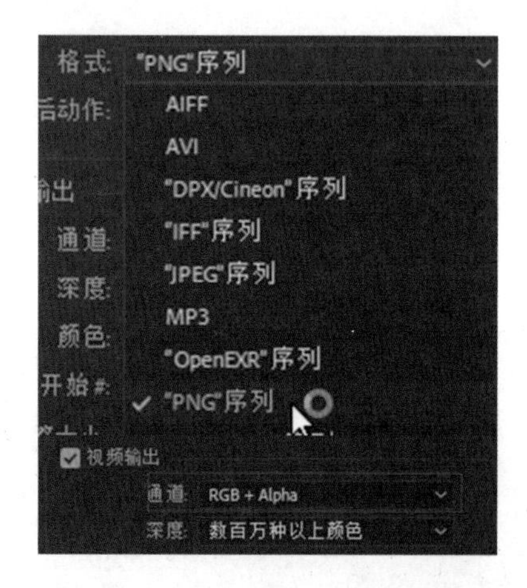

图 10－47　输出 PNG 序列设置

(2)打开 Photoshop，将生成的 PNG 序列以【脚本】|【将文件导入堆栈】命令，导入到 Photoshop 中，如图 10－48 所示。

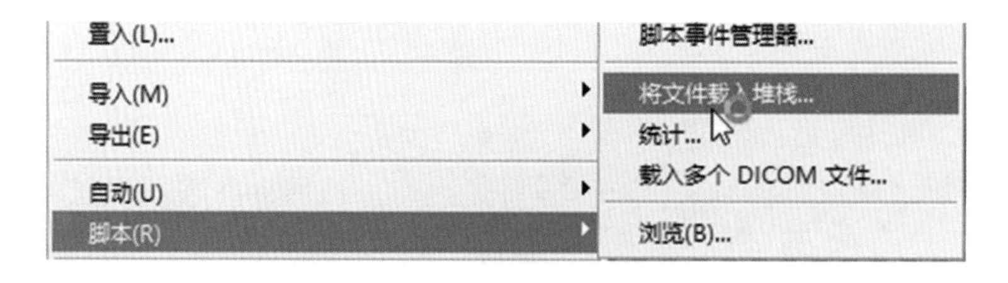

图 10－48　执行脚本导入命令

(3)在弹出的对话框中，选择要导入的文件或者文件夹，点击【确定】执行导入，如图 10－49 所示。

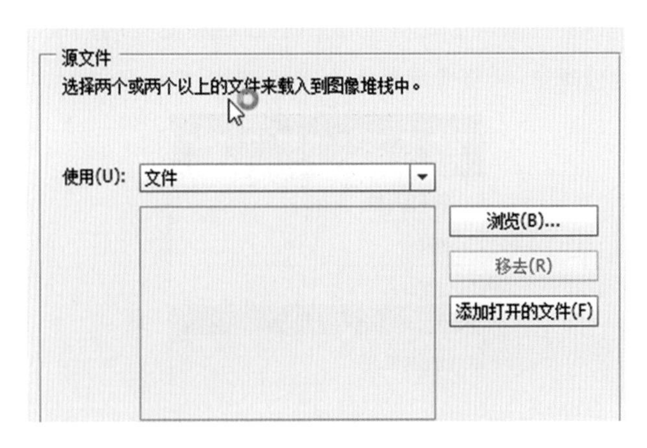

图 10-49 进行导入文件或文件夹

(4)选择菜单【窗口】|【时间轴】命令,调出时间轴窗口,如图 10-50 所示。

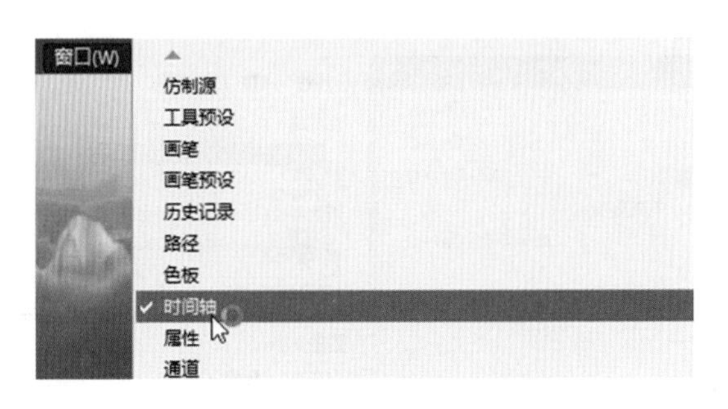

图 10-50 调出时间轴窗口

(5)在时间线窗口中选择【创建帧动画】命令,点击时间轴窗口右上角按钮,在弹出的面板中选中【从图层建立帧】建立帧动画,如图 10-51 所示。

图 10-51 以图层建立帧动画

(6)播放时间轴动画，发现默认生成动画的方向是反的，选择时间线窗口右上角按钮，在弹出菜单中选择【反向帧】命令，调整播放顺序为正向，如图 10－52 所示。

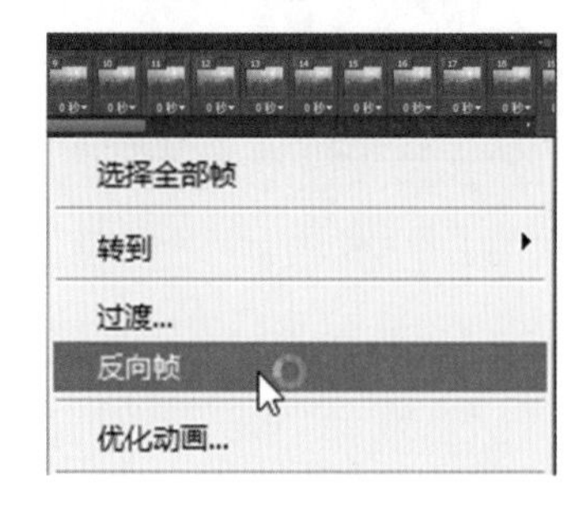

图 10－52　调整帧播放顺序为正向

(7)选择菜单栏【文件】|【存储为 web 所用格式】命令，在弹出的对话框中，选择存储为 GIF 格式，循环选项设置为【永远】。设置存储路径，进行保存即可，如图 10－53 所示。

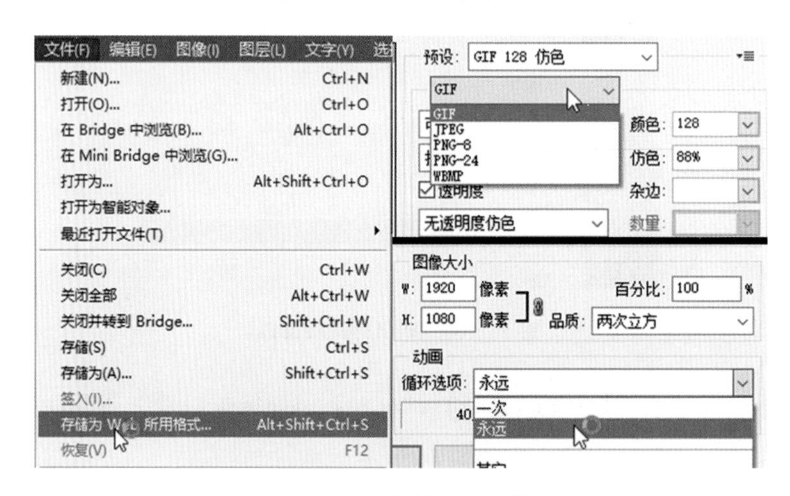

图 10－53　存储 GIF 文件

任务三十一　立体水墨

一、任务引导

我们利用 psd 文件导入配合摄像机来制作平面转 2.5D 的效果，如图 10－54 所示。

图 10－54　案例效果

二、任务实施

(1)打开 Photoshop 软件,将“水墨.jpg”文件导入到 Photoshop 中。利用钢笔、选取工具扣取山峰元素分置于不同图层。这个操作工程比较烦琐,一定要保持耐心、细致,如图 10－55 所示。

图 10－55 扣取图像分层搁置

(2)使用填充工具、仿制图章工具等对抠图背景进行修补,如图 10－56 所示。本例中使用的示例图背景为白色,所以单独制作了背景图层直接用于抠图空白填充。

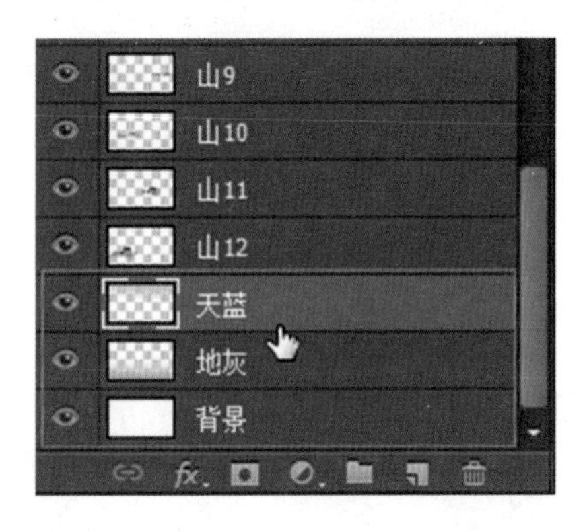

图 10－56 对背景进行修复

(3)打开 After Effects,使用合成保持文件大小的形式导入 psd 文件,生成以水墨为名字的合成,如图 10－57 所示。

图 10－57　导入 psd 文件

（4）双击水墨合成，我们看到在 Photoshop 文件中扣取和制作的背景都以单独的图层在合成中显示，如图 10－58 所示。

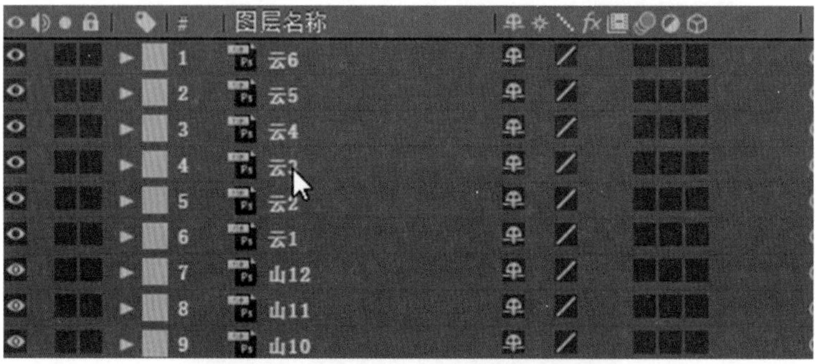

图 10－58　合成以 psd 图层文件显示

（5）按下 Ctrl＋A 选择全部图层，打开 3D 图层转换按钮，方便我们用摄像机来模拟空间变化，如图 10－59 所示。

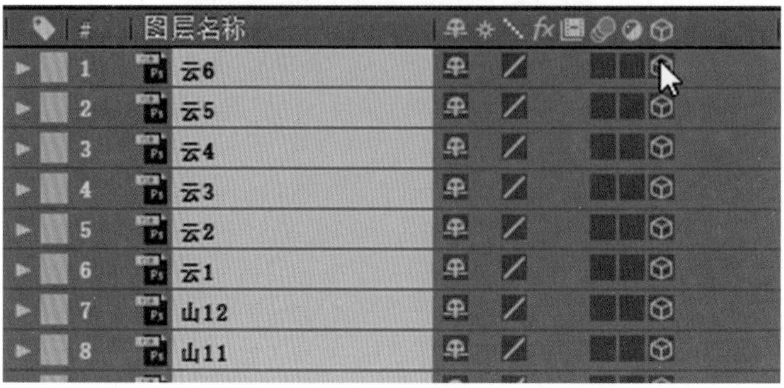

图 10－59　将 2D 图层转换为 3D 图层

(6)新建摄像机图层,选择 50 毫米预设,如图 10-60 所示。

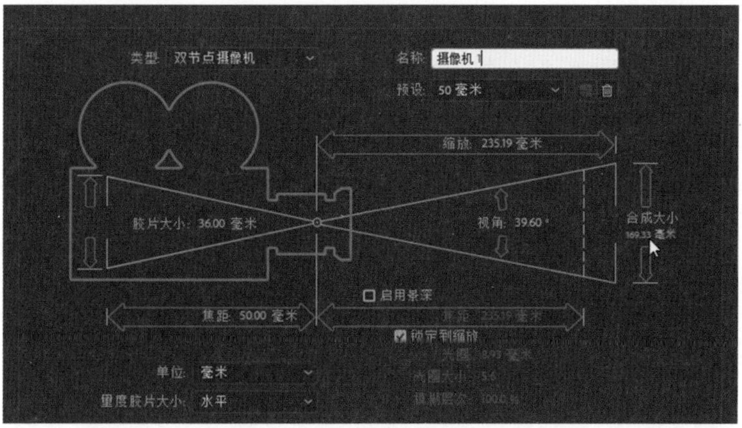

图 10-60 新建摄像机图层

(7)选择视图布局为 2 个视图,方便摄像机运动控制,调整各个图层的位置关系,如图 10-61 所示。

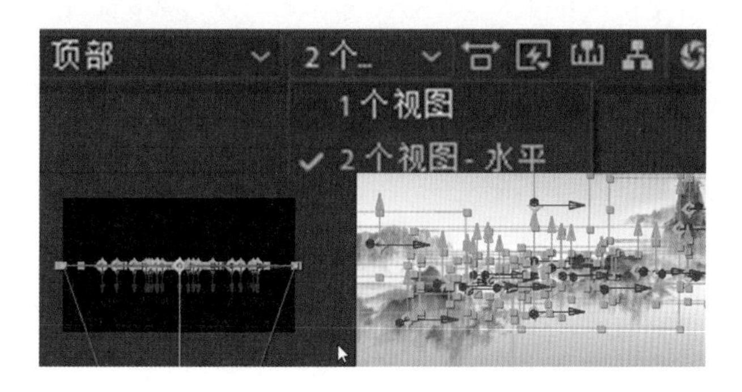

图 10-61 选择 2 个视图

(8)沿着 Z 轴方向,调整各个图层间的位置关系,使图层分别沿着 Z 轴方向分布,如图 10-62 所示。

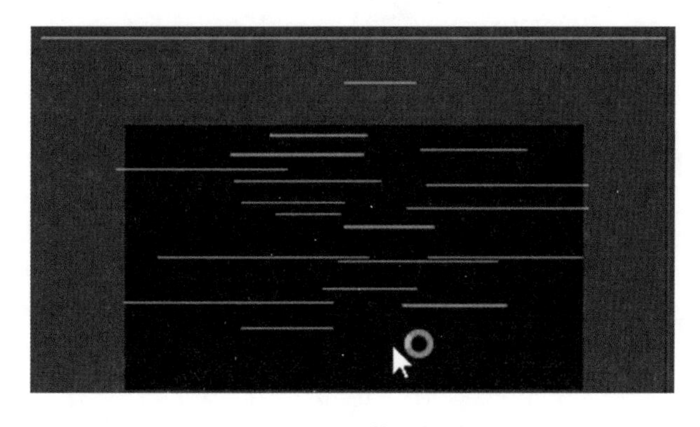

图 10-62 调整位置关系

(9)给摄像机制作动画。使摄像机沿着 Z 轴方向,由近及远运动,制作穿梭效果,如图 10-63 所示。

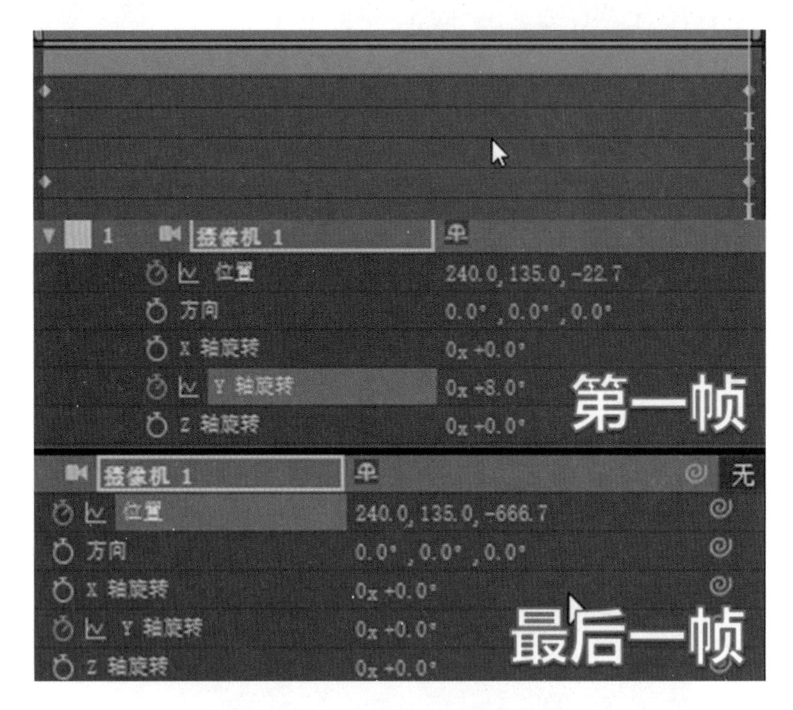

图 10-63 摄像机动画数值设置

(10)最终效果如图 10-64 所示。

图 10-64 最终效果

任务三十二 穿梭街道

一、任务引导

利用 Photoshop 制作 vpe 文件格式，将素材加载到 After Effects 中，实现二维平面物体变为立体形态，进行穿梭。一般这种情况用于平行透视感比较强的巷弄、街道等。

二、任务实施

(1)在 Photoshop 中打开文件“街道”，执行菜单【滤镜】|【消失点】，如图 10－65 所示。

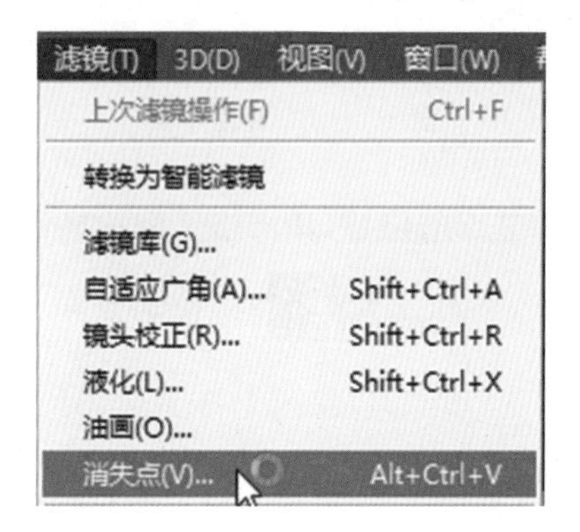

图 10－65 选择消失点滤镜

(2)弹出消失点操作界面，如图 10－66 所示。

图 10－66 消失点操作界面

(3)点击创建平面工具，以街道为参照绘制平面。网格以蓝色显示时，说明透视面建立得比较准确，网格为红色或黄色时，说明平面建立得有问题，如图 10－67 所示。

图 10－67　建立平面

(4)建立平面后，利用鼠标调整点的位置，让网格呈蓝色显示。然后再次选择创建平面工具 ，鼠标移动到中间的标志点，图标变为 时，拉动点向上，创作一个立面，如图 10－68 所示。

图 10－68　创建立面

(5)利用同样的方法，依次建立其他 3 个立面，这个立方体除了面向屏幕的面，其他 5 个面全部建立完毕，如图 10－69 所示。

图 10－69　建立立方体

(6)在消失点界面中点击按钮,在下拉列表中选择“导出为 After Effects 所用的格式(.vpe)”,将图片存储为“街道.vpe”进行保存,如图 10-70 所示。

图 10-70　存储 vpe 文件

(7)打开 After Effects 并导入刚刚存储的 vpe 文件。这时要注意 vpe 文件必须使用【导入】命令,不能用双击项目窗口空白处进行导入,如图 10-71 所示。

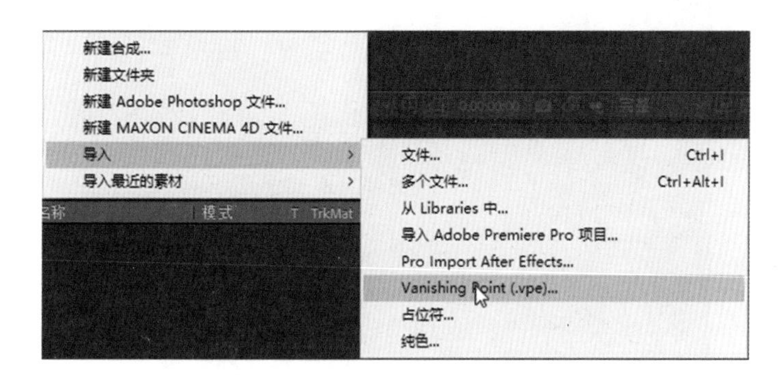

图 10-71　利用命令进行文件导入

(8)导入的 After Effects 中的 vpe 文件在项目窗口中形成一个合成,显示由 5 个面组成,这 5 个面正是我们在 Photoshop 中描绘的面,如图 10-72 所示。

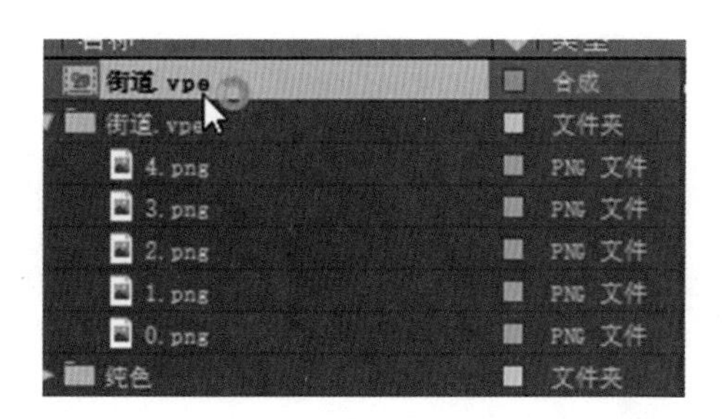

图 10-72　导入 vpe 文件显示

(9)双击默认生成的合成,发现合成中除了绘制的 5 个面还有一个父级图层和摄像机,以便我们调整 5 个面的显示效果,如图 10 - 73 所示。

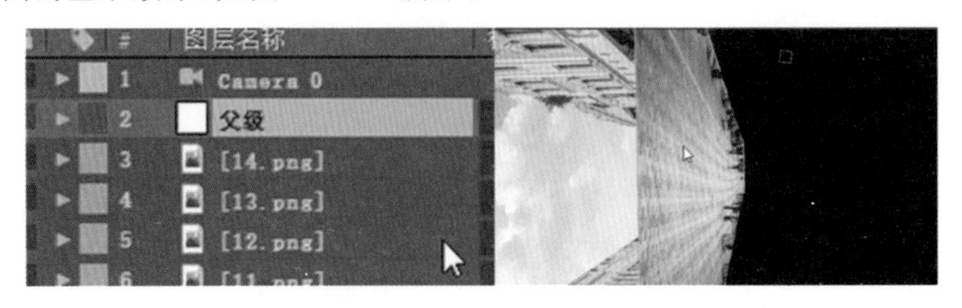

图 10 - 73 vpe 合成初始显示

(10)调整父级图层沿 Z 轴旋转、X 轴旋转等属性,使画面显示正常,如图 10 - 74 所示。

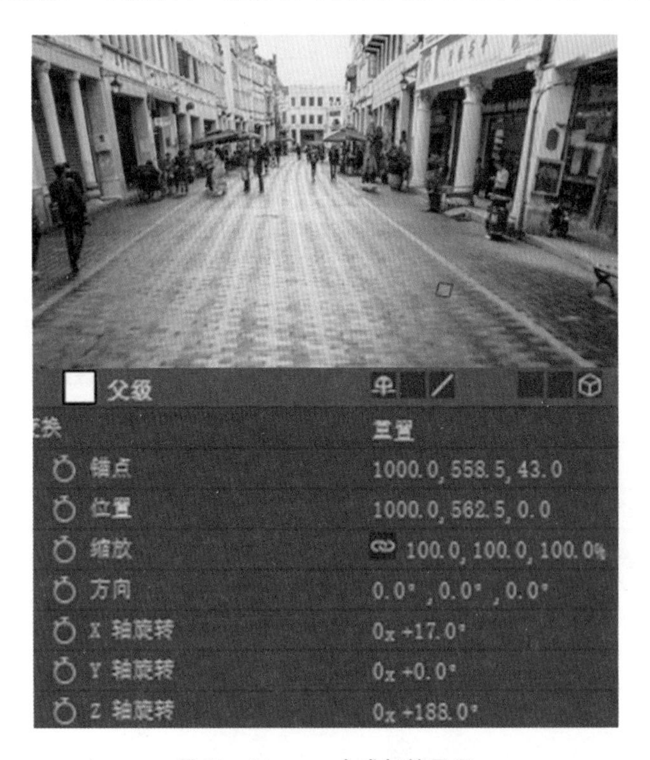

图 10 - 74 vpe 合成初始显示

(11)摄像机在 Z 轴移动时,插入关键帧,制作视频动画效果。图 10 - 75 为最终效果。

图 10 - 75 最终效果

任务三十三　打字机字幕

一、任务引导

Pr 中的字幕效果比较少，这里我们利用 Pr 与 AE 配合，为 Pr 添加字幕，使播放时出现打字的效果。

二、任务实施

(1)打开 After Effects，导入已经做好的 Premiere 工程文件“初见”，如图 10－76 所示。

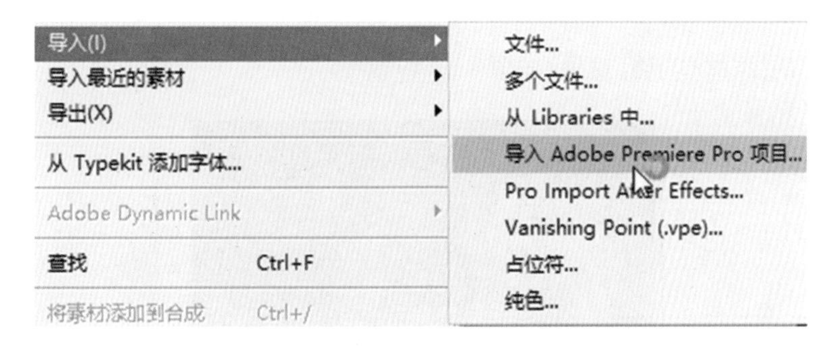

图 10－76　导入 Premiere 文件

(2)双击“序列 1”打开合成，并将其拖动到时间线窗口上，如图 10－77 所示。

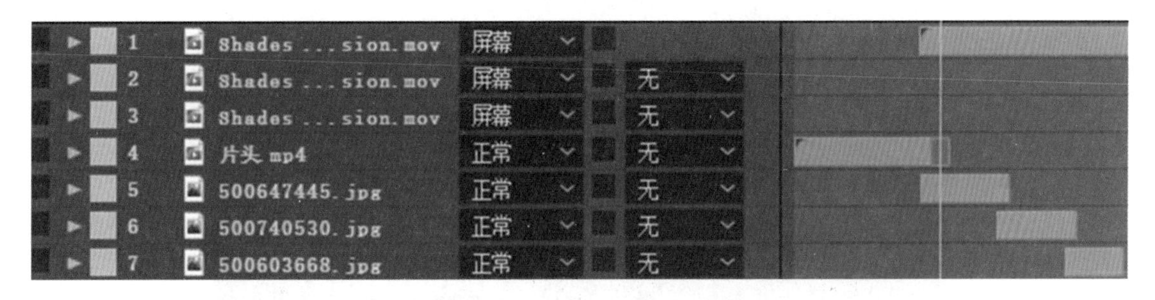

图 10－77　序列 1 合成各图层

(3)新建字幕文件，输入图 10－78 文字，进行简单排版。

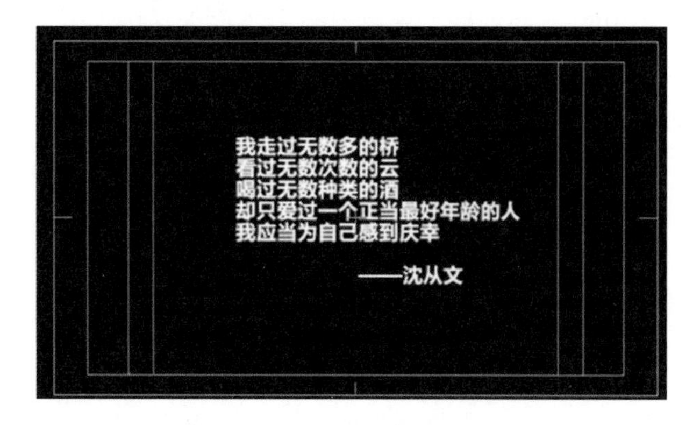

图 10-78　文字图层内容

(4)给文字图层添加打字机效果,如图 10-79 所示。

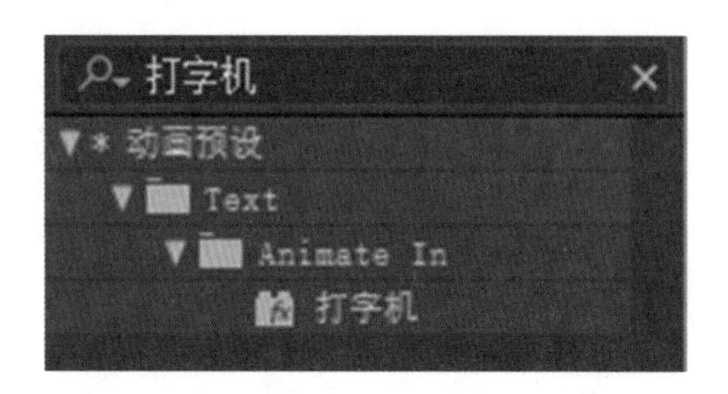

图 10-79　在效果与预览中搜索效果

(5)调整打字机的范围选择器,制作打字机的字幕效果,如图 10-80 所示。

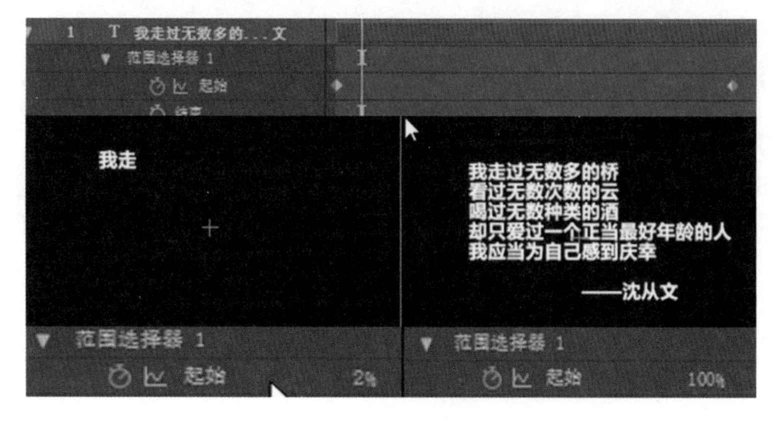

图 10-80　调整动画效果

(6)根据图像内容,调整字幕出现的位置和大小,如图 10-81 所示。

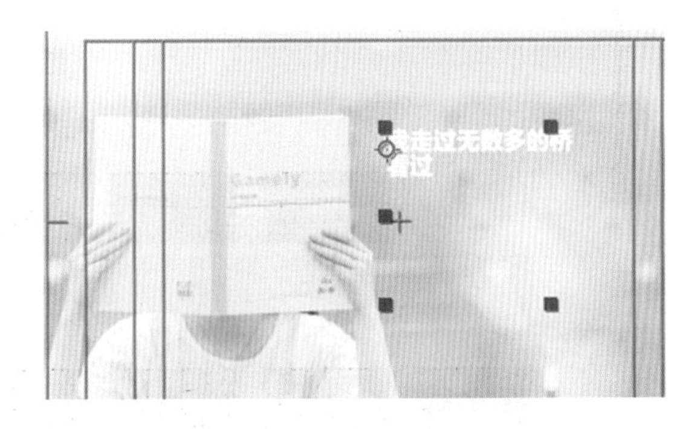

图 10-81 调整位置和大小

(7)复制一下图层,给图层添加【透视】|【投影】、【模糊】|【高斯模糊】的效果,具体参数设置如图 10-82 所示,形成最终效果。

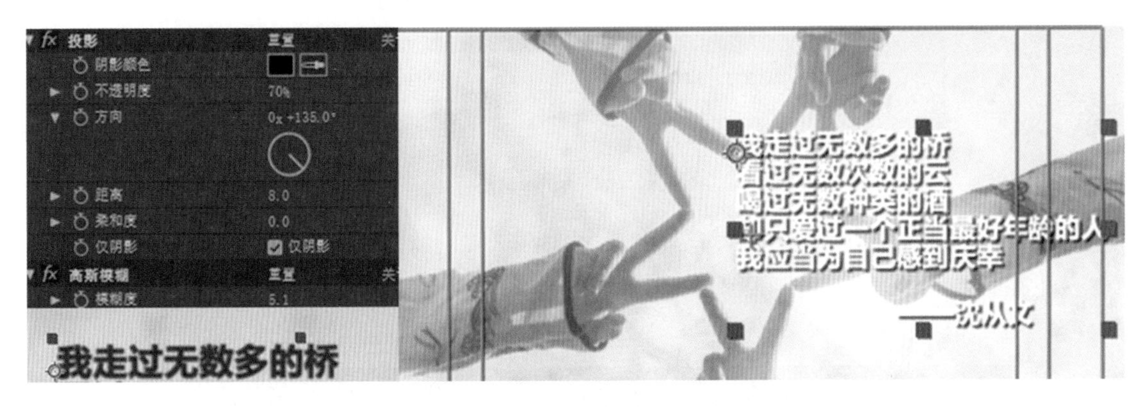

图 10-82 效果设置参数

任务三十四 螺旋粒子

(1)打开 After Effects,导入已经在 C4D 中做好的素材文件。在【项目】面板中双击鼠标左键,选择配套资源中的“Ch10\案例:螺旋粒子\素材\螺旋路径\螺旋路径. aec”文件,如图 10-83 所示。

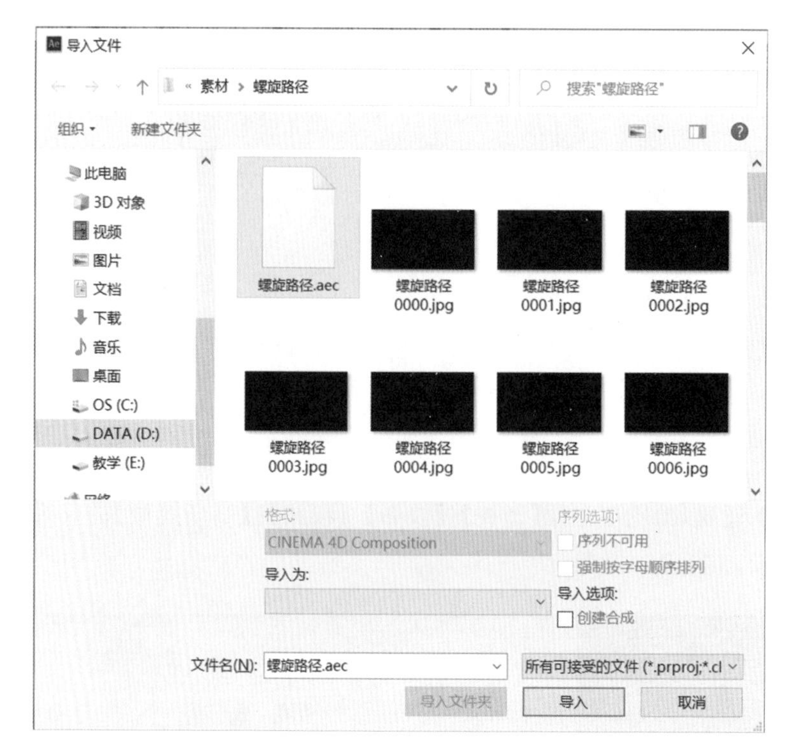

图 10 - 83　导入文件

(2)在【项目面板】中双击“螺旋路径”合成文件，在【时间线】面板中会产生默认的摄像机和灯光(还有一个没用的占位符可以删除)，如图 10 - 84 所示。拖曳时间线，在【合成】面板中显示灯光动画，如图 10 - 85 所示。

图 10 - 84　【时间线】面板显示

图 10 - 85　粒子正常显示

(3)创建纯色层,右键单击纯色层,添加【效果】|【Trapcode】|【Particular】特效,调整【发射器】参数中的【发射器类型】为【灯光】,如图10-86所示,此时会弹出提示,表示粒子不识别,需要先将灯光图层的命名更改为“发射器”,如图10-87所示,这时将【发射器类型】更改为【灯光】就可以了,如图10-88所示。

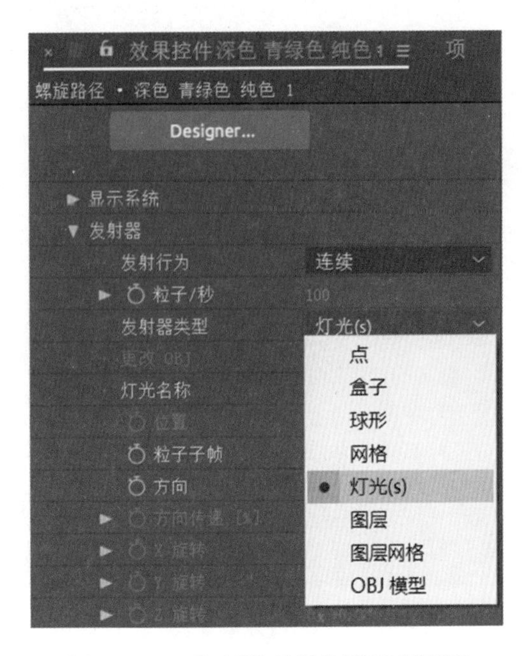

图10-86 修改【发射器类型】为【灯光】

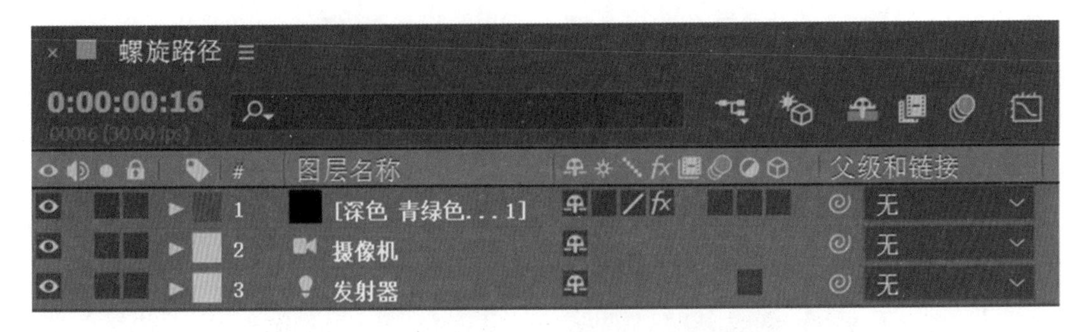

图10-87 将【灯光】图层重命名为【发射器】

(4)调整【发射器】参数,如图 10-88 所示。调整【粒子】参数,如图 10-89 所示。

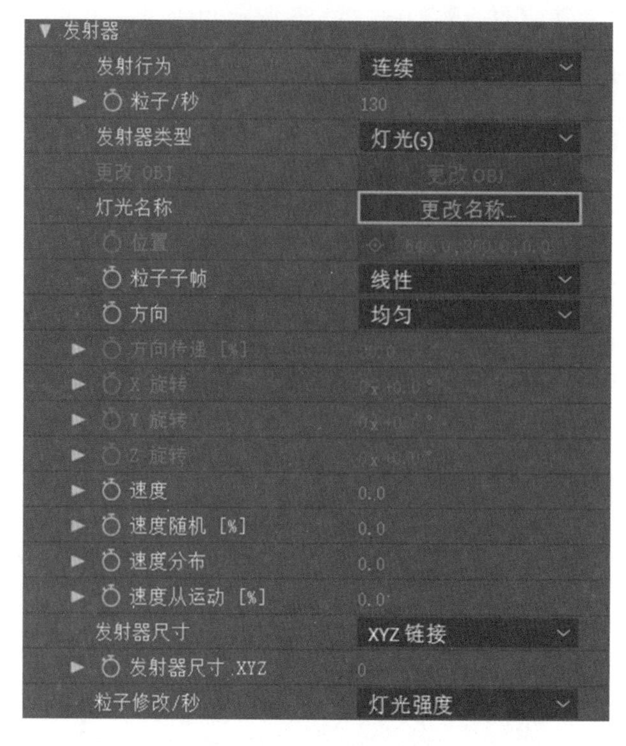

图 10-88 【发射器】参数

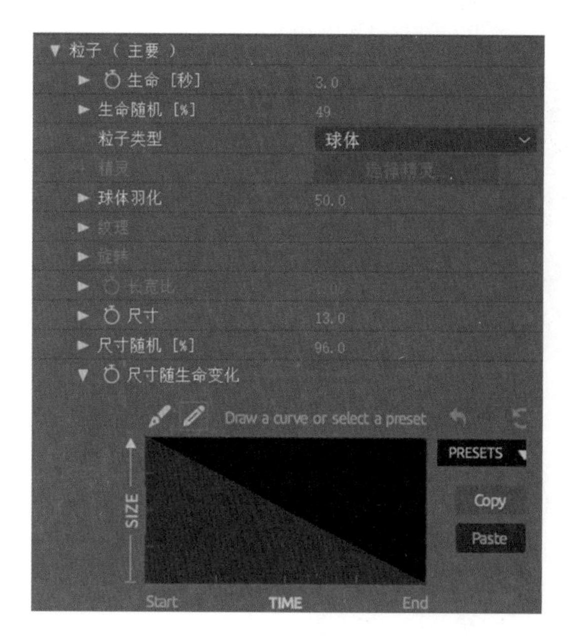

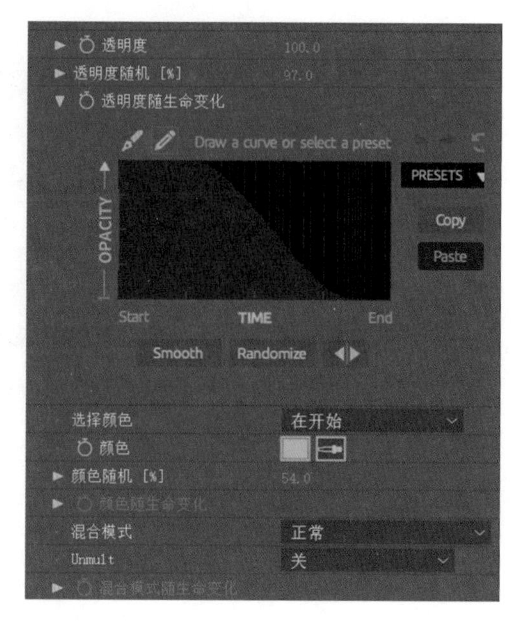

图 10-89 【粒子】参数

(5)选择粒子图层,为其添加发光效果。执行【效果】|【风格化】|【发光】特效,参数设置如图 10－90 所示。

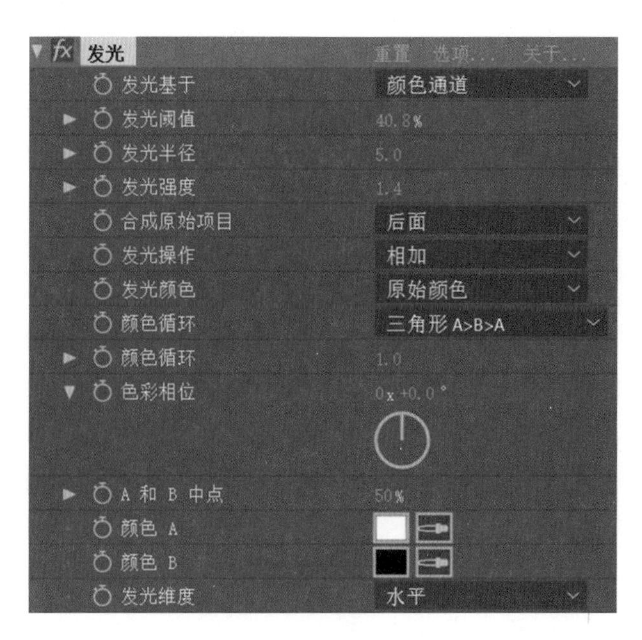

图 10－90　【发光】参数

(6)拖动时间线,粒子跟随灯光的路径运动,如图 10－91 所示。

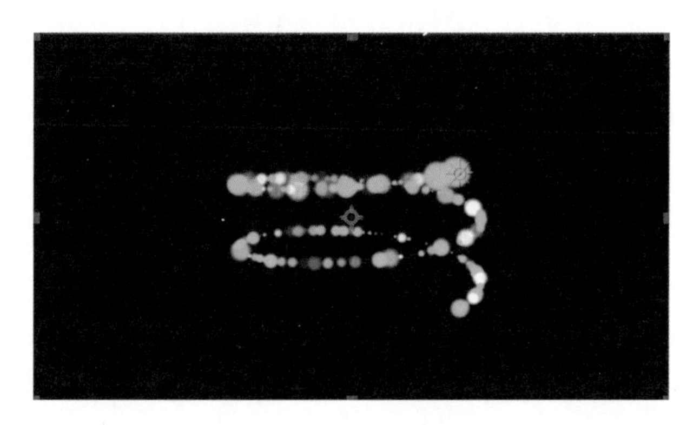

图 10－91　预览效果

(7)影片制作完毕。最后按 Ctrl＋M 组合键输出影片即可。

第11章

电影特效制作

内容提要

电影特效制作是After Effects(简称AE)应用领域之一。一般使用跟踪摄像机、场景虚拟完善、光效制作、多元素叠加合成等手段,通过对前期拍摄素材和后期CG制作的素材机型进行技术处理加工,再以相应逻辑进行组合运用,从而制作出具有符合电影叙事故事规律的合成图像。本章主要介绍利用After Effects CC 2018对各类素材进行精确加工,配合制作相应特效,打造综合电影视频场景。

学习导航

学习内容		电影特效制作
教学目标	知识目标	1. 了解After Effects在电影后期制作中的实际应用; 2. 掌握赛博朋克视频风格的制作要素与思路; 3. 掌握AE制作时空传送门特效的方法; 4. 掌握AE虚拟物体与现实场景融合的方法
	能力目标	1. 能够运用AE制作赛博朋克科幻场景; 2. 能够运用AE制作时空传送特效; 3. 能够实现AE激光打击与爆炸特效; 4. 能够运用AE运动摄像机实现虚拟场景转换
	素质目标	1. 培养学生良好的思维想象力和创造力; 2. 培养学生综合分析、处理事务的能力
思政素养		1. 注重培养学生的团队意识; 2. 在综合案例的制作过程中,注重培养学生保护环境的意识
教学重难点	教学难点	1. 运动跟踪的运用; 2. 粒子特效的运用; 3. 特效制作与实景合成
	教学难点	1. 虚拟物体与实景素材融合; 2. 特效与实景素材配合; 3. 综合利用特效方法实现特效场景制作
建议学时		8学时

11.1　After Effects 在电影特效制作中的运用

After Effects 强大的特效制作和后期合成功能，在最初电影后期制作中有许多运用，从而完成人工制造出来的假象和幻觉，打破了时空的概念，充分发挥想象力，实现一些局限于拍摄技术的画面。

在一些科幻或者魔幻的影视作品中，有些内容、生物、场景在现实世界中是不存在的，是完全虚构的，如怪物、特定星球等。但是这些内容需要在影视中呈现出来。图 11－1 表现的是影视后期合成的使用。

图 11－1　科幻影视中的运用

还有一种类型是现实世界中可能存在，但是不可能做出某种特定效果，同样也需要特效来解决。比如强烈的地震、海啸、飓风这样大规模的场景效果等，不可能让演员置身于这样的危险之中，于是就需要电脑合成。另外一种就是现实中完全可以呈现，但由于成本太高或效果不好，就必须用特效来解决。比如一些影片中常见的飞机、汽车爆炸等，如图 11－2 所示。

图 11-2　电影中地震效果制作

电影特效中涉及的元素有很多，包括建模、调色、粒子等，最终都要进行元素与场景的合成。虽然现在电影工业后期制作有各种工具，但是实施的原理基本一致，都是在前期拍摄镜头、后期建模等基础上，进行完善、改变，增加相应的内容和效果，最终形成视频场景。下面我们以实际场景制作的方法，介绍 After Effects 在电影后期制作中的应用方法。

11.2　场景制作

在电影后期制作中，首要的任务就是环境场景制作。场景搭建完毕后，可以方便后期添加其他元素，方便调整。下面我们就以具有后工业特点的赛博朋克场景制作为例，来进行场景制作。

实战任务

任务三十五　赛博朋克场景制作

一、任务引导

本案例利用 AE 中各种插件和功能来制作网络上特别流行的赛博朋克场景效果，案例使用的主要是基于运动跟踪的方法。实际上在很多科幻和魔幻电影中，好看和漂亮的效果制作都要借助运动跟踪的方法，如图 11-3 所示。

图 11-3 科幻影视中的运用

二、任务实施

(1)新建项目与合成赛博朋克场景,导入背景素材,截取视频的后 15 秒作为时间长度,拖放到赛博朋克合成中,进行颜色调整。因为赛博朋克的风格主要以黑、紫、蓝、红、绿颜色为主,而且颜色特别艳丽,反差较大,所以我们在调整时要进行颜色的相应调整。考虑到后面我们要在视频背景中添加很多的元素也要进行风格的调整,所以我们新建一个调整图层,放到时间线的最上部,给调整图层添加特效曲线,进行参数调整。如图 11-4 所示。

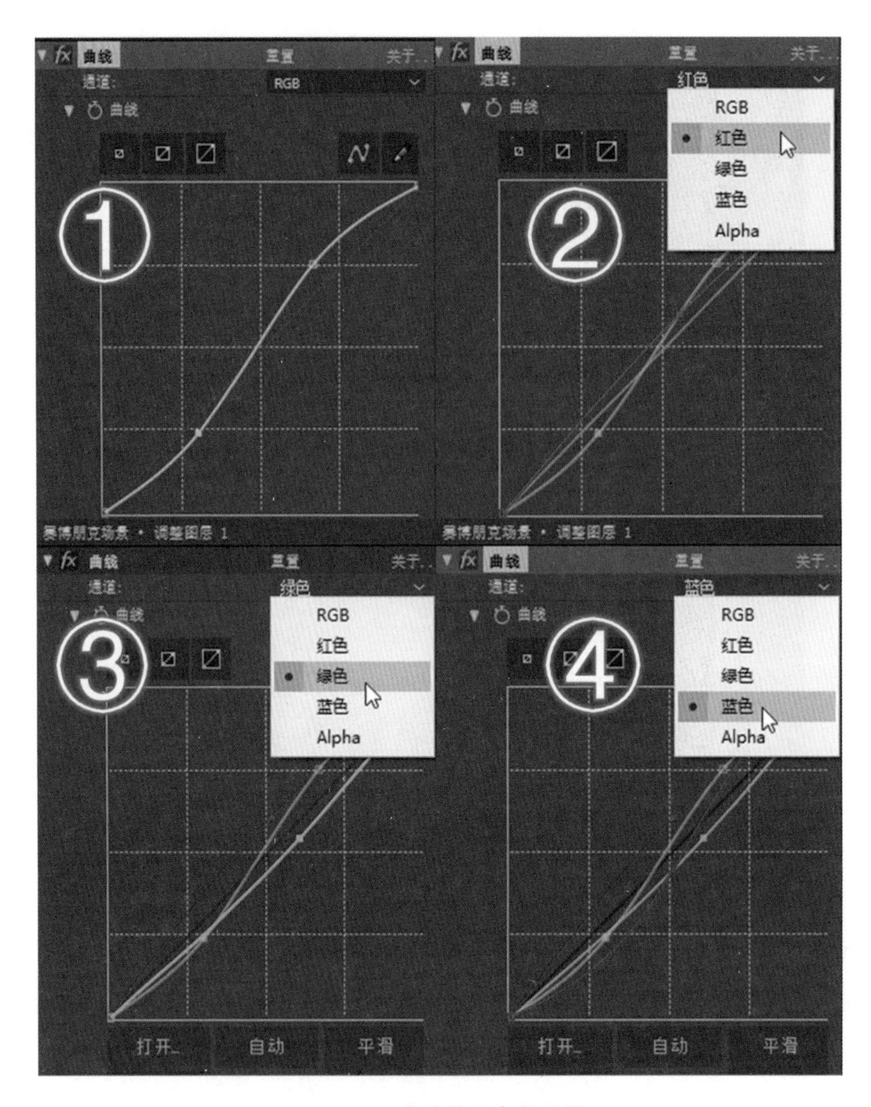

图 11-4　曲线效果参数设置

形成的效果前后对比如图 11-5 所示。如果觉得颜色和对比度还不是很夸张的话，可以再进行调整。

图 11－5　前后参数效果变化

(2)给场景图层添加颜色,更改为图层效果,拾取图像中红色的部分将其颜色改为洋红色,如图 11－6 所示。

图 11－6　利用颜色更改效果

(3)选中视频图层,添加摄像机跟踪,进行解析运算,如图 11－7 所示。

图 11－7　进行摄像机跟踪操作

(4)选中恰当的点，点击鼠标右键，在弹出的菜单中选择创建实底与摄像机，这样在时间线上就会多出跟踪实底和3D跟踪摄像机调整两个图层。如图 11－8 所示。

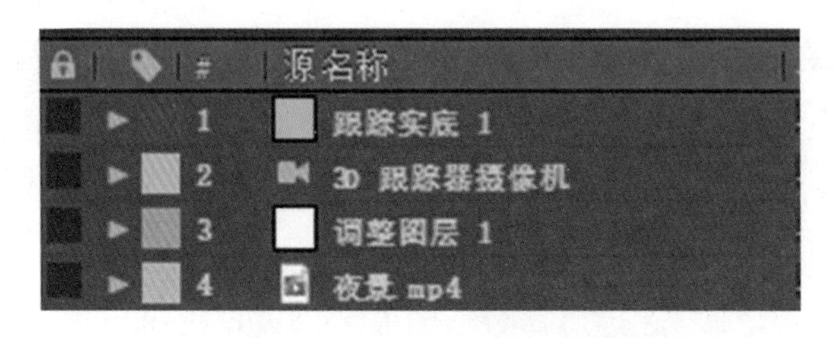

图 11－8　多出的 2 个图层

选择跟踪实底图层，在英文输入法下，按下键盘 S 键，调出缩放属性，调整实底大小。按下 Shift＋R 键，调出旋转属性，沿 X 轴方向旋转 90°，根据屋顶位置调整再次调整实底大小和位置，使其与屋顶位置、大小基本一致。具体如图 11－9 所示。

图 11-9 实底大小、位置和旋转调整

将素材“振幅”导入到项目中，在【时间线】窗口中选中实底图层，然后在【项目】窗口中选中素材振幅，按下 Alt+鼠标左键，将素材振幅拖动到实底图层上，进行素材替换，调整旋转方向和大小，如图 11-10 所示。

图 11-10 导入素材进行实底替换

选择混合模式为屏幕，选中素材，点击鼠标右键，在弹出的菜单中选择【时间】|【启动时间重映射】，将最后的关键帧移动到合成的末尾位置，调整素材播放延续的时间。如图 11－11 所示。

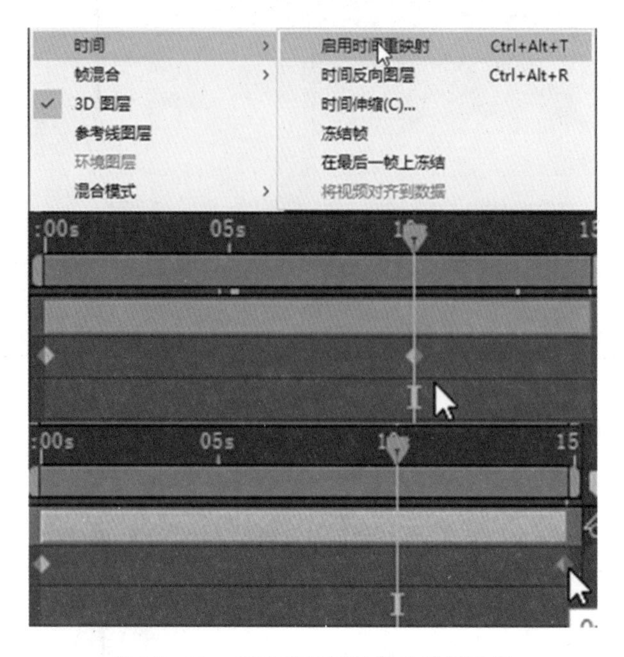

图 11－11　启动时间重映射并进行设置

按下 S 键调出缩放属性，取消约束比例按钮，按照图层比例再次进行缩放调整，调整数值如图 11－12 所示。

图 11－12　非等比例调整大小

为振幅图层添加效果【发光】，调整发光阈值、半径和强度三项参数，增加线条亮度，将【调整图层 1】调整到最上方，观察实际显示效果，如果不满意的话，再根据实际颜色配比进行调整，如图 11－13 所示。

图 11－13　添加发光效果调整图层位置

(5)下面利用同样的原理给最高的楼层添加霓虹箭头效果。将【红色箭头】、【绿色箭头】导入到素材中。选择最高楼层上的绿色跟踪点，单击鼠标右键，在弹出菜单中选择创建实底和摄像机，如图 11－14 所示。

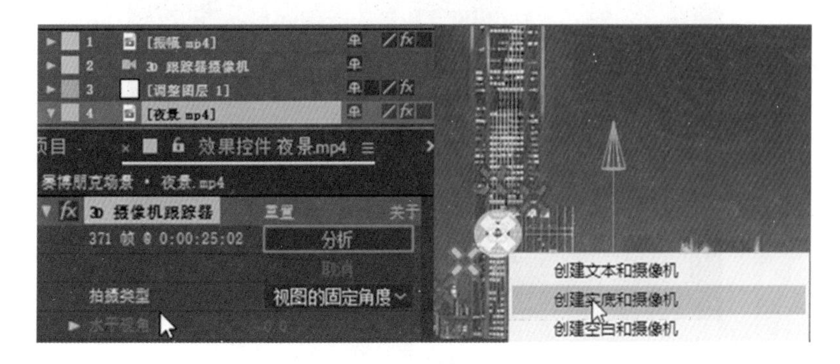

图 11－14　为最高楼层跟踪点创建跟踪实底

这时我们发现最高楼层前存在着三个楼，如图 11－15 所示，也就是说如果给后面的最高楼上添加物体，按照视觉逻辑，前面必须有遮挡效果，所以我们要进行背景分离。

图 11－15　最高楼层前存在遮挡物体

复制背景图层，利用钢笔工具将上图中①②③三个楼抠选出来。并打开3D开关，如图11－16所示。

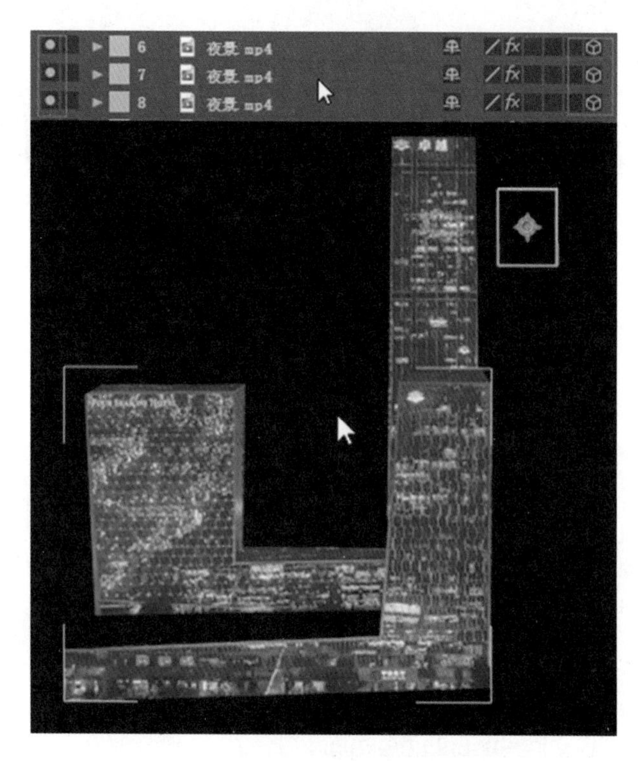

图11－16　最高楼层前存在遮挡物体

选择背景图层与3个抠选出来的三个图层，打开独显开关，将视图布局选择为4个视图，如图11－17所示。

图11－17　选择图层设置视图布局

在顶视图中，将背景图层放置到稍远位置，其他图层以前后顺序沿Z轴由远及近方向放置，调整各个图层大小关系，使其按原位置的视觉逻辑关系排列，如图11－18所示。

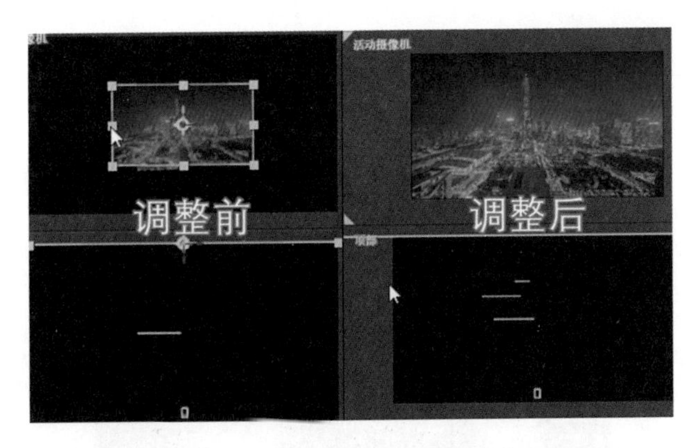

图 11－18　沿 Z 轴调整图层位置和大小关系

选中刚才建立的跟踪实底图层，按下 Ctrl＋Shift＋C 组合键，新建预合成。打开高楼的预合成，调整分辨率。将红色箭头和绿色箭头导入到项目窗口并拖放在高楼合成的时间线上，旋转－90°，调整位置如图 11－19 所示。

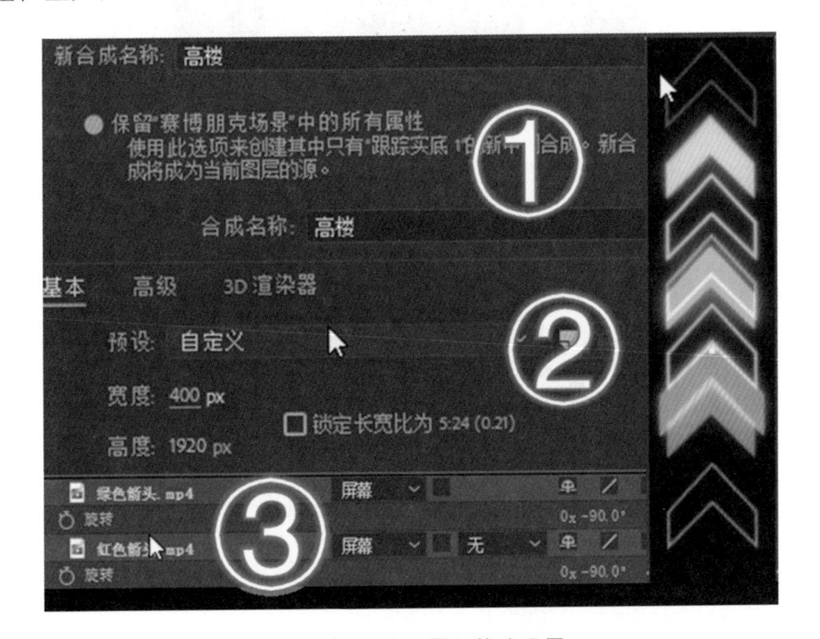

图 11－19　进行霓虹箭头设置

返回到赛博朋克合成，为高楼合成添加发光效果，如图 11－20 所示。

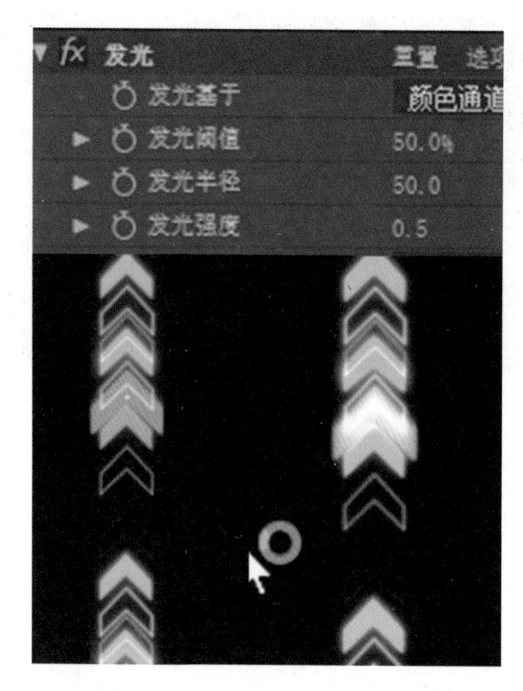

图 11-20　为合成添加发光效果

将高楼移动到抠选出的 3 个图层后面，复制高楼图层，调整位置和大小，将其覆盖到最高楼层的表面。可以借用四视图模式进行调整。最后调整如图 11-21 所示。

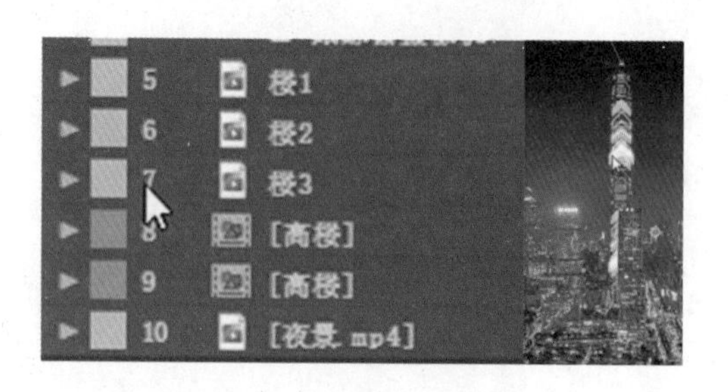

图 11-21　调整高楼合成位置和大小

(6)选择背景图层，在效果窗口中选中 3D 摄像机跟踪器，这时图层会有错误提示。这是由于我们改变了背景图层的比例而导致的，如图 11-22 所示。

图 11－22 选择摄像机跟踪报错

为了再次根据背景图层进行相应点的跟踪，我们将背景图层复制一下，在新建的背景图层中删除 3D 摄像机跟踪效果，选中原背景图层，按下 S 键将大小改为 100，隐藏该图层，在效果窗口单击 3D 摄像机跟踪效果，选择相应的点作为跟踪对象，这次我们选择 5 个点建立跟踪实底，创建完成后删除复制的背景图层，将原背景图层缩放恢复至合成显示窗口大小，如图 11－23 所示。

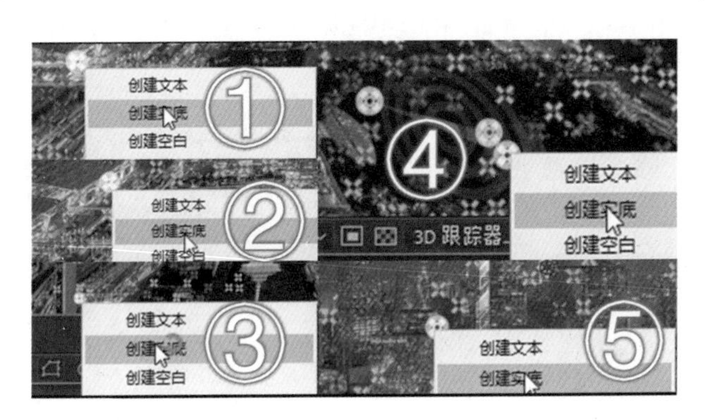

图 11－23 选择 5 个跟踪点、创建实底

(7)选中上图中第一个点所在的图层，导入素材【柱状图】，按下 Alt 键的同时按下鼠标左键，用素材替换掉所选的实底图层，如图 11－24 所示。

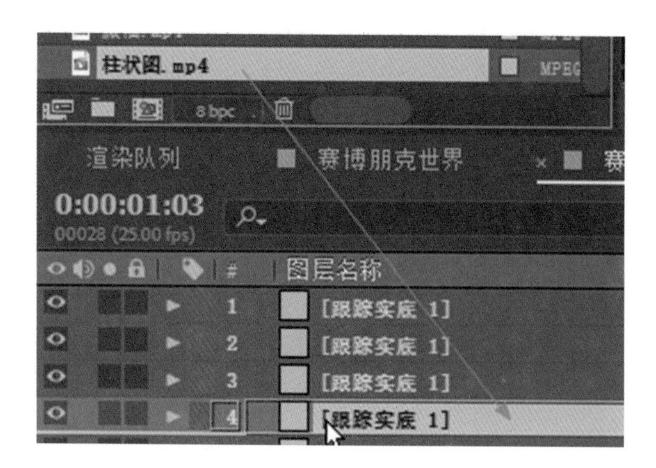

图 11-24 用素材替换掉跟踪实底

将柱状图的混合模式改为屏幕，调整缩放大小为 50%，调整位置和旋转角度，使柱状图的底层和房屋的下边沿对齐，如图 11-25 所示。

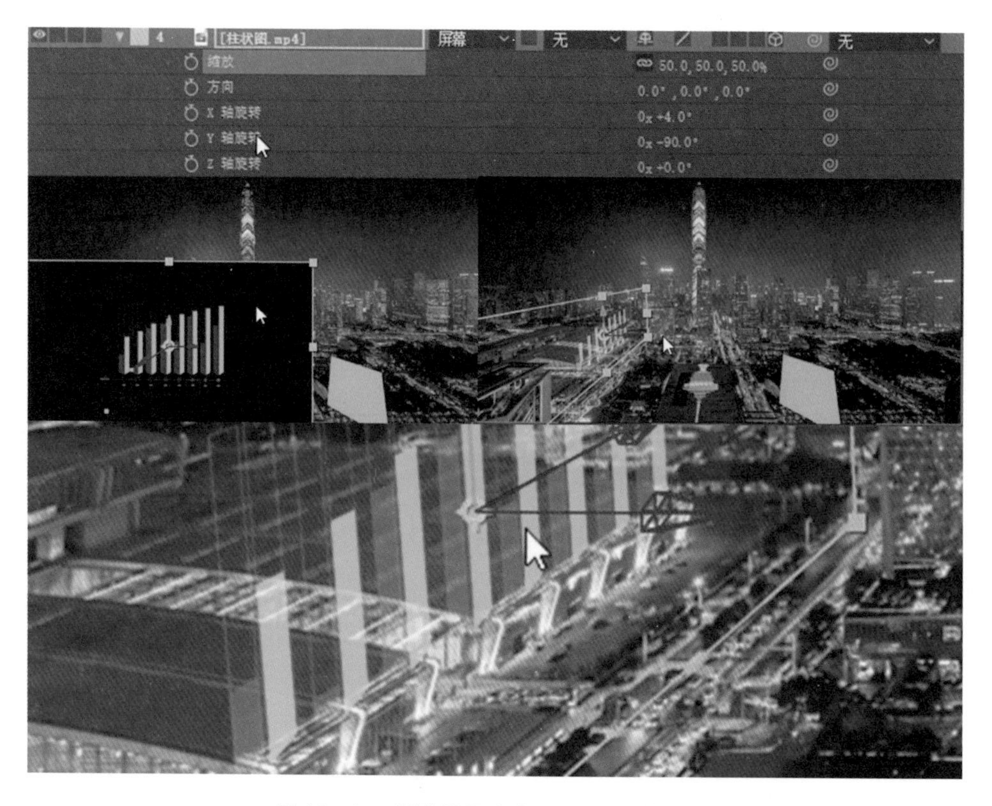

图 11-25 调整图层大小、位置和旋转角度

在时间线窗口中，将调整图层拖放至最上方，使其对所有图层产生效果。给柱状图图层添加发光效果，具体参数设置如图 11-26。也可根据实际发光效果自行调整。

图 11－26　**给图层添加发光效果**

(8)在时间线窗口中选中第③个点所在的图层，在项目窗口中选中红色箭头，按照 Alt 配合鼠标左键将红色箭头素材拖放到实底所在图层上，让其替代实底图层，如图 11－27 所示。

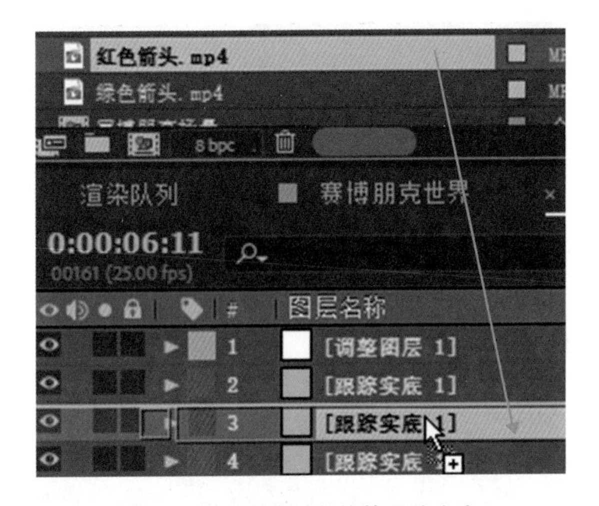

图 11－27　**用素材替换掉跟踪实底**

将红色箭头图层的混合模式改为屏幕，调整图层所在的大小、旋转、位置等属性，注意调整缩放属性时，取消等比例按钮，最终使其贴合在左下角的楼层表面上，如图 11－28 所示。

图 11-28　调整属性

给箭头图层添加发光效果，这个位置相对比较偏，不引人注目，可以将发光效果设置得更为明显些，如图 11-29 所示。

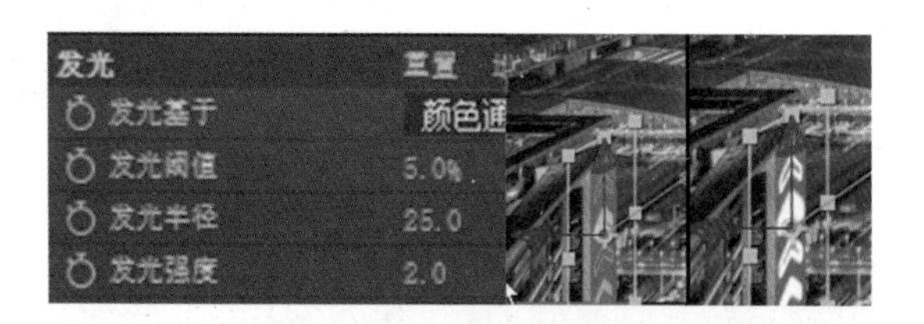

图 11-29　添加发光效果

(9)在时间线窗口中选中图 11-23 中第②个点所在的图层，利用 Ctrl+Shift+C 组合键进行预合成【桥】，调整分辨率大小，如图 11-30 所示。

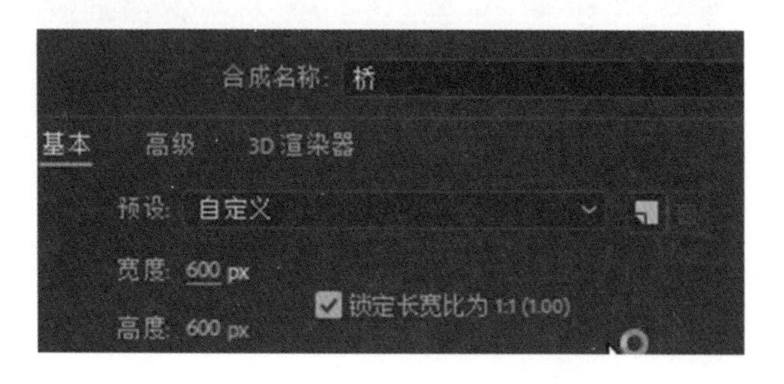

图 11-30　以实底图层进行预合成

添加文字图层，输入文本“城市立交桥”，调整文字大小、字间距和字体，设置时尽量选择粗一点的字体，方便后期设置发光效果，如图 11-31 所示。

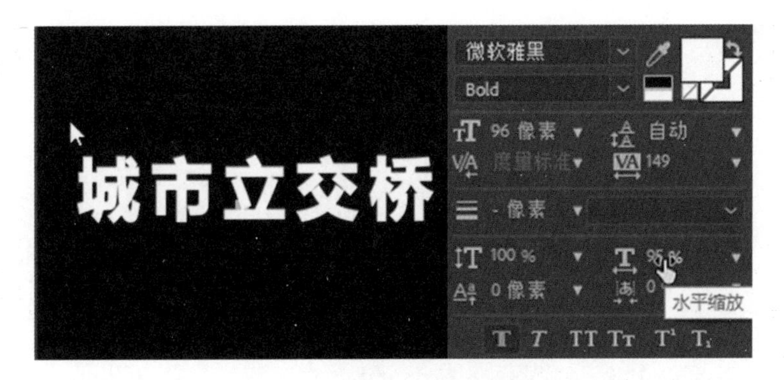

图 11 - 31　输入文字并设置

新建一个纯色图层，为图层添加【Saber】效果，进行发光设置，如图 11 - 32 所示。在 Saber 效果中，预设有很多的效果可以作为发光的样式；然后是发光颜色和强度的几个属性，可以调整亮度和颜色；自定义主体可以设置主体类型和图层对象，并依此图层对象作为发光的遮罩。然后设置辉光强度，选择渲染模式。

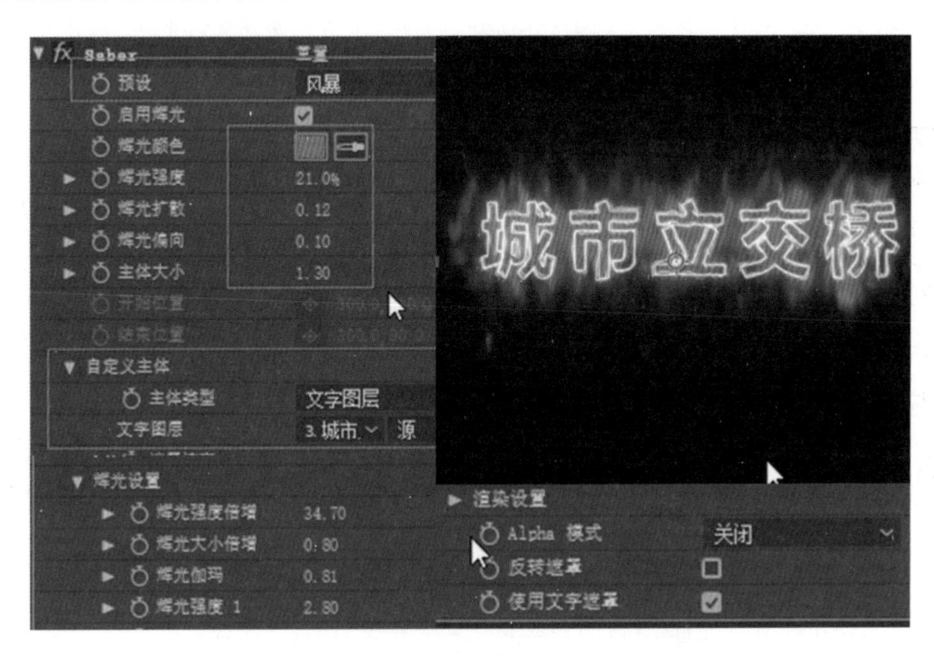

图 11 - 32　为纯色图层添加 Saber 效果

再次新建一个纯色图层，同样为纯色图层添加 Saber 效果，进行相关参数设置，将该图层的混合模式改为屏幕，和上一步骤调整相比，只需修改发光颜色、强度，在闪烁属性中调整相关参数，让其有轮换发光的动态效果，如图 11 - 33 所示。

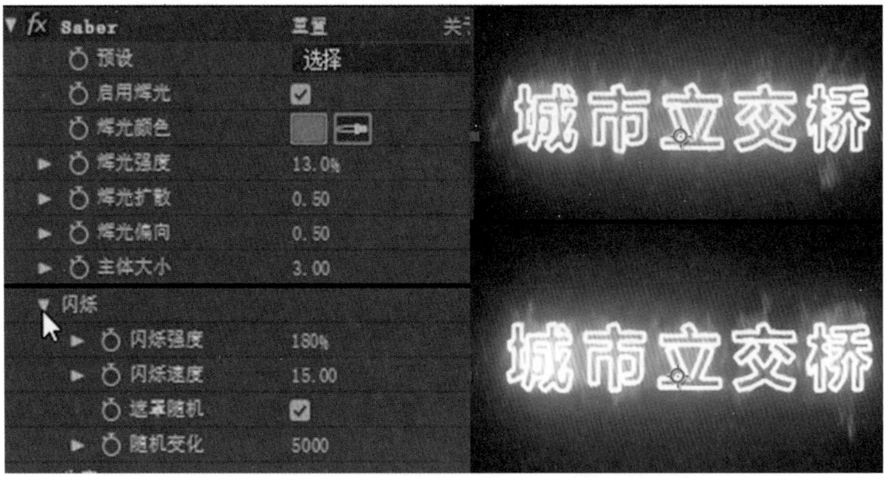

图 11 - 33　纯色图层添加 Saber 效果

返回赛博朋克场景合成，在时间线窗口中选择刚才制作的预合成【桥】，将混合模式调整为屏幕，依次按下 S 键、Shift＋P、Shift＋R，分别调整大小、位置和旋转属性的参数，将其放置如图 11 - 34 所示的位置。

图 11 - 34　调整合成位置和角度

完成以上述步骤后，我们发现桥的合成和背景融合度不够，存在背景颜色不一致的情况，为了缓解这一情况，我们给图层添加椭圆形遮罩，设置羽化值，让其与背景差异度变小，有效地融合在背景中，如图 11 - 35 所示。

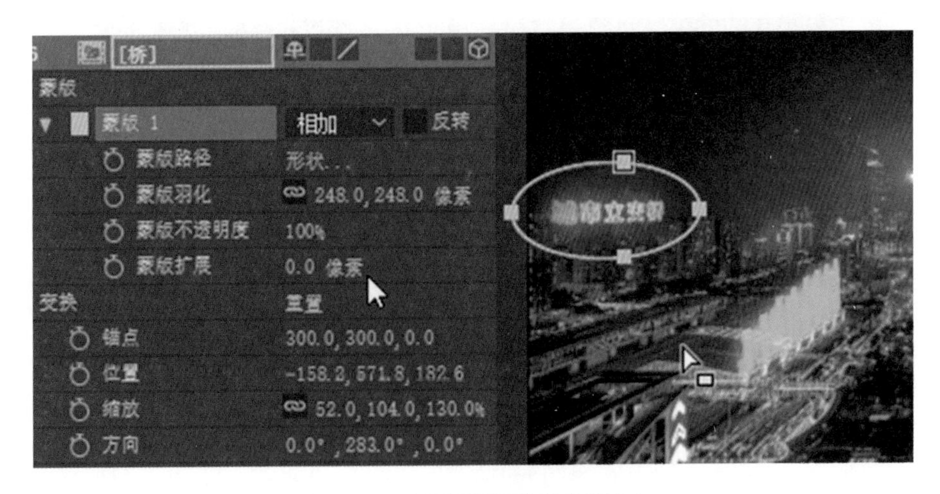

图 11－35　添加遮罩进行背景融合

(10)在项目窗口中双击,在弹出的窗口中选择素材“广告牌”,导入到项目中。在时间线窗口选中图 11－23 中第④个点所在的图层,选择刚导入的素材,利用 Alt 键配合鼠标左键将红色箭头素材拖放到实底所在图层上,让其替代实底图层,如图 11－36 所示。

图 11－36　广告牌替换实底图层

调整广告牌大小、位置和旋转角度,让其贴合在图 11－37 所在建筑的上方。在调整时可以利用四视图。

图 11 - 37　调整图层到合适的位置

在图层上单击鼠标右键，在弹出菜单中选择【时间】|【启用时间重映射】，将广告牌图层持续时间改为延续在整个合成中，如图 11 - 38 所示。

图 11 - 38　启动时间重映射

给图层添加发光效果，调整效果参数，显示效果如图 11 - 39 所示。

图 11 - 39　为图层添加发光效果

(11)选中第⑤个面所在的图层,调整平面位置和角度,如图 11-40 所示。

图 11-40 调整实底位置和角度

在项目窗口中双击,在弹出窗口中选择素材“地球投影”,导入到项目中。在时间线窗口选中图 11-23 中第⑤个面所在的图层,选择刚导入的素材,利用 Alt 键配合鼠标左键将红色箭头素材拖放到实底所在图层上,让其替代实底图层,设置混合模式为屏幕,如图 11-41 所示。

图 11-41 利用素材替换实底

继续调整图层位置、大小和角度,为图层添加发光效果,最后的显示效果如图 11-42 所示。

图 11-42 添加发光效果

如果在实际操作中使用跟踪面不好调整的话，在本例中也可以使用跟踪点，因为本例中镜头角度变化不大。

(12)在项目窗口中双击导入素材“星空背景”，利用鼠标将其拖放到时间线窗口“夜景”素材的上方，利用鼠标直接设置位置和大小，注意星空背景的星球位置不要压在背景的建筑物上方，将图层混合模式调整为“屏幕”，如图 11－43 所示。

图 11－43　导入素材进行设置

利用钢笔工具给星空图层添加蒙板，使其只显示在城市建筑的上方，设置羽化数值，如图 11－44 所示，使其和原素材背景融合度变得更好。

图 11－44　建立蒙版设置羽化值

我们发现这个效果配合到一起，蓝色太深，此时我们可以给该图层添加效果【曲线】，选择蓝色通道，将其设置为如图 11－45 所示的效果。

图 11 - 45　添加曲线效果调整颜色

通过以上操作,我们就基本完成了赛博朋克效果的制作,在素材包中还有其他的元素,学生在练习时,可以根据情况进行内容增减。如果发觉整体颜色过于偏蓝,也可以在调整图层中进行整体设置。

任务三十六　时空隧道制作

一、任务引导

在上例中已经完成了科幻环境的制作,下面我们在上述操作的基础上,制作时空传送门或者虫洞效果,营造外星战舰穿越虫洞的效果。

二、任务实施

(1)在任务三十五的项目中新建合成,命名为"虫洞",在项目窗口导入视频元素【噪波】,将噪波拖放到【虫洞】时间线窗口中,如图 11 - 46 所示。

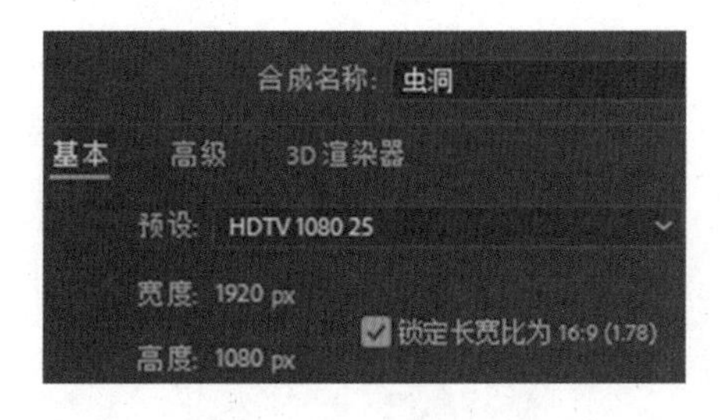

图 11 - 46　新建合成

噪波中有三段不同颜色,选择前两个颜色差异的分割线,执行【编辑】|【拆分图层】命令,将其分为两个图层。继续选第二段和第三段颜色差异点,继续执行【拆分图层】命令,将其分为三个阶段,并以前端对齐,如图 11 - 47 所示。

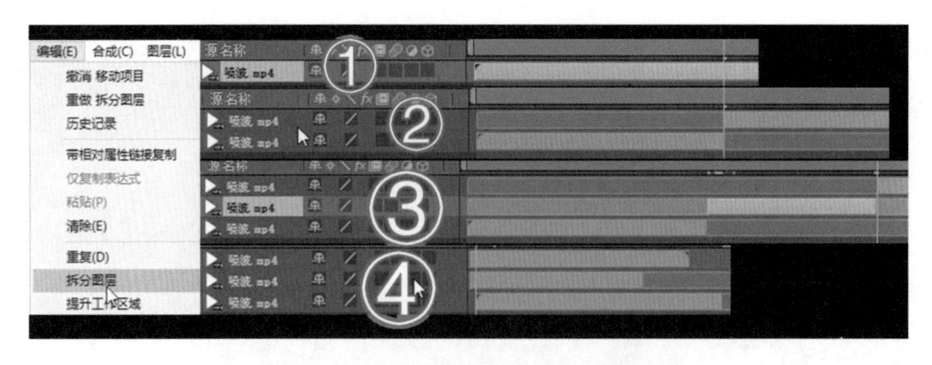

图 11-47　将素材进行拆分并以前端对齐

按下 Ctrl+Y 键新建纯色图层，执行【效果】|【杂色颗粒】|【分形杂色】命令给纯色图层添加分形杂色效果。分形杂色在有的翻译版本中也叫做分形噪波，调节属性中相关参数，形成图 11-48效果。

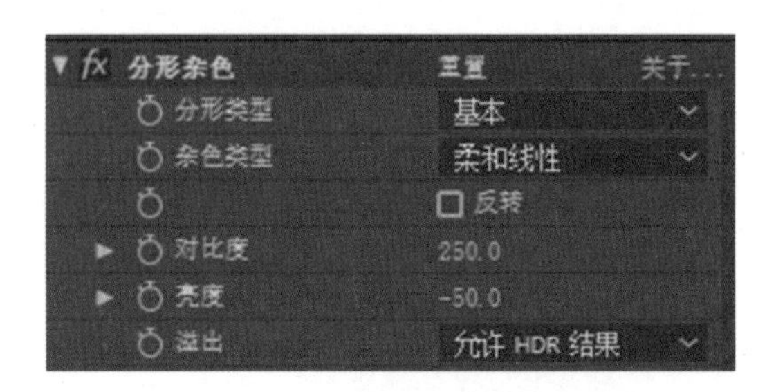

图 11-48　分形杂色参数调整

找到分形杂色的演化属性，按下 Alt 键点击其前面的码表，为演化属性添加表达式：time * 10 制作杂色动画效果，如图 11-49 所示。

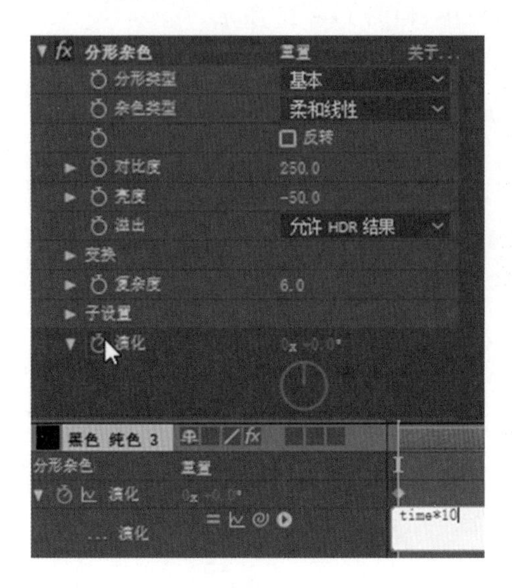

图 11-49　利用表达式制作动画效果

执行【效果】|【颜色矫正】|【更改为颜色】命令，改变杂色的颜色，具体设置参数和效果如图 11－50 所示。

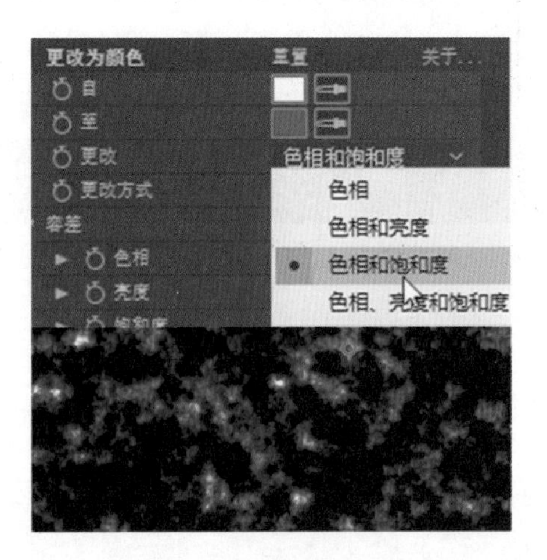

图 11－50　更改噪波颜色

(2)选择三个噪波图层，按下 Ctrl＋D 复制图层，将复制好的图层移动到恰当位置，将所有图层的混合属性都改为屏幕，如图 11－51 所示。

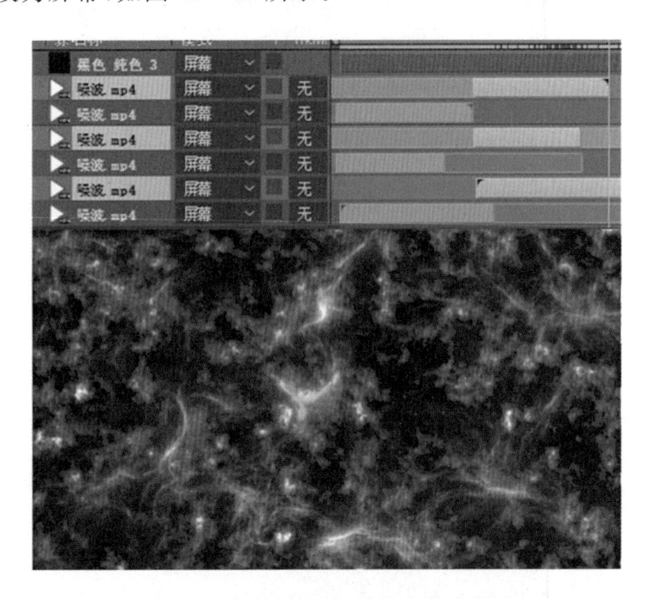

图 11－51　复制图层并修改混合模式

选中所有图层，按下 Ctrl＋Shift＋C，将所有图层进行预合成，命名为“虫洞颜色”，如图 11－52所示。

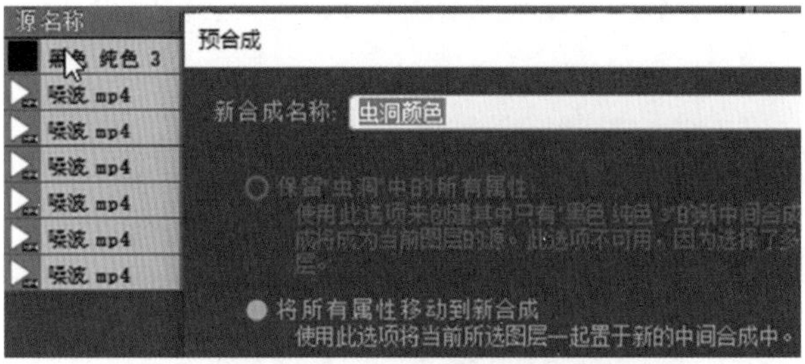

图 11-52　进行预合成

复制虫洞颜色图层，将其移动到颜色取消位置，利用透明度属性制作淡入效果。第一个关键帧的透明度属性值为 0，后一个关键帧的透明度属性值为 100，如图 11-53 所示。

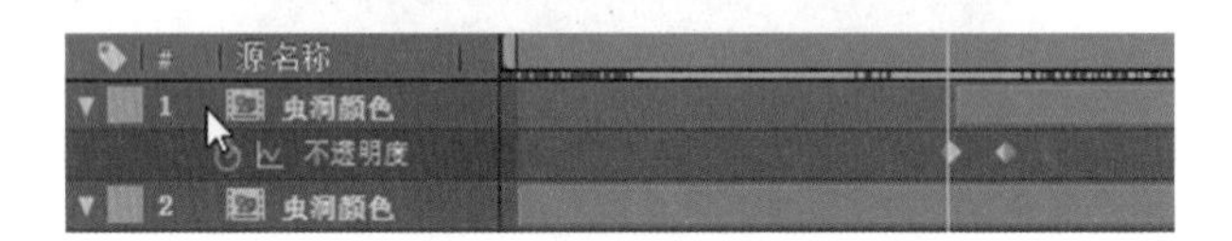

图 11-53　复制图层并制作淡入效果

(3)选中两个图层，再次执行预合成命令，生成的新的合成命名为“颜色”。为该图层添加【效果】|【扭曲】|【光学补偿】命令，设置视场属性，形成如图 11-54 效果。

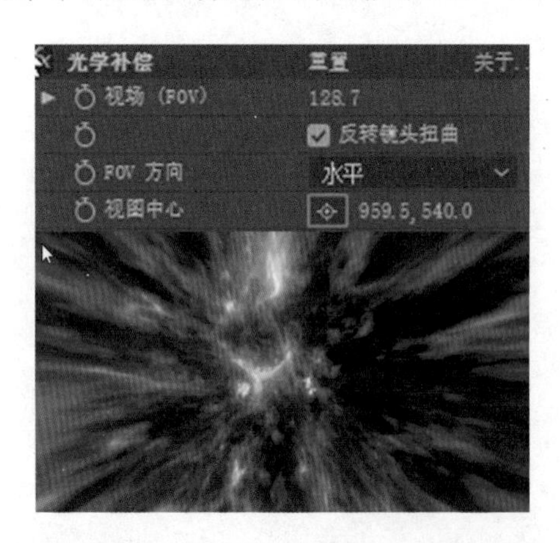

图 11-54　添加光学补偿效果

(4)建立形状图层，利用椭圆形工具，按下 Shift 键拖动鼠标，在视图窗口中心位置画一个正圆。在颜色图层的蒙版选项中，选择 Alpha 反转遮罩【形状图层】，将圆形作为蒙版，如图 11-55 所示。

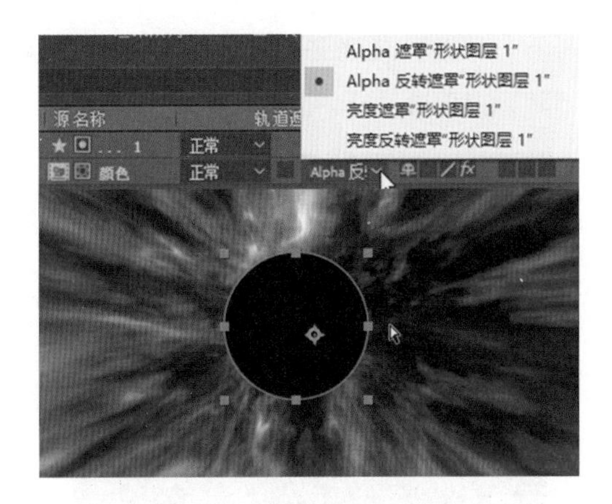

图 11－55　建立圆形形状图层

选中形状图层，执行【效果】|【扭曲】|【湍流置换】命令，如图 11－56 所示，为形状图层添加扭曲效果，设置相关参数，找到演化属性，按下 Alt 键单击属性前的码表，添加表达式 time＊30，使圆形进行不规则变化。单击切换透明网格，以透明方式进行显示。

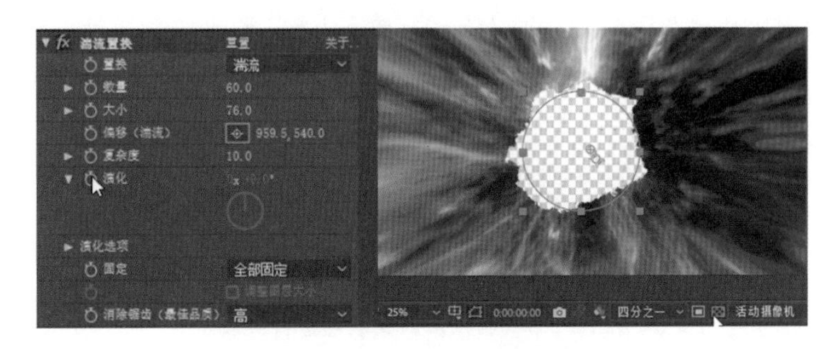

图 11－56　添加湍流置换效果

选中颜色图层，利用椭圆工具在该图层上绘制椭圆遮罩，设置蒙版羽化值，关闭透明网格，形成效果如图 11－57 所示。

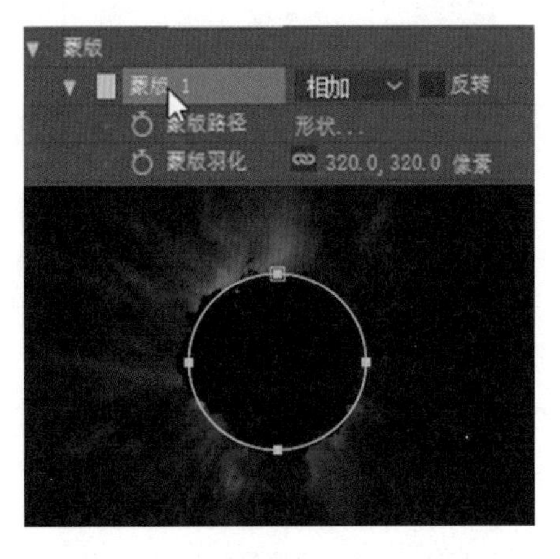

图 11－57　添加圆形蒙版设置羽化值

设置蒙版扩展属性值为－80，调整外延光芒大小，复制形状图层，选择一个形状图层和颜色图层进行预合成，命名为“单洞”，如图 11－58 所示。

图 11－58　添加圆形蒙版设置羽化值

(5)选中形状图层和单洞图层，打开 3D 开关，按下 P 键，调出位置属性，将形状图层的位置属性关联到单洞图层的位置属性，让其随着单洞图层的位置变化而变化，如图 11－59 所示。

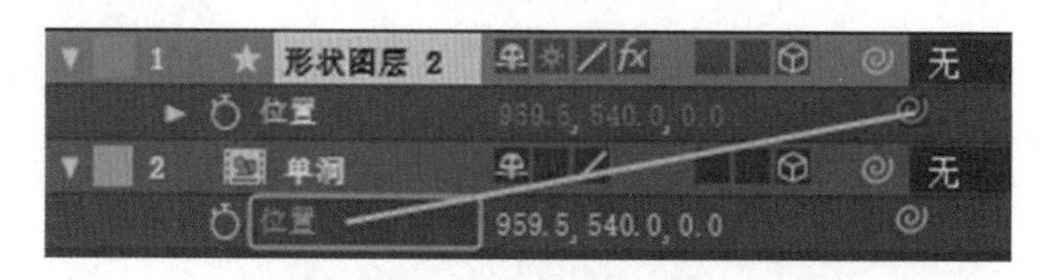

图 11－59　利用属性关联器进行关联

鼠标右键在位置属性上，在弹出的菜单中选择【单独尺寸】，将 X、Y、Z 三个方向属性进行分离，如图 11－60 所示。

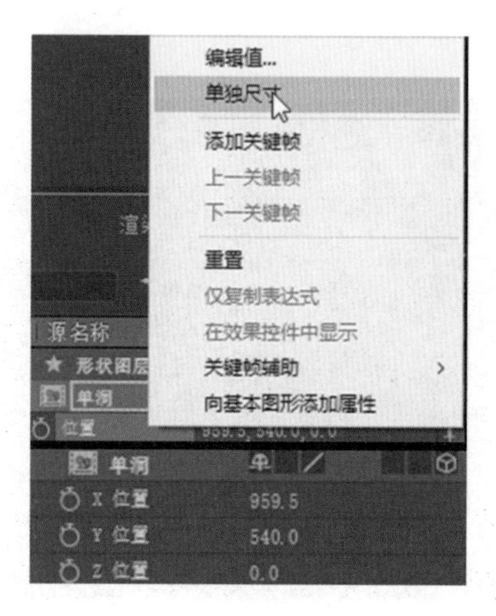

图 11－60　分离属性组成元素

向上移动单洞图层，利用工具栏的锚点工具将图层锚点由中间位置移动到底部位置，如图 11 - 61 所示。

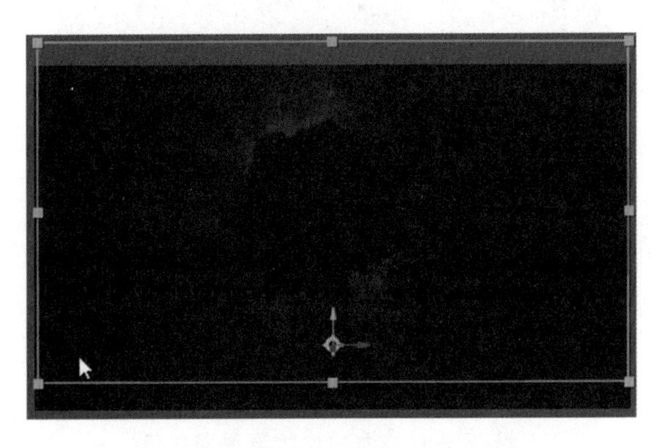

图 11 - 61　移动图层位置和锚点位置

按下 Alt 同时用鼠标点击 Z 轴位置属性，为其添加表达式 index * 15，按下 Ctrl+D 对单洞图层进行复制(15 次)。利用图层不停缩小叠加制作立体效果。选中复制出来的 15 个图层预合成为【立体】，如图 11 - 62 所示。

图 11 - 62　图层预合成

利用属性关联器，将单洞图层位置属性关联到立体图层属性上，将单洞图层隐藏，如图 11 - 63所示。

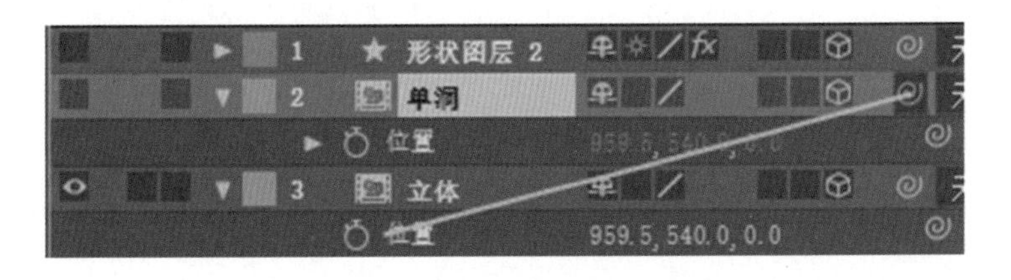

图 11 - 63　进行属性关联

利用椭圆工具在合成显示窗口中绘制圆形，为立体属性添加遮罩，设置羽化值为 300，沿 Y 轴方向旋转 35°，如图 11 - 64 所示。

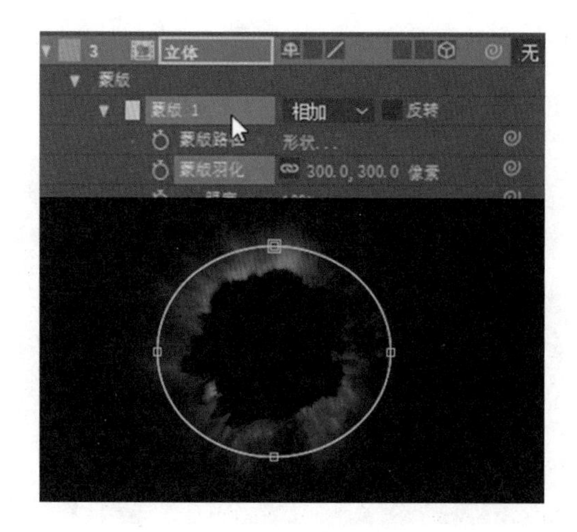

图 11-64　添加蒙版设置羽化值

(6)导入素材“飞船”,放大至全屏。执行【效果】|【抠像】|【Keylight(1.2)】命令,在 Screen Colour 属性中,用吸管点选飞船的绿色区域,将绿幕全部扣掉,如图 11-65 所示。

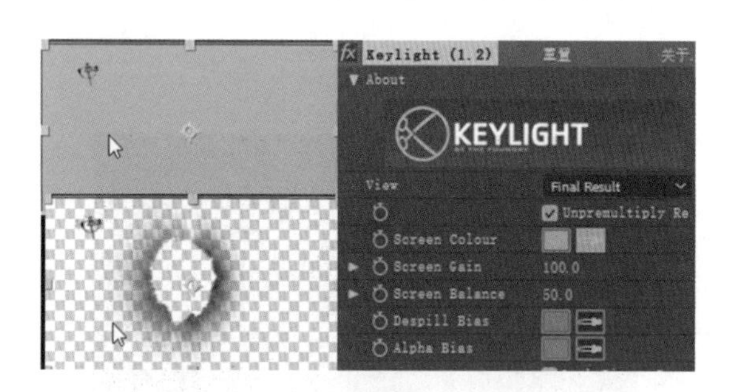

图 11-65　对飞船进行抠像

将飞船向下移动一层,在遮罩选项上点击鼠标左键,在弹出的菜单中选择 Alpha 遮罩“形状图层 2”,以形状图层作为飞船图层的遮罩。移动指针位置找到飞船,将其移动到立体虫洞所在的中心位置,如图 11-66 所示。

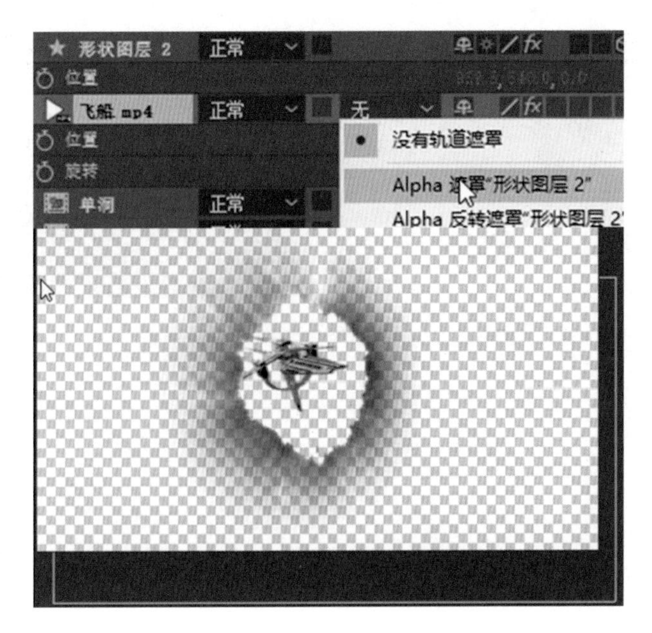

图 11-66 制作飞船遮罩

这时我们观察发现飞船出现的区域很小，由于遮罩面积太小的缘故，要调整形状图层的位置和大小。按下 Alt 键同时用鼠标点选位置属性前的码表，取消形状图层的表达式，利用鼠标调整形状图层的大小，如图 11-67 所示。

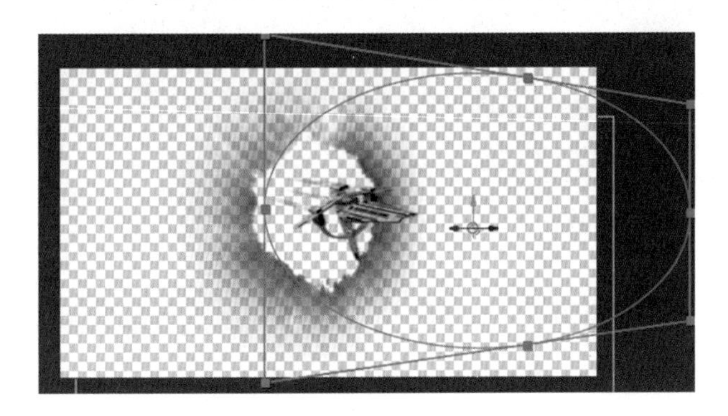

图 11-67 调整形状大小

选中飞船图层，移动指针在 8 秒左右，按下 Ctrl＋Shift＋D 键进行图层拆分。选中分割的后半段，在图层上点击右键，在弹出菜单中选择【时间】|【时间伸缩】，找到弹出对话框中的拉伸因数属性，将其值调整为 140，如图 11-68 所示。

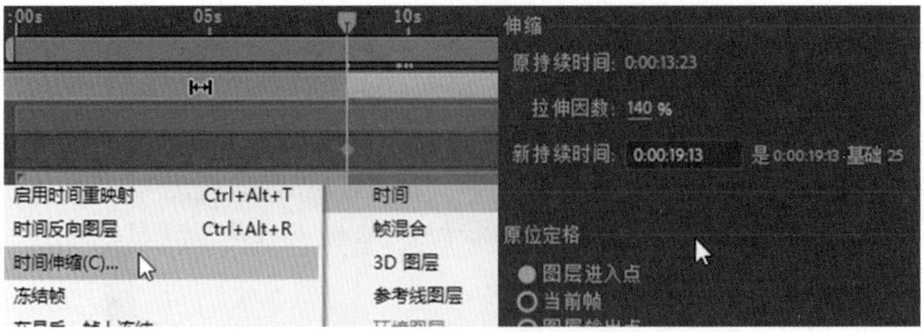

图 11－68　分割图层并调整播放速度

任务三十七　最终场景合成

一、任务引导

上面已经制作完成朋克背景和虫洞效果，下面我们将两个场景进行合成，形成一个科幻场景。

二、任务实施

(1)在项目窗口中找到【赛博朋克场景】合成，双击打开，在场景中选择稍远地方的跟踪点，右键单击，创建实底，如图 11－69 所示。

图 11－69　选择跟踪点创建实底

在合成的时间线窗口中选中实底图层，在项目窗口中选择虫洞合成，按下 Alt 键，利用鼠标拖动虫洞合成替换实底图层，如图 11－70 所示。

图 11-70　将虫洞图层置于朋克场景

这时我们看到飞船还没出画就消失了，为了避免这种情况，我们利用大小和旋转属性对虫洞进行调整，使其中的飞船恰好到右侧出画，如图 11-71 所示。

图 11-71　调整虫洞大小和方向

(2)给虫洞添加由小变大，由不可见到可见的动画，我们发现虫洞的内边沿不是很显著，也需要调整。在项目窗口找到单洞合成，双击打开，选中形状图层，按 Ctrl+D 进行图层复制。在复制的图层中去掉填充、增加描边，添加发光效果，加强边缘显示效果，如图 11-72 所示。

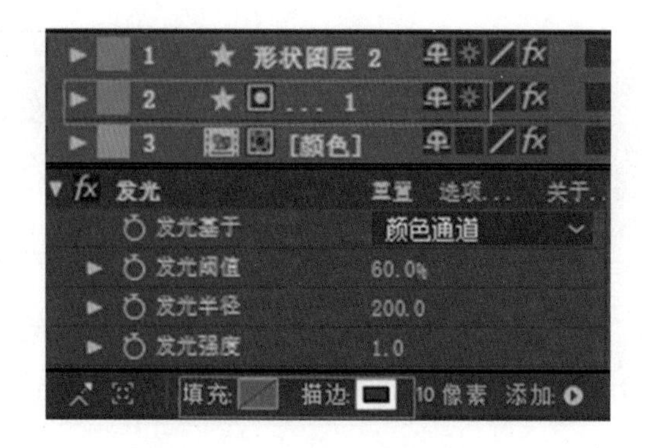

图 11－72　调整虫洞大小和方向

将指针拖放到合成的第 00:00:04:00 帧位置，选中两个形状图层，按下 S 键调出缩放属性，在第 4 秒时按下属性前的码表，添加关键帧，将其值设置为 0，在第 00:00:05:00 帧位置，设置缩放属性值为 100。选中颜色图层，按下 T 键调出透明度属性，在第 00:00:04:00 帧位置按下码表，将透明度改为 0，第 00:00:05:00 帧位置将透明度改为 100，如图 11－73 所示，这样就做好了虫洞出现的动画。

图 11－73　设置虫洞出现动画

（3）上面的数值只是作为参考，根据实际显示效果，再次进行调整。比如我们从图中看到发光效果过强，虫洞内部显示不清晰，说明发光半径过大，我们把发光半径数值改为 30，效果好了许多。同时将透明度改为 60，观察一下效果，如图 11－74 所示。

图 11-74　修改发光和透明度数值

(4)从逻辑上来讲，虫洞后面应该是另一个世界，也就是说虫洞内不应该是当前场景的背景，应该是另外一种背景，那么接下来，给虫洞内部添加背景。

在时间线上找到【虫洞】合成，打开后选择形状图层，按下 Ctrl+D 进行复制。修改缩放大小和位置，如图 11-75 所示。

图 11-75　复制形状图层并修改

将其移动到图层最后一层，导入素材“空间”，将素材拖放到该合成的形状图层 3 下面。如图 11-76 所示。

图 11-76　调整图层位置导入空间图层

对星空背景进行缩放处理，让其刚好大于形状图层，在蒙版选项中，选择 Alpha 遮罩"形状图层 3"，利用形状图层作为背景遮罩，如图 11-77 所示。

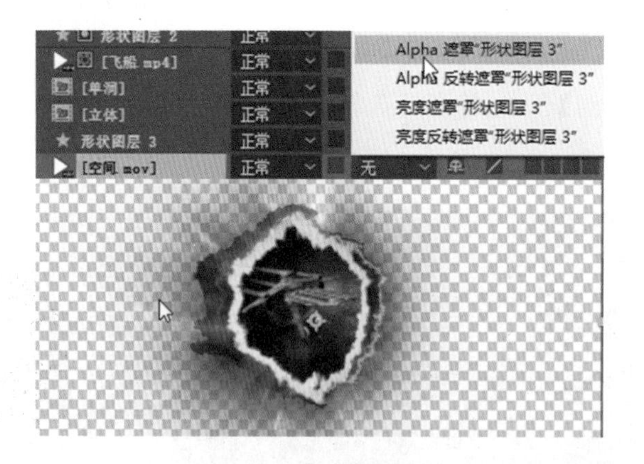

图 11-77　设置图层遮罩

我们发现虫洞内部线条太粗，找到【单洞】合成，选择形状图层 2，将描边数值改为 2，将线条变细，如图 11-78 所示。

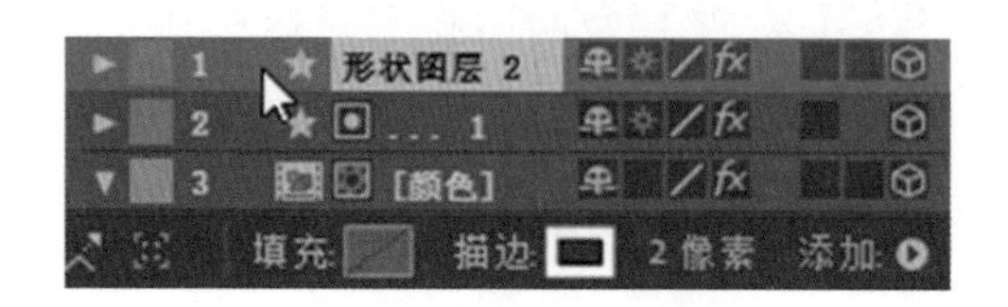

图 11-78　修改线条粗细

(5)回到虫洞图层,选择空间图层,打开 3D 开关,将空间图层沿 X 轴向后移动,使其产生纵深感,加强立体显示效果。此步骤可以借用四视图来操作,注意空间图层与其遮罩图层之间的关系,如图 11-79 所示。最后效果如图 11-80 所示。

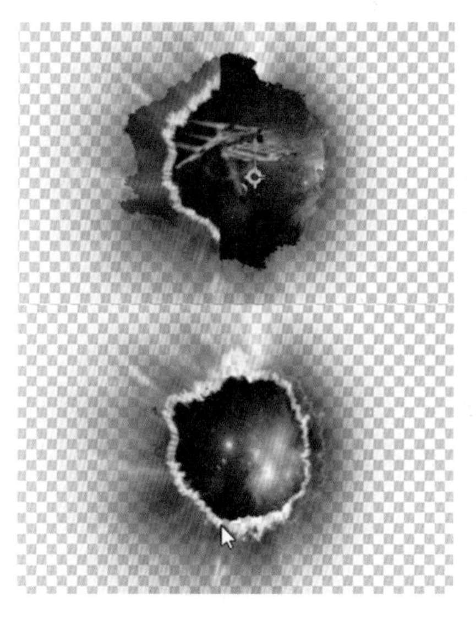

图 11-79　调整背景图层关系

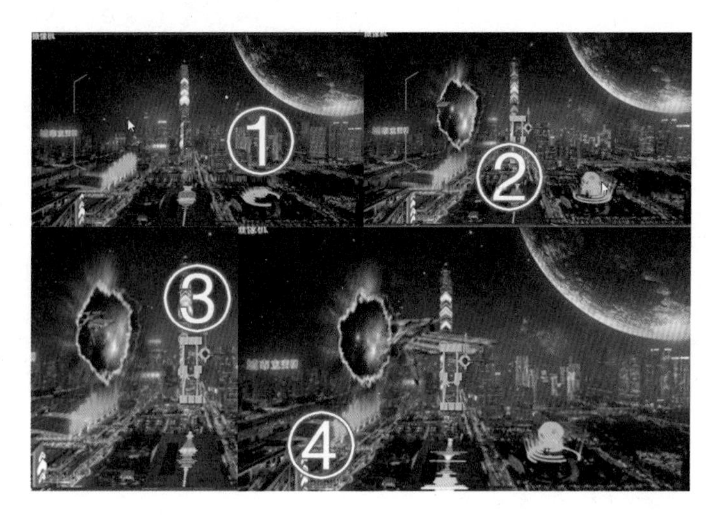

图 11-80　最终合成效果

第12章

电视栏目包装表现

内容提要

电视包装是对电视节目、栏目、频道，以及电视台的整体形象进行一种外在形式要素的规范和强化，是各电视台和各电视节目公司、广告公司最常用的概念之一。如今的电视观众每天要面对几十个电视台和电视频道，几十种类型的节目和栏目。各台、各频道、各栏目之间存在着非常激烈的竞争。这种情况下，包装所起的作用是非常重要的。本章通过实例任务，来讲解与电视包装相关的制作过程，学习包装的制作方法和技巧。

学习导航

<table>
<tr><td colspan="2">学习内容</td><td>电视栏目包装表现</td></tr>
<tr><td rowspan="3">教学目标</td><td>知识目标</td><td>1. 学习电视特效表现的处理方法；
2. 熟悉频道特效表现的处理手法；
3. 掌握电视栏目包装的处理方法；
4. 掌握综合应用 After Effects 制作视频节目的方法和技巧</td></tr>
<tr><td>能力目标</td><td>1. 能够制作电视栏目包装片段；
2. 能够综合应用 After Effects 制作视频节目</td></tr>
<tr><td>素质目标</td><td>1. 培养学生自主学习的意识和信息素养；
2. 培养学生不断更新知识和自我完善的能力</td></tr>
<tr><td colspan="2">思政素养</td><td>1. 在栏目包装案例制作过程中，注重培养学生的正能量，传递正确的价值观，倡导良好的社会风尚；
2. 注重培养学生脚踏实地、严谨务实的工作理念</td></tr>
<tr><td rowspan="2">教学重难点</td><td>教学难点</td><td>1. 电视特效表现的处理方法；
2. 电视栏目包装的处理方法</td></tr>
<tr><td>教学难点</td><td>1. 频道特效表现的处理手法；
2. 综合应用 After Effects 制作视频节目的方法和技巧</td></tr>
<tr><td colspan="2">建议学时</td><td>4 学时</td></tr>
</table>

实战任务

任务三十八 节目导视案例制作

一、任务引导

本案例主要讲解利用三维图层属性及利用父子关系绑定制作节目导视动画的方法。本案例最终动画流程效果如图 12-1 所示。

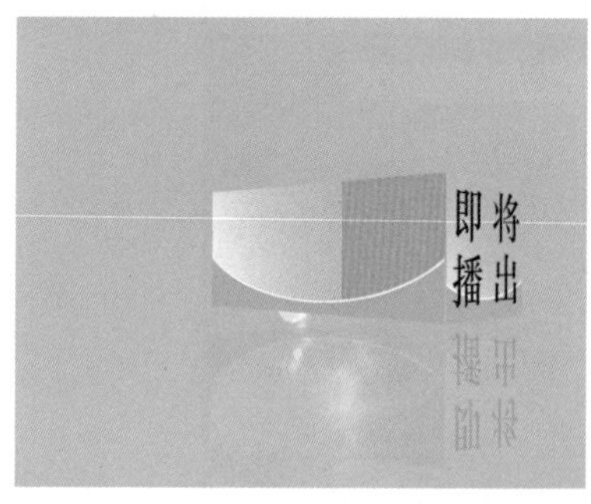

图 12-1 案例效果

二、任务实施

1)制作背景合成

(1)新建背景合成。按 Ctrl+N 组合键新建一个合成,如图 12-2 所示,设置参数后单击【确定】按钮。

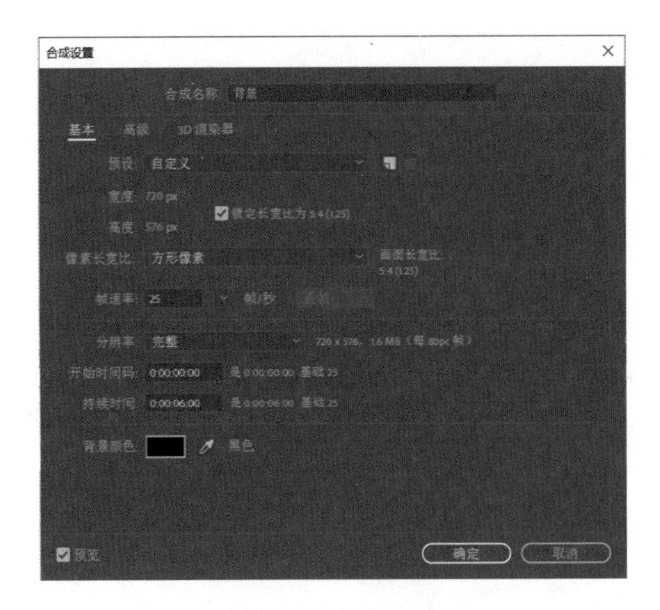

图 12-2 新建合成

(2)新建纯色层,在弹出的【纯色设置】对话框中设置【名称】为背景,【颜色】为黑色,单击【确定】按钮,如图 12-3 所示。

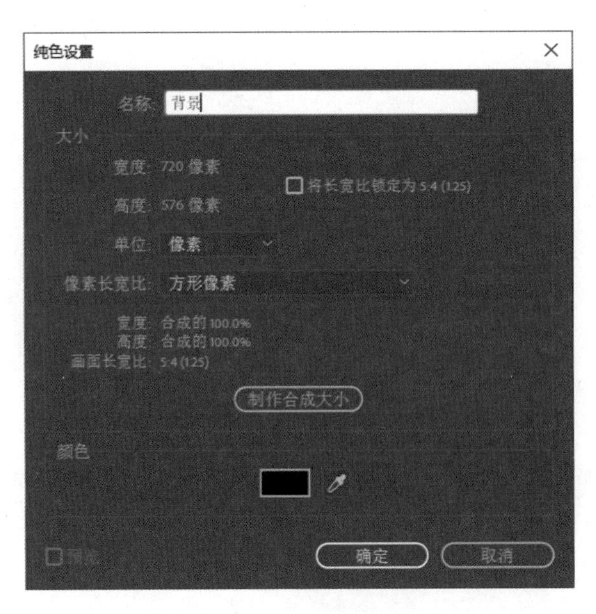

图 12-3 新建背景层

(3)给“背景”层添加【效果】|【杂色和颗粒】|【分形杂色】特效，调整参数如图 12－4 所示。

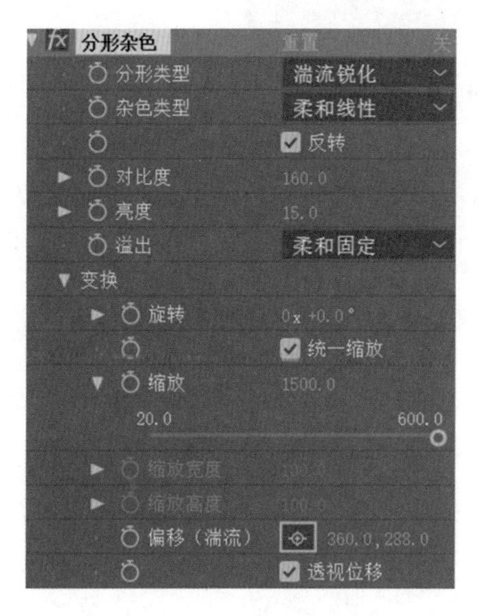

图 12－4 调节参数

(4)将时间线拖曳至起始位置处，单击【演化】前的【时间变化秒表】按钮，设置【演化】为(0x＋0.0°)。再将时间线拖曳至结束帧的位置处，设置【演化】为(0x＋270.0°)。最后打开【演化选项】，设置【循环演化】为开，如图 12－5 所示。拖曳时间线查看此时画面效果，如图 12－6 所示。

图 12－5 调节参数

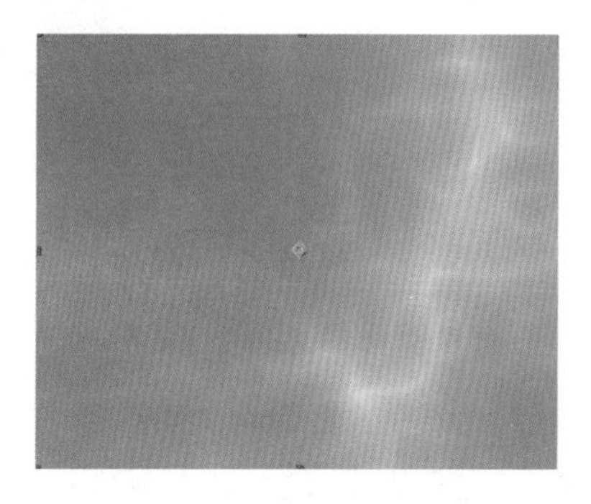

图 12－6 分形杂色效果

(5)选择“背景”层，执行【效果】|【颜色较正】|【CC Toner】特效，参数设置如图 12－7 所示。此时画面效果如图 12－8 所示。

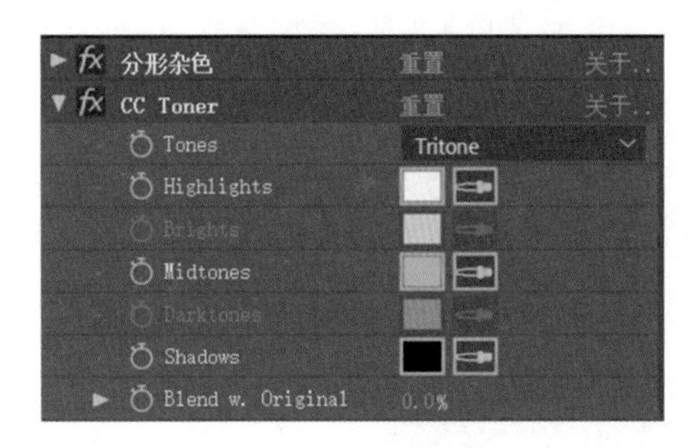

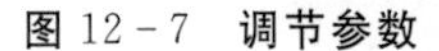
图 12-7 调节参数

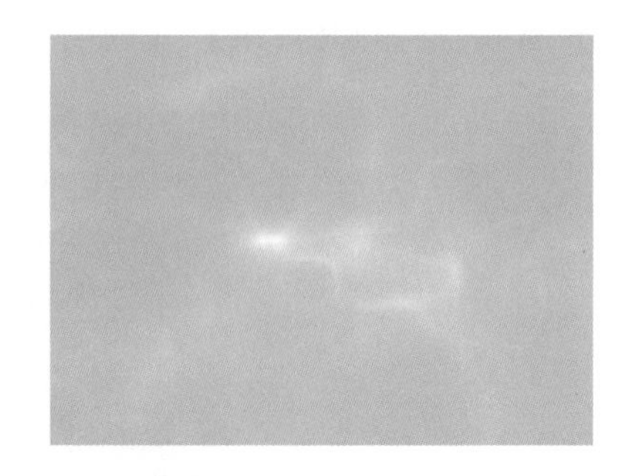

图 12-8 CC Toner 效果

(6)选择“背景”层，执行【效果】|【颜色较正】|【曲线】特效，参数设置如图 12-9 所示。

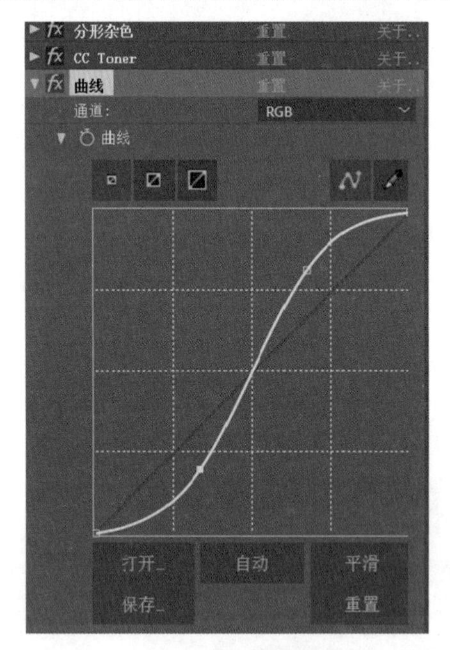

图 12-9 调节参数

2)制作方块合成

(1)新建“方块”合成。参数与“背景”合成保持一致。执行【文件】|【导入】|【文件】命令，在弹出的【导入文件】对话框中选择所需要的素材，选择配套资源中的“CH12\案例：节目导视\素材”，单击【导入】按钮导入素材，如图 12-10 所示。

图 12－10　**导入素材**

（2）为了方便制作，复制“背景”合成中的“背景”层，粘贴到“方块”合成的【时间轴】面板中，并从【项目】面板中将素材 NEXT. png 也拖曳到【时间轴】面板中，并单击该图层的【3D 图层】按钮，将该图层转换为 3D 图层，如图 12－11 所示。

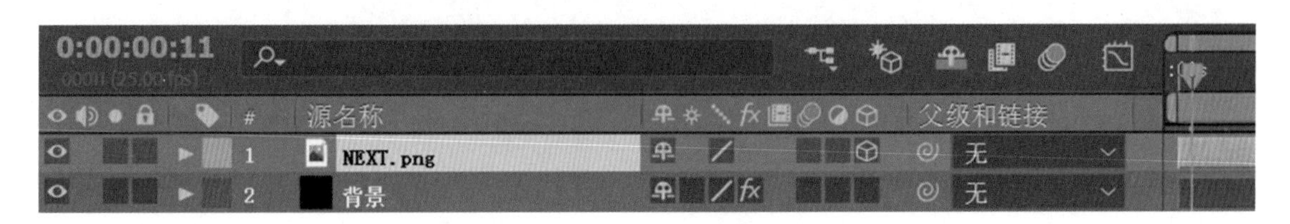

图 12－11　**添加素材**

（3）选中“NEXT”层，选择工具栏上的【向后平移（锚点）】工具，按住 Shift 键向上拖动，直到图像的边缘为止，移动前的效果如图 12－12 所示，移动后效果的如图 12－13 所示。

图 12－12　**移动前效果**

图 12－13　**移动后效果**

(4)按 S 键展开【缩放】属性，设置缩放值为(111.0,111.0,111.0)，如图 12－14 所示。

图 12－14　缩放参数设置

(5)按 P 键展开【位置】属性，将时间调整到 00:00:00:00 帧的位置，设置【位置】为(47，184，－172)，单击码表按钮，在当前位置添加关键帧；将时间调整到 00:00:00:07 帧的位置，设置【位置】为(498，184，－43)，系统会自动创建关键帧；将时间调整到 00:00:00:14 帧的位置，设置【位置】为(357，184，632)；将时间调整到 00:00:01:04 帧的位置，设置【位置】为(357，184，556)；将时间调整到 00:00:02:18 帧的位置，设置【位置】数值为(357，184,556)；将时间调整到 00:00:03:07 帧的位置，设置【位置】为(626，184，335)；如图 12－15 所示。

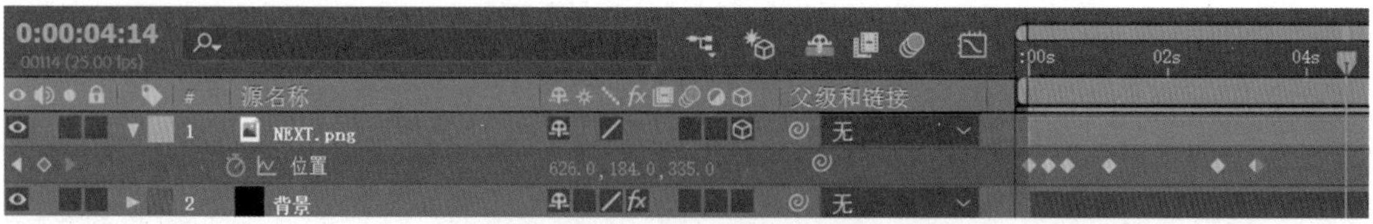

图 12－15　位置关键帧设置

(6)按 R 键展开【旋转】属性，将时间调整到 00:00:01:04 帧的位置，设置【X 轴旋转】数值为 0，单击码表按钮，在当前位置添加关键帧；将时间调整到 00:00:01:11 帧的位置，设置【X 轴旋转】数值为(－90.0°)，系统会自动创建关键帧，如图 12－16 所示。

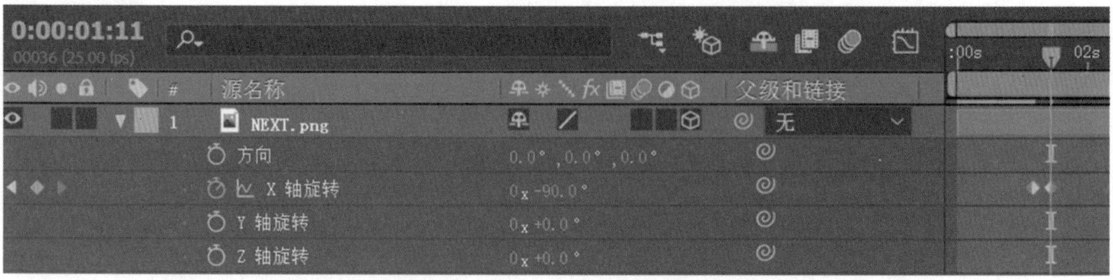

图 12－16　X 轴旋转关键帧设置

(7)将时间调整到 00:00:02:18 帧的位置，设置【Z 轴旋转】为 0，单击码表按钮，在当前位置添加关键帧；将时间调整到 00:00:03:07 帧的位置，设置【Z 轴旋转】为(－90.0°)，如图 12－17 所示。

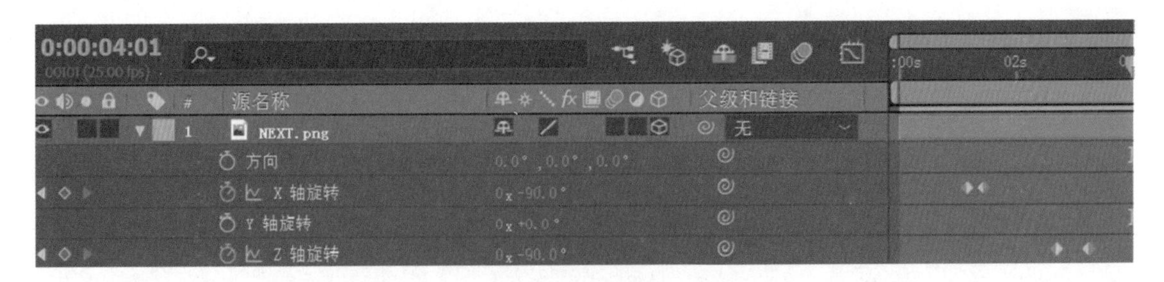

图 12－17　Z 轴旋转关键帧设置

（8）选中“NEXT. png”层，将时间调整到 00：00：01：12 帧的位置，按 Alt＋]组合键，将素材的出点剪切到当前帧的位置。在【项目】面板中，选择“即将播出. png”素材，将其拖动到“方块”合成的时间线面板中，打开三维层按钮。

（9）选中“即将播出. png”层，将时间调整到 00：00：01：04 帧的位置，按 Alt＋[组合键，将素材的切入点剪切到当前帧的位置；将时间调整到 0：0：03：06 帧的位置，按 Alt＋]组合键，将素材的出点剪切到当前帧的位置。

（10）按 R 键展开【旋转】属性，设置【X 轴旋转】数值为 90. 0°。如图 12－18 所示。

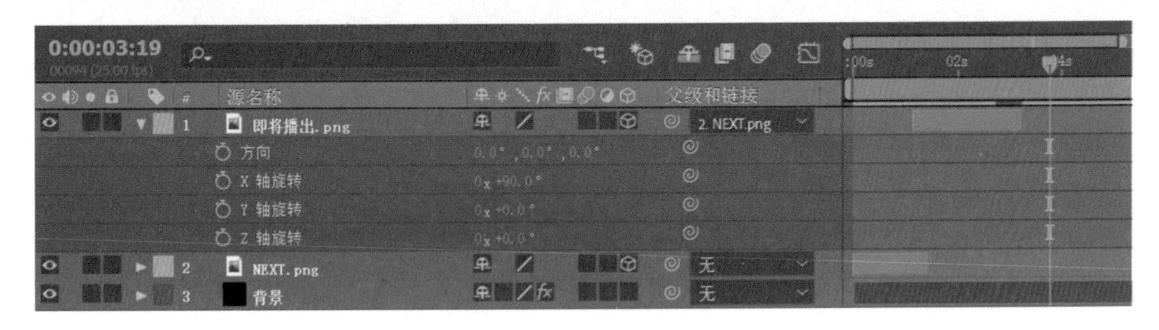

图 12－18　层参数设置

（11）选中“即将播出. png”层，选择工具栏上的【向后平移（锚点）】工具，按住 Shift 键向上拖动，直到图像的边缘为止，移动前的效果如图 12－19 所示，移动后的效果如图 12－20 所示。

图 12－19　移动前效果

图 12－20　移动后效果

(12)展开【父级和链接】属性，将“即将播出.png”层设置为“NEXT.png”层的子层，如图 12－21 所示。

图 12－21　父级和链接设置

(13)选中“即将播出.png”层，按 P 键展开【位置】属性，设置【位置】数值为(99.0，147.0，87.0)，按 S 键展开【缩放】，设置【缩放】数值为(100.0，100.0，100.0)，如图 12－22 所示，效果如图 12－23 所示。

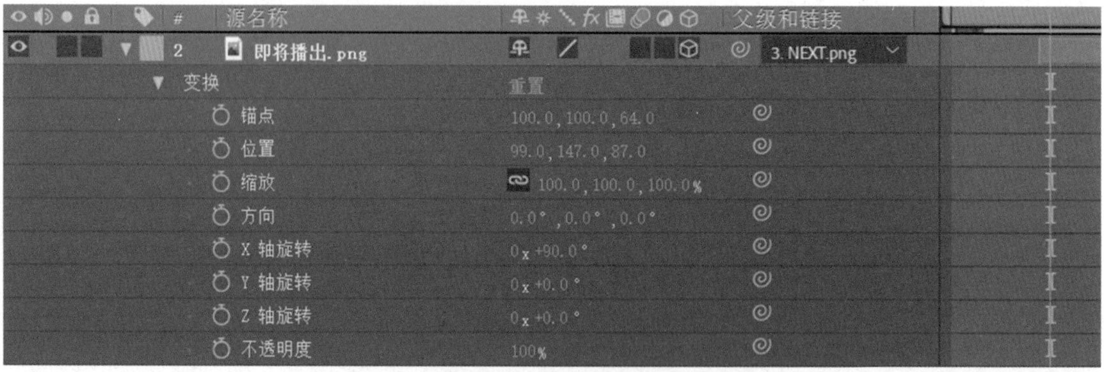

图 12－22　参数设置

图 12－23　效果图

(14)在【项目】面板中，选择“长条.png”素材，将其拖动到“方块”合成的时间线面板中，打开三维层按钮。

(15)选中“长条.png”层，将时间调整到 00:00:02:18 帧的位置，按 Alt＋[组合键，切断前面的素材，将素材的切入点剪切到当前帧的位置。如图 12－24 所示。

0:00:02:18　:00s　02s　04s　06s

#	源名称	父级和链接
1	长条.png	无
2	即将播出.png	3. NEXT.png
3	NEXT.png	无
4	背景	无

图 12-24　层设置

(16)选中“长条.png”层,选择工具栏上的【向后平移(锚点)】工具,按住 Shift 键向右拖动,直到图像的边缘为止,移动前的效果如图 12-25 所示,移动后的效果如图 12-26 所示。

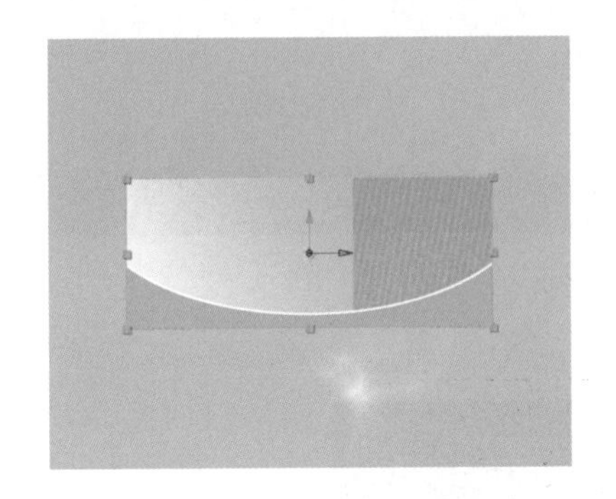

图 12-25　移动前效果

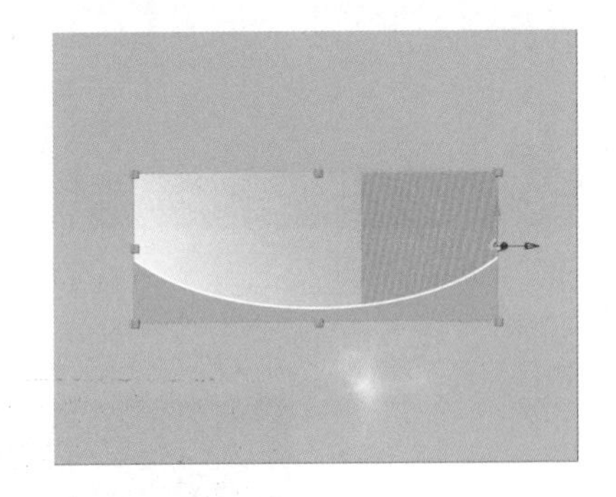

图 12-26　移动后效果

(17)展开【父级和链接】属性,将“即将播出.png”层设置为“NEXT.png”层的子层,如图 12-27 所示。

0:00:02:19　:00s　02s　04s　06s

#	源名称	父级和链接
1	长条.png	3. NEXT.png
2	即将播出.png	3. NEXT.png
3	NEXT.png	无
4	背景	无

图 12-27　父级和链接设置

(18)按 R 键展开【旋转】属性,设置【Y 轴旋转】数值为 90.0°。如图 12-28 所示。

0:00:02:19　:00s　02s　04s　06s

#	源名称	值	父级和链接
1	长条.png		3. NEXT.png
	方向	90.0°,0.0°,0.0°	
	X 轴旋转	0x +0.0°	
	Y 轴旋转	0x +90.0°	
	Z 轴旋转	0x +0.0°	

图 12-28　参数设置

(19)按 P 键展开【位置】属性,设置【位置】数值为(2.0, 204.0, 86.0),按 S 键展开【缩放】,设置【缩放】数值为(100.0,100.0, 100.0),如图 12-29 所示。此时按 Delete 键删除“背景”层,效果如图 12-30 所示。

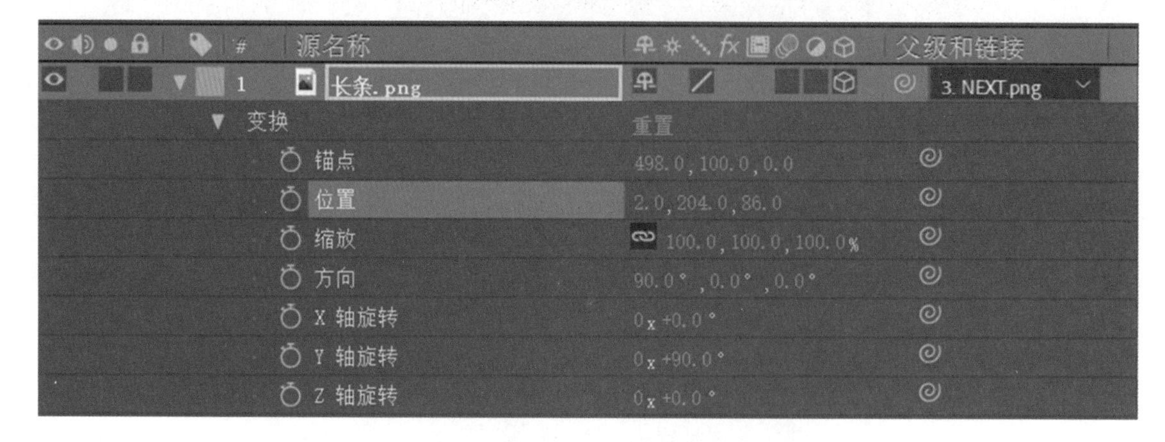

图 12-29 参数设置

图 12-30 效果图

3)制作文字合成

(1)新建“文字”合成。参数与“背景”合成保持一致。为了方便制作,从【项目】面板中将“方块”合成拖曳到“文字”合成的【时间轴】面板中。新建文字图层,在合成窗口中输入“12:20”,选择【字符】命令面板,设置文本参数,如图 12-31 所示。

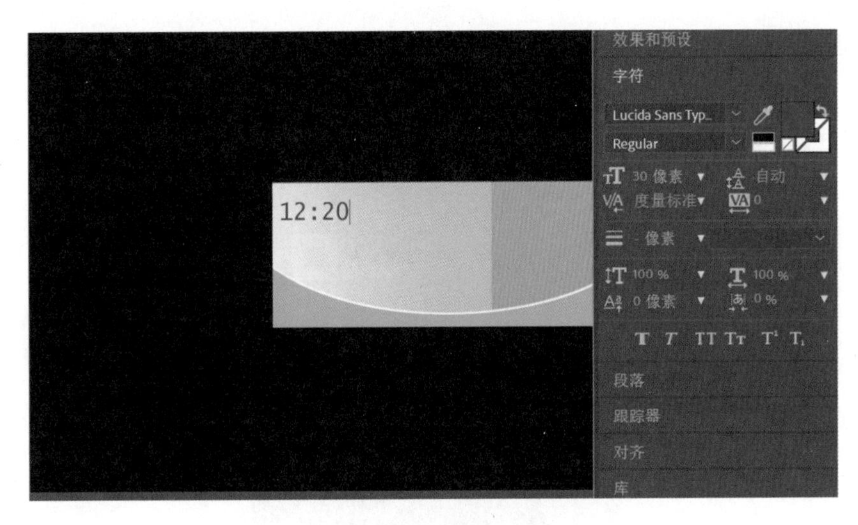

图 12－31　**文本设置**

(2)选中“12:20”文字层,按 P 键,展开【位置】属性,设置【位置】数值为(365.0, 237.0),效果如图 12－32 所示。

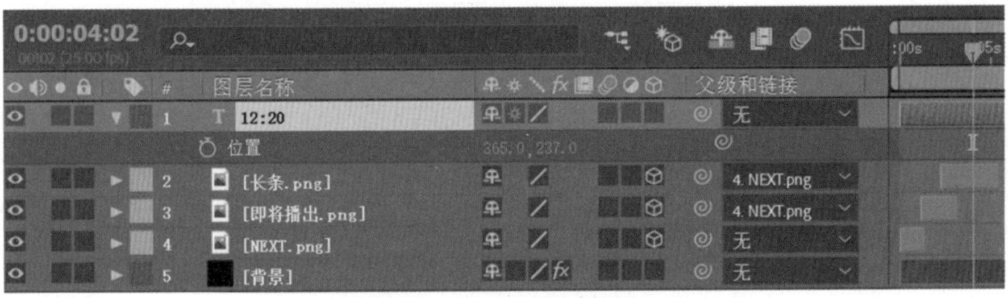

图 12－32　**参数设置**

(3)新建文字图层,在合成窗口中输入“13:10”,按 P 键展开【位置】属性,设置【位置】数值为(365.0, 284.0),效果如图 12－33 所示。

图 12－33　**文本效果**

(4)新建文字图层,在合成窗口中输入“法制时空”,选择【字符】命令面板,设置文本参数,如图 12-34 所示。

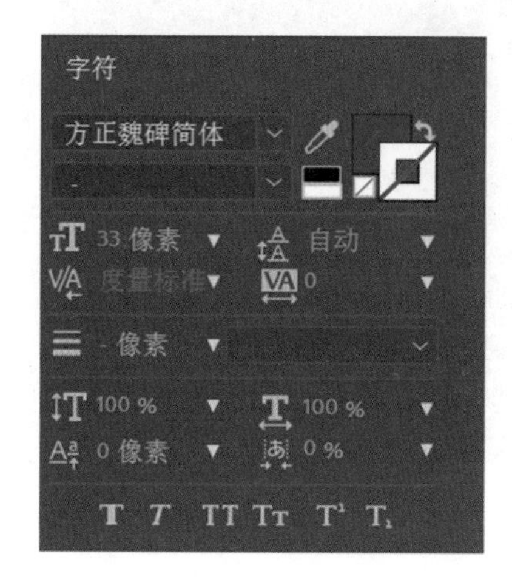

图 12-34　文本设置

(5)选中“法制时空”文字层,按 P 键展开【位置】属性,设置【位置】数值为(498.0, 237.0),效果如图 12-35 所示。

图 12-35　调节位置参数

(6)新建文字图层,在合成窗口中输入“热播剧场”,按 P 键展开【位置】属性,设置【位置】数值为(498.0, 284.0),效果如图 12-36 所示。

图 12-36　文本效果

(7)此时选中“背景”层，按 Delete 键删除，效果如图 12－37 所示。

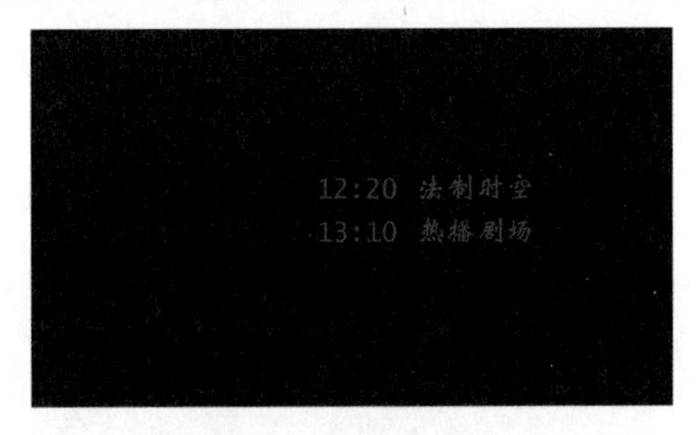

图 12－37　文本效果

(8)将时间调整到 00:00:03:07 帧的位置，选中【时间线】面板上的所有图层，按 Alt＋[组合键，切断前面的素材，将素材的切入点剪切到当前帧的位置，如图 12－38 所示。

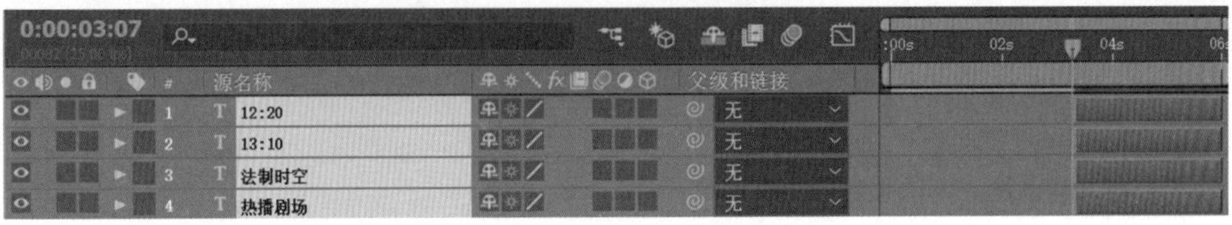

图 12－38　图层设置

4)制作粒子合成

(1)新建“粒子”合成。参数与“背景”合成保持一致。

(2)新建“粒子”纯色层。在弹出的【纯色设置】对话框中设置【名称】为粒子，【颜色】为黑色，单击【确定】按钮，如图 12－39 所示。

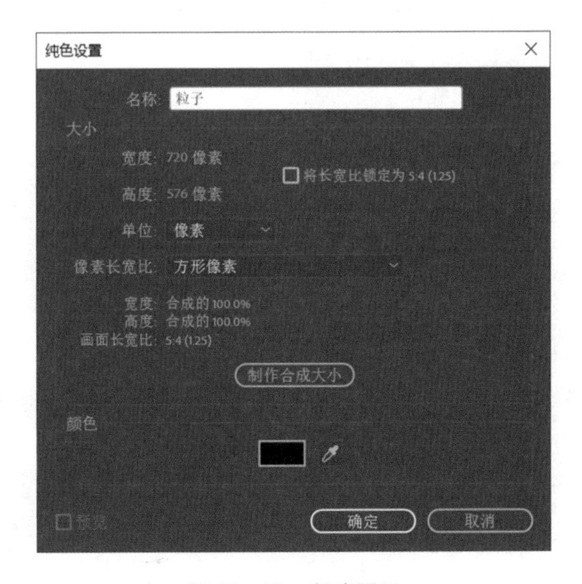

图 12－39　新建图层

(3)给“粒子”层添加【效果】|【Trapcode】|【Particular】特效，展开【发射器】属性，将时间指针调整到00:00:02:19帧的位置，调节【粒子/秒】参数为0，并单击【码表】为其添加关键帧，再将时间指针调整到00:00:02:24帧的位置，调节【粒子/秒】参数为65，此时自动添加关键帧，如图12-40所示。

图12-40　设置关键帧

(4)展开【粒子】属性，调节参数如图12-41所示。粒子效果如图12-42所示。

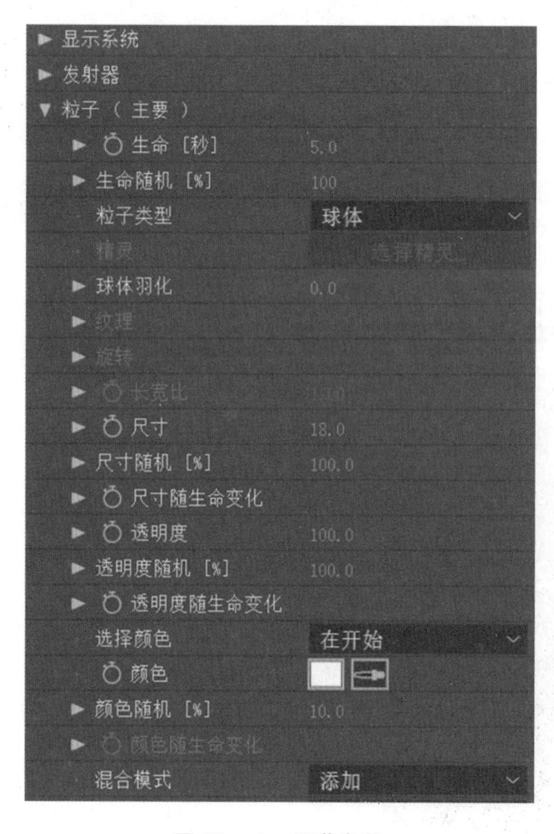

图12-41　调节参数

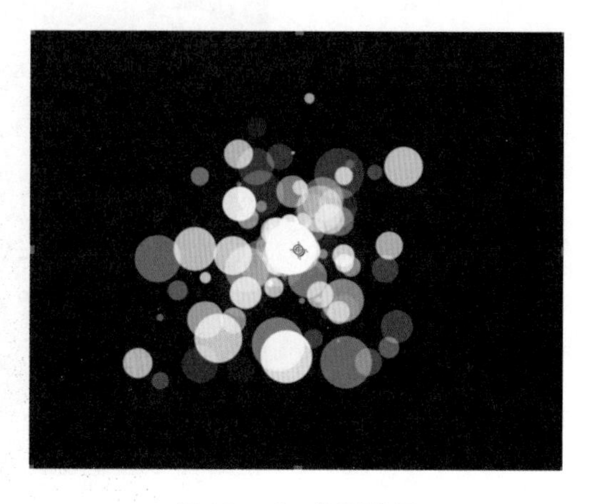

图12-42　粒子效果

(5)展开【辅助系统(主要)】属性,调节参数如图 12－43 所示。粒子效果如图 12－44 所示。

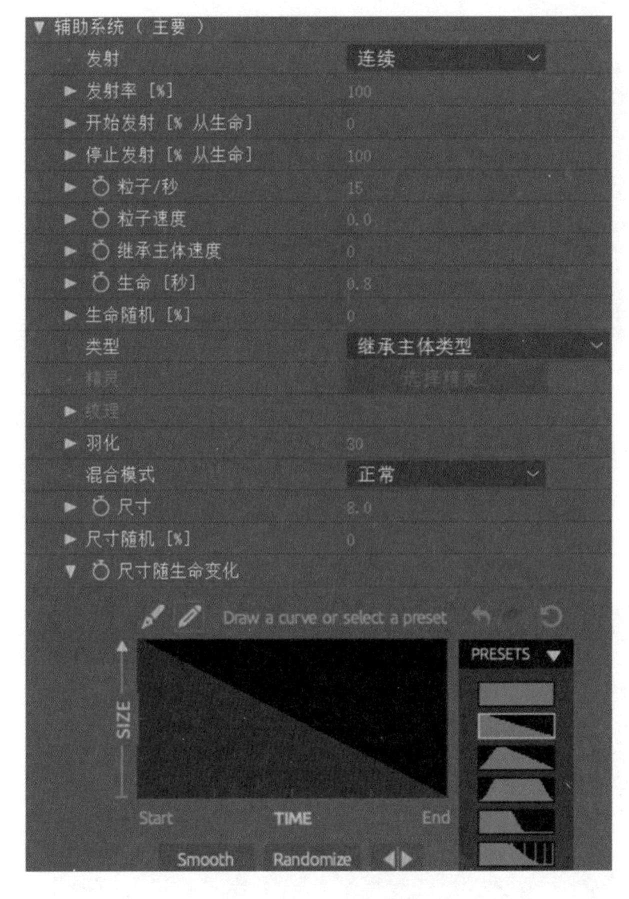

图 12－43　**调节参数**

图 12－44　**粒子效果**

(6)新建“路径”纯色层。在弹出的【纯色设置】对话框中设置【名称】为路径,【颜色】为黑色,单击【确定】按钮。

(7)选中“路径”纯色层,使用【钢笔工具】在合成窗口中绘制一条路径如图 12－45 所示。然后在时间表线面板中,单击“路径”纯色层左侧的眼睛图标,将“路径”纯色层隐藏。

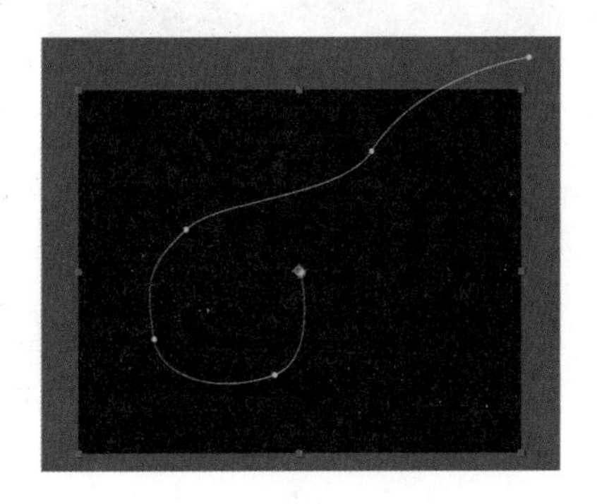

图 12－45　**路径效果**

(8)在时间表线面板中按 M 键打开“路径”纯色层的【蒙版路径】选项，然后单击【蒙版路径】选项，按 Ctrl+C 组合键，复制路径，如图 12-46 所示。

图 12-46　复制路径

(9)将时间调整到 00:00:02:19 帧的位置，选择“粒子”纯色层，选择【发射器】中的位置选项，按 Ctrl+ V 组合键，将蒙版路径粘贴到位置选项上，参数设置如图 12-47 所示。粒子效果如图 12-48 所示。

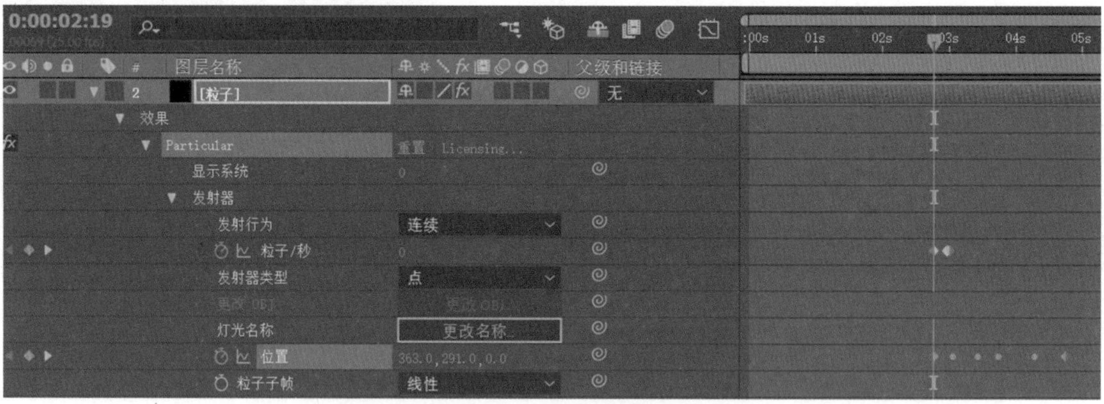

图 12-47　参数设置

图 12-48　粒子效果

5)制作节目导视合成

(1)新建“节目导视”合成,参数与“背景”合成保持一致。

(2)打开“节目导视”合成,在【项目】面板中选择“背景”合成,将其拖动到“节目导视”合成的时间线面板中,再将“方块”合成也拖动进来。

(3)选择“方块”层,按组合键 Ctrl+D 复制一层命名为“倒影”。选中“倒影”层按 S 键展开【缩放】属性,单击(约束比例)按钮取消约束,设置【缩放】数值为(100.0,−100.0)。

(4)选中“倒影”层,按 P 键,展开【位置】属性,将时间调整到 00:00:00:00 的位置,设置【位置】数值为(360.0, 545.0),单击码表,在当前位置添加关键帧;将时间调整到 00:00:00:07 帧的位置,设置【位置】数值为(360.0, 509.0),系统会自动创建关键帧;将时间调整到 00:00:00:11 帧的位置,设置【位置】数值为(360.0, 434.0),将时间调整到 00:00:00:14 的位置,设置【位置】数值为(360.0, 450.0),如图 12-49 所示。

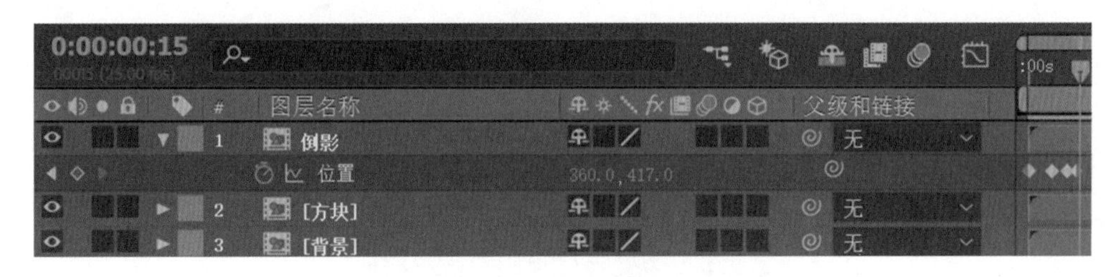

图 12-49　参数设置

(5)按 T 键展开【不透明度】属性,设置【不透明度】数值为 30,如图 12-50 所示。

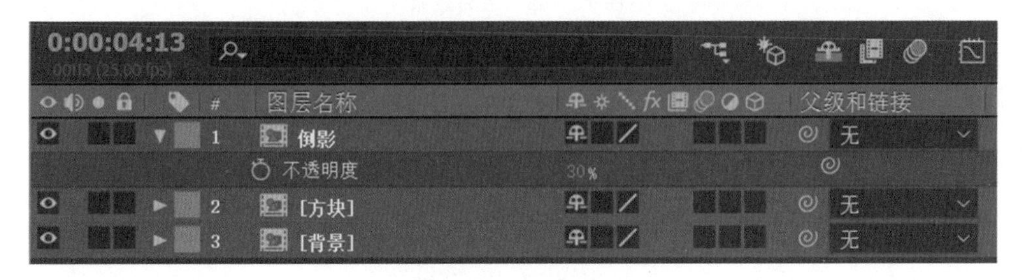

图 12-50　参数设置

(6)在【项目】面板中选择“粒子”合成、“文字”合成,将其拖动到“节目导视”合成的时间线面板中,调整顺序如图 12-51 所示。

图 12-51 调整图层顺序

(7)整个案例制作完成,预览查看影片,效果如图 12-52 所示。在【项目】面板中选择"节目导视"合成,按快捷键 Ctrl+M 将其进行视频输出,输出格式选择 QuickTime,视频压缩方式为 H264,选中【音频输出】设置视频输出的路径,最后执行【渲染】命令即可。

图 12-52 最终效果

任务三十九 电视栏目片头案例制作

一、任务引导

本案例主要讲解利用三维图层属性、摄像机动画制作及文字动画效果制作节目电视栏目片头的综合应用方法。本案例最终动画流程效果如图 12-53 所示。

图 12－53　**案例效果**

二、任务实施

1)制作地面合成

(1)新建“地面”合成。按 Ctrl＋N 组合键新建一个合成，如图 12－54 所示，设置参数后单击【确定】按钮。

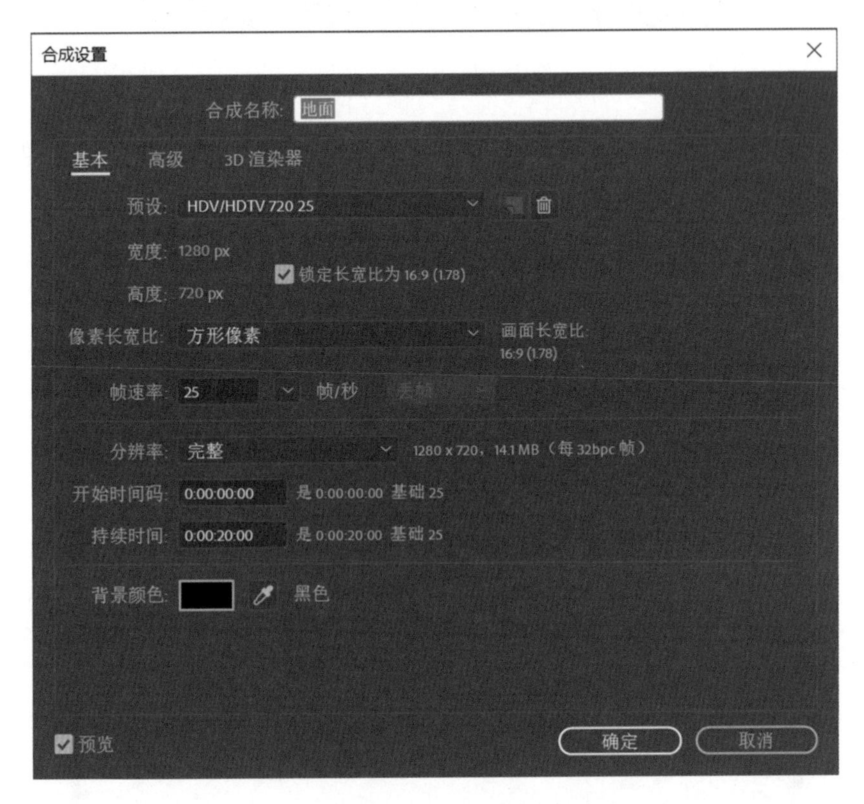

图 12－54　**新建合成**

(2)新建纯色层，在弹出的【纯色设置】对话框中设置【名称】为“地面”，【颜色】为浅绿色，单击【确定】按钮，如图 12－55 所示。

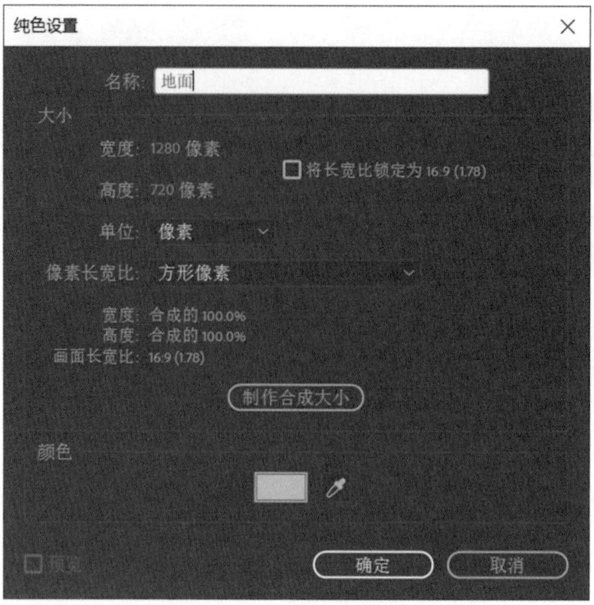

图 12－55　新建纯色层

(3)新建“形状图层 1”，在“形状图层 1”中用矩形工具绘制深绿色矩形条，如图 12－56 所示。

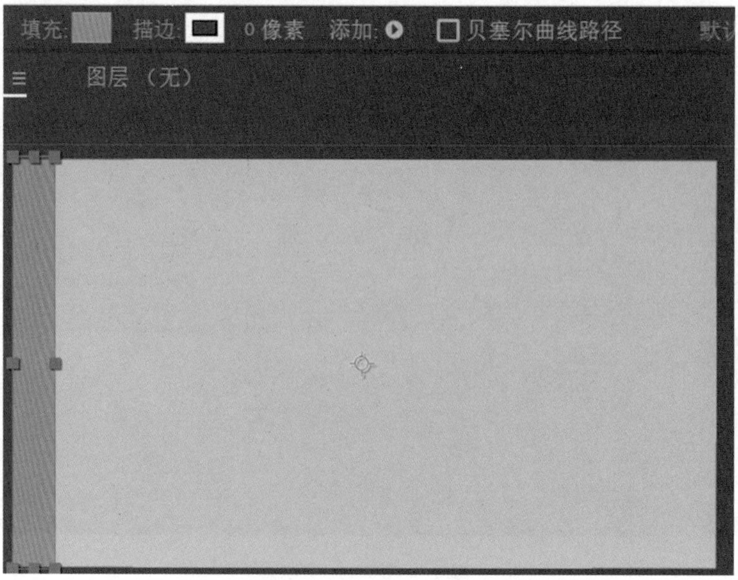

图 12－56　绘制矩形条

(4)展开图层“形状图层 1”，选择【内容】属性后边的【添加】，单击小三角按钮，选择【中继器】，如图 12－57 所示。

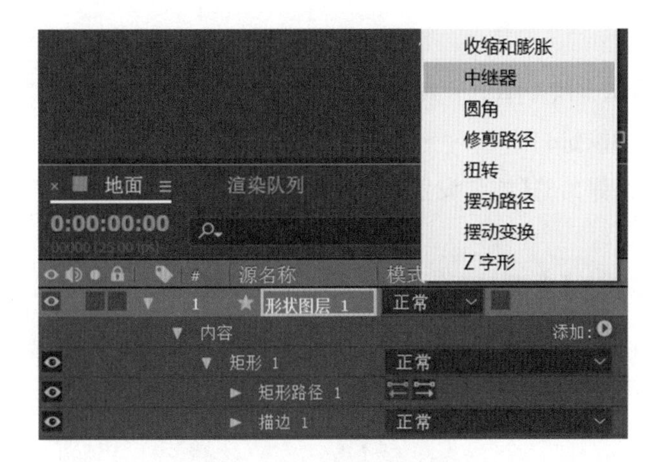

图 12－57　**添加【中继器】**

(5)展开【中继器】调节参数如图 12－58 所示。效果如图 12－59 所示。

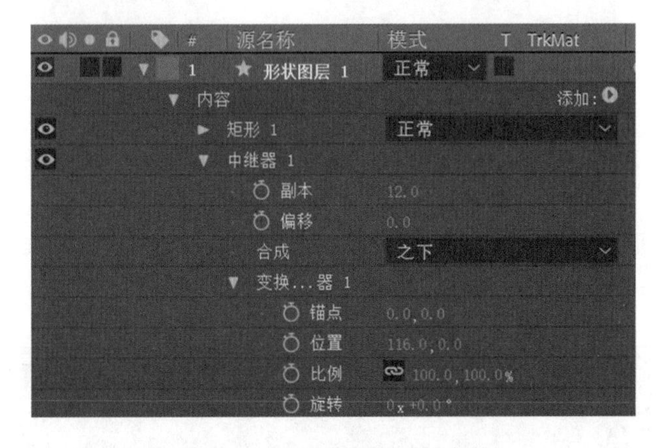

图 12－58　**调节【中继器】参数**

图 12－59　**地面效果图**

2)制作背景合成

(1)新建“背景”合成。按 Ctrl+N 组合键新建一个合成,【合成名称】为“背景”,时长 20 秒,设置参数后单击【确定】按钮。

(2)新建纯色层,在弹出的【纯色设置】对话框中设置【名称】为“背景”,【颜色】为黑色,单击【确定】按钮。

(3)给“背景”图层添加【效果和预设】|【动画预设】|【Backgrounds】|【积木】预设效果,效果如图 12-60 所示。

图 12-60 【积木】预设效果

(4)选择“背景”图层按 U 键展开预设中已添加的关键帧,如图 12-61 所示。选中 5 秒处所有关键帧移动到 00:00:19:24 帧处。如图 12-62 所示。

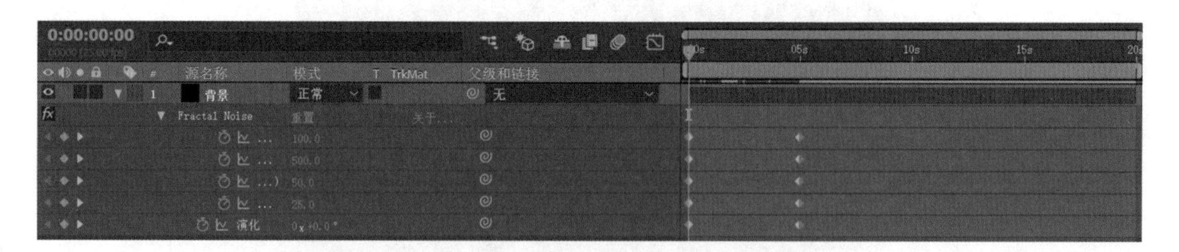

图 12-61 【积木】预设效果的关键帧

图 12-62 调节【积木】预设效果的关键帧

(5)给“背景”图层添加【效果】|【模糊和锐化】|【高斯模糊】特效,调节参数。将时间指示器移动到 00:00:00:00 帧位置,调整【模糊度】参数为 0,此时添加关键帧;再将时间指示器移动到 00:00:04:00 帧处,调整【模糊度】参数为 20,此时自动生成第二个关键帧。选择【Tritone】特效,调节中间调颜色为绿色,阴影颜色为浅米色,将背景颜色整体改变,如图 12-63 所示。效果如图 12-64 所示。

图 12-63　调节【Tritone】特效参数

图 12-64　调节后背景效果

3)制作栏目片头合成

(1)首先导入项目需要的所有素材,在【项目】面板中双击鼠标左键,选择配套资源中的“CH12\案例:栏目片头\素材”文件夹中的所有素材并导入。

(2)新建“栏目片头”合成。按 Ctrl+N 组合键新建一个合成,【合成名称】为“栏目片头”,时长 20 秒,设置参数后单击【确定】按钮。

(3)在【项目】面板中选择地面合成拖入“栏目片头”合成,打开“地面”层的三维开关,调节【变化】属性参数如图 12-65 所示。此时效果如图 12-66 所示。

地面	渲染队列	背景	栏目片头

0:00:00:00

#	源名称	父级和链接
1	地面	无

变换	重置
锚点	640.0, 360.0, 0.0
位置	640.0, 660.0, -1200.0
缩放	100.0, 1000.0, 100.0
方向	0.0°, 0.0°, 0.0°
X 轴旋转	0x +90.0°
Y 轴旋转	0x +0.0°
Z 轴旋转	0x +0.0°
不透明度	100%

图 12－65　调节【变换】属性参数

图 12－66　效果展示

（4）在【项目】面板中选择“高楼.psd”文件拖入“栏目片头”合成，打开“高楼.psd”层的三维开关，调节【变化】属性参数如图 12－67 所示。此时效果如图 12－68 所示。

#	源名称	父级和链接
1	高楼.psd	无

变换	重置
锚点	312.5, 107.5, 0.0
位置	640.0, 410.0, 2400.0
缩放	209.0, 238.0, 209.0%
方向	0.0°, 0.0°, 0.0°
X 轴旋转	0x +0.0°
Y 轴旋转	0x +0.0°
Z 轴旋转	0x +0.0°
不透明度	100%
几何选项	更改渲染器...

图 12－67　调节【变换】属性参数

图 12－68　效果展示

(5)为了方便观看调节,可以使用 2 个视图的方式查看,如图 12－69 所示。

图 12－69　2 个视图查看

(6)接下来在场景中创建一个摄像机,如图 12－70 所示。单击【确定】按钮。

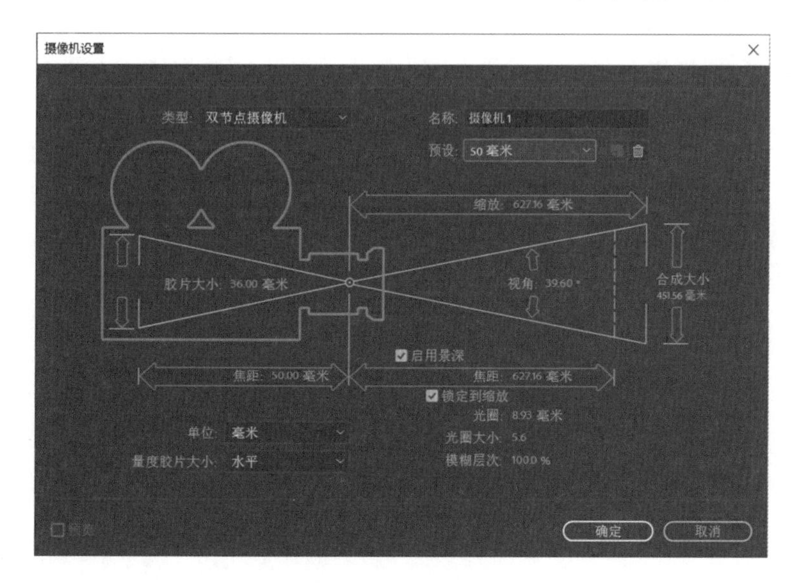

图 12－70　创建摄像机

(7)调节摄像机参数,参数如图 12－71 所示。

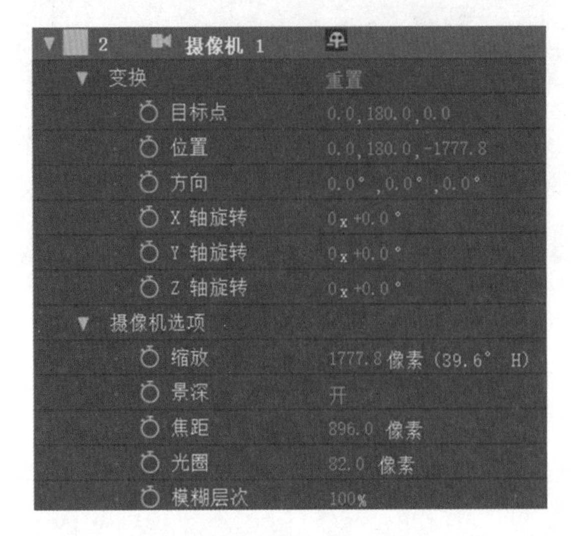

图 12－71　调节摄像机参数

(8)创建一个空对象"空 1"层,打开它的三维开关,将其设置为"摄像机 1"的父级,如图 12－72 所示。

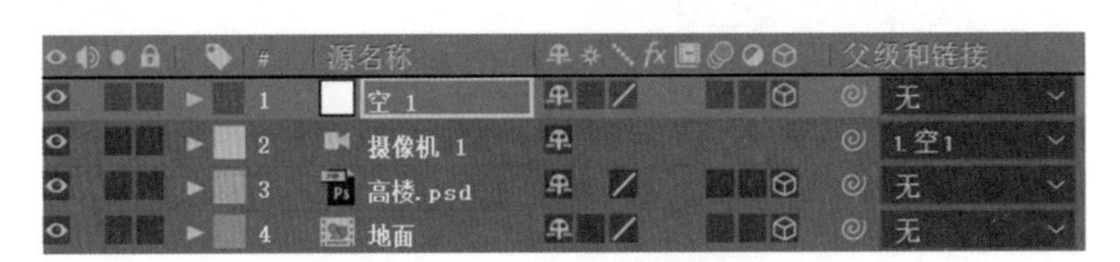

图 12－72　设置父级关系

(9)选择【项目】面板中上班剪影 1.psd、上班剪影 2.psd、约会剪影 1.psd、约会剪影 2.psd、逛街剪影 1.psd、逛街剪影 2.psd 文件拖入"栏目片头"合成中,打开这些图层的三维开关,调节【位置】和【缩放】属性参数如图 12－73 和图 12－74 所示。此时从侧视图观看素材在场景中的位置如图 12－75 所示。

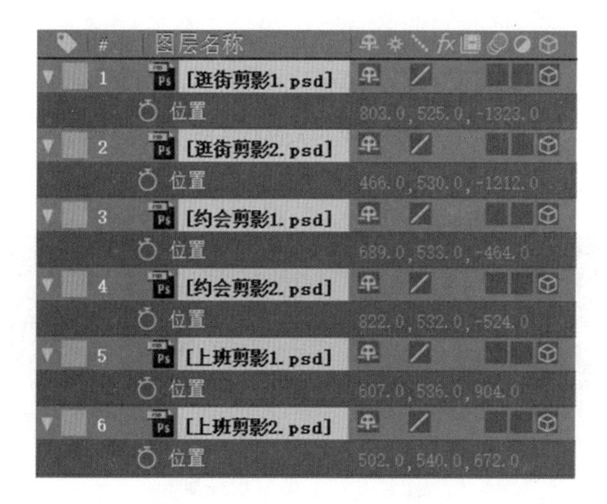

图 12－73　**调节【位置】参数**

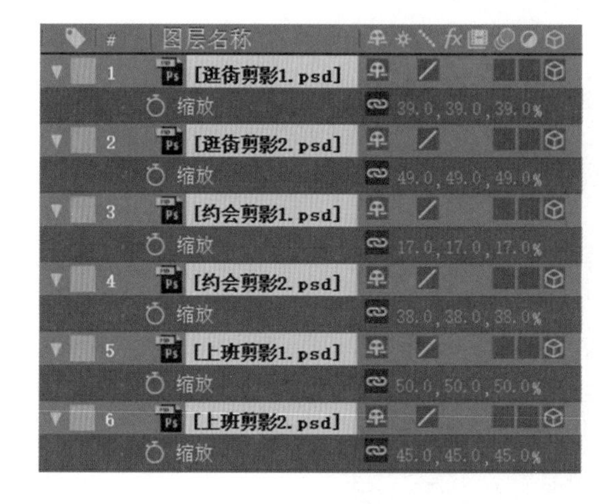

图 12－74　**调节【缩放】参数**

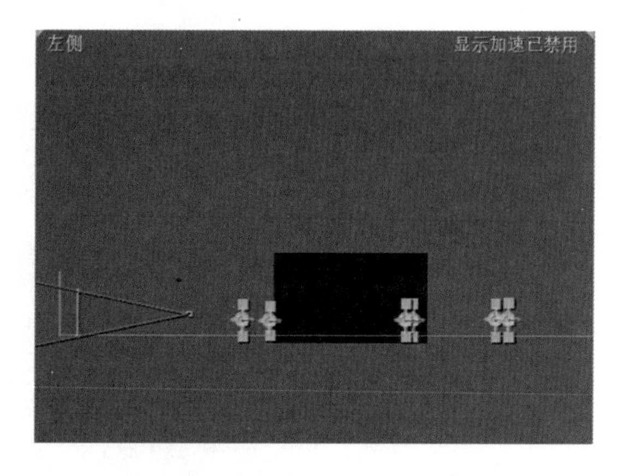

图 12－75　**左侧视图查看场景**

(10)下面给“空 1”层【位置】属性添加关键帧，按 P 键展开【位置】属性，将时间指示器移动到 00:00:00:02 帧位置，调整【位置】参数为(640,80,3 140)，此时添加关键帧；再将时间指示器移动到 00:00:00:17 帧位置，调整【位置】参数为(640,305,3 140)，此时自动生成第二个关键帧；再将时间指示器移动到 00:00:01:04 帧位置，调整【位置】参数为(640,305,1 760)，此时自动生成第三个关键帧；再将时间指示器移动到 00:00:02:14 帧位置，调整【位置】参数为(640,305,1 630)，此时自动生成第四个关键帧，效果如图 12－76 所示；再将时间指示器移动到 00:00:03:09 帧位置，调整【位置】参数为(640,305,515)，此时自动生成第五个关键帧；再将时间指示器移动到 00:00:05:20 帧位置，调整【位置】参数为(640,305,330)，此时自动生成第六个关键帧，效果如图 12－77 所示；再将时间指示器移动到 00:00:06:20 帧位置，调整【位置】参数为(640,305,－450)，此时自动生成第七个关键帧；再将时间指示器移动到 00:00:08:22 帧位置，调整【位置】参数为(640,305,－540),此时自动生成第八个关键帧,效果如图 12－78 所示;再将时间指示器移动到 00:00:10:14 帧位置,调整【位置】参数为(640,305,－1 340),此时自动生成第九个关键帧;再将时间指示器移动到 00:00:19:00 帧位置,调整【位置】参数为(640,305,－1 850),此时自动生成第十个关键帧。

图 12－76　调节后效果

图 12－77　调节后效果

图 12－78　调节后效果

(11)为了增加人物剪影的立体效果,需要添加灯光层,新建灯光层,如图 12－79 所示。

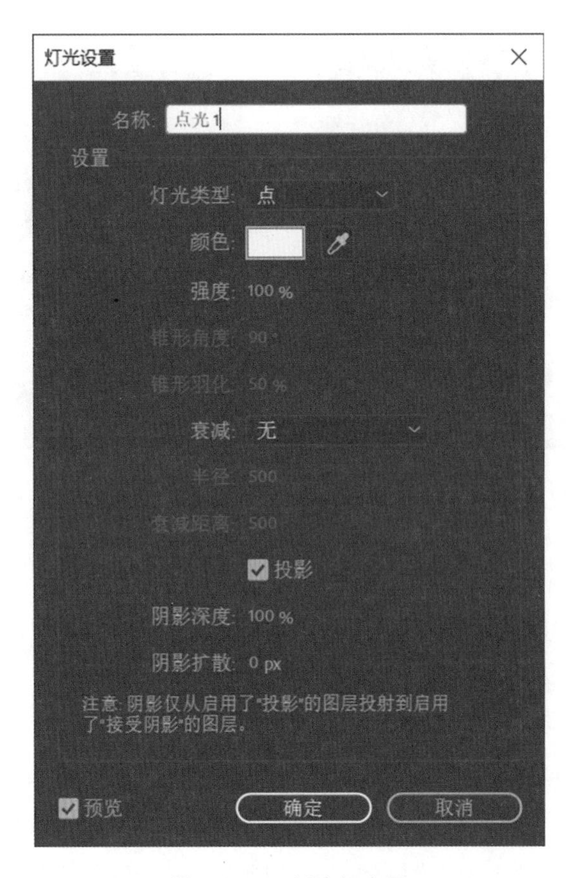

图 12－79　新建灯光层

(12)展开“地面”层，调节其【材质选项】，关闭【接受灯光】，参数如图 12－80 所示。

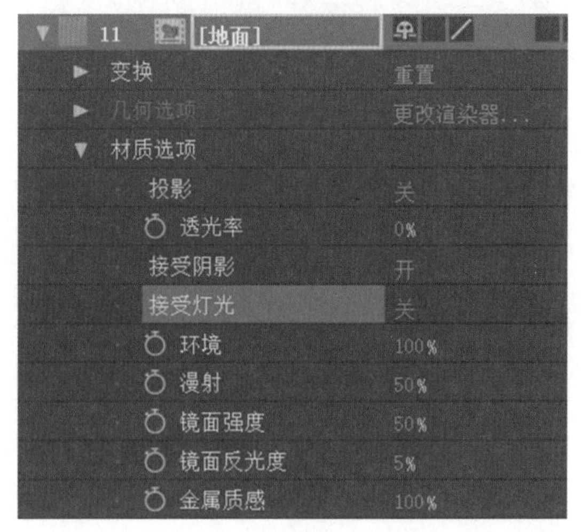

图 12－80　调节【材质选项】

(13)展开“上班剪影 1.psd”层，调节其【材质选项】，打开【投影】，关闭【接受灯光】，参数如图 12－81 所示。

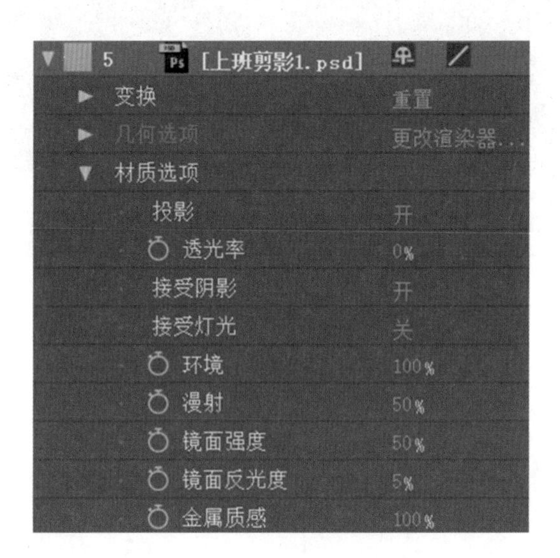

图 12－81　调节【材质选项】

(14)参照“上班剪影 1.psd”层【材质选项】的参数，依次调节上班剪影 2.psd、约会剪影 1.psd、约会剪影 2.psd、逛街剪影 1.psd、逛街剪影 2.psd 的【材质选项】参数。

(15)展开“点光 1”层【灯光选项】，调节其参数如图 12－82 所示。

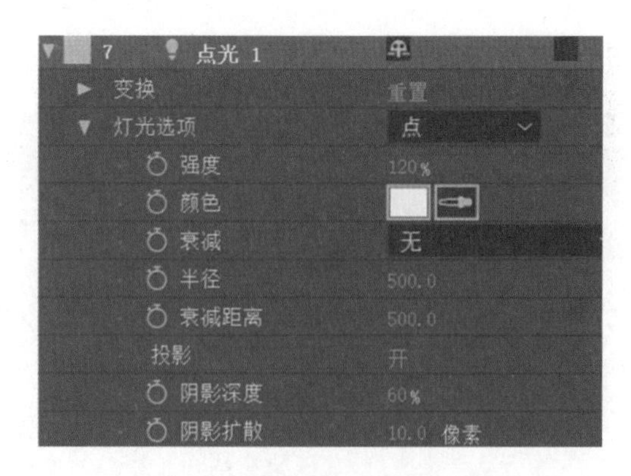

图 12 - 82　调节“点光 1”层参数

(16)选择“点光 1”层，按 P 键展开【位置】属性，将时间指示器移动到 00:00:03:00 帧位置，调整【位置】参数为(910，−200，−910)，此时添加关键帧；再将时间指示器移动到 00:00:09:00 帧位置，调整【位置】参数为(910，−50，−2 000)，此时自动生成第二个关键帧，调节参数后效果如图 12 - 83 所示。

图 12 - 83　调节灯光参数后效果

4)制作字幕 1 合成

(1)新建“字幕 1”合成。按 Ctrl＋N 组合键新建一个合成，【合成名称】为“字幕 1”，时长 20 秒，设置参数后单击【确定】按钮。

(2)新建文字图层，在合成窗口中输入“上班优雅风”，选择【字符】命令面板，设置文本参数，“上班”设置如图 12 - 84 所示，“优雅风”设置如图 12 - 85 所示。

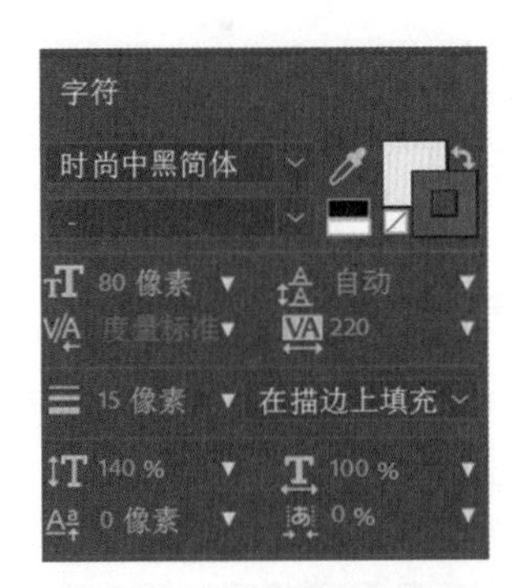

图 12－84 字符“上班”参数设置

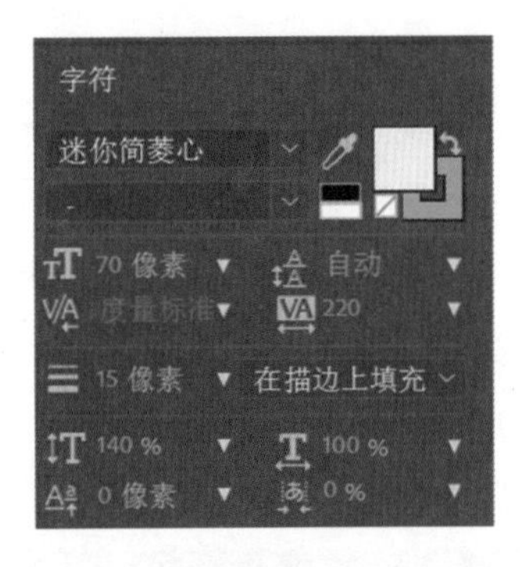

图 12－85 字符“优雅风”参数设置

(3)制作文字位移动画。按 P 键展开【位置】属性，将时间指示器移动到 00:00:01:00 帧位置，调整【位置】参数为(760,610)，此时添加关键帧，此时选中图层，按 Alt＋[组合键，切断前面的素材，将图层的切入点剪切到当前帧的位置；再将时间指示器移动到 00:00:02:20 帧位置，调整【位置】参数为(890,360)，此时自动生成第二个关键帧，此时再按 Alt＋]组合键，切断后面的素材，将图层的出点剪切到当前帧的位置。效果如图 12－86 所示。

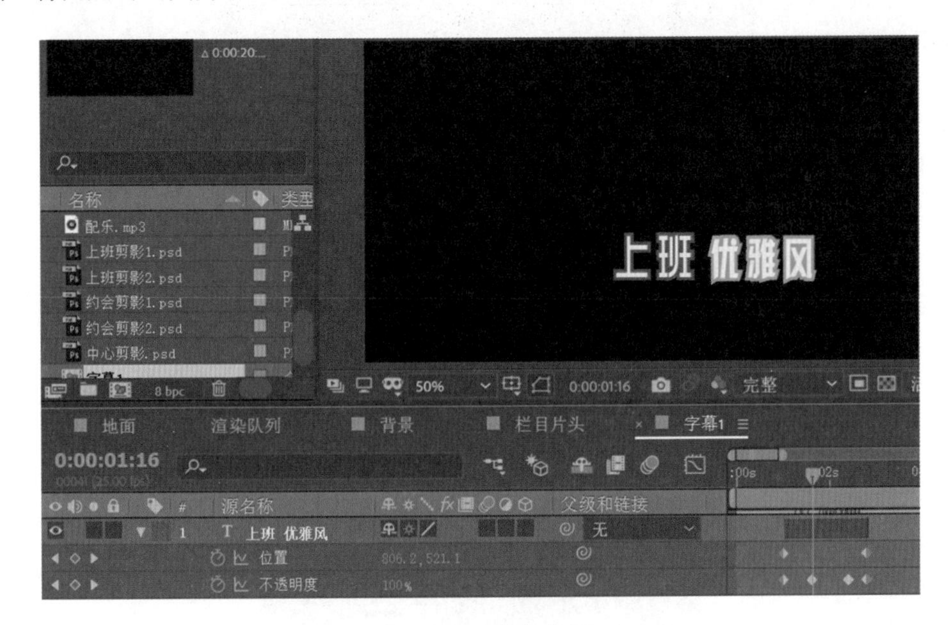

图 12－86 字符效果

(4)制作文字透明度动画。按 T 键展开【不透明度】属性，将时间指示器移动到 00:00:01:00 帧位置，调整【不透明度】参数为 0，此时添加关键帧；再将时间指示器移动到 00:00:01:16 帧位置，调整【不透明度】参数为 100，此时自动生成第二个关键帧；再将时间指示器移动到 00:00:02:10 帧位置，添加第三个关键帧；再将时间指示器移动到 00:00:02:20 帧位置，调整【不透明度】参数为 0，此时自动生成第四个关键帧。

(5)选中“上班 优雅风” 文字图层,按 Ctrl+D 复制一层,选中文本“上班”改为“约会”,选中文本“优雅风”改为“甜美风”。选中图层,移动起始位置到 00:00:03:15 帧,调整【位置】参数为(470,610),再将时间指示器移动到 00:00:05:20 帧位置,按 Alt+]组合键,将图层出点设置到当前帧,并且移动【位置】和【不透明度】结束点关键帧到此帧,调整【位置】参数为(380,364)。

(6)选中“约会 甜美风” 文字图层,按 Ctrl+D 复制一层,选中文本“约会”改为“逛街”,选中文本“甜美风”改为“时尚风”。选中图层,移动起始位置到 00:00:06:17 帧,调整【位置】参数为(660,610),调整【位置】参数第二个关键帧为:(670,369)。三层文本整体设置如图 12-87 所示。

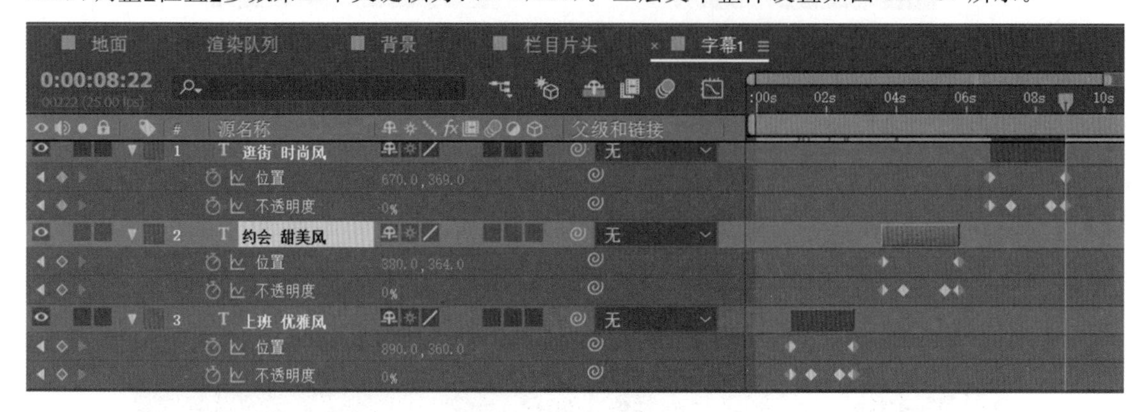

图 12-87 文本设置

5)制作字幕 2 合成

(1)新建“字幕 2”合成。按 Ctrl+N 组合键新建一个合成,【合成名称】为“字幕 2”,时长 20 s,设置参数后单击【确定】按钮。

(2)选择【项目】面板中 “中心剪影. psd”文件,拖入“字幕 2”合成中,调节【位置】参数为(640,410),调节【缩放】参数为(70,70)。

(3)选中“中心剪影. psd”层,添加【效果】|【生成】|【梯度渐变】特效,调节参数如图 12-88 所示。

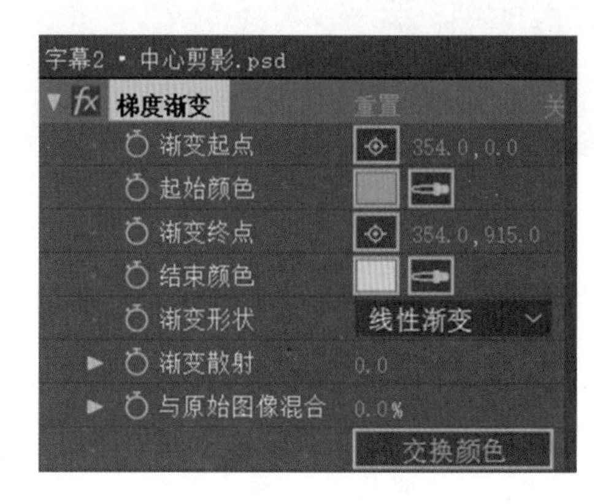

图 12-88 【梯度渐变】设置

(4)新建文字图层,在合成窗口中输入"透明妆 可爱妆 典雅妆 艳丽妆 水晶妆 创意妆 烟熏妆 猫眼妆",选择【字符】命令面板,设置文本参数如图 12－89 所示。选中文本层重命名为"文本 1"。

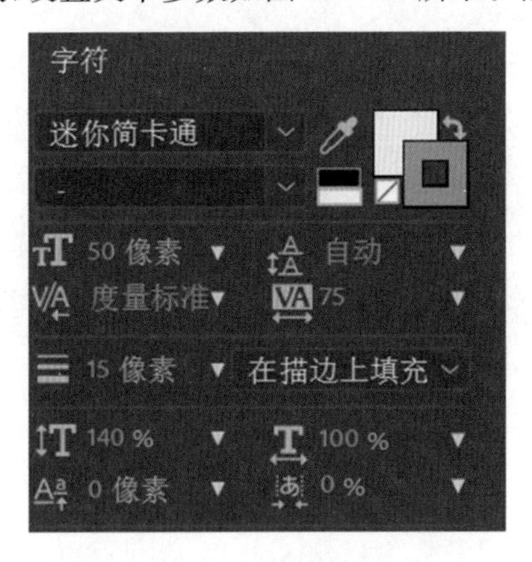

图 12－89 字符参数设置

(5)将文本层放到"中心剪影. psd"层下方。选中"文本 1"层添加【效果】|【透视】|【CC Cylinder】特效,调整参数如图 12－90 所示。

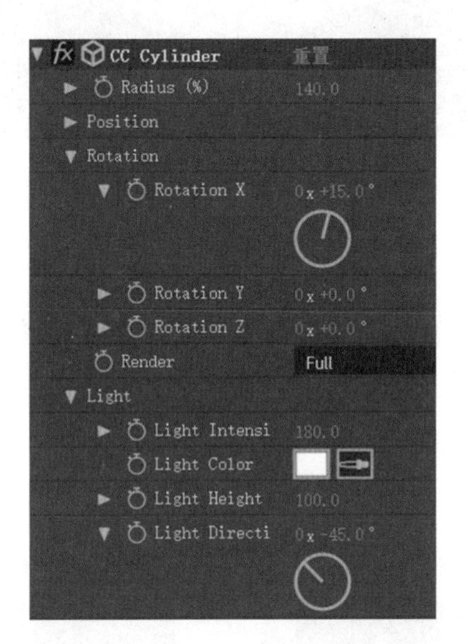

图 12－90 【CC Cylinder】特效设置

(6)下面给【Rotation Y】添加表达式,制作旋转动画。按住 Alt 键再单击【Rotation Y】前面的码表,展开表达式编辑框,输入"time＊30",如图 12－91 所示。

图 12-91　表达式设置

(7)选中"文本 1"层按 Ctrl+D 复制一层为"文本 2"。将"文本 2"放置到最上层,调节其【CC Cylinder】特效中的【Render】参数为(Outside)。调节完成,整体效果如图 12-92 所示。

图 12-92　效果展示

6)制作字幕 3 合成

(1)新建"字幕 3"合成。按 Ctrl+N 组合键新建一个合成,【合成名称】为"字幕 3",时长 7 秒,设置参数后单击【确定】按钮。

(2)新建文字图层,在合成窗口中输入"今天,你要什么风",选择【字符】命令面板,设置文本参数,"今天,你要什么"设置如图 12-93 所示,"风"设置如图 12-94 所示。给文字层重命名为"文本 1"。

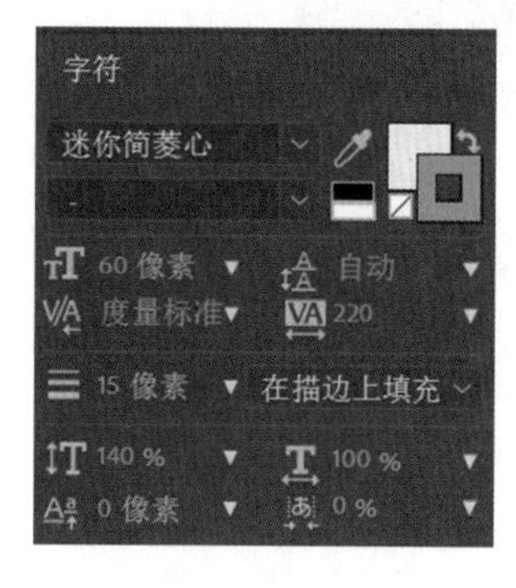

图 12-93　【字符】设置

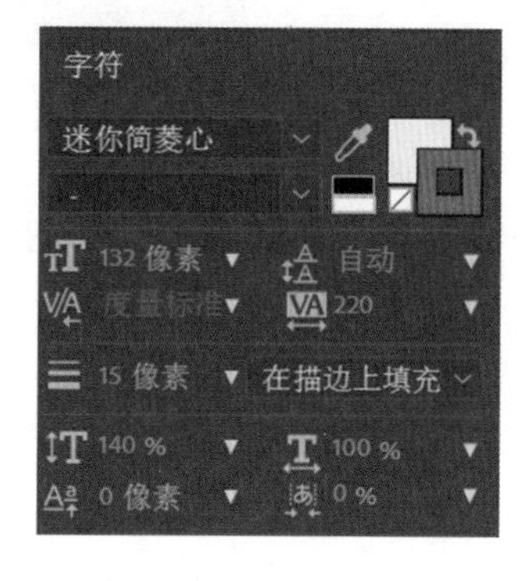

图 12-94　【字符】设置

(3)展开“文本 1”图层的【文本】属性，单击右侧【动画】按钮，添加【旋转】动画，生成【动画制作工具 1】。然后单击【动画制作工具 1】右侧的【添加】按钮中的【属性】，选择【不透明度】一项，如图 12－95 所示。下面调节【文本】属性中的参数，如图 12－96 所示，设置【分组对齐】参数为(200，－50)，【偏移】参数为－50，在 00:00:00:00 帧位置给这两项添加关键帧。

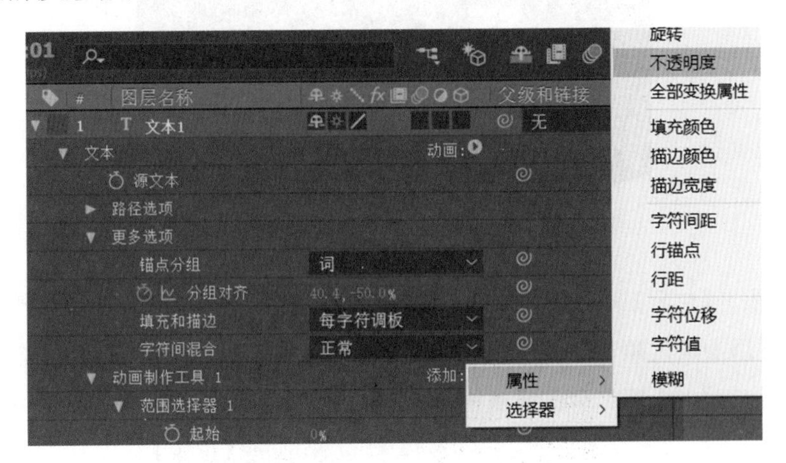

图 12－95 添加【不透明度】动画

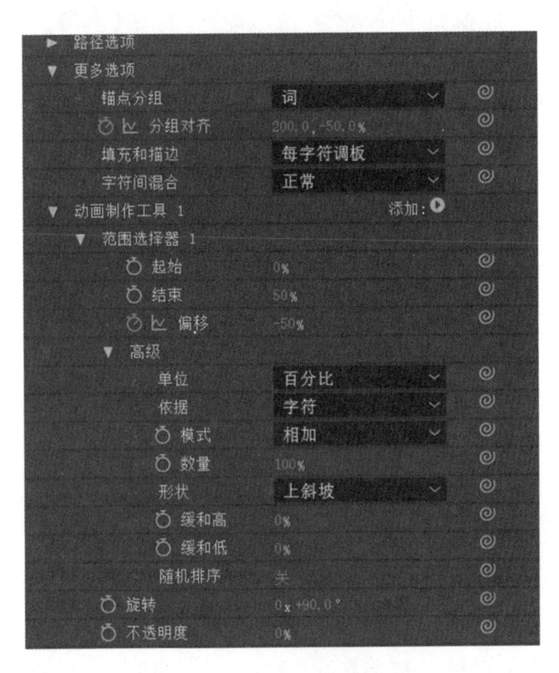

图 12－96 【文本】参数设置

(4)将时间指示器移动到 00:00:01:15 帧位置，调整【分组对齐】参数为(0，－50)，此时自动生成第二个关键帧；再将时间指示器移动到 00:00:02:00 帧位置，调整【偏移】参数为 100，此时自动生成第二个关键帧。选中【分组对齐】和【偏移】的第二个关键帧，按 F9 快捷键将其转为缓动。预览文字动画效果，如图 12－97 所示。

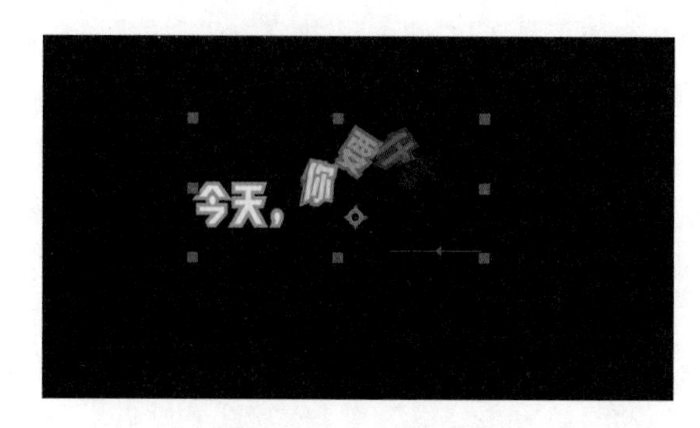

图 12－97　文字动画效果

（5）按 P 键展开【位置】属性，将时间指示器移动到 00：00：02：00 帧位置，调整【位置】参数为（320，360），此时添加关键帧；再将时间指示器移动到 00：00：02：12 帧位置，调整【位置】参数为（180，280），此时自动生成第二个关键帧；再将时间指示器移动到 00：00：03：06 帧位置，添加一个关键帧；再将时间指示器移动到 00：00：03：15 帧位置，调整【位置】参数为（－680，280），此时自动生成第四个关键帧。

（6）新建文字图层，在合成窗口中输入“一切尽在”，选择【字符】命令面板，设置文本参数如图 12－98 所示。给文字层重命名为“文本 2”。

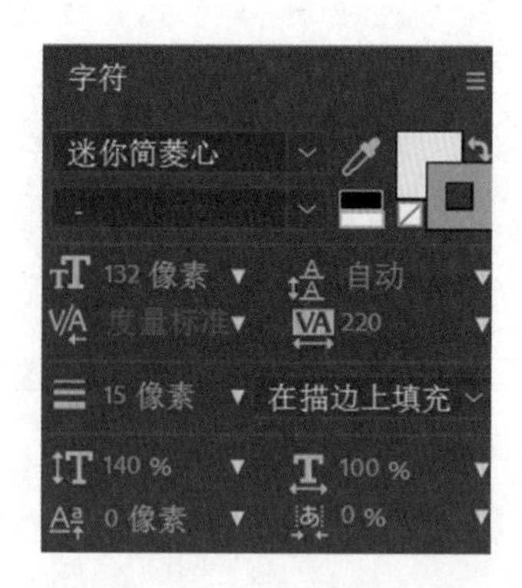

图 12－98　【文本】参数设置

（7）按 S 键展开【缩放】属性，将时间指示器移动到 00：00：02：00 帧位置，调整【缩放】参数为（0，0），添加关键帧；再将时间指示器移动到 00：00：02：12 帧位置，调整【缩放】参数为：（100，100），此时自动生成第二个关键帧。调节【位置】参数为（375，480），添加关键帧；再将时间指示器移动到 00：00：03：06 帧位置，添加【位置】关键帧；再将时间指示器移动到 00：00：03：15 帧位置，调整【位置】参数为（1 315，480），此时自动生成关键帧。

（8）选中“文本 1”和“文本 2”图层，添加【效果】|【透视】|【投影】特效，调节【不透明度】参数为 80，【距离】参数为 8。为了方便看到阴影参数调节效果，将合成窗口切换为透明风格。

(9)新建文字图层,在合成窗口中输入“时尚”,给文字层重命名为“文本 3”。【字符】参数设置与“文本 2”相同。将时间指示器移动到 00:00:03:15 帧位置,调节【位置】参数为(1 446,344),添加关键帧;再将时间指示器移动到 00:00:04:05 帧位置,调节【位置】参数为:(474,344),此时自动生成第二个关键帧。选中【位置】第二个关键帧,按 F9 快捷键将其转为缓动。

(10)新建文字图层,在合成窗口中输入“博主范”,给文字层重命名为“文本 4”。【字符】参数设置与“文本 2”相同。将时间指示器移动到 00:00:03:15 帧位置,按 Alt+[组合键,切断前面的素材,将素材的切入点剪切到当前帧的位置,调节【位置】参数为(700,612),【缩放】参数为 500,同时添加关键帧;再将时间指示器移动到 00:00:04:05 帧位置,调节【位置】参数为(807,461),【缩放】参数为 100,此时自动生成第二个关键帧。选中【位置】和【缩放】的第二个关键帧,按 F9 快捷键将其转为缓动。

(11)选中“文本 3”和“文本 4”图层,添加【效果】|【透视】|【投影】特效,调节【不透明度】参数为 60,【距离】参数为 25。调节“文本 3”【投影】特效的【方向】为-35°。

(12)将【项目】面板中“皇冠.psd”文件拖入“字幕 3”合成中。将时间指示器移动到 00:00:04:07 帧位置,按 Alt+[组合键,切断前面的素材,将素材的切入点剪切到当前帧的位置,调节【位置】参数为(831,-137),添加关键帧,【缩放】参数为(75,75);将时间指示器移动到 00:00:05:00 帧位置,调节【位置】参数为(831,233),此时自动添加第二个关键帧,按 F9 快捷键将其转为缓动。

(13)选中“皇冠.psd”图层,添加【效果】|【透视】|【投影】特效,调节【不透明度】参数为 100。预览动画效果,如图 12-99 所示。

图 12-99　动画效果预览

(14)“字幕 3”合成制作完成。按空格键预览动画效果。

7)制作最终合成

(1)打开“栏目片头”合成,将【项目】面板中的“背景”合成拖入“栏目片头”合成中,放到最下层。再将【项目】面板中的字幕 1、字幕 2、字幕 3 合成依次拖入“栏目片头”合成中。如图 12-100 所示。

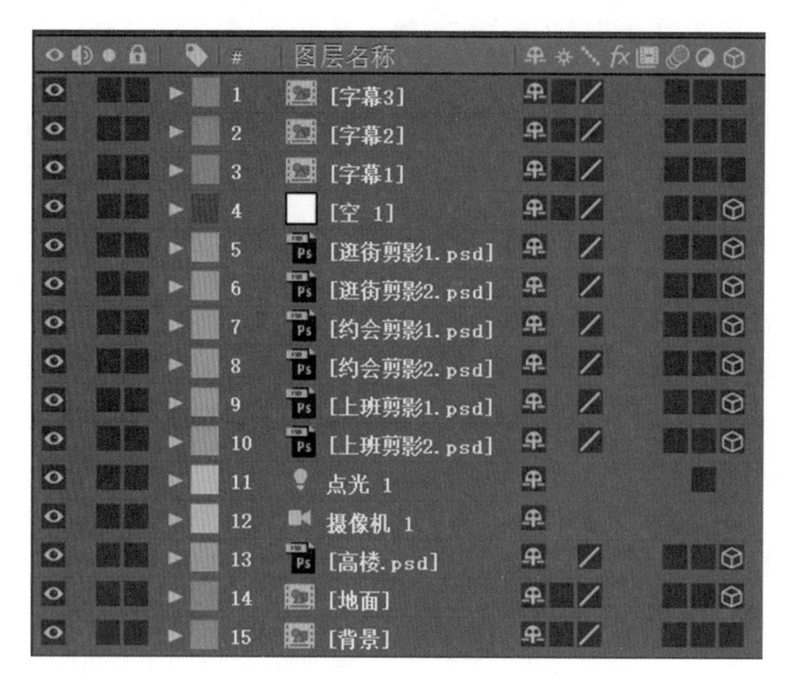

图 12－100　**图层**

(2)选中"字幕 2"合成,将时间指示器移动到 00:00:09:15 帧位置,按 Alt+[组合键,切断前面的素材,将素材的切入点剪切到当前帧的位置,调节【位置】参数为(640,－350),添加关键帧;将时间指示器移动到 00:00:10:05 帧位置,调节【位置】参数为(640,360),此时自动添加第二个关键帧,按 F9 快捷键将其转为缓动;将时间指示器移动到 00:00:13:00 帧位置,复制第二个关键帧并粘贴于此;将时间指示器移动到 00:00:13:10 帧位置,调节【位置】参数为(640,1 080),此时自动添加第四个关键帧。

(3)选中"字幕 3"合成,将素材起始点移动到 00:00:13:00 帧位置。

(4)从首帧开始播放预览动画效果,发现人物剪影动画非直线运动而是有回旋效果,选中"空 1"图层,展开其【位置】关键帧,全选所有关键帧,在其中任一关键帧上单击右键,弹出快捷菜单,选择【关键帧插值…】项,弹出对话框如图 12－101 所示,把【空间插值】的"自动贝塞尔曲线"修改为"线性"。

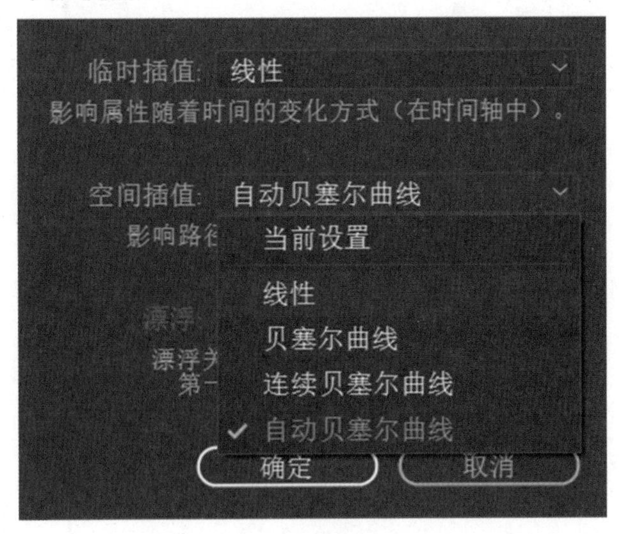

图 12-101 【关键帧插值…】设置

(5)将【项目】面板中的“配乐”音频素材文件拖入“栏目片头”合成中。

(6)整个案例制作完成，预览查看影片，在【项目】面板中选择“栏目片头”合成，按快捷键Ctrl+M进行视频输出，输出格式选择QuickTime，视频压缩方式为H264，选中【音频输出】，设置视频输出的路径，最后执行【渲染】命令即可。